World's
Fair
of
1889

World's
Fair
of
1889

Theodore Reff

Routledge
Taylor & Francis Group

First published in 1981 by Garland Publishing, Inc.

This edition first published in 2018 by Routledge
2 Park Square, Milton Park, Abingdon, Oxon, OX14 4RN
and by Routledge
52 Vanderbilt Avenue, New York, NY 10017, USA

Routledge is an imprint of the Taylor & Francis Group, an informa business

© 1981 by Taylor and Francis

Publisher's Note
The publisher has gone to great lengths to ensure the quality of this reprint but points out that some imperfections in the original copies may be apparent.

Disclaimer
The publisher has made every effort to trace copyright holders and welcomes correspondence from those they have been unable to contact.

A Library of Congress record exists under ISBN: 29006165

ISBN 13: 978-0-367-17312-8 (hbk)
ISBN 13: 978-0-367-17314-2 (pbk)
ISBN 13: 978-0-429-05614-7 (ebk)

MODERN ART IN PARIS

*Two-Hundred Catalogues
of the Major Exhibitions
Reproduced in Facsimile
in Forty-Seven Volumes*

Selected and Organized by
THEODORE REFF
Columbia University

 *A Garland Series*

World's
Fair
of
1889

Garland Publishing, Inc.
New York & London
1981

For a complete list of the titles in this series,
see the final pages of this volume.

The volumes in this series are printed on acid-free,
250-year-life paper.

This facsimile has been made from a copy in
the Yale University Library.

Library of Congress Cataloging in Publication Data

Paris. Exposition universelle, 1889.
   World's Fair of 1889.

   (Modern art in Paris, 1855 to 1900)
   Reprint of the 1889 ed. of v. 1, Groupe I, OEuvres d'art of the
Catalogue général officiel published by Impr. L. Danel, Lille.
   French.
   1. Art, Modern — 19th century — Exhibitions.   I. Series.
N6450.P27 1889   709'.03'407404361   80-25246
ISBN 0-8240-4704-4

Printed in the United States of America

CATALOGUE OFFICIEL

—

TOME I

Exposition Universelle Internationale de 1889

A PARIS

CATALOGUE GÉNÉRAL

OFFICIEL

TOME PREMIER.

GROUPE I.

ŒUVRES D'ART.

CLASSES 1 à 5.

LILLE

IMPRIMERIE L. DANEL

M DCCC LXXXIX

Papiers de Alamigeon, Chambard et Josserand, à Paris.

———

Encres de Ch. Lorilleux et Cie, à Paris.

CLASSIFICATION GÉNÉRALE

19. Cristaux, verrerie et vitraux.
20. Céramique.
21. Tapis, tapisserie et autres tissus d'ameublement.
22. Papiers peints.
23. Coutellerie.
24. Orfèvrerie.
25. Bronzes d'art, fontes d'art diverses, ferronneries d'art, métaux repoussés.
26. Horlogerie.
27. Appareils et procédés de chauffage. — Appareils et procédés d'éclairage non électrique.
28. Parfumerie.
29. Maroquinerie, tabletterie, vannerie et brosserie.

TOME QUATRIÈME.

GROUPE IV. — **Tissus, vêtements et accessoires.**

CLASSES.

30. Fils et tissus de coton.
31. Fils et tissus de lin, de chanvre, etc.
32. Fils et tissus de laine peignée. Fils et tissus de laine cardée.
33. Soies et tissus de soie.
34. Dentelles, tulles, broderies et passementeries.
35. Articles de bonneterie et de lingerie. Objets accessoires du vêtement.
36. Habillement des deux sexes.
37. Joaillerie et bijouterie.
38. Armes portatives. Chasses.
39. Objets de voyage et de campement.
40. Bimbeloterie.

TOME CINQUIÈME.

GROUPE V. — **Industries extractives. Produits bruts et ouvrés.**

CLASSES.

41. Produits de l'exploitation des mines et de la métallurgie.
42. Produits des exploitations et des industries forestières.

---

(1) La classe 49 est cataloguée avec le Groupe VIII (agriculture, viticulture et pisciculture) et le Groupe IX (horticulture) formant le VIIIᵉ volume.

————————

Les produits exposés par :

le Brésil,
la Colombie,
Costa-Rica,
le Honduras,
le Mexique,
Nicaragua
et le Pérou,

n'étant point arrivés en temps utile, n'ont pu figurer au Catalogue général.

Pour la nomenclature de ces produits, il sera nécessaire de consulter les Catalogues spéciaux.

GROUPE I

ŒUVRES D'ART

Ministère de l'Instruction publique et des Beaux-Arts.

M. FALLIÈRES, député, Ministre de l'Instruction publique et des Beaux-Arts.

Direction des Beaux-Arts.

MM. G. LARROUMET, Directeur des Beaux-Arts.
BERR DE TURIQUE, *Secrétaire de la Direction.*

Bureaux des Travaux d'art, Expositions et Manufactures.
MM. BAUMGART, *chef.*
BIGARD-FABRE, *sous-chef.*

Bureau de l'Enseignement et des Musées.
MM. CROST, *chef.*
TRAWINSKI, *sous-chef.*
GRUYER, membre de l'Institut, Inspecteur principal des Musées de province
Eugène VÉRON, Inspecteur principal des Musées de province.

Bureau des Monuments Historiques.
MM. E. VIOLLET-LE-DUC, *chef.*
L. PATÉ, *sous-chef.*

Bureau des Théâtres.
MM. DES CHAPELLES, *chef.*
H. REGNIER, *sous-chef.*

Bureau de la Comptabilité.
MM. MAYOU, *chef.*
CHATELAIN, *sous-chef*

Commissariat spécial des Beaux-Arts.

MM. Antonin PROUST, député, ancien Ministre des Arts, *Commissaire spécial.*

Georges HECQ, chef du secrétariat des services des Beaux-Arts et des Bâtiments civils au Ministère de l'Instruction publique et des Beaux-Arts, *Commissaire spécial adjoint.*

Armand DAYOT, Inspecteur des Beaux-Arts, *Inspecteur principal de l'Exposition rétrospective.*

Roger MARX, Inspecteur adjoint des Beaux-Arts, *Inspecteur principal de l'Exposition Rétrospective.*

Henry HAVARD, Inspecteur des Beaux-Arts, *Inspecteur principal de l'Exposition décennale (section française).*

Roger BALLU, Inspecteur des Beaux-Arts, *Inspecteur principal de l'Exposition décennale (sections étrangères).*

Philippe BURTY, Inspecteur des Beaux-Arts, *Inspecteur principal de l'Exposition des Manufactures nationales.*

Paul DELAIR, Commissaire des Expositions, chargé de la conservation des œuvres d'art.

GIUDICELLI, commissaire des Expositions,

Jules DUPRÉ, attaché au Commissariat des Expositions.

Édouard GARNIER, chef du service du Catalogue.

PRÉTET, délégué au placement des œuvres (peinture).

BISSON, délégué adjoint au placement des œuvres (peinture).

GLAUDINONT, délégué adjoint au placement des œuvres (peinture).

Étienne LEROUX. délégué au placement des œuvres (sculpture).

MAILLET DU BOULAY, délégué au placement des œuvres (sculpture).

Ch. MATHIEU, délégué adjoint au placement des œuvres (sculpture).

Paul LEFORT, attaché au Commissariat spécial des Beaux-Arts.

Marcel FOUQUIER,	»	»
CANTE,	»	»
MONPROFIT,	»	»
K. HANOTAUX,	»	»
MARYE,	»	»
DURAND.	»	»
BARTHELEMY,	»	»
LAURENT,	»	»
MONFILS,	»	»
G. BLAVET,	»	»
SAGLIO,	»	»
PIRAS,	»	»
DE COURSEULLES,	»	»

JURYS D'ADMISSION.

CLASSES 1 ET 2.

Peintures à l'huile. — Peintures diverses et dessins.

BUREAU.

MM. MEISSONIER, artiste peintre, membre de l'Institut, *Président.*
BOUGUEREAU, artiste peintre, membre de l'Institut, *Vice-Président.*
T. ROBERT-FLEURY, artiste peintre, *Rapporteur.*
HUMBERT, artiste peintre, *Secrétaire.*

MEMBRES.

MM. ARAGO (Étienne), conservateur du Musée national du Luxembourg.
BARRIAS, artiste peintre.
BENJAMIN-CONSTANT, artiste peintre.
BERNIER, artiste peintre.
BONNAT, artiste peintre, membre de l'Institut.
BRETON (Jules), artiste peintre, membre de l'Institut.
BUSSON (Charles), artiste peintre.
CABAT, artiste peintre, membre de l'Institut.
CAROLUS-DURAN, artiste peintre.
CAZIN, artiste peintre.
CORMON, artiste peintre.
DAGNAN-BOUVERET, artiste peintre.
DELAUNAY, artiste peintre, membre de l'Institut.
DETAILLE, artiste peintre.
DUEZ, artiste peintre.
FRANÇAIS, artiste peintre.
GÉROME, artiste peintre, membre de l'Institut.
GERVEX, artiste peintre.
HARPIGNIES, artiste peintre.
HAVARD (Henry), inspecteur des Beaux-Arts.
HÉBERT, artiste peintre, membre de l'Institut.
HENNER, artiste peintre, membre de l'Institut.
LAURENS (J.-P.), artiste peintre.
LEFEBVRE (J.), artiste peintre.
LENEPVEU, artiste peintre, membre de l'Institut.
MANTZ (Paul), directeur général honoraire des Beaux-Arts.
MICHEL (André), critique d'art.

MM. Moreau (Gustave), artiste peintre, membre de l'Institut.
Muller, artiste peintre, membre de l'Institut.
Pelouse, artiste peintre.
Proust (Antonin.), député, ancien Ministre des Arts,
Puvis de Chavannes, artiste peintre.
Robert-Fleury (J.-N.), artiste peintre, membre de l'Institut.
Roll, artiste peintre.
Signol, artiste peintre, membre de l'Institut.
Vayson, artiste peintre.
Vollon (Antoine), artiste peintre.

Classe 3.
Sculpture et Gravure en médailles.

Bureau.

MM. Guillaume, sculpteur-statuaire, membre de l'Institut, *Président.*
Moreau (Mathurin), sculpteur-statuaire, *Vice-Président.*
Lafenestre, *Rapporteur-Secrétaire.*

Membres.

MM. Albert-Lefeuvre, sculpteur-statuaire.
Barrias, sculpteur-statuaire, membre de l'Institut.
Bartholdi, sculpteur-statuaire.
Bonnassieux, sculpteur-statuaire, membre de l'Institut.
Burty, Inspecteur des Beaux-Arts.
Cambos, sculpteur-statuaire.
Cavelier, sculpteur-statuaire, membre de l'Institut.
Chaplain, graveur en médailles, membre de l'Institut.
Chapu, sculpteur-statuaire, membre de l'Institut.
David, graveur en pierres fines.
Delaplanche, sculpteur-statuaire.
Dubois, sculpteur-statuaire, membre de l'Institut.
Dupuis (Daniel), graveur en médailles.
Falguière, sculpteur-statuaire, membre de l'Institut.
Frémiet, sculpteur-statuaire.
Gautherin, sculpteur-statuaire.
Kaempfen, directeur des Musées nationaux et de l'École du Louvre.
Leroux, sculpteur-statuaire.
Levillain, graveur en médailles.
Mercié, sculpteur-statuaire.
Millet, sculpteur-statuaire.
Paris, sculpteur-statuaire.
Thomas, sculpteur-statuaire, membre de l'Institut.
Vaudet, graveur en pierres fines.

CLASSE 4.

Dessins et Modèles d'Architecture.

BUREAU.

MM. BAILLY, architecte, membre de l'Institut, *Président.*
GARNIER (Ch.), architecte, membre de l'Institut, *Vice-Président.*
PASCAL, architecte, *Rapporteur.*
MAYEUX, architecte, *Secrétaire.*

MEMBRES.

MM. ANCELET, architecte.
ANDRÉ, architecte, membre de l'Institut.
BAUDOT (DE), architecte.
BŒSWILWALD, architecte.
COMTE, directeur des bâtiments civils et palais nationaux.
COQUART, architete, membre de l'Institut.
DAUMET, architecte, membre de l'Institut.
DIET, architecte, membre de l'Institut.
GINAIN, architecte, membre de l'Institut.
GUADET, architecte.
GUILLAUME, architecte.
LALOUX, architecte.
LISCH, architecte.
MAGNE, architecte.
MOYAUX, architecte.
NORMAND, Architecte.
POULIN, directeur honoraire des bâtiments civils et palais nationaux.
RAULIN, Architecte.
THIERRY, Architecte.
VAUDREMER, Architecte, membre de l'Institut.

CLASSE 5.

Gravure et Lithographie.

BUREAU.

MM. DELABORDE (Le vicomte Henri), secrétaire perpétuel de l'Académie des Beaux-Arts. — *Président.*
BLANCHARD, membre de l'Institut. — *Vice-Président.*
SIROUY, artiste peintre et lithographe. — *Rapporteur-Secrétaire.*

MEMBRES.

MM. BÉRALDI, critique d'art.
CHAUVEL, lithographe et graveur.
FLAMENG, graveur sur bois.
HENRIQUEL-DUPONT, artiste graveur, membre de l'Institut.
PANNEMAKER, graveur sur bois.
ROTY, membre de l'Institut.

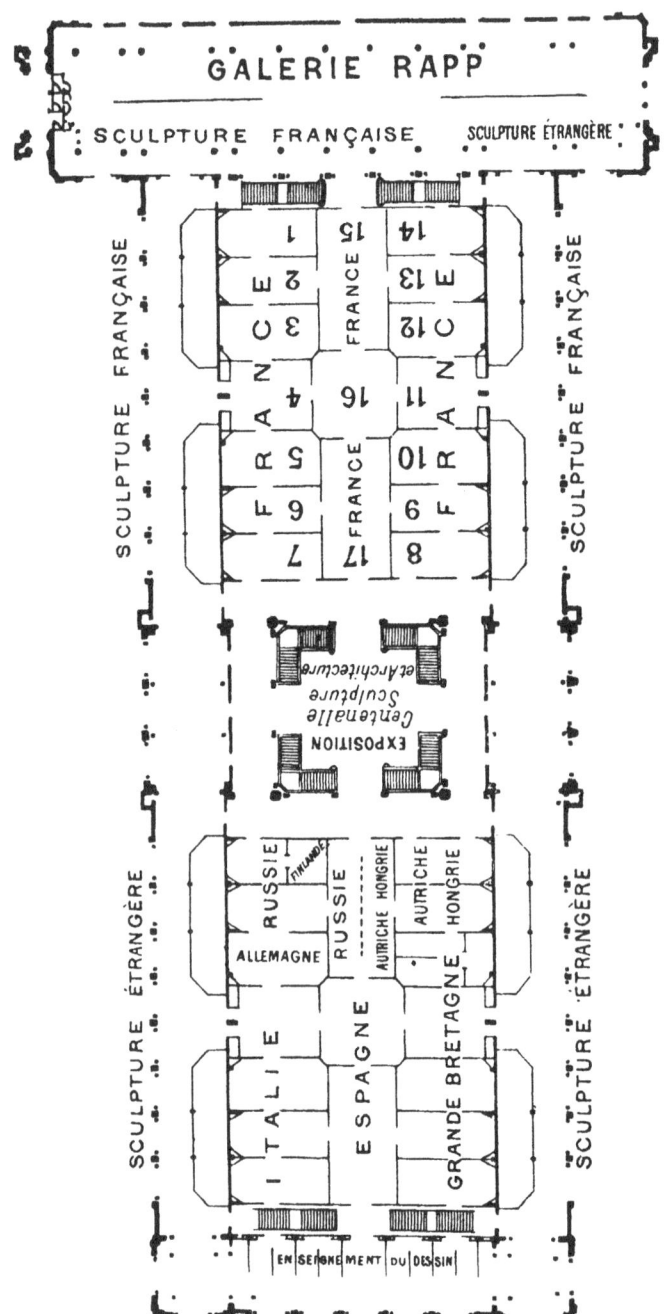

PALAIS DES BEAUX-ARTS. — Plan du Rez-de-Chaussée.

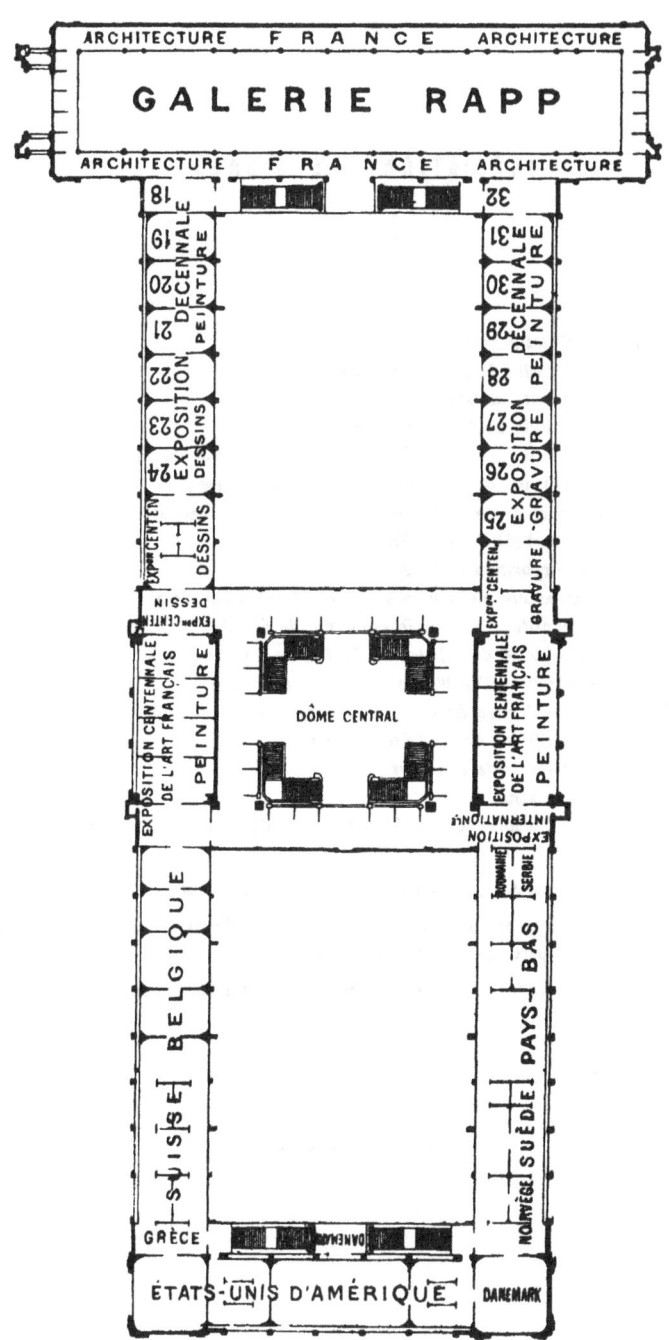

PALAIS DES BEAUX ARTS. — Plan du Premier Étage.

ABRÉVIATIONS ET SIGNES

MÉD. D'HONN., *Médaille d'honneur* ;

MÉD. 1ʳᵉ CL., *Médaille de première classe* ;

MÉD. 2ᵉ CL., *Médaille de deuxième classe* ;

MÉD. 3ᵉ CL., *Médaille de troisième classe* ;

MÉD., *Médaille unique* créée par l'article 26 du Règlement du 14 août 1863 , et remplacée depuis 1870, par des médailles de différentes classes ;

RAP. signifie *Rappel de médaille*. — Les rappels ont été accordés à la suite des Salons de 1857, 1859, 1861, 1863 et 1876.

(E. U.) signifie *Exposition universelle* ;

(S****), le Salon annuel où l'œuvre a été précédemment exposée.

(E. N. 1883) *Exposition Nationale triennale de 1883* ;

G. O. ✻, *Grand-officier de l'Ordre de la Légion d'honneur* ;

C. ✻, *Commandeur de l'Ordre de la Légion d'honneur* :

O. ✻, *Officier de l'Ordre de la Légion d'honneur* ;

✻, *Chevalier de l'Ordre de la Légion d'honneur* ;

M. DE L'INST., *Membre de l'Institut* ;

*, *appartient à l'auteur* ;

M. I. P. et B. A., appartient au *Ministère de l'Instruction Publique et des Beaux-Arts* ;

Les œuvres précédées de .... — sans numéro d'ordre , sont :

1° Celles qui, par leur destination, n'ont pu figurer à l'Exposition mais ont été néanmoins admises par le Jury à participer aux récompenses..

2° Celles qui appartiennent à la Ville de Paris et figurent à son *Exposition spéciale*.

GROUPE I.

ŒUVRES D ART.

FRANCE.

CLASSE 1.

Peintures à l'huile.

ADAN (L.-Émile), né à Paris, élève de Picot et de Cabanel. — Méd. 3ᵉ cl. 1875, 2ᵉ cl. 1882. — A Paris, rue de Courcelles, 75.

1. — Soir d'automne.	(App. à M. P. Dubonnet - S. 1882).
2. — Faneuse	(App. à Mᵐᵉ Isaac Péreire. - S. 1888).
... — La Fille du passeur.	(Musée du Luxembourg. - S. 1883).

AGACHE (Alfred-P.), né à Lille, élève de MM. Pluchard et Colas. — Méd. 3ᵉ cl. 1885. — A Paris, rue Weber, 14.

3. — Les Parques.	(S. 1882).
4. — Fortuna.	(Musée de Lille. - S. 1885).
5. — Jeune fille, étude.	(S. 1888).
6. — Enigme.	(M. I. P. et B. A. - S. 1888).

ALLÈGRE (Raymond), né à Marseille, élève de MM. Vollon et J. P. Laurens. — A Paris, rue Mazarine, 20.

7. — En Provence.	(M. I. P et B. A. — S. 1888).

ANSELMA (Mᵐᵉ M. LACROIX-), née à Cadix (Espagne), élève de M. Chaplin — A Paris, avenue de Messine, 25.

8. — Junon.	(S. 1885).

APPIAN (Adolphe), né à Lyon, élève de Corot et de Daubigny. — Méd. 1863. — A Lyon, Villa des Fusains.

9. — Un matin brumeux ; — au Brure.

ARGENCE (Eugène d'), né à Paris, élève de MM. Eug. Giraud et Busson. — A Paris, rue Saint-Ferdinand, 21.

10. — Nuit calme.	(M. I. P. et B. A. - S. 1888).

ARMAND-DUMARESQ (Ch.-Edouard), né à Paris, élève de Couture. — Méd. 3ᵉ cl. 1861, rapp. 1863, ✿ 1867, O. ✿ 1881. — A Paris, rue d'Offémont, 3.

11. — Alignés ; — charge de dragons.	(S. 1887).

AUBERT (E.-Jean), né à Paris, élève de P. Delaroche et de A. Martinet. — Méd
3ᵉ cl. 1861, 2ᵉ cl. 1878. — A Paris, rue du Faubourg-Saint-Honoré, 248.

12. — Une conférence aux Amours.   (S. 1888).
13. — Les voisins de campagne.

AUBERT (Joseph-J.-F.), né à Nantes, élève de Cabanel et de M. Yvon. —
Méd. 3ᵉ cl. 1888. — A Paris, rue de Sèvres, 44.

14. — *Dyptique.* — 1. Saint François Régis secourant les pauvres ; — 2. Saint François
Régis consolant les infirmes.   (S. 1888).

AUBLET (Albert), né à Paris. élève de M. Gérôme. — Méd. 3ᵉ cl. 1880. — A
Neuilly-sur-Seine, boulevard Bineau, 75.

15. — L'Enfant blanc.   (S. 1881).
16. — Salle d'inhalation au Mont-Dore.   (S. 1881).
17. — Sur les galets ; — Le Tréport.   (S. 1883).
18. — Autour d'une partition.   (S. 1888).
19. — Portrait de Mᵐᵉ J...
20. — L'Enfant rose.   (S. 1883).
21. — Portrait de Mᵐᵉ de M....

AUGUIN (L.-A.), né à Rochefort, éleve de J. Coignet et de Corot. — Méd. 3ᵉ cl.
1880, 2ᵉ cl. 1884. — A Bordeaux rue de la Course, 67.

22. — Un jour d'été à la Grande-Côte.   (Musée de Bordeaux. - S. 1884).

AVIAT (C.-Jules), né à Brienne-le-Château (Aube), élève de M. E. Hébert, L. Bonnat et J. Defrance. — Méd 3ᵉ cl. 1887. — A Paris, rue de Saint-Pétersbourg, 32.

23. — Graziella.

BADIN (Jules-J.), né à Paris, élève de Baudry et de Cabanel. — Méd. 3ᵉ cl. 1877.
— A Beauvais, rue de la Manufacture Nationale.

24. -- Portrait de Mᵐᵉ M.....   (S. 1881).

BAIL (A.-Franck), né à Paris, élève de MM. J. A. Bail, Gérôme et Carolus-Duran.
— A Paris, quai Bourbon, 11.

25. — « Bénitier » chez lui.   (S. 1888).

BAIL (Joseph), né à Limonest (Rhône), élève de M. J. A. Bail. — Méd. 3ᵉ cl.
1886, 2ᵉ cl. 1887. — A Paris, quai Bourbon, 11.

26. — Le Marmiton.   (App. à M. Lombard. - S. 1887).
27. — Le Potiron.

BAILLET (Ernest), né à Brest, élève de MM. Saunier et Pelouse. — Méd. 3ᵉ cl.
1883. — A Paris, rue d'Orsel, 19.

28. — Matinée d'avril à Segré.

BARAU (Émile), né à Reims. — A Paris, boulevard de Clichy, 37.

29. — Le ruisseau des Rouazes.   (App. à M. le Cᵗᵉ Werlé. - S. 1887).
30. — L'étang de Semide (Marne) ; — jour de pluie.
31. — Fin de Septembre.   (S. 1883).
32. — Jardinage d'automne.   (S. 1885).
... — Sur la Suippe.   (Musée du Luxembourg. - S. 1884).

BARILLOT (Léon), né à Montigny-lez-Metz, élève de M. Bonnat. — Méd. 3ᵉ cl.
1880, 2ᵉ cl. 1884. — A Paris, rue de la Tour-d'Auvergne, 16.

33. — Le bac des héritiers ; — Normandie.   (S. 1887).
34. — Matinée d'octobre, à Luc-sur-Mer.   (S. 1888).
35. — Les étangs de Saint-Paul de Varax (Aisne).   (Musée d'Amiens. - S. 1880).
36. — A la barrière.   (Musée de Rouen. - S. 1884).
37. — Matinée d'été.   (Musée de Lille. - S. 1886).

BARRIAS (J.-Félix), né à Paris. élève de Léon Cogniet. — Prix de Rome, 1844, méd. 3ᵉ cl. 1847, 1ʳᵉ cl. 1851, 2ᵉ cl. 1855 (E. U.), ✻ 1859. — A Paris, rue de Bruxelles, 34.

38. — * La Fée aux perles. (S. 1878).
39. — Le Mont-Dore au temps d'Auguste. (App. à Mᵐᵉ Calmenil. - S. 1882).
40. — * Mort de Chopin. (S. 1885).
41. — * Triomphe de Vénus. (S. 1886).
42. — Camille Desmoulins au Palais-Royal ; — 12 juillet, 1789.
(App. à M. Chevalier. - S. 1888).
43. — * La mort du pèlerin ; — campagne de Rome, l'hiver.

BAUDOUIN (Eugène), né à Montpellier. — A Paris, boulevard du Montparnasse, 25.

44. — Le dernier voyage. (S. 1888).
... — Les villes de Montpellier, Béziers, Lodève, Saint-Pons ; — peintures décoratives (Préfecture de Montpellier.)

BAUDOUIN (Paul-Albert), né à Rouen, élève de Gleyre et de MM. Delaunay et Puvis de Chavannes. — Méd. 3ᵉ cl. 1882, 2ᵉ cl. 1886. — A Paris, rue du Cherche-Midi, 55.

... — Deux panneaux ; — fragments de décoration de la mairie d'Arcueil-Cachan. — 1. Les blanchisseuses. — 2. L'abreuvoir. (Exp. spéciale de la ville de Paris).

BEAUMETZ (Henry-Ch.-Etienne DUJARDIN-), né à Paris, élève de Cabanel et de L. Roux. — Méd. 3ᵉ cl. 1880. — A Limoux (Aude), au château de la Resole.

45. — « Les voilà ! » (App. au Ministère de la Guerre. - S. 1880).

BEAURY-SAUREL (Mlle Amélie), née à Barcelone (de parents français), élève de MM. T. Robert-Fleurv, Bouguereau, J. Lefebvre et Boulanger. — Méd. 3ᵉ cl. 1885. — A Paris, avenue de Villiers, 122.

46. — Portrait de Mᵐᵉ ***
47. — Portrait de M. Barthélemy Saint-Hilaire. (S. 1887).

BEAUVAIS (Armand), né à Bar-sur-Aube, élève de MM. Desjobert et Gérôme — Méd. 3ᵉ cl. 1882. — A Paris, rue Denfert-Rochereau, 18.

48. — Sur les hauteurs d'Omonville (Manche). (S. 1882).
49. — A travers la lande ; — Berry. (S. 1886).

BEAUVAIS (Mme Anaïs), née à Flez-Cuzy (Nièvre), élève de MM. Carolus-Duran et Henner. — A Paris, quai Voltaire, 17.

50. — Le liseur. (S. 1887).

BEAUVERIE (Charles-J.), né à Lyon, élève des Écoles des Beaux-Arts de Lyon et de Paris et de Gleyre. — Méd. 3ᵉ cl. 1877, 2ᵉ cl. 1881. — A Paris, rue Gabrielle, 29.

51. — Vallée d'Amby.
52. — La cueillette des pois. (Musée d'Auxerre. - S. 1881).
53. — La récolte des pommes de terre. (S. 1882).

BELLANGÉ (A. Eugène), né à Rouen, élève de Picot et de H. Bellangé. — A Paris, rue de Douai, 57.

54. — La maison du sabotier ; — Village des Petites-Dalles. (S. 1888).

BELLÉE (Léon de), né à Ploërmel (Morbihan), élève de M. Lansyer,— A Paris, rue Bayen, 27bis.

55. — Effet de givre. (App. à Mᵐᵉ la Cᵗˢˢᵉ de Circourt. - S. 1886).

BELLEL (Jean), né à Paris, élève de Justin Ouvrié. — Méd. 1ʳᵉ cl. 1848, ✻ 1860. — A Paris, rue Say, 10.

56. — Le ravin de Constantine (Algérie); — l'Improvisateur. (S. 1881).
57. — Vue prise à La Roche, près Chateldon (Puy-de-Dôme). (S. 1887).
(Voir DESSINS).

GROUPE I. — CLASSE 1.

BELLENGER (Georges), né à Rouen, élève de MM. Lecoq de Boisbaudran et J. Laurens. — A Paris, rue de Buci, 10.

58. — Portrait.   (S. 1881).

BENJAMIN-CONSTANT (J.-J.), né à Paris, élève de Cabanel. — Méd. 3ᵉ cl. 1875, 2ᵉ cl. 1876, 3ᵉ cl. 1878 (E. U.), ✻ 1878, O. ✻ 1884. — A Paris, impasse Hélène, 15.

59. — Le passe-temps d'un Kalife ; — à Séville (Espagne mauresque, XIVᵉ siècle).
                                                      (App. à M. Aug. Dreyfus. - S. 1881).
60. — Les Chérifas.   (Musée de Carcassonne. - S. 1885).
61. — La justice du Chérif ;   (Espagne mauresque, XIVᵉ siècle).   (S. 1886).
62. — Portrait de Mᵐᵉ D...   (S. 1886).
63. — Portrait de Mᵐᵉ P. P....
64. — La soif ; — prisonniers marocains.
65. — Le lendemain d'une victoire à l'Alhambra ; — (Espagne mauresque, XIVᵉ siècle).
                                                      (App. à M. Drumont).
66. — Les Lettres.   ⎫
67. — L'Académie de Paris. ⎬ Panneaux décoratifs de la Salle du Conseil académique
68. — Les Sciences.   ⎭ de la Sorbonne.   (M. I. P. et B.-A).

BENNER (Emmanuel), né à Mulhouse. — Méd, 3ᵉ cl. 1881. — A Paris, rue de la Chaussée-d'Antin, 23.

69. — Le repos.   (Musée d'Evreux.- S. 1881).
70. — Magdeleine.   (S. 1886).
71. — Au bord de l'eau.   (S. 1887).

BENNER (Jean), né à Mulhouse, élève de Pils. — Méd. 2ᵉ cl. 1872. — A Paris, boulevard de Clichy, 71..

72. — Roses.
73. — Une rue à Capri.   (Musée de Châlons-sur-Marne. - S. 1880).
74. — Pavots rouges.   (Musée de Nice. - S. 1884).

BENOUVILLE (J.-Achille), né à Paris, élève de Picot. — Méd. 3ᵉ cl. 1844, Prix de Rome 1845, méd. 1ʳᵉ cl. 1863, ✻ 1863. — A Paris, rue de Seine, 6.

75. — Torre dei Schiavi, via Nomentana ; — campagne de Rome,   (S. 1883).
76. — Les bords de l'Aumance (Allier.)   (S. 1884).

BÉRAUD (Jean), né à Saint-Pétersbourg, de parents français, élève de M. Bonnat. — Méd. 3ᵉ cl. 1882, 2ᵉ cl. 1883, ✻ 1887. — A Paris, rue Clément-Marot, 5.

77. — La Brasserie.   (S. 1883).
78. — La sortie de l'Opéra.   (E. N. 1883).
79. — A la salle Graffard.   (S. 1884).
80. — Les Avocats.   (S. 1887).

BERGERET (P.-Denis), né à Villeparisis (Seine-et-Marne), élève de E. Isabey. — Méd. 3ᵉ cl.1875, 2ᵉ cl. 1877. — A Paris, rue Victor-Massé, 26 (avenue Frochot, 4).

81. — Panneau décoratif pour une salle à manger.
82. — Raisins.
83. — Nèfles.
84. — Perdrix.   (App. à M. Ch. Bartholoni. - S. 1885).

BERNE-BELLECOUR (Etienne), né à Boulogne-sur-Mer (Pas-de-Calais), élève de Picot et de M. Barrias. — Méd. 1869, 1ʳᵉ cl. 1872, 3ᵉ cl. 1878 (E. U.), ✻ 1878. — A Paris, rue Legendre, 4.

85. — Un poste avancé.   (App. à Mᵐᵉ Alf. Magne. — (S. 1878).

86. — Manœuvre d'embarquement.   (S. 1882).
87. — Un prisonnier.   (App. à M. P. Renont. — (E. N. 1883).
88. — Abdication de Napoléon Ier, au château de Fontainebleau en 1814.
                                       (App. à S. I.le Grand-Duc Nicolas Michaïlowitch)
89. — Attaque imprévue.   (App. à M. J.-N. Braun).

BERNIER (Camille), né à Colmar, elève de Leon Fleury. — Méd. 1867, 1868. 1869, ✳ 1872, méd. 2ᵉ cl. 1878 (E. U.). — A Paris, rue Jean-Nicot, 2.
90. — L'étang.   (App. à M. Boivin. — (S. 1882).
91. — Le vallon.   (S. 1886).
92. — Bords de l'Isole.   (S. 1888).
93. — Le matin.   (Musée de Lille).
... — L'allée abandonnée.   (Musée de La Rochelle. - E. N. 1883).

BÉROUD (Louis), né à Lyon, élève de MM. Gourdet, Lavastre et Bonnat. — Méd. 2ᵉ cl. 1883. — A Paris, place Saint-Michel, 5.
94. — Une copie au Louvre.   (Musée de Boulogne-sur-Mer. - S. 1882)
95. — La salle des États, au musée du Louvre.   (S. 1887).
... — Le salon carré au Louvre.   (Musée de Montpellier).

BERTEAUX, (Hippolyte-Dominique), né à Saint-Quentin (Aisne), élève de H. Flandrin, Jalland et Baudry. — Méd. 3ᵉ cl. 1883, 2ᵉ cl. 1885. — A Paris, rue de l'Université, 42.
96. — « Ce fut là ! » — Souvenirs de la grande guerre.   (App. à M. Henri Durand).
97. — Tentative d'assassinat sur le général Hoche.   (Musée de Rennes).
... — Enfance de Jeanne d'Arc.   (Musée de Carcassonne).

BERTHAULT (Lucien), né à Coulomniers (Seine-et-Marne), élève de Cabanel. — A Paris, boulevard Berthier, 73.
98. — Innocence.   (S. 1887).
99. — Propos d'amour.   (S. 1888.)

BERTHÉLEMY (P.-Emile), né à Rouen, élève de Léon Cogniet et de l'Académie des Beaux-Arts de Rouen. — A Paris, rue Berthe, 13.
100. — L'ouragan du 11 Octobre 1886, à Bernières-sur-Mer (Calvados).   (S. 1887).

BERTHELON (Eugène), né à Paris, élève de E. Lavieille et de M. Berne-Bellecour. — Méd. 3ᵉ cl. 1886. — A Paris, rue Alfred-Stevens, 7.
101. — L'Église et le château d'Eu ; — vue prise de la vallée.   (S. 1883).
102. — La Tempête ; — au Tréport.   (Musée de Senlis. - S. 1886).

BERTIN (Alexandre), né à Fécamp (Seine-Inférieure) élève de Cabanel. — A Toulouse, chez M. le Colonel Montagné.
103. — Portrait de M. A. Chalamet, sénateur.   (S. 1881).
104. — Portrait de M. J. Roche, député.

BERTON (Armand), né à Paris, élève de Cabanel et de M. Aimé Millet. Méd. 3ᵉ cl. 1882, 2ᵉ cl. 1887. — A Paris, rue Madame, 60.
105. — Ève.   (Musée de Douai. - S. 1882).
106. — Brumaire.   (Musée de Douai. - S. 1887).

BERTON (P.-Emile), né à Chartrettes (Seine-et-Marne), élève de MM. Allongé, Delaunay et Puvis de Chavannes. — A Paris, rue de Miromesnil, 77.
107. — Effet du soir en automne ; — forêt de Fontainebleau.   (S. 1885).
108. — Bouleaux ; — forêt de Fontainebleau   (S. 1884).

BESNARD (P.-Albert), né à Paris, élève de J. Bremond et de Cabanel. — Prix de Rome 1874, méd. 3ᵉ cl. 1874, 2ᵉ cl. 1880, ✳ 1888. — A Paris, rue Guillaume-Tell, 17.

109. — La Ville de Paris ; — fragment d'une décoration.		(S. 1885).
110. — Portrait de Mᵐᵉ G. D...		(S. 1885).
111. — Portrait de Mᵐᵉ R. J...		(S. 1886).
112. — Une femme nue qui se chauffe.		(S. 1887).
113. — Quatre panneaux décoratifs pour l'École de Pharmacie.	(M. I. P. et B.-A.).
... — Le soir de la Vie.		(A Paris, Mairie du 1ᵉʳ Arrondissement).

BEYLE (Pierre-Marie), né à Lyon. — Méd. 3ᵉ cl. 1881, 2ᵉ cl. 1887. — A Paris, boulevard de Clichy, 6.

114. — Un sauvetage ; — Dieppe.	(S. 1887).
... — Les pêcheuses de moules.	(Musée de Reims. - S. 1881).
... — Les brûleuses de Varech.	(Musée de Vienne (Isère). - S. 1884).
... — La mauvaise nouvelle.	(S. 1885).

BIESSY (Gabriel), né à Mont-de-Marsan, élève de MM. Thénot et Carolus-Duran. — A Paris, rue Denfert-Rochereau, 77.

115. — « L'enfant dort. »   (S. 1888).

BILHAUT (Ernest), élève de Etex et de M. Millet. — A Paris, rue du Bagnolet, 93.

116. — La Fidélité anxieuse.   (S. 1882).

BILLET (Pierre), né à Cantin (Nord), élève de M. J. Breton. — Méd. 3ᵉ cl. 1873, 2ᵉ cl. 1874. — A Cantin (Nord) et à Paris, chez MM. Boussod, Valadon et Cⁱᵉ, 9, rue Chaptal.

117. — Pécheuses de crevettes.	(App. à MM. Boussod, Valadon et Cⁱᵉ - S. 1888.)
118. — Une bergère.	(App. à MM. Boussod, Valadon et Cⁱᵉ).
119. — Ramasseuse d'herbes.	(App. à M. Ternynck).
120. — L'Attente.	(App. à Toathsudson).

BILLOTTE (René), né à Tarbes, élève de Fromentin. — A Paris, boulevard Berthier, 29.

121. — La fin du jour à Bernay.	(S. 1884).
122. — Coucher du soleil, en Hollande.	(S. 1886).

BINET (G.-Adolphe), né à La Rivière-Saint-Sauveur (Calvados), élève de M. Gérôme. — Méd. 3ᵉ cl. 1885. — A Paris, rue des Plantes, 74.

123. — L'heure de la soupe.   (S. 1887).

BINET (J.-B.- Victor), né à Rouen. — Méd. 3ᵉ cl. 1882, 2ᵉ cl. 1886. — A Paris, rue de la Glacière, 18 bis.

124. — La plaine ; — St-Aubin-sur-Quillebeuf.	(Musée d'Amiens. - S. 1886).
125. — La Bièvre, près Arcueil.	(M. I. P. et B.-A. - S. 1887).
126. — Soir d'hiver, à Vauharlin (Seine-et-Marne).	(M. I. P. et B.-A. - S. 1888).

BISSON (Edouard L.F.), né à Paris.—A Paris, boulevard du Montparnasse, 152.

127. — Portrait de Mᵐᵉ ***.   (S. 1887).

BLANC (Joseph), né à Paris, élève de M. Cabanel. — Prix de Rome 1867, méd. 1870, 1ʳᵉ cl. 1872, ✳ 1878, méd. 2ᵉ cl. 1878 (E. U.)

... — Le vœu de Clovis.
... — Le baptême de Clovis.
... — Le triomphe de Clovis.
.. — Gregoire de Tours écrivant l'histoire de France.
(Peintures murales exécutées au Panthéon).

BLAYN (Fernand), né à Paris, élève de Cabanel. — Méd. 3ᵉ cl. 1886. — A Paris, avenue de Breteuil, 63.

128. — Un enterrement de jeune fille ; — Picardie.   (S. 1886).
129. — Une barque de sauvetage.

BLOCH (Alexandre), né à Paris, élève de Bastien-Lepage et de M. Gérôme. — Méd. 3ᵉ cl. 1885. — A Paris, rue d'Orsel, 11.

130. — Défense de Rochefort-en-Terre.   (Musée de Quimper. - S. 1885).
131. — La chapelle de la Madeleine, à Malestroit.   (Musée de Quimper. - S. 1886).
132. — Mort du général Beaupuy.   (M. I. P. et B. A. - S. 1888).

BOCQUET (P. Louis), né à Bordeaux, élève de M. J.-P. Laurens. — A Sèvres, rue Troyon, 1.

133. — Saint-Simon, martyr.   (S. 1888.)

BOMPARD (Maurice), né à Rodez, élève de P. Boulanger et de M. J. Lefebvre. — Méd. 3ᵉ cl. 1880. — A Paris, rue Méchain, 10.

134. — Le repos du modèle.   (Musée de Rennes. - S. 1880).
135. — Un début à l'atelier.   (Musée de Marseille. - S. 1881).

BONNAT (Léon), né à Bayonne (Basses-Pyrénées), élève de L. Cogniet. — Méd. 2ᵉ cl. 1861, rap. 1863, méd. 2ᵉ cl. 1867 (E. U.), ✱ 1867, méd. d'hon. 1869. M. de l'Inst. O. ✱ 1874, C. ✱ 1882. — A Paris, rue Bassano, 48.

136. — Portrait de S. E. le cardinal Lavigerie.   (S. 1888).
137. — Portrait de M. Pasteur et de sa petite-fille, Mlle Vallery-Radot. (S. 1886).
138. — Victor Hugo.   (S. 1879).
139. — Portrait de M. Alexandre Dumas.   (S. 1887).
140. — Portrait de M. Jules Ferry.   (S. 1888).
141. — Portrait de Mᵐᵉ la Comtesse Potocka.   (S. 1881).
142. — Scheiks arabes.
143. — Portrait de Mᵐᵉ ***
144. — Portrait de M. Puvis de Chavannes.   (S. 1882).
145. — Portrait.

BONNEFOY (Henry), né à Boulogne-sur-Mer (Pas-de-Calais), élève de Léon Cogniet. — Méd. 3ᵉ cl. 1880, 2ᵉ cl. 1884. — A Paris, rue Fontaine, 42.

146. — Matinée de Septembre.   (Musée de Boulogne-sur-Mer. - S. 1884).
147. — Fin Mai.   (S 1887).

BORCHARD (Edmond), né à Bordeaux, élève de Cabanel et de MM. Bourdon et Van Marcke. — A Paris, place Pigalle, 11.

148. — Serré de près.   (S. 1884).

BORDES (Ernest), né à Pau, élève de MM. Bonnat et Cormon. — Méd. 3ᵉ cl. 1884, 2ᵉ cl. 1886. — A Paris, impasse Hélène, 15.

149. — « Le concierge est tailleur. »   (Musée de Pau. - S. 1881).
150. — St-Julien l'Hospitalier.   (Musée de Pau. - S. 1884).
151. — Mort de l'Evêque Prœtextatus.   (Musée de Reims. - S. 1886).

BOUCHER (Alfred-J.), né à Nantes, élève de A Sauzay. — A Paris, rue de Lancry, 45.

152. — Octobre au Long-Rocher ; — forêt de Fontainebleau.   (S. 1885).

BOUCHOR (Joseph-Félix), né à Paris, élève de M. Benjamin-Constant. — A Paris, rue Monsieur-le-Prince, 22.

153. — Le Printemps, au Val-Freneuse (Normandie).   (S. 1888).

BOUDIN (Eugène), né à Honfleur (Calvados). — Méd. 3ᵉ cl. 1881, 2ᵉ cl. 1883 — A Paris, place Vintimille, 11.

154. — Un coucher de soleil ; — marine.
155. — Les Lamaneurs.

BOUDOT (Léon), né à Besançon, élève de M. Français. — Méd. 3ᵉ cl. 1888. — A Besançon, quai de Strasbourg, 13.

156. — Octobre, en Franche Comté.   (App. à M. Vanoutryve. - S. 1888).

BOUGUEREAU (A.-William), né à La Rochelle, élève de Picot. — Prix de Rome 1850, méd. 2ᵉ cl. 1855 (E. U.), 1ʳᵉ cl. 1857, ✻ 1859, méd. 3ᵉ cl. 1867 (E. U.), membre de l'Institut 1876, O. ✻ 1876, méd. d'honn. 1876 (E. U.), méd. d'honneur, 1885, C. ✻ 1885. — A Paris, rue Notre-Dame des Champs, 75.

157. — Premier deuil.   (S. 1888).
158. — Jeunesse de Bacchus.   (App. à MM. Knœdler et Cⁱᵉ - S. 1884).
159. — Baigneuse.   (App à M. Banigam. - S. 1888).
160. — Portrait de M. W. B...
161. — Chanson du printemps.   (App. à M. Knœdler et Cⁱᵉ).
162. — L'Amour vainqueur.   (App. à M. le Bᵒⁿ d'Erlanger).
163. — Vierge aux anges.
164. — Jesus-Christ rencontre sa mère.   (A l'église Saint-Vincent-de-Paul).
165. — L'Annonciation.   (id.   id.   ).
166. — Petite boudeuse.   (App. à MM. Tedesco frères).

BOULARD (A.-Emile), né à Paris, élève de son père. — A Paris, quai d'Anjou, 13.

167. — Un graveur.   (S. 1888).

BOURGAIN (Gustave), né à Paris, élève de M. Gérôme. — A Paris, boulevard Rochechouart, 57 bis.

168. — A bord de l'*Austerlitz*.   (S. 1888).

BOURGEOIS (V.-Eugène), né à Paris. — Méd. 3ᵉ cl. 1885. — A Neuilly-sur-Seine, passage Masséna, 5.

169. — Juin ; — Villerville (Calvados),   (S. 1887).

BOURGEOIS (Urbain), né à Nevers, élève de Cornu, de H. Flandrin et de Cabanel. — Méd. 3ᵉ cl. 1877, 2ᵉ cl. 1880. — A Paris, rue de l'Abbaye, 13.

170. — L'Innocence.   (M. I. P. et B. A. - S. 1883).
171. — Portrait de Mᵐᵉ B...   (S. 1880).
... — Coupole du théâtre de Constantine (Algérie).

BOURGOGNE (Pierre), né à Paris, élève de Lequien et de M. Galland. — A Sèvres (Seine-et-Oise), rue de Brancas, 32 ter.

172. — Une cueillette ; — fleurs.   (S. 1888).

BOURGONNIER (Claude), né à Paris, élève de Cabanel et de M. Falguière. — A Paris, rue Aumont-Thiéville, 6.

173. — Le ferronnier.

BOUTIGNY (Emile), né à Paris, élève de Cabanel. — Méd. 3ᵉ cl. 1884. — A Paris, rue Nollet, 56.

174. — La Confrontation.   (Musée d'Albi. - S. 1886).
175. — Le lendemain de Champigny, à Bry-sur-Marne.   (S. 1888).
... — Boule de Suif.   (Musée de Carcassonne. - S. 1884).

BRAMTOT (H.-Alfred), né à Paris, élève de M. Bouguereau. — Prix de Rome, 1879, méd 3ᵉ cl. 1879, 2ᵉ cl. 1885. — A Paris, rue d'Assas, 84.

176. — Tobie.   (Musée de Bourges. - S. 1885).
177. — Les amis de Job.   (S. 1886).
178. — Léda.   (S. 1888).

BREST (Fabius), né à Marseille, élève de Loubon. — Méd. 1864. — A Paris, rue de Douai, 52.

179. — Débarcadère, à Scutari, sur le Bosphore. (S. 1888).
180. — Tour de Galata à Constantinople. (S. 1879).

BRETEGNIER (Georges), né à Héricourt (Haute-Saône), élève de MM. Meissonier et Gérôme. — A Paris, rue d'Assas, 68.

181. — Portrait de Mme C. M....   (App. à M. C. M. - S. 1883).
182. — Une audience du Pacha à Tanger. (S. 1887).
183. — Une partie à Sidi Zarzour ; — Biskra. (S. 1888).

BRETON (A.-Emile), né à Courrières (Pas-de-Calais). — Méd. 1866, 1867 et 1868, 1re cl. 1878 (E. U.). ✳ 1878. — A Courrières (Pas-de-Calais).

184. — * Un soir, après la tempête. (S. 1885).
185. — * Soleil couchant, en mer. (S. 1888).
186. — Noël : — paysage.
187. — * Matinée d'hiver.
188. — L'Hiver. (S. 1879).
189. — Effet de lune.
... — La chûte des feuilles. (Musée du Luxembourg. - S. 1885).

BRETON (A.-Jules), né à Courrières (Pas-de-Calais), élève de Félix de Vigne et de Drölling. — Med. 3e cl. 1855 (E. U.), 2e cl. 1857, 1re cl. 1859, Rapp. 1861, ✳ 1861, méd. 1re cl. 1867 (:. U.), O. ✳ 1867, méd. d'honn. 1872, membre de l'Institut 1886. — A Courrières (Pas-de-Calais).

190. — Le matin.   (App. à M. Goldschmidt. - E. N. 1883).
191. — Jeunes filles allant à la procession. (S. 1888).
192. — L'appel du soir.
193. — L'Etoile du berger. (S. 1888).
194. — Le soir, dans les hameaux du Finistère ; — esquisse du tableau.
195. — Portrait de Mme J. B... (E. N. 1883).
196. — Paysan fuyant l'orage ; — esquisse.
197. — La fille du mineur. (E. N. 1883).
198. — Femme de Douarnenez.
199. — Paysans courant à un incendie ; —esquisse.

BRIELMAN (J.-Alfred), né à Paris, éleve de Lavieille. — Méd. 3e cl. 1882. — A Paris, rue de Chabrol, 16.

200. — Sous les grands chênes ; — forêt de Tronçay (Allier). (S. 1887).
201. — Les premiers rayons ; — gué de l'Oyard, à Urçay (Allier). (S. 1888 .

BRILLOUIN (Georges), né à Saint-Jean-d'Angély (Charente-Inférieure), élève de Drölling et de M. Louis Cabat. — Méd. 1865 et 1869, méd. 3e cl. 1874. — A Paris, rue de la Planche, 11 bis.

202. — Le guet-apens. (S. 1887)

BRISPOT (Henri), né à Beauvais, élève de M. Bonnat. — Méd. 3e cl. 1885. — A Paris, avenue Trudaine, 3.

203. — En province. (S. 1881).

BRISSOT DE WARVILLE (S.-Félix), ne à Sens (Yonne), élève de Léon Cogniet. — Méd. 2e cl. 1882. — A Versailles, rue Neuve, 17.

204. — Interieur de bergerie. (S. 1888).
205. — La rentrée du troupeau. (S. 1888).
206. — La lande.
207. — La mare.

BROUILLET (P. André), né à Charroux (Vienne), élève de MM. Gérôme et J. P. Laurens.— Méd. 3e cl. 1884, 2e cl. 1886.—A Paris, boulevard du Montparnasse, 139.

208. — La Tania ; — noce juive à Constantine. (App. à M. Château. - S. 1885).
209. — Le Paysan blessé. (Musee de Grenoble. - S. 1886).
210. — Portrait de M. Galand.
211. — Une leçon clinique à la Salpétrière. (M. I. P. et B. A. - S. 1887).
212. — Portrait de M. de Fourcaud. (S. 1885).
213. — Portrait de M. P. Mantz.

BROWN (J.-Lewis), né à Bordeaux. — Méd. 1865, 1866, 1867, ✻ 1870. — A Paris, rue de Bruxelles, 30.

214. — ◦ Before the Steeple-chase. » (App. à Mme la princesse de Scey-Montbéliard.-S. 1888).
215. — La rencontre.   (App. à M. Et. Moreau-Nélaton. - S. 1888).
216. — Rendez-vous de chasse à courre.   (App. à M. Hertz).
217. — ◦ Hereford's shire Huntsmann ».   (App. à M. Durand-Ruel).

BRUN (Charles), né à Montpellier, élève de Picot et de Cabanel. — Méd. 1868. — A Paris, rue des Martyrs, 29.

218. — Visite de la Sainte-Vierge à Sainte Elisabeth.   (S. 1886).

BRUNEL (Jean-Baptiste), né à Avignon, élève de M. Bouguereau.— A Avignon, rue Joseph-Vernet, 23.

219. — Sous les aubes ; — soir d'automne, environs d'Avignon.   (S. 1887).

BRUNET (Jean), né à Poitiers, élève de Boulanger et de M. Gérôme. — A Paris, rue de Seine, 35.

220. — La Barque à Caron.   (Musée de Poitiers. - S. 1879).
221. — Les Gibets du Golgotha.   (Musée de Poitiers. - E. N. 1883).
222. — La famille du peintre.   (S. 1888).
... — Triomphe de Duguesclin.
            (Plafond de la salle des fêtes de l'Hôtel-de-Ville de Poitiers. - S. 1885).

BULAND (Eugène), né à Paris, élève de Cabanel et de M. Yvon. — Méd. 3e cl. 1885, 2e cl. 1887. — A Charly (Aisne).

223. — Les Héritiers.   (S. 1887).
   . — Mariage innocent.   (Musée de Carcassonne. - S. 1884).
... — Restitution à la Vierge.   (Musée de Caen. - S. 1885).
... — Tireurs d'arbalète.   (Musée du Luxembourg. - S. 1888).

BURGKAN (Mlle Berthe), née à Paris, élève de Boulanger et de M. J. Lefebvre.— A Paris, rue de Chabrol, 18.

224. — Portrait de Mme B...   (S. 1885).

BUSSON (Charles), né à Montoire (Loir-et-Cher), élève de Rémond et de M. Français. — Méd. 3e cl. 1855 (E. U.), rapp. 1857, 1859 et 1863, ✻ 1866, Méd. 3e cl. 1867 (E. U.), 1re cl. 1878 (E. U.), O. ✻ 1887. — A Paris, place Pigalle, 5.

225. — L'abreuvoir du Vieux-Pont.   (App. à Mme G. R. - S, 1880).
226. —* Château de Lavardin (Loir-et-Cher).   (S. 1882).
227. —* Après l'orage ; — plaine de Montoire (Loir-et-Cher).   (S. 1883).
228. — Dernière journée d'été.   (Musée d'Amiens. - S. 1885).
229. — * Place de Lavardin.   (S. 1888).
230. — Vieille ferme normande.   (Musée de Nice. - S. 1878).

BUSSON (Georges), né à Paris, élève de son père et de M. Luminais. — Méd. 3e cl. 1887. — A Paris, rue Alfred-Stevens, 7.

231. — Un retour de chasse.   (S. 1888).
232. — Lunch après la chasse.   (S. 1887).

CABANE (Edouard), né à Paris, élève de MM. Bouguereau et T. Robert-Fleury. — A Paris, rue Notre-Dame-des-Champs, 70 bis.

233. — Portraits de mes Parents.   (S. 1886)
234. — Portrait de M. L. de C...   (S. 1888).
235. — Portrait de mon ami Pomès.   (S. 1884).
236. — Portrait de M. de Foville.   (S. 1887).

CABAT (Louis-N.), né à Paris, élève de Flers. — Méd. 2ᵉ cl. 1834, ✳ 1843, O. ✳ 1855, méd. 3ᵉ cl. 1867 (E. U.), membre de l'Institut 1867. — A Paris, rue de la Planche, 1,

237. — Chemin montant à Bercenay-en-Othe. (S. 1886).
238. — Un rivage. (S. 1887).
239. — Le moulin à vent de Bercenay-en-Othe.
240. — Chemin ombreux.
241. — Les bois de Bercenay-en-Othe.

CABRIT (Jean), né à Bordeaux. — A Bordeaux, rue de la Rousselle, 77.
242. — Le bois de Captieux. (M. I. P. et B. A. - S. 1888).

CAGNIART (Emile), né à Paris, élève de M. Guillemet. — Méd. 3ᵉ cl. 1887. — A Paris, rue de Navarin, 6.
243. — Le soleil et la neige. (S. 1887).
(Voir Dessins).

CAIN (George J.-A.), né à Paris, élève de Cabanel et de M. Detaille. — A Paris, rue Lafayette, 111.
244. — Portrait de Mᵐᵉ J. de M... (E. N. 1888).
245. — Le buste de Marat, aux Piliers-des-Halles. (App. à M. A. Cruse. - S. 1880).
246. — Pajou faisant le buste de Mᵐᵉ Du Barry. (App. à M. Chauchard. - S. 1885).
... — A l'église. (Musée d'Amiens. - S. 1886).

CAIN (Henri), né à Paris, élève de MM. J.-P. Laurens et Detaille. — A Paris, rue Rougemont, 8.
247. — Le Viatique dans les Champs. (S. 1886).
248. — Au Louvre ; — salle de la sculpture de la Renaissance. (S. 1888).

CALLOT (George), né à Paris, élève de M. E. Adan. — Méd. 3ᵉ cl. 1882, 2ᵉ cl. 1888. — A Paris, rue Saint-Ferdinand, 22.
249. — Le crépuscule (Musée de Louviers. - S. 1882).
250. — La mort de la Cigale. (S. 1888).

CARAUD (Joseph), né à Cluny (Saône-et-Loire), élève de Abel de Pujol. — Méd. 3ᵉ cl. 1859, 2ᵉ cl. 1861, rapp. 1863, ✳ 1867. — A Paris, rue Bochard-de-Saron, 9.
251. — La Pie. (S. 1882).
252. — Le déjeûner. (S. 1887).
253. — Toilette de la Mariée. (S. 1888).

CAROLUS-DURAN (E.-A.), né à Lille. — Méd. 1866, 1869 et 1870, ✳ 1872, 2ᵉ cl. 1878 (E. U.), O. ✳ 1878, méd. d'honneur 1879. — A Paris, passage Stanislas, 11 (rue Notre-Dame-des-Champs, 58).
254. — Portrait de Mᵐᵉ la comtesse V... (S. 1879).
255. — * Andromède. (S. 1887).
256. — Portrait de M. Z... (S. 1884).
257. — Portrait de Mlle Lee-Robbins. (S. 1885).
258. — L'éveil. (S. 1886).
259. — Portrait de ma fille. (S. 1888).
260. — Portrait de Louis Français. (S. 1888).
261. — Portrait de M. Pasteur.
262. — Portrait de la fille de M. Louis S...
263. — Portraits de Mlles de T...

CARRIÈRE (Eugène), né à Gouvray-sur-Marne (Seine-et-Oise), élève de Cabanel. — Méd. 3ᵉ cl. 1885, 2ᵉ cl. 1887. — A Paris, impasse Hélène, 15.
264. — Marcel ; — portrait. (S. 1886).
265. — Jean Dolent ; — portrait. (S. 1888).
266. — L'enfant malade. (Musée de Montargis. - S. 1885).
267. — Premier voile. (M. I. P. et B. A. - S. 1886).
268. — Louis-Henri Devillez : — portrait. (S. 1887).

CARTERON (Eugène), né à Paris, élève de MM. A. et L. Glaize. — Méd. 3ᵉ cl. 1878. — A Paris, rue Bara, 5 bis.

269. — Le Rebouteux.   (Musée d'Agen. - S. 1882).
... — L'Enfant prodigue.   (Museo de Beziers. - S. 1878).

CARTIER (Karl), né à Paris, élève de Boulanger et de MM. Carolus-Duran et Gérôme. — Méd. 3ᵉ cl. 1888. — A Paris, rue Boissonade, 13.

270. — Un coin de Boulogne-sur-Mer.   (M. I. P. et B. A. - S. 1888).

CASTAGNARY (Mme Amélie), née à Saint-Mandé (Seine), élève de MM. Henner et Carolus-Duran. — A Paris, rue Brémontier, 9.

271. — Pivoines en arbre.   (M. I. P. et B. A. — S. 1888).

CAVÉ (Jules), né à Paris, élève de MM. Bouguereau et T. Robert-Fleury. — Méd. 3ᵉ cl. 1886. — A Paris, rue de l'Assomption.

272. — La Martyre, aux Catacombes de Rome.   (S. 1886).

CAZIN (J.-Charles), né à Samer (Pas-de-Calais), élève de M. Lecoq de Boisbaudran. — Méd. 1ʳᵉ cl. 1880, ✻ 1882. — A Paris, rue du Luxembourg, 40.

273. — Tobie.   (Musée de Lille. - S. 1881).
274. — Souvenir de Fête.   (App. à la Ville de Paris. - S 1882).
275. — Judith ; — le départ.   (S. 1884).
276. — L'Orage.   (App. à M. H. Adam).
277. — Une Ville morte ; — M...-S.-M..   (App. à M. Blumenthal).
278. — Lonely place.   (App. à M. H. Adam).
279. — Un Village.   (App. à M. Coquelin aîné).
280. — La Marne.   App. à M. Antonin Proust).
... — Ismaël.   (Musée du Luxembourg. - S. 1881).
                                                      (Voir DESSINS).

CAZIN (Mme Marie), née à Paimbœuf (Loire-Inférieure). — A Paris, rue du Luxembourg, 40.

281. — Anes au pâturage.   (S. 1880).

CESBRON (Achille), né à Oran, élève de MM. Bonnat et Cormon. — Méd. 3ᵉ cl. 1884, 2ᵉ cl. 1886. — A Paris, rue Jacquemont, 13.

282. — Métempsycose.   (Musée d'Angers. - S. 1884).
283. — Fleur du Sommeil.   (M. I. P. et B.-A. - S. 1886).
284. — Les pommes de terre.
... — L'Ouest.   (Panneau décoratif. — App. à la manufacture de Beauvais).

CHAIGNEAU (Ferdinand), né à Bordeaux, élève de Brascassat. — A Paris, boulevard Malesherbes, 147.

285. — Le dernier rayon.   (S. 1886).
286. — La sortie de la ferme.   (S. 1887).
287. — Lisière de bois.   (App. à Mᵐᵉ Vve B...)

CHALON (Louis), né à Paris, élève de G. Boulanger et de M. J. Lefebvre. — A Paris, cité Malesherbes, 16.

288. — Circé.   (S. 1888).

CHANET (Henri), né à Paris, élève de M. Bonnat. — A Paris, rue Descombes, 14.

289. — Portrait de la mère de l'auteur.   (Appart. à Mᵐᵉ D. C... - E. N. 1888).

CHAPERON (Eugène), né à Paris, élève de Pils et de M. Detaille. — Méd. 3ᵉ cl. 1887. — A Paris, rue Claude-Vellefaux, 40.

290. — La douche au régiment.   (S. 1887).

CHARNAY (Armand), né à Charlieu (Loire), élève de Pils. — Méd. 3ᵉ cl. 1876, 2ᵉ cl. 1886. — A Marlotte, par Bourron (Seine-et-Marne).

291. — La terrasse aux chrysanthèmes. (S. 1886).
292. — Soir d'automne ; — parc de Sansac. (S. 1887).

CHARTRAN (Théobald), né à Besançon, élève de Cabanel. — Prix de Rome 1877, méd. 3ᵉ cl. 1877, 2ᵉ cl. 1881. — A Paris, place Malesherbes, 9.

293. — Le Cierge. (Musée de Caen).
294. — Portrait de Mᵐᵉ Weldon. (S. 1888).
295. — Portrait de M. Ch. Lefebvre.
296. — Portrait de M. Mounet-Sully ; — rôle d'Hamlet. (S. 1887).
297. — Portrait de M. J. Story.
298. — Portrait de M. le marquis de Reverseaux.
299. — Portrait de Mᵐᵉ Lambert.
300. — Portrait de Mlle Réjane.
301. — Portrait de Mme la baronne G. de Rothschild.
... — Les fastes de la Science Française. (Escalier d'honneur, Nouvelle Sorbonne, à Paris).

CHICOTOT (Georges), né à Paris, élève de Boulanger et de MM. Hanoteau et P.-J. Blanc. — A Paris, quai aux Fleurs, 13,

302. — Les grands chênes. (S. 1884).

CHIGOT (H.-A.-Eugène), né à Valenciennes, élève de Cabanel et de M. Vayson — Méd. 3ᵉ cl. 1887. — A Paris, rue Lafayette, 11.

303. — La pêche interrompue. (Musée de Limoux. - S. 1887).
... — Marius échappe aux émissaires de Sylla. (Musée de Valenciennes. - S. 1886).

CHOCARNE-MOREAU (Charles), né à Dijon, élève de MM. Bouguereau et T. Robert-Fleury. — A Paris, rue Pergolèse, 12.

304. — Portrait du sculpteur Mathurin Moreau, dans son atelier. (S. 1886).

CHOQUET (Jules), élève de MM. Harpignies et Bergeret. — A Paris, avenue Victoria, 5.

305. — Dessert rustique. (App. à M. H. P. Soufflot. - S. 1888).

CLAIRIN (Georges), né à Paris, élève de Picot et de Pils. — Méd. 3ᵉ cl. 1882, 2ᵉ cl. 1885, ✳ 1888. — A Paris, rue de Rome, 62.

306. — Les brûleuses de varech ; — pointe du Raz (Bretagne). (S. 1882).
307. — Portrait d'une danseuse. (S. 1884).
308. — Portrait de Mᵐᵉ P. de B...
309. — Portrait de M. Mounet-Sully. (S. 1888).
... — Plafond du théâtre de Monte-Carlo.
... — Plafond et foyer. (Théâtre de Cherbourg).
... — Plafond, salle et foyer. (Eden-Théâtre).
.. — Les Maures vainqueurs de Grenade. (Musée d'Agen. - S. 1885).
.. — L'Orient ; — panneau decoratif, (Bourse du Commerce, à Paris).
... — Panneaux décoratifs à la Sorbonne.

CLARY (Eugène), né à Paris. — A Paris, place Pigalle, 11.

310. — La Seine, aux Andelys (Eure). (S. 1888).
311. — Paysage à Champigny. (S. 1885).

CLAUDE (Eugène), né à Toulouse. — Méd. 3ᵉ cl. 1887. — A Asnières, rue Vieille-d'Argenteuil, 88.

312. — « Ah ! bottes d'asperges. » (S. 1882).
313. — Pour les confitures ; — prunes. (App. à M. J. Ferré. - S. 1884).
314. — Chez la crémière ; — les fromages blancs.
(App. à Mᵐᵉ la baronne N. de Rothschild - S. 1887).

CLAUDE (V. George), né à Paris, élève de son père et de M. P. V. Galland. — Méd. 3ᵉ cl. 1884. — A Paris, boulevard de Clichy, 21.

315. — Adoration de la Croix, le Vendredi Saint, au Mont-Cassin ; — Italie. (S. 1884).
316. — Portrait de M. A. Civiale. (S. 1887).

CLAUDE (J. Max.), né à Paris, élève de M. P. V Galland. — Méd. 1866 et 1869, 2ᵉ cl., 1872. ✴ 1884. — A Paris, rue de Douai, 22.

317. — Au printemps. (App. à M. Ch. Prevet. - S. 1882).
318. — A la mer. (S. 1885).

COËSSIN DE LA FOSSE (A. Charles), né à Lisieux, élève de Picot. — Méd. 3ᵉ cl. 1873. — A Paris, boulevard Lannes, 13.

319. — La Messe des Morts dans le Morbihan.

... — Les éclaireurs de Hoche ; — désarmement de la Vendée.
(Musée de Carcassonne. - S. 1882).

COËYLAS (Henry), né à Joinville-le-Pont, élève de Pils, de Boulanger et de MM. Jules Lefebvre et G. Ferrier. — A Paris, rue du Jour, 5.

320. — Intérieur de l'église Saint-Etienne-du-Mont, à Paris. S. 1886).

COLIN (Gustave), né à Arras, élève de T. Couture. — A Paris, rue Fontaine-Saint-Georges, 14.

321. — Les Lamaneurs basques ; — rade de St-Jean-de-Luz. (Musée du Puy. - S. 1881).
322. — La messe du matin en Navarre. (M. I. P. et B. A. - S. 1886).

COLIN (Paul), né à Nîmes, élève de son père et de M. J.-P. Laurens. — Méd. 3ᵉ cl 1875, ✴ 1883. — A Paris, quai Malaquais.

323. — La mare de Criquebeuf. (App. à M. Bicard. - S. 1882).
324. — La mare de Guéville. (Musée de Nîmes. - S. 1883).
325. — L'entrée de la ferme de maître Emile. (M. I. P. et B. A. - S. 1887).
326. — Le fossé de la ferme Loysel. (M. I. P. et B. A. - S. 1888).

COLIN-LIBOUR (Mme Uranie), née à Paris, élève de Rude, de Bonvin et de M. Muller. — A Paris, passage Alfred-Stevens, 10.

327. — Charité. (M. I. P. et B.-A. - S. 1888).

COLLIN (Raphaël), né à Paris, élève de Cabanel. — Méd. 2ᵉ cl. 1873, ✴ 1884. — A Paris, rue de Vaugirard, 152 (6, impasse Rongin).

328. — Portrait de mon père. (S. 1878).
329. — Portrait de M. G..... (S. 1878).
330. — Portrait de Mlle ••• (S. 1880).
331. — Portrait de Mlle B.... (S. 1888).
332. — Portrait de la jeune G..... (S. 1885).
333. — Portrait de Mᵐᵉ P.... (S. 1887).
334. — Le Matin (App. à M. Johnston).
... — Eté. (A Gothenbourg (Suède). - S. 1884).
... — Floréal. (Musée du Luxembourg. - S. 1886).
... — Fin d'été. (A Paris, à la Sorbonne. - S. 1888).

COMBE-VELLUET (Alphonse), né à Poitiers, élève de M. Gérôme.— A Niort, rue de la Comédie, 9.

335. — L'étang de la Fontaine-aux-Loups. (S. 1882).

COMERRE (Léon), né à Trélon (Nord), éleve de Cabanel. — Méd. 3ᵉ cl. 1875, prix de Rome 1875, med. 2ᵉ cl. 1881, ✴ 1885. — A Paris, rue Ampère, 67.

336. — Silène et les Bacchantes. (S. 1883).
337. — Portrait de Mlle A. Fould. (S. 1883)
338. — Portrait de Mlle C. F... (S. 1885).

339. — Portrait de M. Raphaël Duflos ; — rôle de Don Carlos, dans Hernani.   S. 1887).
340. — Portrait de M. Gustave Larroumet, professeur à la Sorbonne ; — Directeur des
Beaux-Arts.   (App. à M. Gustave Larroumet).
... — Le Destin.   (S. 1888).
... —. Quatre panneaux ; — fragments de décoration de la mairie du IVe arrondissement.
    1. Le Printemps ; — 2. L'Été ; — 3. L'Automne ; — 4. L'Hiver. —

CORMON (Fernand), né à Paris, élève de Fromentin, de Cabanel et de Portaëls.
— Méd. 1870, 2e cl. 1873, prix du Salon 1875, méd. 3e cl. 1878 (E. U.), ✵ 1880, méd.
d'honneur 1887. — A Paris, rue Rochechouart, 38.

341. — Etude de fleurs.   (S. 1881).
342. — L'âge de pierre.   (M. I. P. et B.-A. - S. 1884).
343. — Déjeûner d'amis.   (S. 1885).
344. — Portrait de M. Marcel Deprez.   (S. 1885).
345. — Portrait de M. le Professeur Hayem.   (S. 1886).
346. — Portrait de M. Henry Maret.   (S. 1888).
347. — Portrait de Mme F.....
... — Caïn.   (Musée du Luxembourg. - S. 1880).
... — Les vainqueurs de Salamine.   (Musée du Luxembourg. - S. 1887).

CORNELLIER (Etienne), né à Marseille, élève de MM. V. Dupré et J.-B. Olive
— A Paris, rue Rochechouart. 5.

348. — La Joliette ; — Marseille.

COURANT (A.-F.-Maurice), né au Havre, élève de M. Meissonier. — Méd. 1870,
2e cl. 1887. — A Poissy (Seine-et-Oise), Clos de l'Abbaye.

349. — Au port.   (App. à M. Holden. - S. 1878).
350. — Le calme.   (App. à M. Sarasate. - S. 1879).
351. — La barque à Godebi.   (Musée de Rouen. - S. 1881).
352. — A l'ouvert du port.   (App. à Mme Piérard. - S. 1886).
353. — Le Vieux-Bassin au crépuscule.   (Musée du Havre. - S. 1887).
.... — Dans l'avant-port.   (S. 1887).

COURTAT (Louis), né à Paris, élève de Cabanel. — Méd. 3e cl. 1873 et 1874 et
méd. 1re cl. 1875. — A Paris, boulevard St-Germain, 169.

354. — Baigneuse.

COURTOIS (Gustave), né à Pusey (Haute-Saône), élève de M. Gérôme. —
Méd. 3e cl. 1878, 2e cl. 1880. — A Paris, boulevard Bineau, 73 (Parc de Neuilly).

355. — Portrait de Mme D...   (S. 1888).
356. — Une bienheureuse.   (S. 1888).
357. — Dante et Virgile aux Enfers.   (Musée de Besançon. - S. 1880).
358. — « Un glaive transpercera ton âme. »   (App. à M. H. Péreire. - S. 1880).
359. — Sous les noisetiers.
360. — Portrait de Mme de R...   (S. 1878).
361. — Portrait de petite fille.   (E. N. 1883).
... — La bayadère.   (S. 1882.)
... — Enterrement d'Atala.   (S. 1884).

COUTURIER (Léon), né à Mâcon, élève de Cabanel et de M. Danguin. — Méd. 3e cl.
1881. — A Paris, boulevard Berthier, 31.

362. — Le Récit ; — guerre de 1870-71.   (App. à M. G. Protat. - S. 1881).
... — Marche forcée dans le Sud-Oranais.   (Musée de Nantes).
... — Branle-bas de combat à bord de « l'Amiral-Duperré ».   (Au palais de l'Elysée).
... — Le dimanche à bord.   (M. I. P. et B.-A.).

CURZON (P. Alfred de), né à Poitiers, élève de Drölling et de M. Cabat. — Méd. 2ᵉ cl. 1857, rapp. 1859, 1861 et 1863, ✳ 1865, méd. 3ᵉ cl. 1867 (E. U.), 2ᵉ cl. 1878 (E. U.). — A Paris, boulevard Suchet, 15.

363. — Acropole d'Athènes en 1852.   (Musée de Poitiers. - S. 1878.
364. — Bord du Gardon, près le pont du Gard.   (App. à M. H. Barboux. - S. 1883).
365. — Campagne et acropole d'Athènes en 1852.   (S. 1880).
366. — Dans la Forêt-Noire, près de Badenweiler.   (S. 1885).
367. — La source du Lion.   (S. 1886).
368. — Campagne de Rome, près des ruines de Gabies.   (S. 1887).
(Voir DESSINS).

DAGNAN-BOUVERET (Pascal-A.-J.), né à Paris, élève de M. Gérôme. — Med. 3ᵉ cl. 1873, 1ʳᵉ cl. 1880, ✳ 1885. — A Neuilly-sur-Seine, boulevard Bineau, 73.

369. — La Bénédiction.   (App. à M. Trétiakoff. - S. 1882).
370. — Le Pardon.   (App. à MM. Tooth. - S. 1887).
371. — Portrait de M. Henry Pereire.
372. — Portrait de mon grand-père.   (Salon de 1879).
373. — Vaccination.   (App. à M. Turner. - E. N. 1883).
... — Le pain bénit.   (Musée du Luxembourg. - S. 1885).
... — La Vierge.   (App. à la Pinacothèque de Munich. - S. 1885).
... — Chevaux a l'abreuvoir.   (Musée du Luxembourg. - S. 1880).
... — L'Accident.   (App. à M. Walters, de Baltimore. - S. 1880).

DAMERON (Émile-Ch.), né à Paris, élève de M. Pelouse. — Méd. 3ᵉ cl. 1878, 2ᵉ cl. 1881. — A Paris, rue Rochechouart, 38.

374. — Les bords de l'Aven.   (Musée de Quimper. - S. 1878).
375. — La nuée qui monte.   (S. 1886).
376. — Le petit bras de la Seine, à Villennes.   (M. I. P. et B. A. - S. 1888).
377. — Les bords de la Sarthe.   (Musée de Senlis. - S. 1886).

DAMOYE (P.-Emmanuel), né à Paris, élève de Corot, de Daubigny et de M. Bonnat. — Méd. 3ᵉ cl. 1879, 2ᵉ cl. 1884. — A Paris, boulevard de Clichy, 9.

378. — L'Ile Saint-Denis en-hiver.   (S. 1882).
379. — La plaine de Gennevilliers.   (S. 1884).
380. — Le soleil couchant dans les marais d'Arleux.   (S. 1886).
381. — La mer à Quiberon ; — Bretagne.   (S. 1886).
382. — L'Etang de Villiers ; — Sologne.   (S. 1887).

DANTAN (Édouard), né à Paris, élève de Pils. — Méd. 3ᵉ cl. 1874, 2ᵉ cl. 1880. — A St-Cloud (Seine-et-Oise), parc de Montretout, 1.

383. — Intérieur normand.   (App. à M. A. Godillot. - S. 1883).
384. — Un atelier de moulage.   (Musée de Limoges. - S. 1884).
385. — Un moulage sur nature.   (S. 1887).
386. — Le veuf.
387. — Intérieur de pêcheur.   (App. à M. A. Révilon. - E. N. 1883).
388. — La consultation.   (A la Faculté de médecine de Bordeaux. - S. 1888).
..   — Un coin d'atelier.   (Musée du Luxembourg. - S. 1880).

DARDOIZE (Émile), né à Paris. — Méd. 3ᵉ cl. 1882. — A Paris, rue Coëtlogon, 4.

389. — La Brèche-au-Diable, près Falaise.   (S. 1883).
390. — La source.   (S. 1884).
(Voir DESSINS).

DARGENT (Alphonse), né à Verdun, élève de Cabanel. — Méd. 3ᵉ cl. 1882. — A Paris, rue Boissonnade, 11.

391. — Portrait de Mᵐᵉ A. D...   (App. à M. Alfred Duquet. - S. 1885).

DASTUGUE (Maxime), né à Castelnau-Magnac (Hautes-Pyrénées). — A Paris, rue Campagne-Première, 15.

392. — Portrait de Mᵐᵉ ***
393. — Portrait de M. G...

DAUPHIN (Eugène), né à Toulon, élève de MM. Courdouan, Humbert et Gervex. Méd. 3° cl. 1888. — A Paris, rue Jouffroy, 69.

394. — Escadre de la Méditerranée en rade de Toulon ; — effet de matin.   (S. 1888).
... — Deux panneaux décoratifs.   (Musée de Toulon).

DAVID DE SAUZÉA (Jean), né à Saint-Etienne, élève de MM. Carolus-Duran et Ed. Detaille. — A Paris, rue d'Auteuil, 68.

395. — La bonne ménagère.
396. — Retour de chasse.

DAWANT (Albert-Pierre), né à Paris, élève de M. J. P. Laurens. — Méd. 3° cl. 1880, 2° cl. 1885. — A Paris, rue Ampère, 9.

397. — La barque de St-Julien l'Hospitalier.   (S. 1885).
398. — Une maîtrise d'enfants ; — souvenir d'Italie.   (M . P. et B. A. - S. 1888).

DEBAT-PONSAN (Edouard-B.), né à Toulouse, élève de Cabanel. — Méd. 2° cl. 1874, ✿ 1881, — A Paris, avenue Victor-Hugo, 55.

399. — Maternité rustique.
400. — Portrait de Mme Pouquet.   (S. 1884).
401. — Portrait de Mme Debat-Ponsan.   (S. 1885).
402. — Portrait de M. Constans, ministre de l'Intérieur.   (S. 1880).
403. — Portrait de Mme ***
... — Piété de Saint-Louis pour les morts.   (Cathédrale de la Rochelle. - S. 1879).
... — Une porte du Louvre, le jour de la Saint-Barthélemy.
                                                (Musée de Clermont. - E. N. 1883).

DE CONINCK (Pierre-L.-J.), né à Méteren (Nord), élève de L. Cogniet. — Méd. 1866, 1868, 3° cl. 1873. — A Méteren (Nord).

404. — Portrait de feu Mgr Bouché.
405. — Le Trappiste.   (S. 1885).
406. — En Flandre ; — paysanne flamande conduisant un taureau (type du pays). (S. 1885).
407. — Portrait de Mlle F...   (S. 1884).
408. — Portrait de M. Chapu, statuaire, membre de l'Institut.   (S. 1880).

DEFAUX (Alexandre), né à Bercy (Seine).— Méd. 3° cl. 1874, 2° cl. 1875, ✿ 1881 A Paris, boulevard Rochechouart, 49.

409. — Entrée des anciennes carrières de Montmartre.

DELACROIX (Henry-E.), né à Solesmes (Nord), élève de Cabanel. — Méd. 3° cl. 1876. — A l'académie de Valenciennes (Nord).

410. — La chûte des Titans.   (S. 1888).
... — Le triomphe de Saint-Martin ; — peinture décorative.
                                        (Eglise Saint-Martin-de-Touch, près Toulouse).

DELAHAYE (Ernest-J.), né à Paris, élève de M. Gérôme. — Méd. 3° cl. 1882, 2° cl. 1884. — A Paris, cité Gaillard, (rue Blanche), 1.

411. — L'Usine à gaz.   S. 1884).
412. — Sedan ; — charge héroïque commandée par le général de Galiffet. (S. 1888).
... — Plafond allégorique ; — mairie de Saint-Denis.   (Exp. spéciale de la ville de Paris).
... — Charge du 12° hussards à la bataille de Marengo. (Ministère de la guerre. - S. 1887).

DELANCE (Paul-L.), né à Paris, élève de M. Gérôme. — Méd. 3° cl. 1881, 1re cl. 1888. — A Paris, rue St-Ferdinand, 22.

413. — La Légende de Saint-Denis.   (M. I. P. et B.-A. - S. 1888).

DELANCE-FEURGARD (Mme Julie), née à Paris, élève de MM. Gérôme, Bonnat et Delance. — A Paris, rue St-Ferdinand, 22.

414. — La Crèche.   (S. 1888).

Groupe 1.   2.

DELANOY (Hippolyte-P.), né à Glasgow (Ecosse), de parents français, élève de Ch. Gleyre et de MM. Barrias, Bonnat et Vollon. — Méd. 3° cl. 1879. — A Paris, rue des Dames, 32.

415. — Le Coran.   (App. à M. Céalis. - S. 1879).
416. — La table du citoyen Carnot.   (App. à M. Picart. - S. 1881).
417. — Chez Don Quichotte.   (M. I. P. et B. A. - S. 1879).

DELAUNAY (Elie), né à Nantes, élève de F. Sotta, de H. Flandrin et de Lamothe. — Prix de Rome 1856, méd. 3° cl. 1859, 2° cl. 1863, 1865, 2° cl. 1867 (E. U), ✻ 1867, méd. 1ʳᵉ cl. 1878 (E. U.) O. ✻ 1878, membre de l'Institut, 1879.— A Paris, rue Notre-Dame-de-Lorette, 58.

418. — Portrait de Mlle G...
419. — Portrait du Général Mellinet
420. — Portrait de M. Ch...
421. — Portrait de Mᵐᵉ Barboue.
422. — Portrait de M. H. de B...
423. — Portrait de Mᵐᵉ T...
424. — Portrait de M. R...
425. — Portrait de Mᵐᵉ M...
426. — Portrait de M. l'Abbé ✻✻✻
427. — Portrait de Mᵐᵉ D...

DELHUMEAU (Gustave-H.-E.), né à Moutiers-les-Maufai (Vendée), élève de L. Cogniet et de Cabanel. — A Paris, rue Bayen, 31.

428. — Portrait du général Février.   (S. 1885),
429. — Portrait de Mᵐᵉ Mendon.   (S. 1887).

DELOBBE (F.-Alfred), né à Paris, élève de MM. Lucas et Bouguereau. — Méd. 3° cl. 1874, 2° cl. 1875. — A Paris, rue d'Alésia, 27.

430. — La fin du jour, à Penmarch.   (S. 1886).
431. — Les premières avances.   (S. 1888).
432. — Nymphe surprise.   (S. 1887).

DELPY (H.-C.), né à Joigny (Yonne), élève de Corot et de Daubigny. — Méd. 3° cl. 1884. — A Paris, rue Caumartin, 9.

433. — Crépuscule après l'orage.   (App. à M. M... - S. 1888).
434. — Les bords de la Seine, à Rangiport ; — temps de pluie.   (App. à M. M...)

DEMONT (Adrien-L.), né à Douai (Nord), élève de M. Emile Breton. — Méd. 3° cl. 1879, 2° cl. 1882. — A Montgeron (Seine-et-Oise).

435. — Le blé qui mûrit.
436. — Village de pêcheurs.
437. — Vieux paysan.
438. — Les œillettes.   (App. à M. Sedelmeyer. - S. 1888).
439. — L'hiver en Flandre.   (App. à M. Sedelmeyer. - S. 1888).
440. — Fiançailles.   (M. I. P. et B. A. - S. 1887).
441. — L'approche du gros temps.   (S. 1885).
... — La nuit.   (Musée du Luxembourg. - S. 1884).
... — La briqueterie.   (Musée de Douai. - S. 1880).

DEMONT-BRETON (Mᵐᵉ Virginie-E.), née à Courrières (Pas-de-Calais), élève de M. Jules Breton.— Méd. 3ᵉ cl. 1881, 2ᵉ cl. 1883.— A Montgeron (Seine-et-Oise).

442. — La vague.
443. — Les loups de mer.   (Musée de Gand. - S. 1885).
444. — Le pain.   (S. 1887).
445. — Le bain.   (S. 1888).
446. — La danse enfantine.   (S. 1887).
... — La plage.   (Musée du Luxembourg. - S. 1883).

DESBORDES (Mᵐᵉ Louise-A.), née à Angers, élève de M. A. Stevens.— A Paris, rue des Beaux-Arts, 4 bis.

447. — Les libellules.   (App. à M. G. Clairin).

DESBROSSES (Jean), né à Paris, élève de A. Scheffer et de Chintreuil. — Méd. 3ᵉ cl. 1882, 2ᵉ cl. 1887. — A Paris, rue de Seine, 47.

448. — Les fonds de la Bourboule.
449. — La vallée du Mont-Dore.   (M. I. P. et B. A. - S. 1887).
450. – La montée du Petit Saint-Bernard.   (S. 1882).
451. — La Roche-Béranger.   (S. 1886).
452. — Les fonds de la Limagne.   (S. 1887).

DESCHAMPS (Louis), né à Montélimar (Drôme), élève de Cabanel. — Méd. 1877. — A Paris, 31, boulevard Berthier.

453. — Consolatrice des affligés.   (M. I. P. et B.-A. - S. 1888).
454. — Vu un jour de printemps.   (Musée de Carcassonne. - S. 1884).
455. — Folle.   (Musée de La Rochelle. - S. 1886).
456. — Sommeil de Jésus.
... — L'abandonnée.   (Musée du Luxembourg).
... — La mort de Mireille.   (Musée de Marseille).
... — La cribleuse.   (Musée de Montélimar).
... — Vincent blessé.   (Musée d'Avignon).

DESGOFFE (Blaise), né à Paris, élève de H. Flandrin et de M. Bouguereau.—Méd. 3ᵉ cl. 1861, 2ᵉ cl. 1863, ✻ 1878. — A Paris, rue Dutot, 1.

457. — Armes et armures anciennes.   (S. 1886).
458. — Bijoux, roses et étoffes.   (App. à M. Loys Brueyre).
459. — Faïences italiennes. dahlias et étoffe.   App· à M. Bouguereau. - S. 1883).
460. — Vases et fruits.   (App. à M. Bouguereau. - S. 1885).
461. — Cristal de roche et tapis.   (App. à M. Bernheim jeune).
462. — Vase et tapis.   (App. à M. Bernheim jeune. - S. 1888).

DESGOFFE (Jules-A.-E.), né à Paris, élève de MM. B. Desgoffe, Bouguereau et T. Robert-Fleury. — A Paris, rue de Vaugirard, 152.

463. — Armes et armures anciennes.   (App. à M. Brueyre).

DESMARQUAIS (Ch.-Hippolyte), né à Bouray, élève de M. J. Desmarquais. — A Paris, boulevard de Vaugirard, 99.

464. — Bords de la Seine.

DESTREM (Casimir), né à Toulouse, élève de M. Bonnat. — Méd. 3ᵉ cl. 1879, 2ᵉ cl. 1886. — A Paris, rue Notre-Dame-des-Champs, 127.

465. — Ruth et Booz.   (S. 1886).
... — La fin du jour.   (Musée du Luxembourg. - S. 1885).
... — La Saint-Roch ; — bénédiction des animaux dans la campagne du Languedoc.
                                                          (Musée de Toulouse. - S. 1878).
... — Scène rustique.   (Musée de Fécamp. - S. 1880).
... — Coup de vent.   (Musée de Toulouse. - S. 1884).

DETAILLE (Edouard), né à Paris, élève de M. Meissonier. — Méd. 1869 et 1870, 2ᵉ cl. 1872, ✻ 1873, O. ✻ 1881, méd. d'honn. 1888. — A Paris, boulevard Males-herbes, 129.

466. — Le Rêve.   (M. I. P. et B. A. - S. 1888).
467. — Cosaques de l'Ataman ; — garde impériale russe.
                                                          (App. à S. M. l'empereur de Russie).
468. — Bivac du bataillon des tirailleurs de la famille impériale.
                                                          (App. à S. M. l'empereur de Russie).
469. — « Son ancien régiment ».   (App. à M. Lutz).
470. — La Revue.   (App. à M. Benoît Oriol).
471. — Officier du 5ᵉ régiment de hussards ; — 1806. (App. à M. Grégoire).

DEYROLLE (Théophile-L.), né à Paris, élève de Cabanel et de M. Bou-guereau. — Méd. 3ᵉ cl 1887. — A Concarneau (Finistère).

472. — Joueurs de boules.   (S. 1887).

DIDIER (Jules), né à Paris, élève de L. Cogniet et de M. J. Laurens. — Prix de Rome 1857, méd. 1866 et 1869. — A Paris, rue de Vaugirard, 59.

473. — Entre Rome et Civita-Vecchia.   (S. 1883).
474. — Le Gué-Champagne ; — environs d'Autun.   (S. 1885).
475. — Un char de blé.   (S. 1887).
476. — Une bagarre ; — scène de la campagne romaine.   (S. 1888).
                                                    (Voir DESSINS et GRAVURE).

DIÉTERLE (Mme Marie, née Van-Marke), née à Sèvres (Seine-et-Oise), elève de son père. — Méd. 3e cl. 1884. — A Paris, rue Pierre-Charron, 68.

477. — Cour de ferme.   (App. à M. le Dr Nivert. - S. 1884).
478. — Un coin d'herbage ; — Normandie.   (App. à MM. Le Roy et Cie. - S. 1888).
479. — Les saules de Fontaines.   (App. à MM. Le Roy et Cie).

DIÉTERLE (Pierre-Georges), né à Paris, élève de Corot. — A Paris, rue de Bruxelles, 3 et à Criquebeuf (Seine-Inférieure).

480. — La valleuse de Criquebeuf (Seine-Inférieure).   (S. 1887).
481. — La fin d'une tempête.   (S. 1888).

DIEUDONNÉ (Emmanuel de), né à Petit-Saconex (naturalisé français), élève de Cabanel. — Méd. 3e cl. 1881. — A Paris, avenue de Wagram, 35.

482. — Consacrée à Vénus.   (S. 1887).

DOUCET (Lucien), né à Paris, élève de MM. J. Lefebvre et G. Boulanger. — Méd. 3e cl. 1879, prix de Rome, 1880 , méd. 2e cl. 1887.— A Paris, rue de La Rochefoucauld, 64,

483. — Portrait de Mme Galli-Marié.   (Musée de Marseille. - S. 1884).
484. — Portrait de M. R. de M...
485. — Portrait de M. F. de D...   (S. 1887).
486. — « Five o'clock tea. »   (S. 1888).
487. — Portrait de Mlle M. du M...   (S. 1887).
488. — Soirée d'automne.
489. — Portrait de M. Ch. D...   (S. 1883).
490. — Portrait de M. R. Julian.   (S. 1878).

DOYEN (Gustave), né à Festieux (Aisne), élève de M. Bouguereau. — Méd. 3e cl. 1882. — A Paris, rue Notre-Dame-des-Champs, 106.

491. — La Vieille.   (Musée de Laon. - S. 1882).
492. — Portrait de Mlle Jeanne R...   (S. 1887).

DUBOIS (Paul), né à Nogent-sur-Seine (Aube), élève de Toussaint. — ✻ 1867, O. ✻ 1874, M. de l'Inst. 1876, Méd. 1re cl. 1876, 1re cl. 1878 (E. U.) — A Paris, à l'École des Beaux-Arts.

493. — Portrait du Dr Jules Parrot.   (E N. 1883).
494. — Portrait de Mlle ···.   (S. 1881).
495. — Portrait de M. ···.   (E N. 1883).
496. — Etude.   (S. 1880).

DUBOUCHET (Gustave-J.), né à Rome, de parents français, élève de son père et de MM. Bouguereau et Sautai. — A Paris, rue Littré, 5.

497. — Aiglefin et rougets.   (S. 1887).

DUBUFE (Edouard-M.-G.), né à Paris, élève de son père et de M. Mazerolle. — A Paris, avenue de Villiers, 43.

498. — Musique sacrée et Musique profane ; — diptyque.   (M. I. P. et B. A. - S.1882).
499. — Un Nid.   (S. 1884)
500. — Portrait.
... — Plafond du foyer public, au Théâtre-Français.

DUEZ (Ernest-A.), né à Paris, élève de Pils. — Méd. 3ᵉ cl. 1874, 1ʳᵉ cl. 1879 ✻ 1880. — A Paris, boulevard Berthier, 39.

501. — Portrait d'Ulysse Butin. (S. 1880).
502. — Le soir, à Villerville. (App. à M. Georges Petit).
503. — Autour de la lampe. (Au palais de l'Elysée. - S. 1882).
504. — Portrait rouge ; — Mᵐᵉ D.... (S. 1886).
505. — En famille ; — dans le pré. (App. à M. Brame)
506. — Le soir ; — coucher de soleil avec animaux. (M. I. P. et B. A. - S. 1881).
507. — Les mousses. (App. à M. le Dʳ Amodru).
508. — Le Pont-Neuf. (App. à M. Stewart).
509. — Paysage. (App. à M. Ernest May).
... — Saint-Cuthbert. (Musée du Luxembourg. - S. 1879).

DUFFAUD (J.-B.), né à Marseille, élève de MM. Gérôme et Barrias. — A Paris, rue du Cherche-Midi, 9.

510. — Quiétude. (S. 1886).

DUFOUR (Camille), né à Paris, élève de L. Cogniet et de M. Ch. Jacque. — Méd. 3ᵉ cl. 1887. — A Paris, rue Fontaine, 33.

511. — Episy (Seine-et-Marne). (App. à la mairie de Ferrières. - S. 1885).
512. — Avignon en décembre. (M. I. P. et B. A. - S. 1888).
... — L'Etang de Rochefort-en-Terre (Morbihan).— (Musée de Carcassonne. - S. de 1883.)

DUMAS (P.-Paul), ne à Chatou (Seine-et-Oise), élève de MM. V. Leclaire et Dameron. — A Paris, boulevard des Batignolles, 29.

513. — L'oie aux marrons. (S. 1885).

DUPAIN (Edouard-L.), né à Bordeaux, élève de Gabanel. — Méd. 3ᵉ cl. 1875, 1ʳᵉ cl. 1877. — A Paris, boulevard du Montparnasse, 152.

514. — Les Girondins Pétion et Buzot, le soir du 30 prairial. (Musée de Libourne. - S. 1880).
515. — Portrait de l'amiral Mouchez, directeur de l'Observatoire de Paris. (S. 1887).
... — Le droit de sortie ; — Bordeaux, XVIᵉ Siècle. (Au tribunal de commerce de Bordeaux).
... — Passage de Vénus devant le Soleil. (Plafond, à l'Observatoire de Paris).

DUPRÉ (Jules-L.), né à Nantes. — Med. 2ᵉ cl. 1833, ✻ 1849, méd. 2ᵉ cl. 1867 (E.U.), O. ✻ 1870. — A Paris, chez son fils, rue Lauriston, 104.

516. — Le marais. (App. à M. Stumpf).
517. — Le ravin. (App. à M. Donatis).
518. — Clair de lune ; — marine.
519. — Le ruisseau ; — vue prise à Coussac (Haute-Vienne). (App. à M. Courtin).

DUPRÉ (Julien), né à Paris, élève de Pils, de Lehmann et de M. Laugee. — Méd. 3ᵉ cl. 1880, 2ᵉ cl. 1881. — A Paris, boulevard Flandrin, 10.

520. — L'heure de la traite. (S. 1888).
521. — La fenaison.
522. — Les faucheurs de luzerne. (Musée du Luxembourg. - S. 1880).
... — La récolte des foins. (A Glasgow).
... — Au pâturage. (Musée de Saint-Louis, Etats-Unis).
... — La vache enragée. (Musée du Luxembourg).
... — Le ballon. (A l'Eden-Musée à New-York).

DUPUIS (Pierre), né à Orléans, élève de L. Cogniet et de H. Vernet. — Méd. 3ᵉ cl. 1884. — A Paris, rue Capron, 35.

523. — La femme au bain. (S. 1884).
524. — Le Christ au tombeau. (S. 1886).

DURANGEL (Léopold), né à Marseille, élève de Wachsmuth et de H. Vernet. — Méd. 3ᵉ cl. 1886. — A Paris, rue de Bruxelles, 30.

525. — Portrait de Mlle C. D... (S. 1886).
526. — « Pour mon pays. » (S. 1888).

DURST (Auguste), né à Paris, élève de MM. E. Hébert et Bonnat. — Méd. 2ᵉ cl. 1884. — A Puteaux (Seine), avenue de la Défense, 51

527. — Dindons.   (S. 1883).
528. — La sieste; — poules.   (S. 1884).
529. — Les filles au fermier.   (S. 1887).

DUTZSCHHOLD (Henri), né à Paris, élève de MM. Gérôme, Harpignies et Véron. — Med. 3ᵉ cl. 1882. — A Paris, boulevard du Montparnasse, 114.

530. — * La Marne: — une ondée sur les côteaux de Chennevières, à La Varenne-Saint-Hilaire.
                                                                   (S. 1882).

DUVERGER (Théophile-E.), né à Bordeaux. — Méd. 3ᵉ cl. 1861, rap. 1863, med. 1865. — A Ecouen (Seine-et-Oise).

531. — * La bénédiction du pain dans l'église d'Ecouen.   (S. 1887).
532. — * Un lunch à Ecouen.   (S. 1888).

EDOUARD (Albert-J.), ne à Caen, élève de L. Cogniet et de MM. Gérôme et Delaunay. — Méd. 3ᵉ cl. 1882, 2ᵉ cl. 1885. — A Paris, quai St-Michel, 19.

533. — Kiomara, femme gauloise, apportant à son époux la tête de son ennemi. (S 1884).
534. — Briseis et ses compagnes pleurant sur le corps de Patrocle.   (S. 1885).
535. — Portrait de M. A. de L...   (S. 1883).

EHRMANN (François-Em.), né à Strasbourg, élève de Gleyre. — Méd. 1865, 1868, 3ᵉ cl. 1874, ✳ 1879. — A Paris, boulevard du Montparnasse, 25.

536. — Les Lettres, les Arts et les Sciences dans l'antiquité. (M. I. P. et B. A. - S. 1888).

ÉLIOT (Maurice), né à Paris, élève de Cabanel et de M. Bin. — Méd. 3ᵉ cl. 1887. — A Paris, rue Houdon, 3.

537. — Portrait de Mᵐᵉ B...   (S. 1887).
538. — Le jour des prix.   (Musée de Sedan. - S. 1887).
539. — Enterrement de jeune fille.   (Musée de Lille. - S. 1888).
540. — Portrait de M. André Saglier.   (S. 1888).

ENAULT (Mme Alix), née à Paris, élève de MM. F. Willems et Bonnat.—A Paris, rue Taitbout, 80.

541. — L'Abbesse de Jouarre.   (S. 1887).

FAIVRE (Maxime), né à Paris, élève de G. Boulanger et de M. Gérôme. — Méd. 3ᵉ cl. 1884. — A Paris, cité Malesherbes, 5 bis.

542. — L'envahisseur ; — scène de l'âge de pierre.
                                                   (App. à M. le comte Le Marois. - S. 1884).
543. — Les deux mères.   (Musée de St-Germain. - S. 1888).
544. — Portrait de Mᵐᵉ F...   (S. 1885).

FANTIN-LATOUR (Henri-J.-T.), né à Grenoble, élève de son père et de M. Lecoq de Boisbaudran. — Méd. 1870, 2ᵉ cl. 1875, ✳ 1879. — A Paris, rue des Beaux-Arts, 8,

545. — Scène finale du « Rheingold ».   (S. 1880).
546. — Nuit de printemps.   (S. 1884).
547. — Tannhaüser.   (S. 1886).
548. — Tentation.
549. — Siegfried et les filles du Rhin.   (App. à M. Grégory).
                                                   (Voir DESSINS ET GRAVURE).

FATH (René-M.), né à Paris, élève de Cabanel et de M. Bernier. — A Maisons-Laffitte (Seine-et-Oise), rue du Chemin-Vert, 2.

550. — Le hallier.   (S. 1887).
551. — Le chemin creux.   (S. 1888).

FERRIER (Gabriel), né à Nîmes, élève de Pils et de M. Hébert. — Prix de Rome 1872, méd. 2° cl. 1876, 1re cl. 1878, ✳ 1884. — A Paris, rue Saint-Didier, 62.

552. — Portrait de M. Claretie, de l'Académie française (S. 1888).
553. — Portrait de M. Bétolaud. (S. 1886).
554. — Portrait de M. Pourcelt, président de la Cnambre des Notaires. (S. 1888).
555. — Sainte-Agnès, martyre. (Musée de Rouen. - E. N. 1883).
556. — Printemps ; — panneau décoratif. (S. 1881).
557. — Salammbô. (S. 1880).

FERRY (Jules), né à Bordeaux, élève de Cabanel. — Méd. 3° cl. 1886. — A Paris, rue André del Sarte, 15.

558. — Diane au bain. (S. 1886).

FEYEN (Eugène), né à Bey-sur-Seille (Meurthe-et-Moselle), élève de Paul Delaroche. — Méd. 1866, 2° cl. 1880, ✳ 1881. — A Paris, boulevard de Clichy, 11.

559. — Curage d'un parc aux huîtres.
560. — * Avant l'orage. (S. 1885).
561. — Le lavoir de la Houle. (App. à M. Charlton-Parr. - S. 1888).

FICHEL (Eugène-B), né à Paris, élève de P. Delaroche. — Méd. 3° cl. 1857, rap. 1861, méd. 1869, ✳ 1870. — A Paris, rue Fortuny, 36.

562. — Chanteurs ambulants. (App. à Mme E. Halphen. - E. N. - S. 1883).
563. — Après la recette. (App. à M. Lamarre. - E. N. - S. 1884).
564. — Rapport au général. (App. à M. Cassigneul. - E. N. - S. 1887).
565. — Le jour des fermages. (App. à Mme Georget).
566. — Plan de campagne.

FLAHAUT (Léon), né à Paris, élève de Corot. — Méd. 3° cl. 1869, 2° cl. 1878, ✳ 1881. — A Paris, boulevard Malesherbes, 139.

567. — Le retour à la ferme. (S. 1881).

FLAMENG (François), né à Paris, élève de son père, de Cabanel, de Hédouin et de M. J.-P. Laurens. — Méd. 2° cl. 1879, ✳ 1885. — A Paris, avenue des Ternes, 55.

568. — Les joueurs de boules. (S. 1886).

FLAMENG (M.-Auguste), né à Metz, élève de MM. E. Vernier, Dubufe, Maze-rolle, E. Delaunay, Puvis de Chavannes et J. P. Laurens. — Med. 3° cl. 1881, 2° cl. 1888. — A Paris, rue Ampere, 61.

569. — Marée basse à Cancale.
570. — Marine. (M. . P. et B. A. - S. 1887).
571. — Bateaù de pêche, à La Rochelle. (App. à M. E. Siegfried).
572. — Embarquement d'huîtres à Cancale. (Musée de Toul. - S. 1888).
... — Bateau de pêche à Dieppe. (Musée du Luxembourg).

FLANDRIN (J.-Paul), né à Lyon, élève d'Ingres. — Méd. 2° cl. 1839, 1re cl. 1847, 2° cl. 1848, ✳ 1852. — A Paris, rue Garancière, 10.

573. — En automne. (S. 1884).
574. — Un groupe d'arbres. (S. 1887).

FLEURY (Mme Fanny), née à Paris, élève de MM. Henner et Carolus-Duran. — A Paris, rue Fontaine, 37.

575. — L'abri de varech. (M. I. P. et B. A. - S. 1888).

FLICK (Emile), né à Metz, élève de M. Meissonier. — A Paris, rue de Lubeck, 35.

576. — A la porte Maillot, par un temps de neige. (S. 1881).

FONVIELLE (Ulric de), né à Paris, élève de MM. Yvon et Flameng. — A Neuilly-sur-Seine, avenue de Madrid, 17.

577. — L'Éclipse de lune de 1887. (S. 1888).

FOUACE (G.-Romain), né à Reville (Manche), élève de M. Yvon. — A Paris, rue du Val-de-Grâce, 9.

578. — Coin d'office.   (S. 1888).
579. — Les confitures.

FOUBERT (L.-Emile), né à Paris, élève de MM. Bonnat, Busson et H. Lévy. Méd. 3ᵉ cl. 1880, 2ᵉ cl. 1885. — A Paris, rue Bréda, 15.

580. — Tentation.   (App. à M. F. Desclers. - S. 1887),
581. — Portrait de Mᵐᵉ B...   (App. à Mᵐᵉ B.... - (S. 1885).
582. — Le Satyre et le Passant.

FOURIÉ (Albert), né à Paris, élève de MM. J.-P. Laurens et J. Gautherin. — Méd. 3ᵉ cl. 1884, 2ᵉ cl. 1887. — A Paris, rue Notre-Dame-des-Champs, 70 bis.

583. — La mort de Mᵐᵉ Bovary.   (E. N., - S. 1888).
584. — Un repas de noce, à Yport.   (M. I. P. et B. A. - S. 1887).
585. — La dernière gerbe ; — Yport.   (S. 1888).

FOURNIER (L.-EDOUARD-), né à Paris, élève de Cabanel. — Prix de Rome 1881, méd. 3ᵉ cl. 1885. — A Paris, rue Monsieur-le-Prince, 22.

586. — Le fils du Gaulois.   (Musée de Belfort. - S. 1885).
587. — Velléda.   (M. I. P. et B. A. - S. 1887).

FOURNIER (Hippolyte), née à Rablay (Maine-et-Loire), élève de M. J. P. Laurens. — A Paris, boulevard Edgar-Quinet, 55.

588. — La Femme du lévite d'Ephraïm.   (S. 1887).

FRANÇAIS (F.-Louis), né à Plombières (Vosges). — Méd. 3ᵉ cl. 1841, 1ʳᵉ cl. 1848, ✳ 1853, méd. 1ʳᵉ cl. 1855 (E. U.), 1ʳᵉ cl. 1867 (E. U.), O. ✳ 1867, méd. d'hon. 1878 (E. U.). — A Paris, boulevard du Montparnasse, 139.

589. — Vue du château d'Ollwiller   (App. à M. Aimé Gros).
590. — Le Printemps, au ravin du Neuf-Pré.   (App. à Mᵐᵉ Durand-Claye. - (S. 1886).
591. — * Un coin de villa, à Nice.   (S. 1888).
592. — La Grand'Route, à Combes-la-Ville.   (App. à M. Lutz. - S. 1880).
593. — Vue prise dans la vallée de Rossillon.   (App. à M. Chateau. - S. 1879).
594. — * Les Bains de Diane ; — garenne Lemot, à Clisson.   (S. 1888).
595. — Château Lemot, à Clisson ; — vue prise à travers un bois de pins. (App. à M. Dubois).
596. — * Repos sous bois, au bord de la Sèvre, à Clisson.
597. — * Les premières feuilles ; — ravin du Neuf-Pré, environs de Plombières.
598. — Villa Félipa, au-dessus de Villefranche.   (App. à M. Alf. Hartmann. - S. 1882).

FRAPPA (José), né à Saint-Etienne, élève de Pils et de M. P. C. Comte. — A Paris, rue Pergolèse, 12 bis.

599. — Portrait de Mᵐᵉ M...   (App. à M. Meyer. - S. 1888).

FRÈRE (Ch.-Edouard), né à Paris, élève de Couture, et de MM. A. Defaux et Ed. Frère. — Méd. 3ᵉ cl. 1883. — A Paris, boulevard Rochechouart, 57.

600. — La plâtrière.   (Musée de Bordeaux. - S. 1883).
601. — Une maréchalerie.   (S. 1887).

FRIANT (Emile), né à Dieuze (Alsace-Lorraine), élève de Cabanel et de M. Devilly.— Méd. 3ᵉ cl. 1884, 2ᵉ cl. 1885. — A Nancy, rue Jeanne-d'Arc, 26.

602. — Soir d'automne.
603. — Portrait de Mᵐᵉ de M. de D...   (S. 1885).
604. — Portrait de Mᵐᵉ G...   (S. 1886).
605. — Intérieur d'atelier.   (App. à M. Poinsot. - S. 1882).
606. — Le coin favori.   (App. à M. Ginard. - S. 1884).
607. — Portrait de Mᵐᵉ P...
608. — Portrait de M. et Mᵐᵉ C...   (S. 1887).
609. — Portrait de M. J. Claretie, de l'Académie française.
610. — Portrait de M. Coquelin, dans le rôle de *Crispin*.
611. — Portrait de Mᵐᵉ C...   (S. 1887).

FRITEL (Pierre), né à Paris, élève de Cabanel et de M. Aimé Millet. — Méd. 2e cl. 1879. — A Paris, rue Mouton-Duvernet, 63.

612. — Un Martyr. (Musée d'Ambert. - S. 1879).
613. — « Solum Patriæ. » (Musée de Lorient. - S. 1885).
614. — Portrait de Mme F... (S. 1888).

GAGLIARDINI (J.-Gustave), né à Mulhouse, élève de Léon Cogniet. — Méd. 3e cl. 1884, 2e cl. 1886. — A Paris, boulevard de Clichy, 12,

615. — Cour de la ferme du père Bustel, à Béthencourt (Somme).
(App. à M. Michaël. - S. 1884).
616. — Midi au village. (App. à M. Irvy. - S. 1884).
617. — Au pays des ocres ; — Roussillon (Vaucluse). (S. 1887).
618. — Une rue à Fréville (Somme). App. à M. Émile Monteaux. - S. 1888).
619. — La Grand'Rue, à Circourt (Vosges). (S. 1888).
620. — Un coin à Chatel-Guyon (Auvergne).
... — Marché au Poisson. (Musée de Saint-Étienne).
... — Après l'avarie. (M. I. P. et B.-A. - Au palais de la Residence, a Tunis,.

GALERNE (Prosper), né à Patay (Loiret), élève de Durand -Brager et de M. Rapin. — Méd. 3e cl. 1887. — A Paris, rue de Bourgogne, 52.

621. — Bords de la Sédelle, à Crozant (Creuse). (S. 1887).

GARAUD (C.-Gustave), né à Toulon, elève de M. Français. — A Paris, rue Notre-Dame-des-Champs, 117.

622. — Bords de la Viosne. (M. I. P. et B. A. - S. 1888).
623. — Le Matin. — Vallée de Valmondois. (M. I. P. et B. A. - S. 1887).
624. — L'écluse ; bords de la Sarthe.

GARDETTE (Louis), né à Paris, élève de Pils, de Lehmann et de Boulanger. — A Paris, rue Bara, 2.

625. — Remise du corps du général Guilhem aux avant-postes français.
(M. I. P. et B. A. - S. 1886).

GARNIER (A.-Jules), né à Paris, élève de M. Gérôme. — A Paris, rue de La Trémoille, 20, et à Sèvres, pavé des Gardes, aux Bruyères.

626. — Le libérateur du territoire. (S. 1878).
627. — La Distribution des Drapaux — 14 Juillet 1880. (S. 1881.)
628. — Cigales et Fourmis. (S. 1888).
629. — Pavane. — (La Princesse de Clèves). (S. 1888).

GAUDEFROY (Alphonse), né à Paris, élève de Cogniet et de Cabanel. — A Paris, rue de Javel, 109.

630. — La cueillette du Pâqueret, à Noisy-le-Roi (Seine-et-Oise). (S. 1884).

GELHAY (Édouard), né à Braisne-sur-Visle (Aisne), élève de MM. T. Robert-Fleury et Bouguereau. — Méd. 3e cl. 1886. — A Paris, rue Blanche, 81.

631. — Un bibliophile. (Musée de Lille. - S. 1887).
632. — Aux Enfants-Assistés ; — l'abandon. (Musée de Senlis. - S. 1887).
633. — Laboratoire d'anatomie comparée, au Muséum. (Musée de St-Quentin. - S. 1888).

GÉLIBERT (B.-Jules), né à Bagnères-de-Bigorre (Basses-Pyrénées), élève de son père. — Méd. 3e cl. 1869, 2e cl. 1883. — A Paris, avenue Montaigne, 6.

634. — Sanglier au ferme.

GEOFFROY (Jean), né à Marennes (Charente-Inférieure), élève de MM. Levasseur et Eug. Adan. — Méd. 3e cl. 1883, 2e cl. 1886. — A Paris, rue du Faubourg-du-Temple, 54.

635. — L'heure du goûter. (App. à M. Bourseret. - S. 1882).
636. — L'heure de la rentrée. (App. à M. Leroy. - S. 1883).
637. — Le collier de misère. (Musée de Cambrai. - S. 1888).
638. — La sortie de classe. (S. 1888).
639. — En classe ; — le travail des petits. (S. 1888).
... — Les infortunés. (Musée du Luxembourg. - S. 1883).
... — Les affamés. (Musée de Trieste).
(Voir DESSINS).

GEORGES-SAUVAGE (A.-Auguste), né à Caen, élève de MM. Gérôme et de Lecomte du Nouy. — Méd. 3e cl. 1879. — A Paris, rue Notre-Dame-des-Champs, 86

640. — François Villon subissant la question de l'eau au Châtelet.
(Musée du Hâvre. - S. 1886).
641. — Portrait de M. H. L... (S. 1887).
... — Saint-Jérôme au désert. (A l'église d'Ollezy, Aisne. - S. 1879).

GERVEX (Henri), né à Paris, élève de Fromentin, de Cabanel et de M. Brisset. — Méd. 2e cl. 1874, rapp. 1876, ✱ 1882. — A Paris, rue de Rome, 62.

642. — Rolla. (App. à M. Bérardi).
643. — Portrait de Mme Valtesse. (App. à Mme Valtesse).
644. — Portrait de Mme Blerzy.
645. — Portrait de M. Alfred Stevens.
646. — La femme au masque.
647. — Le docteur Péan. (App. au docteur Péan).
648. — Les membres du Jury du Salon de Peinture.
649. — Portrait de Mlle de Beyens.
650. — Portrait de M. Hauch ; - étude en plein air.

GIACOMOTTI (H.-Félix), né à Quingey (Doubs), élève de Picot. — Prix de Rome 1854, méd. 1864, 1865 et 1866, ✱ 1867. — A Paris, rue de Vaugirard, 59.

651. — Le Centaure et la Nymphe. (S. 1880).
652. — Portrait de M. le Dr Charvot. (S. 1880).
653. — L'Innocence. (S. 1884).
654. — Femme se mirant dans l'eau. (S. 1886).
655. — Lady Macbeth. (S. 1886).
656. — Portrait de M. G. Dugué de La Fauconnerie. (S. 1887).

GIDE (Théophile), né à Paris, élève de P. Delaroche et de L. Cogniet. — Méd. 3e cl. 1861, méd. 1865, et 1866, ✱ 1866. — A Paris, rue Murillo, 12.

657. — Le cavalier et la servante. (App. à M. le baron de Vaux. - S. 1881).
658. — « Goûtez-moi çà ». (App. à M. Rodocanachi. - S. 1886).

GIGOUX (F.-Jean), né à Besançon. — Méd. 2e cl. 1833, 1re cl. 1835, ✱ 1842, méd. 1re cl. 1848, ☉. ✱ 1880. — A Paris, rue Chateaubriand, 17.

659. — Le dernier jour de Jeanne d'Arc, à Domremy. (S. 1886).
660. — Portrait de Mlle ···. (S. 1887).
661. — Tête de jeune fille ; — étude. (S. 1886).

GILBERT (G.-Victor), né à Paris, élève de MM. Busson et Eugène Adan. — Méd. 2e cl. 1880. — A Paris, rue Victor Massé, 26.

662. — Portrait de M. le D^r Th. Anger. (S. 1879).
663. — Une marchande de soupe ; — le matin, à la Halle. (S. 1881).
664. — Porteur de viande, à la Halle. (Musée de Bordeaux. - S. 1884).
665. — Une rue de Paris, le matin. (S. 1888).
666. — Marché d'automne. (S. 1887).
... — Un coin de la Halle aux poissons, le matin. (Musée de Lille. - S. 1880).

GILBERT (René), né à Paris, élève de M. A. Gilbert. — Méd. 3e cl. 1886. — A Paris, rue Aumont-Thiéville, 6.

667. — Pêcheur à la ligne. (S. 1887).
668. — L'atelier de teinture à la manufacture des Gobelins. (S. 1888).

GIRARD (Albert), né à Paris, élève de son père. — Prix de Rome 1861, méd. 3e cl. 1882, 2e cl. 1886. — A Paris, rue de Courcelles, 69.

669. — La première heure. (S. 1886).

GIRARD (Firmin), né à Poncin (Ain), élève de Gleyre et de M. Gérôme. — Méd.
3ᵉ cl. 1863, 2ᵉ cl. 1874. — A Paris, boulevard de Clichy, 7.

670. — Le dimanche au Bas-Meudon.   (S. 1884).
671. — Bœuf charolais au ferrage.   (S. 1886).
672. — Le cantonnier.   (S. 1887),
673. — Première communion.   (S. 1888).
674. — Sur la terrasse.   (S. 1888).
675. — Grande marée à Onnival-sur-Mer (Somme).
676. — Flambage d'un porc dans le Charolais.

GIRARDOT (Louis-Auguste), né à Loulans-les-Forges (Haute-Saône), élève de
MM. Gérôme et P. Dubois. — Méd. 3ᵉ cl. 1887. — A Paris, rue Delambre, 23.

677. — Ruth et Booz.   (Musée de Troyes. - S. 1887).

GLAIZE (Auguste-B.), né à Montpellier, élève de Achille et Eugène Dévéria. —
Méd. 3ᵉ cl. 1842, 2ᵉ cl. 1844, 1ʳᵉ cl. 1845, 2ᵉ cl. 1848, et 1855 (E. U.), ✳ 1855. — A Paris,
rue de Vaugirard, 95.

678. — Les premiers pas.   (S. 1881).
679. — Chœur de Déistes.
...   — La Force.   (Musée de Saint-Etienne).
...   — Peintures murales.   (A la Ferté-sous-Jouarre).

GLAIZE (Léon-P.-P.), né à Paris, élève de son père et de M. Gérôme. — Méd.
1864, 1866, 1868, ✳ 1877, med. 1ʳᵉ cl. 1878 (E. U.). — A Paris, rue de Vaugirard, 95.

680. — Portrait de M. Auguste Glaize.   (S. 1878).
681. — Le réveil   (Musée de Dijon. - S. 1881).
682. — Victor Hugo ; — 22 Mai 1885.   (S. 1886).
683. — Allégorie du mariage ; — panneau.
...   — (Fragment de décoration de la mairie du XXᵉ arrondissement).
                                                          (Exp. spéciale de la ville de Paris).
...   — Plafond du théâtre des Arts, à Rouen.

GŒNEUTTE (Norbert), né à Paris, élève de Pils. — A Paris, rue de Rome, 62

684. — La Descente des ouvriers dans Paris, le matin. (S. 1885).
685. — La fin du jour.   (S. 1888).
686. — La soupe du matin.   (App. à M. Brébant. - S. 1880).
687. — Le dernier salut.   (App. a Mᵐᵉ Thomasset. - S. 1881).

GORGUET (F.-Auguste), né à Paris, élève de MM. Gérôme, Boulanger, Bonnat
et Morot. — A Paris, rue Boissonnade, 6.

688. — Portrait de ma mère.   (S. 1888).

GOSSELIN (Charles), né à Paris, élève de Gleyre et de M. Ch. Busson. — Méd
1865 et 1870, 2ᵉ cl. 1874, ✳ 1878. — Au Palais de Versailles

689. — Le château d'Arques.   (Musée de Louviers. - S. 1883).
690. — Le Grand-Berneval.   (S. 1885).

GOUBIE (Richard-J.), né à Paris, élève de M. Gérôme. — Méd. 3ᵉ cl. 1874. — A
Paris, avenue de Wagram, 125.

691. — Sur la route de la foire.   (App. à M. le Baron Petiet. - E. N. 1883).
692. — L'Equipage de Chamant, au poteau de la Belle-Croix ; — forêt d'Halatte.
                                                          (App. à M. C. J. Lefèvre. - S. 1884).

GRANDSIRE (Eugène), né à Orléans, élève de MM. J. Noël et J. Dupré. — ✻ 1874. — A Paris, quai Voltaire, 25.

693. — Effet de lune dans le Kattendyck, à Anvers.   (Musée de Besançon. - S. 1884).
694. — Soleil couchant dans le bassin de la Campine, à Anvers.   (S. 1885).
695. — L'avant-port, à Dieppe.   (S. 1881).
696. — Soleil couchant dans un bassin du Nord, à Anvers.   (S. 1886).

GRIDEL (Emile-J.), né à Baccarat (Meurthe-et-Moselle), élève de Couture et de Feyen-Perrin. — Méd. 3ᵉ cl. 1886. — A Baccarat (Meurthe-et-Moselle).

697. — Prise d'un sanglier par un équipage de mâtins.   (S. 1886).

GROLLERON (Paul), né à Seignelay (Yonne), élève de M. Bonnat. — Méd. 3ᵉ cl. 1886. — A Paris, rue Lemercier, 49.

698. — Jauville; — 1870.   (App à M. B. Oriol. - S. 1888).

GROS (Lucien-Alp.), né à Wesserling (Alsace), élève de M. Meissonier. — Méd. 1867, 2ᵉ cl 1876. — A Poissy (Seine-et-Oise).

699. — Clairière.   (S. 1886).
700. — Abreuvoir de Poissy.   (S. 1886).
701. — Halte de cavaliers en haut d'une côte.   (S. 1887).
702. — Cavaliers passant.une rivière.   (S. 1888).
703. — Une cour.

GUAY (Gabriel), ne à Paris, élève de MM. Lequien et Gérôme. — Méd. 3ᵉ cl. 1878. — A Paris, rue des Gardes, 7,

704. — Le Lévite d'Ephraïm.   (Musée de Grenoble. - S. 1878).
705. — Cosette.   (S. 1882).
706. — La mort de Jézabel.   (Musée de Brest. - S. 1888).

GUELDRY (Ferdinand-J.), né à Paris, élève de M. Gérôme. — Méd. 3ᵉ cl. 1885. — A Paris, rue Rodier, 50.

707. — Une fonderie : — les mouleurs   (Musée de Saint-Etienne. - S. 1885).
708. — Le décapage des métaux.   (Musee d'Amiens. - S. 1886).
709. — Le Laboratoire municipal.   (S. 1887).

GUÉTAL (Laurent), né à Vienne (Isère). — Méd. 3ᵉ cl. 1886. — Au Rondeau, près Grenoble (Isère).

710. — Le Lac de l'Eychauda (Hautes-Alpes).   (S. 1886).
711. — Effet de neige aux environs de Grenoble.   (S. 1888).

GUIGNARD (Gaston), né à Bordeaux, élève de MM. Humbert, Gervex et Ferry — Méd. 3ᵉ cl. 1884, 2ᵉ cl. 1887. — A Paris, avenue Gourgaux, 9.

712. — Au verger.   (Musée de Montauban. - S. 1884).

GUILLEMET (Antoine-J.-B.), né à Chantilly (Oise). — Méd. 2ᵉ cl. 1874, rappel 1876, ✻ 1880. — A Paris, rue Clausel, 6.

713. — Le Vieux-Bercy.   (S. 1880).
714. — Saint-Suliac (Ille-et-Vilaine).   (S. 1883).
715. — Paris, vu de Meudon.   (App. à M. Guy. - S. 1885).
716. — Le Hameau de Landemer.   (Musée de Bordeaux. - S. 1886).
717. — La Baie de Morsaline.   (S. 1887).
718. — La Hougue.   (App. au Prince Stirberg. - S. 1887).
719. — La Chapelle des Marins, à Saint-Waast-la-Hougue.   (S. 1888).

GUILLON (Adolphe-J.), né à Paris, élève de de J. Noël et Gleyre. — Med. 1867, 2ᵉ cl. 1880. — A Paris, rue Duperré 9, et à Vézelay (Yonne).

720. —* Vézelay au XVIᵉ siècle, — panneau décoratif.   (S. 1886).
721. — Menton, au clair de lune.   (M. I. P. et B. A. - S. 1888).
... — La ville de Vézelay (Yonne).   (Musée d'Auxerre. - S. 1880).
... — Les noyers de la Cordelle.   (Musée de Dijon. - S. 1883).
... — Vézelay.   (Musée de Mâcon - S. 1885).

GUILLON (A.-Eugène), né à Paris, élève de H. Flandrin et de L. Detouche. —
A Paris, rue Méchain, 10.

722. — Portrait de M. ***. (S. 1883).

GUILLOU (Alfred), né à Concarneau (Finistère), élève de Cabanel et de M. Bouguereau — Méd. 3° cl. 1877, 2° cl. 1881. — A Paris, boulevard du Montparnasse, 161.

723. — Le dernier Marin du « Vengeur ». (Musée de Quimper. - S. 1881).
724. — Arrivée du Pardon de Sainte-Anne-de-Fouesnant, à Concarneau.
(M. I. P. et B. A. - S. 1887).
725. — Une promenade ; — soir de première Communion. (S. 1888).

GUYON (Mlle Maximilienne), née à Paris, élève de MM. Boulanger et de
J. Lefebvre et T. Robert-Fleury. — A Paris, rue Ampère, 85.

726. — La Violoniste. (S. 1888).

HANOTEAU (Hector), né à Decize (Nièvre), élève de M. Jean Gigoux. — Méd.
1864, 1868, 1869, ✳ 1870. — A Paris, rue Boissonnade, 11, et à Briet, par Cercy-la-
Tour (Nièvre).

727. — En automne. (S. 1882).
728. — Les prés du Bocage. (S. 1885).
729. — Les Nénuphars. (S. 1886).
730. — Le déversoir.

HAREUX (Ernest), né à Paris, élève de MM. Busson, Pelouse, Bin et Trottin.
— Méd. 3° cl. 1880, 2° cl. 1885. — A Paris, rue Jouffroy, 38, (Batignolles).

731. — Potager normand ; — effet de nuit. (Musée d'Epinal - S. 1880).
732. — Lever de lune après la pluie, à Saint-Aubin, près Quillebeuf.
(App. à M. Papillon. - S. 1881).

HARPIGNIES (Henri), né à Valenciennes (Nord), élève de Jean Achard. —
Méd. 1866, 1868, 1869, ✳ 1875, méd. 2° cl. 1878 (E. U.), O. ✳ 1883. — A Paris, rue
de l'Abbaye, 14.

733. — Victime de l'hiver. (App. à M. G. Delannoy. - S. 1881).
734. — Les bords du Loing. (App. à M. Denys Cochin. - S. 1882).
735. — La Loire à Briare (Loiret). (App. à Mme Bapterosses. - S. 1885).
736. —* Saules et aulnes. S. 1886.
737. — Solitude. (M. I. P. et B. A. - (S. 1887).
738. —* Etude ; — effet de Soleil. (S. 1887).
739. —* Antibes.
740. — Le Loing ; — vue prise dans le bois de la Trémellerie (Yonne). (App. à M. Skripitzine).
... — Lever de lune. (Musée du Luxembourg. - S. 1884).
... — Torrent dans le Var. (Musée du Luxembourg. - S. 1888).

HAVET (C.-J.-Henri), né à Paris, élève de M. Luc-Olivier Merson. — A Paris, rue
de Lonchamps, 20.

741. — Les ruines de Mansourah (Algérie). (S. 1887).

HÉBERT (Ernest), né à Grenoble, élève de David d'Angers et de P. Delaroche. —
Prix de Rome 1839, méd. 1re cl. 1851, ✳ 1853, méd. 1re cl. 1855 (E. U.), 2° cl. 1867
(E. U.), O. ✳ 1867, membre de l'Inst. 1874. C. ✳ 1874. — A Rome, Villa Médicis.

742. — La Muse du Nord. (App. à M. Hollander. - S. 1882).
743. — Aux Héros sans gloire. (App. à Mme Grandin de l'Eprevier. - S. 1888).

HEILBUTH (Ferdinand), né à Hambourg (naturalisé français). — Méd. 2° cl.
1857, rap. 1859 et 1861, ✳ 1861, O. ✳ 1881. — A Paris, rue Ampère, 47.

744. — Jour d'été. (App. à M. A. Dreyfus, - S. 1887).
745. — Rencontre.
746. — Promenade. (App. à M. A. Dreyfus. - S. 1884).
747. — Le goûter.
748. — Souvenir de la Tamise.

HENNER (Jean-Jacques), né à Bernwiller (Alsace), élève de Drölling et de Picot.
— Prix de Rome, 1858, méd. 1863, méd. 1865 et 1866, ✳ 1873, 1ʳᵉ cl. 1878 (E. U.),
O ✳ 1878. Membre de l'Inst. 1889. — A Paris, place Pigalle, 11.

749.	— Femme qui lit.		(S. 1888).
750.	— Andromède.	(E. N. - S. 1884).
751.	— Fabiola.		(S. 1885).
752.	— Christ en croix.		(S. 1886).
753.	— Portrait de Mᵐᵉ D. F...		(S. 1883).
754.	— Saint-Sebastien.	(M. I. P. et B. A. - S. 1888).
755.	— Portrait de mon frère.		(S. 1883).
756.	— Portrait de Mᵐᵉ ***		

HERMANN-LÉON (Charles), né au Havre (Seine-Inférieure), élève de
Fromentin et de M. Ph. Rousseau. — Méd. 3ᵉ cl. 1873, 2ᵉ cl. 1879. — A Paris, avenue
Frochot, 8.

757.	— Chien de berger.	(S. 1884).
758.	— * L'étoile du berger.	(S. 1882).
759.	— * « Attendant le maître ».	(S. 1887).
760.	— * La fin de la journée.	(S. 1888).
..	— Action.	(Musée de Morlaix. - S. 1878).
...	— Hallali courant.	(Au ministère de l'Intérieur. - S. 1879).
...	— Au loup !	(Musée du Havre. - S. 1881).

HIRSCH (A.-Alexandre), né à Lyon, élève de H. Flandrin et de Gleyre.— A Paris,
rue Notre-Dame-des-Champs, 73.

761. — Portrait de M. J. H...   (S. 1887).

HUMBERT (Ferdinand), né à Paris, élève de Picot, de Fromentin et de Cabanel.
— Méd. 1866 , 1867 et 1869 , méd. 3ᵉ cl. 1878 (E. U.), ✳ 1878, O. ✳ 1885. — A Paris,
avenue Frochot, 8.

762.	— Portrait de Mᵐᵉ S....	(S. 1881).
763.	— Portrait de Mlle M....	(S. 1882).
764.	— Portrait de M. P. Lagarde.	(S. 1883).
765.	— Maternité ; — tryptique.	(S. 1888).
...	— Fin de la journée.	(Mairie du XVᵉ arrondissement. - S. 1885).
...	— La Guerre.	id. (S. 1886).
...	— « Pro Patriâ ».	(Au Panthéon. - S. 1886).

ISENBART (Emile), né à Besançon, élève de M. Fanart. — A Besançon, Beaure-
gard.

766. — Avril en Franche-Comté.
767. — Prairie à Montferrand.

IWILL (M.-Joseph), né à Paris, élève de C. Kuwasseg et de M. Lansyer.— A Paris,
quai Voltaire, 11.

768. — Octobre ; — la Meuse à Dordrecht.   (S. 1888).
(Voir DESSINS).

JACOB (Stéphen), né à Baigneux (Côte-d'Or), élève de Boulanger et de M. Bonnat
— Méd. 3ᵉ cl. 1887. — A Paris, boulevard Berthier, 19.

769. — Portrait de Mᵐᵉ J...   (S. 1879).
770. — A l'église.   (S. 1887).

JACOMIN (M.-Ferdinand), né à Paris. — Méd. 3ᵉ cl. 1883. — A Saint-Germain-
en-Laye (Seine-et-Oise), rue de Fouqueux, 3.

771. — Herbage au désert de Retz ; — forêt de Marly.   (S. 1886).
772. — Chemin du pacage ; — forêt de Marly.   (S. 1888).

JACQUE (Emile), né à Châlon-sur-Saône (Saône-et-Loire), élève de M. Gérôme.
— A Paris, avenue Trudaine, 17.

773. — Chevaux de halage.

JACQUE (E.-Charles), né à Paris. — Méd. 3ᵉ cl. 1861, rapp. 1863, méd. 1864, ✻ 1867. — A Paris, boulevard de Clichy, 73.

774. — Un intérieur de bergerie.
775. — Le retour du troupeau (clair de lune).
776. — Une ancienne ferme en Brie.

(Voir DESSINS et GRAVURE).

JACQUET (I.-Gustave), né à Paris, élève de M. Bouguereau. — Méd. 1868, 1ʳᵉ cl. 1875, ✻ 1879. — A Paris, avenue de Wagram, 92.

777. — La petite loge. (App. à MM. Tédesco frères).

JAMIN (J.-Paul), né à Paris, élève de G. Boulanger et de M. J. Lefebvre.—A Paris, boulevard du Montparnasse, 70.

778. — Le mammouth ; — âge de la pierre. (S. 1885).
779. — Un drame à l'âge de la pierre. (S. 1887).

JAN-MONCHABLON (Ferdinand), né à Châtillon-sur-Saône (Vosges), élève de Cabanel et de M. J.-P. Laurens. — A Châtillon-sur-Saône, et à Paris, rue Campagne-Première, 15.

780. — Les moissons.

JAPY (Louis), né à Berne (Doubs), élève de M. Français. — Méd. 1871, 3ᵉ cl. 1873. — A Paris, rue Legendre, 22.

781. — Soirée de septembre. (M. I. P. et B. A. - S. 1887).
782. — Crépuscule. (S. 1888).
783. — Vallon de Thulay.

JEAN (E.-Aman), né à Chevry-Cassigny (Seine-et-Marne), élève de Lehmann et de M. Hébert. — Méd. 3ᵉ classe 1883. — A Paris, rue de l'Arbalète, 32.

784. — Paris ; — panneau décoratif. (S. 1884).
785. — Portrait de Mᵐᵉ Z... (S. 1888).
786. — L'Affligée. (S. 1888).
... — St-Julien l'Hospitalier. (Musée de Carcassonne. - S. 1883).
... — Jeanne-d'Arc. (Musée d'Orléans).

JEANNIN (George), né à Paris. — Méd. 3ᵉ cl. 1878, 2ᵉ cl. 1888. — A Paris, rue des Dames, 32.

787. — Une caisse de roses trémières.
788. — Une jardinière de fleurs. (S. 1884).
... — Le pot cassé. (Musée du Havre. - S. 1888).

JEANNIOT (George), né à Genève, de parents français, élève de A. Jeanniot. — Méd. 3ᵉ classe 1884.— A Paris, rue Boccador, 5.

789. — Flanqueurs. (Musée de Vesoul. - S. 1884).
790. — « Les Pays. » (App. à Mᵐᵉ la Pʳˢᵉ de Scey-Montbéliard. - S. 1885).
791. — La ligne de feu ; — souvenir de la bataille du 16 août 1870. (S. 1886).

JOBERT (C.-F.-Paul), né à Tlemcen (Algérie), élève de Bastien-Lepage, de Boulanger et de M. Jules Lefebvre. — A Paris, boulevard de Strasbourg, 68.

792. — Balancelles de pêche à Alger.

JOLYET (Philippe), né à Pierre (Saône-et-Loire), élève de L. Cogniet. — A Paris, rue de Plaisance, 29.

793. — Portrait de Mᵐᵉ L. J... (S. 1879).
794. — Sur la plage d'Arcachon ; — détroquage et préparation des tuiles destinées aux parcs d'huîtres. (S. 1887).

JOUBERT (Léon), né à Quimper, élève de M. Pelouse. — A Paris, rue Fontaine, 40.

795. — Bords de l'Orne, à Clécy (Calvados).	(S. 1887).
796. — Vallée des Ardoisières ; — Rochefort-en-Terre (Morbihan).	(S. 1888).
797. — Les bords de la Seine, à Pont-de-l'Arche (Eure).	(S. 1888).

JOURDAIN (Roger), né à Louviers (Eure), élève de Cabanel. — Méd. 3ᵉ cl. 1879, 2ᵉ cl. 1881. — A Paris, rue Eugène-Flachat, 22.

798. — Le « chaland ».	(M. I. P. et B. A. - S. 1879).
799. — Le halage.	(App. à Mᵐᵉ M. - S. 1881).
800. — Un nuage.	(S. 1885).
801. — Le four à chaux, à Villerville.	(S. 1885).

JOURDAN (Adolphe), né à Nîmes, élève de Jalabert. — Méd. 1864, 1866 et 1869. — A Nîmes, au Musée.

802. — Portrait de M. le pasteur Viguié, professeur à la Faculté de théologie. (S. 1880).

JOURDEUIL (Adrien), né à Saint-Pétersbourg, de parents français, élève de MM. Bonnat, Bouguereau, T. Robert, Fleury et Pelouse. — Méd. 3ᵉ cl. 1888. — A Paris, passage Saulnier, 6.

803. — Les bords de la Varenne ; — après-midi de septembre.	(S. 1887).
804. — Le vieux Vitré.	(S. 1885).

KREUTZER (A.-Ferdinand), né à Caracas (Amérique du Sud), de parents français, élève de MM. J.-P. Laurens et Saintpierre. — A Marlotte (Seine-et-Marne).

805. — Sentier du plaisir à Marlotte.	(S. 1887).
806. — Entrée de la Croix-Cassée, à Marlotte.	(S. 1888).

KREYDER (Alexis), né à Andlau (Alsace), élève de Laville et de Fuchs. — Méd. 1867, 2ᵉ cl. 1884. — A Paris, passage Stanislas, 11.

807. — Branche de roses « gloire de Dijon ».	(S. 1885).
808. — Roses et fruits.	(S. 1886).
809. — Un coin de mon jardin.	(S. 1887).
810. — Fruits.	(S. 1887).
811. — Pommier en fleurs.	(S. 1886).

KRUG (Edouard), né à Drubec (Calvados), élève de L. Cogniet. — Méd. 3ᵉ cl. 1880. — A Paris, boulevard de Clichy, 11.

812. — Saint-Denis. (S. 1886).

LA BOULAYE (Ch.-A.-Paul de), né à Bourg, élève de M. Bonnat. — Méd. 3ᵉ cl. 1879. — A Moulins, rue Grenier, 5.

813. — Les marchandes de volailles, en Bresse.	(S. 1880).
814. — La mère Auberger.	(S. 1884).

LACROIX (L.-J.-Tristan), né à Cahors. — A Paris, rue de Monsieur, 5.

815. — La Gorge-aux-Loups.	(S. 1883).
816. — Le bois de Meudon.	(Musée de Bar-le-Duc. - S. 1884).
817. — La Gorge du Roitelet, à Gérardmer (Vosges).	(App. à M. Bertout. - S. 1884).
818. — La Mare-aux-Fées ; - forêt de Fontainebleau.	(App. à M. Bertout. - S. 1887).

LAFON (François), né à Paris, élève de son père et de Cabanel. — A Paris, rue Marbeuf, 35.

... — La chapelle du Sacré-Cœur.	(Eglise N.-D.-des-Champs, à Paris).
... — La chapelle de l'hospice.	(Eglise de Pau).
... — Peinture décorative.	(Pour la salle des mariages de la mairie de Pantin).
... — Au pays d'Erymanthe.	(M. I. P. et B. A. - S. 1886).

LAGARDE (Pierre), né à Paris, élève de Dubufe et de MM. Mazerolle, Busson et Humbert. — Méd. 3ᵉ cl. 1883, 2ᵉ cl. 1885. — A Paris, rue Pelouze, 5.

819. — Les bergers. (Musée de Compiègne – S. 1882).
820. — « Super flumina Babylonis. » (Musée de Provins. – S. 1885).
821. — Vision de St-Hubert. (App. à M. le Dʳ Levrey. – S. 1888).
822. — Les flamans.

LAHAYE (M. Alexis), né à Paris, élève de Pils et de M. Carolus-Duran. — Méd. 3ᵉ cl. 1886. — A Paris, rue de Monceau, 84.

823. — Rêverie. (S. 1886).

LAISSEMENT (A.-Henri), né à Paris, élève de Cabanel. — A Paris, rue Blanche, 72.

824. — Portrait de Pradeau. (S. 1881).
825. — Portrait de M. P. P.... (S. 1881).

LALIRE (Adolphe), né à Rouvres (Meuse), élève de Pils, de Lehmann et de MM. Henner, J. Lefebvre et Puvis de Chavannes. — A Paris, rue Mornay, 6.

826. — Sainte-Geneviève guérissant sa mère malade. (S. 1886).

LAMBERT (A.-Eugène), né à Dijon, élève de Daubigny.— A Paris, rue Richer, 41

827. — Un soir, sur les hauteurs de Bellerive (Suisse). (M. I. P. et B.-A. - S. 1887).

LAMY (P.-Franc), né à Clermont-Ferrand, élève de M. Gérôme. — Méd. 3ᵉ cl. 1888. — A Paris, rue Capron, 35.

828. — Pâquerette. (M. I. P. et B. A. - S. 1888).
... — Après le bain. (Musée de Poitiers).

LANDELLE (Charles), né à Laval, élève de Paul Delaroche. — Méd. 3ᵉ cl. 1842, 2ᵉ cl. 1845, 1ʳᵉ cl. 1848, 3ᵉ cl. 1855 (E. U.), ✾ 1855. — A Paris, quai Voltaire, 21.

829. — Le Droit moderne ; — 1789. (Musée de Laval. - S. 1884).
830. — L'aveugle de Biskra. (S. 1886)
831. — Cour du tribunal du cadi, à Alger. (S. 1888).
832. — Suzanne au bain. (S. 1883).

LANGLOIS (Paul), né à Paris, élève de Cabanel et de M Humbert. — A Paris, rue Duperré, 4.

833. — Un atelier d'émailleurs. (S. 1882).
834. — Un confrère. (S. 1883).
835. — Au travail. (S. 1884).

LAPOSTOLET (Charles), né à Velars, (Côte-d'Or) — Méd. 1870, 2ᵉ cl. 1882. — A Paris, boulevard de Clichy, 11.

836. — Une vue de Rouen. (S. 1888).
837. — L'avant-port de Dunkerque.

LAROCHE (Amand), né à St-Cyr-l'École (Seine-et-Oise), élève de Drölling et de Wachsmuth. — Méd. 3ᵉ cl. 1888. — A Paris, boulevard de Clichy, 11.

838. — Portrait de Mlle Laîné, de la Comédie-Française. (S. 1888).

LAROZE (Gustave), né à Paris, élève de M. Carolus-Duran. — A Paris, rue de l'Université, 169.

839. — Portrait de Mᵐᵉ B.... (S. 1888).

LATENAY (J.-Gaston de), né à Toulouse. — A Montpellier, rue de la Merci, 9.

840. — Le soir ; — embouchure de la Gironde.

LA TOUCHE (Gaston), né à Saint-Cloud (Seine-et-Oise). — Méd. 3ᵉ cl. 1884, 2ᵉ cl. 1888. — A Saint-Cloud, rue du Calvaire, 15.

841. — Un vœu.   (App. à M. le Dʳ Surre. - S. 1884).

LAUGÉE (Fr.-Désiré), né à Maromme (Seine-Inférieure), élève de Picot. — Méd. 3ᵉ cl. 1851, 2ᵉ cl. 1855 (E. U.), rapp. 1859, 1ʳᵉ cl. 1861, rapp. 1863, ✱ 1865. — A Paris, boulevard Lannes, 15 bis.

842. — Le jour des pauvres à Nauroy.   (S. 1884).
843. — Serviteur des pauvres.   (Musée de Lille. - S. 1680).
844. — La question.   (Musée d'Avignon. - S. 1880).
845. — Portrait d'Henri Martin.
                    (Pour la salle des séances du Conseil général du dép: de l'Aisne).
846. — Jeune mère.   (S. 1888).
847. — Victor Hugo sur son lit de mort.   (S. 1886).
... — Peintures décoratives de la salle des fêtes, à l'Hôtel-Continental.
... — Peinture décorative à la Bourse du Commerce.
... — Plafond de la salle des audiences solennelles du Palais-de-Justice de Rouen.
                                                           (Voir DESSINS).

LAUGÉE (Georges), né à Montivilliers (Seine-Inférieure), élève de son père, de Pils et de Lehmann. — Méd. 3ᵉ cl. 1881. — A Paris, boulevard Flandrin, 10.

848. — *La veuve.   (S. 1880).
849. — En octobre.   (Musée de Boulogne-sur-Mer. - S. 1881).
850. — Enterrement d'une jeune fille, au hameau d'Etricourt. (M. I. P. et B. A. - S. 1887).
... — Les premiers pas.   (Musée de Carcassonne. - S. 1883).

LAURENS (Jules-J.-A.), né à Carpentras (Vaucluse). — Méd. 1857, méd. 1867. — A Paris, rue de Narbonne, 1.

851. — Souvenir d'Anatolie.   (S. 1885).
852. — Les châtaigniers de Magny.   (S. 1887).

LAURENS (Jean-Paul), né à Fourquevaux (Hᵗᵉ Garonne), elève de L. Coignet. — Méd. 1869, 1ʳᵉ cl. 1872, ✱ 1874, méd. d'honneur 1877, O. ✱ 1878. — A Paris, rue Notre-Dame-des-Champs, 73.

853. — L'agitateur du Languedoc.   (S. 1887).
854. — Thomas d'Aquin.
855. — Le Pape et l'Inquisiteur.   (E. N. 1883).
856. — Portrait de M. Mounet-Sully ; — rôle d'Hamlet.   (S. 1888).
857. — Portrait de Mlle M. S...
... — Les Emmurés de Carcassonne.   (Musée du Luxembourg. - S. 1882).
... — Les derniers moments de Ste-Geneviève.   (Peinture murale exécutée au Panthéon).
... — Plafond du Théâtre de l'Odéon.

LAURENT (J.-Ernest), né à Paris, élève de Lehmann et de MM. Hébert et Merson. — Méd. 3ᵉ cl. 1885. — A Paris, rue de Vaugirard, 152.

858. — Hyménée ; — Vénus mène l'épouse à l'époux.   (S. 1888).

LAURENT-DESROUSSEAUX (Alp.-L.-Henry), né à Joinville-le-Pont, (Seine), élève de M. Maignan. — Méd. 3ᵉ cl. 1886. — A Paris, rue Hippolyte-Lebas, 12.

859. — Dernière heure.   (S. 1888).

LAVASTRE (J.-B.), ✱. — A Paris, rue des Trois-Frères, 2.

... — Frise autour du dôme central, au Champ-de-Mars.

LAVIEILLE (Mme FERVILLE-SUAN, née Marie), née à Barbizon, élève de son père. — A Paris, avenue Parmentier, 45.

860. — La cour de la briqueterie de Courpalay.

LA VILLETTE (Mme Élodie), née à Strasbourg, élève de M. Coroller. — Méd. 3ᵉ cl. 1875. — A Lorient (Nouvelle ville), rue de Toulon.

861. — La vague. (S. 1885).
862. — * La jetée de Dieppe ; — tempête du 11 Septembre 1885. (S. 1886).
863. — Bateau échoué à Villerville.
864. — * Marée montante à Larmor (Morbihan). (E. N. 1883).

LAYRAUD (F.-Joseph), né à Roche-sur-le-Buis (Drôme), élève de Cogniet et de M. Robert-Fleury. — Prix de Rome 1863, méd. 2ᵉ cl. 1872. — A Paris, rue Poussin, 32.

865. — Forges des aciéries de la marine à St-Chamond ; — présentation de la pièce de canon sous le marteau-pilon.
866. — Portrait de M. Madier de Montjau. (S. 1887).
867. — Portrait de M. Grangeneuve. (S. 1888).
868. — Portrait de Mᵐᵉ S... (S. 1884).

LAZERGES (J.-B.-Paul), né à Paris, élève de son père. — Méd. 3ᵉ cl. 1884. — A Paris, cité des Fleurs, 33.

869. — Portrait de Mᵐᵉ L... (S. 1884).
870. — Le défricheur ; — Algérie. (S. 1887).

LÉANDRE (Charles), né à Champsecret (Orne), élève de Cabanel et de M. Bin. — A Paris, rue Houdon, 3.

871. — Mauvais jour !... (S. 1888).

LEBEL (Edmond), né à Amiens, élève de Cogniet. — Méd. 2ᵉ cl. 1872. — A Rouen, au Musée, rue Thiers.

872. — L'Escalier-Saint, à San-Benedetto, près Subiaco ; — Italie.
(Musée du Mans. - S. 1879).

LE BLANT (Julien), né à Paris. — Méd. 3ᵉ cl. 1878, 2ᵉ cl. 1880. — A Paris, rue Pelouze, 5.

873. — Le Bataillon carré. (S. 1880).
874. — Exécution de Charette. (S. 1882).
875. — Le dîner de l'équipage. (M. I. P. et B. A, - S. 1884).

LE CAMUS (Louis), né à Paris, élève de MM. Bonnat et Carolus-Duran. — A Paris, rue de l'Abreuvoir, 18.

876. — La Coupée ; — Ile de Sercq. (S. 1882).
877. — Printemps ; — environs de Paris. (S- 1888).

LECOMTE (Paul), né à Paris, élève de MM. Lambinet et Harpignies. — Méd. 3ᵉ cl. 1884. — A Paris, rue Albouy, 22.

878. — La route de Fresnay-sur-Sarthe, un jour de marché. (S. 1888).
879. — Sous la tente ; — à St-Enogat (Ille-et-Vilaine). (S. 1888).

LECOMTE DU NOUY (Jean), élève de Gleyre et de MM. Gérôme et Signol. - Méd. 1866, 1869, 2ᵉ cl. 1872, ✿ 1876. — A Paris, boulevard Flandrin, 20.

880. — Homère ; — tryptique. (S. 1883).
    1. Homère mendiant ; — 2. l'Iliade ; — 3. Pénélope dans son palais d'Ithaque.
881. — L'esclave blanche. (S. 1888).
882. — Ramsès dans son harem. (S. 1887).

LEENHARDT (Max), né à Montpellier, élève de Cabanel et de M. E. Michel. — Méd. 3ᵉ cl. 1884. — A Paris, boulevard du Montparnasse, 49.

883. — Portrait de MᵐᵉJ... (S. 1887).
884. — Marie-Madeleine. (S. 1888).

LEFEBVRE (Jules-J.), né à Tournan (Seine-et-Marne), élève de Léon Cogniet.
— Prix de Rome, 1861, méd. 1865, 1868 et 1870, ✳ 1870, méd. 1re cl. 1878, (E. U.)
O. ✳ 1878, méd. d'hon. 1886.— A Paris, rue de Labruyère, 5.

885. — Diane surprise.	(S. 1879).
886. — Psyché.	
887. — L'orpheline.	(App. à M. Pulitzer. - S. 1888).
888. — La toilette de la fiancée.	(S. 1882).
889. — Portrait de Mme E. Trébucien.	
890. — Portrait de Miss Lawrance.	
891. — Portrait de Mme L. Guy.	
892. — Portraits de M. Robert et Mary Goclet.	(S. 1887).
893. — Portrait du centenaire F. Pelpel.	

LELEUX (P.-Adolphe), né à Paris.— Méd. 3e cl. 1842, 2e cl. 1843 et 1848, ✳ 1855.
— A Paris, rue Bonaparte, 22.

894. — Le quai aux fleurs.

LE LIEPVRE (Maurice), né à Lille, élève de MM. Harpignies, J. P. Laurens, Dubufe et Mazerolle. — Méd. 3e cl. 1886. — A Paris, rue Notre-Dame-des-Champs, 73.

895. — Une source.	(M. I. P. et B. A. -S. 1887).
896. — Juin ; — paysage.	(App. à M. Ch. Parmentier. - S. 1888).

LELOIR (Auguste), né à Paris, élève de Picot. — Méd. 3e cl. 1839, 2e cl. 1841, ✳ 1870. — A Paris, avenue Gourgaud, 21.

897. — Rentrés au port ; — souvenir d'Étretat.   (S. 1887).

LEMAIRE (Louis), né à Paris, élève de M. J. Dupré. — Méd. 3e cl. 1884. — A Paris, rue Saint-Claude, 1.

898. — Massif de pivoines.	(S. 1884).
899. — Pivoines et roses.	(S. 1886).

LE MARIÉ DES LANDELLES (Émile), né à Pontorson (Manche), élève de MM. Pelouse et Rapin. — Méd. 3e cl. 1881. — A Paris, rue de Turin, 14.

900. — La route de Batilli.	(Musée de Cambrai. - S. 1886).
901. — Les bords de la Sauldre.	(S. 1888).

LEMATTE (Fernand-J.-F.), né à Saint-Quentin (Aisne), élève de Cabanel. — Prix de Rome, 1870, méd. 3e cl. 1873, 1re cl. 1876. — A Paris, rue Saint-Joseph, 3.

902. — Judith et Holopherne.	(S. 1886).
903. — Portrait de M. L…	
904. — Portrait de Mme L…	
... — Cinq esquisses de toiles exécutées pour l'Hôtel-de-Ville de Reims.	
	(S. 1881-1882-1883).

LÉPINE (Stanislas), né à Caen, élève de Corot. — A Paris, rue Milton, 38.

905. — Le Pont de l'Estacade, à Paris.	(S. 1885).
906. — Le Pont-Royal, à Paris.	(S. 1888).

LE POITTEVIN (Louis), né à La-Neuville-Champ-d'Oisel, élève de MM. Bouguereau et T. Robert-Fleury. — Méd. 3e cl. 1886, 2e cl. 1888. — A Paris, rue de Montchanin, 10.

907. — Le Val d'Antifer.	(Musée du Havre. - S. 1883).
908. — Le petit Val.	(M. I. P. et B. A. - S. 1885).
909. — La montée de Benouville.	(Musée de Rouen. - S. 1886).
910. — Lever de lune.	(S. 1888).
911. — Derrière la ferme.	(S. 1882).

LE ROUX (Hector), né à Verdun (Meuse), élève de Picot. — Méd. 3ᵉ cl. 1863, méd. 1864, méd. 2ᵉ cl. 1874, ✳ 1877, méd. 3ᵉ cl. 1878 (E. U). — A Paris, rue Lemercier, 26.

912. — Le collège des Vestales fuyant Rome (an 390 av. J.-C.).
(App. à M. I. Lantz. - S. 1884).
913. — Le Vésuve, vu du Pausilippe de Naples. (S. 1886).
914. — Frère et sœur. (Musée de Verdun. - S. 1888).
915. — Sacrarium. (App. à M. E. Mirtil. - S. 1888).
916. — Pêcheurs. — A la fontaine. (App. à M. Alb. Vianelli. - S. 1882).

LE ROUX (M.-G.-Charles), né à Nantes, élève de Corot. — Méd. 3ᵉ cl. 1843, 2ᵉ cl. 1846 et 1848, rappel 1859. ✳ 1859, O. ✳ 1868. — A Nantes, rue de l'Héronnière.

917. — L'étang du Soullier. (S. 1887).

LEROY (Paul-A.-A.), né à Paris, élève de Cabanel. — Méd. 3ᵉ cl. 1882, prix du Salon 1884, méd. 2ᵉ cl. 1888. — A Paris, rue Bara, 3.

918. — Jésus chez Marthe et Marie. (Musée de Rouen. - S. 1882).
919. — Mardochée. (S. 1884).
920. — Le Vendredi, à Sidi-Abd-er-Rahmann ; — Alger. (S. 1886).
921. — Portrait de mon père. (S. 1888).
922. — Danse arabe.
923. — Samson. (M. I. P. et B.-A. - S. 1887).

LE SÉNÉCHAL DE KERDRÉORET (Gustave-E.), né à Hennebont (Morbihan), élève de Cot et M. de Vollon. — Méd. 3ᵉ cl. 1883, 2ᵉ cl. 1888. — A Paris, rue Notre-Dame-des-Champs, 83.

924. — Départ des pêcheurs après la tempête. (App. à M. le Bᵒⁿ Petiet. - S. 1888).
925. — Préparatifs de la pêche aux harengs. (S. 1884).
926. — La rue de la Croix-de-Bois, à Mers-les-Bains. (S. 1884).
927. — Le « Flambard » au radoub. (S. 1887).
928. — Coup de vent ; — 30 octobre 1887. (M. I. P. et B. A. - S. 1888).
929. — La rentrée au port. (S. 1886).

LESREL (A.-Adolphe), né à Genets (Manche), élève de M. Gérôme. — A Paris, rue Ampère, 85.

930. — Le cardinal de Richelieu au siège de La Rochelle.

LESUR (V.-Henri), né à Roubaix (Nord), élève de M. Flameng. — Méd. 3ᵉ cl. 1887. — A Paris, avenue Malakoff, 139.

931. — Saint Louis enfant distribuant des aumônes. (App. à M. Loreau. - S. 1887),
932. — Portrait de M. J. Sterling-Dyce. (S. 1888).

LE VILLAIN (Ernest-A.), né à Paris, élève de Guiaud. — A Paris, rue Brémontier, 48.

933. — Brume d'avril, à Combes-la-Ville. (S. 1888).

LÉVY (Émile), né à Paris, élève d'Abel de Pujol et de Picot. — Prix de Rome 1854, méd. 1859, méd. 1864 et 1866, méd. 3ᵉ cl. 1867 (É. U.), ✳ 1867, méd. 1ʳᵉ cl. 1878. (E. U.) — A Paris, boulevard Malesherbes, 199.

934. — Portrait de M. J. L. David. (S. 1881).
935. — Portrait de M. Barbey d'Aurévilly. (S. 1882).
936. — Maternité. (E. N. - S. 1883).
937. — Portrait de M. A. Nivière. (E. N. - S. 1883).
938. — Portraits des filles de Mme J. H.... (S. 1888)
939. — Portrait de M. le docteur Reymond.

LHERMITTE (Léon-A.), né à Mont-Saint-Père (Aisne), élève de M. Lecoq de Boisbaudran. — Méd. 3ᵉ cl. 1874, 2ᵉ cl. 1880, ✳ 1884. — A Paris, rue Vauquelin, 19.

940. — La moisson.   (App à M. ✱✱✱. - S. 1883).
941. — Le vin.   (App. à M. Henry Vasnier. - S. 1885).
...　— La fenaison.   (App. à MM. Boussod et Valadon. - S. 1887).
...　— L'aïeule.   (App. au Musée de Gand. - S. 1880).
...　— La paye des moissonneurs.   (Musée du Luxembourg. - S. 1882).
...　— Les vendanges.   (Musée de New-York. - S. 1884).

LIGNIER (C.-James), né à Aignay-le-Duc (Côte-d'Or), élève de Cabanel. — A Paris, cité Pigalle, 5.

942. — Portrait de Mᵐᵉ L...   (S. 1883).
943. — Portrait de M. Francisque Sarcey.   (S. 1886).
944. — Portrait de M. Edmond M...   (S. 1887).

LIX (Th. Frédéric), né à Strasbourg, élève de Drölling et de Biennoury.— Méd. 3ᵉ cl. 1880. — A Paris, rue Notre-Dame-des-Champs, 86.

945. — Au Golgotha.   (S. 1885).

LOBRICHON (Timoléon), né à Cornod (Jura), élève de Picot. — Méd. 3ᵉ cl. 1868, 2ᵉ cl. 1882. ✳ 1883. — A Paris, rue de la Victoire, 64.

946. — Portrait de Mlle Blanche R...   (S. 1888).
947. — Portrait de Jacques.   (S. 1885).
948. — Portrait de Mlle R. J...   (S. 1886).
949. — Portrait d'Andrée.   (S. 1888).

LŒWE-MARCHAND (Frédéric), né à Paris, élève de Pils et de M. Luminais. — Méd. 3ᵉ cl. 1883, 2ᵉ cl. 1885. — A Paris, boulevard Pereire, 173.

950. — Bélisaire.   (Coll. de feu M. Borniche. - S. 1883).
951. — Supplice d'un prisonnier de guerre.   (Musée d'Auxerre. - S. 1885).
...　— Adam et Eve.   (Musée de Senlis. - S. 1886).

LOIR (Luigi), né à Goritz (Autriche), de parents français, élève de l'Ecole des Beaux-Arts de Parme. — Méd. 3ᵉ cl. 1879, 2ᵉ cl. 1886. — A Paris, rue de Turbigo, 89.

952. — Effet de neige ; — crépuscule.   (S. 1888).

LOPISGICH (Georges), né à Vichy (Allier), élève de MM. Le Roux et Bonnat. — A Paris, rue Duperré, 4.

953. — Les sables du Mont-Rôti ; — Cayeux-sur-Mer.   (App. à M. Nithard. - S. 1884).

LOUSTAUNAU (Auguste-L.-G.), né à Paris, élève de MM. Gérôme, Barnias et Vibert. — Méd. 3ᵉ cl. 1887. — A Paris, boulevard Rochechouart, 57 bis.

954. — Aérostation militaire ; — passage d'une rivière.   (S. 1887).
955. — Lancement de pont; — compagnies d'ouvriers militaires des chemins de fer (1ᵉʳ régiment du génie), au polygone de Versailles.   (S. 1888).

LUCAS (Félix-H.), né à Rochefort-sur-Mer, élève de Pils et de H. Lehmann. — Méd. 3ᵉ cl. 1884, 2ᵉ cl. 1887. — A Paris, avenue Frochot, 13

956. — Portrait de M. le Dʳ Martin.   (S. 1879).
957. — La Délaissée ; — souvenir de Venise.   (Musée de Soissons. - S. 1884).
958. — Portrait de Mlle de Villeneuve.   (S. 1886).
959. — L'Angelus de Jeanne.   (S. 1887).
960. — Le fil de la Vierge.   (S. 1888).

LUMINAIS (Évariste-V.), né à Nantes, élève de L. Cogniet et de Troyon. — Méd. 3ᵉ cl. 1852, et 1855 (E. U.), rapp. 1857 et 1861, ✳ 1869. — A Paris, rue de la Faisanderie, 23 bis.

961. — * Les Enervés de Jumièges.   (S. 1880).
962. — Fuite du roi Gradlon.   (Musée de Quimper. - S. 1884).
963. — * Un Possédé.   (S. 1884).

MACHARD (Jules), né à Sampans (Jura), élève de MM. Signol et Baille. — Prix de Rome, 1865, méd. 1re cl. 1872, 2e cl. 1878 (E. U.), ✻ 1878. — A Paris, rue Ampère, 87.

964. — Portrait de Mme C. L.... (E. N. 1888).
965. — Portrait de Mme A.... (S. 1887).
966. — Portrait de Mme J. M....

MAIGNAN (Albert), né à Beaumont (Sarthe), élève de M. Luminais. — Méd. 3e cl. 1874, 2e cl. 1876, 1re cl. 1879, ✻ 1883. — A Paris, rue de La Bruyère, 1.

967. — Louis IX console un lépreux. (Musée d'Angers. - S. 1878).
968. — Le Christ appelle à lui les affligés. (App. à la Ville de Paris. - S. 1879).
969. — Renaud de Bourgogne remet aux bourgeois de Belfort la charte d'affranchissement.
(Hôtel-de-Ville de Belfort. - S. 1880).
970. — L'amiral Carlo Zéno. (Musée de Lille. - S. 1878).
971. — Les derniers moments de Chlodobert.
(App. au Cercle artistique et littéraire. - S. 1880).
972. — La répudiée. (S. 1882).
973. — * Guillaume le Conquérant. (S. 1885).
974. — La voix du tocsin. (M. I. P. et B. A. - S. 1888).
... — Dante rencontre Mathilde. (Musée du Luxembourg. - S. 1881).
... — Le réveil de Juliette. (Ville de Lyon. - S. 1886).

MAILLART (Diogéne-U.-N.), né à La Chaussée-du-Bois-de-l'Écu (Oise), élève de L. Cogniet et de S. Cornu. — Prix de Rome, 1864, méd. 1870, 2e cl. 1873, ✻ 1885. — A Paris, rue de Furstenberg, 6.

975. — Etienne Marcel, et la lecture de la Grande Ordonnance de 1357. (S. 1883).
976. — Mort de Corréus, héros bellovaque. (S. 1885).
977. — Portrait de Mme la comtesse C.... (S. 1884).
978. — Madone.
979. — Portrait de Mlle Jeanne N... (S. 1888).
... — Personnification des industries du quartier du Temple.
(Plafond de la mairie du IIIe arrondt, à Paris).
... — La Ville de Paris instruisant ses enfants.
(Plafond du grand escalier ; — mairie du IIIe arrondt, à Paris).

MAILLARD (Emile), né à Amiens, élève de Butin et de MM. Renouf, Duez, Boulanger et J. Lefebvre. — A Amiens, rue Flatters, 8, et à Paris, rue de Courcelles, 179.

980. — Les derniers secours. (S. 1888).

MAINCENT (Gustave), né à Paris, élève de Pils et de Cabasson. — Méd. 3e cl. 1883. — A Rueil, rue Beauséjour, 8.

981. — Décembre aux environs de Paris. (S. 1887).

MAISIAT (Joanny), né à Lyon, élève de l'École des Beaux-Arts de Lyon. — Méd. 1864, 1867, méd. 2e cl. 1872. — A Paris, rue Frochot, 5, et à Vignely (S.-et-M).

982. — Sous bois au premier printemps. (S. 1887).

MANGEANT (P.-Émile), né à Paris, élève d'Etex et de M. Gérôme. — A Versailles, avenue de Paris, 104.

983. — Portrait d'Antoine Etex, statuaire. (S. 1884).

MARCOTTE DE QUIVIÈRES (A.-M.-Paul), né à Mérignac (Gironde). élève de M. Bouguereau. — A Paris, boulevard Malesherbes, 112.

984. — Novembre. (S. 1888).

MARAIS (Adolphe), né à Honfleur, élève de MM. Busson et Berchére. — Méd. cl. 1880, 3e cl. 1883. — A Quélern, par Crozon (Finistère).

985. — Le gué. (S. 1883).

MAREC (Victor), né à Paris, élève de M. J.-P. Laurens. — Méd. 3e cl. 1885, 2e cl. 1886. — A Paris, rue Denfert-Rochereau, 77.

986. — Le petit malade. (Musée de Vervins. - S. 1885).
987. — Un lendemain de paye. (Musée de Douai. - S. 1886).
988. — Retour de l'enterrement. (M. I. P. et B. A. - S. 1888).

MARTIN (Etienne), né à Marseille, élève de M. A. Vollon. — A Marseille, rue Montaux, 14, et à Paris, chez M. Binant, rue Rochechouart, 70.

989. — La place Gassendi, à Digne.   (Musée d'Orléans. - S. 1888).
990. — La moisson.   (S. 1886).
991. — Une écurie provençale.

MARTIN (Henri-G.), né à Toulouse, élève de M. J.-P. Laurens. — Méd. 1ʳᵉ cl. 1883. — A Paris, rue Denfert-Rochereau, 89.

992. — Paolo di Malalesta et Francesca di Rimini aux enfers. (Mus. de Carcassonne.- S. 1888).
993. — Caïn.   (S. 1884).
994. — Etude; — effet de lampe.   (S. 1887).
895. — Rêverie.

MARTY (André), né à Paris, élève de Cabanel. — Méd. 3ᵉ cl. 1887. — A Paris, rue Prony, 91.

996. — La pêche.   (Musée de Caen. - S. 1887).

MASURE (Jules), né à Braine (Aisne), élève de Corot. — Méd. 3ᵉ cl. 1866, 2ᵉ cl. 1881. — A Paris, boulevard du Montparnasse, 152.

997. — Soir.   (S. 1888).

MATHEY (Paul), né à Paris, élève de Pils et de MM. Houry et Mazerolle. — Méd. 3ᵉ cl. 1876, 2ᵉ cl. 1885. — A Paris, rue de Rome, 58.

998. — Portrait de M. G. Clairin.   (S. 1885).
999. — Portrait de M. F. Rops.   (S. 1886).
1000. — Portrait de Mᵐᵉ A...   (S. 1888).

MAURIN (Charles), né au Puy (Haute-Loire), élève de Boulanger et de M. J. Lefebvre. — Méd. 3ᵉ cl. 1884. — A Paris, rue du Faubourg-Saint-Denis, 11.

1001. — Portrait de M. R. Julian.   (S. 1884).
1002. — Portrait de ma mère.   (S. 1882).

MAZEROLLE (A.-Joseph), né à Paris, élève de Dupuis et de Gleyre. — Méd 3ᵉ cl. 1857, rap. 1859 et 1861, ✳ 1870, O. ✳ 1879. — A Paris, rue du Rocher, 45.

... — Plafond de la Comédie-Française.
... — Les quatre points cardinaux, peinture décorative.   (Bourse du Commerce, à Paris).

MÉGRET (Mlle Félicie), à Paris, élève de Léon Cogniet. — A Paris, rue de Lancry, 39.

1003. — Portrait de M. le Dʳ Puel.   (S. 1882).
1004. — Portrait de M. G....   (S. 1888).

MEISSONIER (Charles-J.), né à Paris, élève de son père. — Méd. 1866. — A Poissy (Seine-et-Oise).

1005. — Pêcheur à l'échiquier ; — Poissy.   (S. 1885).
1006. — L'été.   (S. 1888)
1007. — Le printemps.

MEISSONIER (J.-L. Ernest.), né à Lyon. — Méd. 3ᵉ cl. 1840, 2ᵉ cl. 1841, 1ʳᵉ cl. 1843, ✳ 1846, 1ʳᵉ cl. 1848, méd. d'honn. 1855 (E. U.), O. ✳ 1856 ; M. de l'Institut 1861, méd. d'honn. 1867 (E. U), C. ✳ 1867 ; rap. de méd. d'honn. 1878 (E. U.), G. O. ✳ 1878. — A Paris, boulevard Malesherbes, 131, et à Poissy (Seine-et-Oise).

1008. — Le Guide ; — armée de Rhin-et-Moselle (1797). (App. à M. Crabbe. - E. N. 1883).
1009. — Iéna.
1010. — Le voyageur.
1011. — Eglise Saint-Marc (Madonna del Baccio).   (E. N. 1883).
1012. — Venise.
1013. — Portrait de Mlle J.-M...
1014. — Portrait.
1015. — Postillon revenant haut le pied.   (App. M. le colonel Mac-Murdo).
1016. — Auberge au Pont de Poissy.   (App. à M. Barre).
1017. — Pasquale.

(Voir Dessins).

MÉLINGUE (Gaston), né à Paris, élève de son père et de L. Cogniet. — A Paris, rue Levert, 24.

1018. — Le général Daumesnil à Vincennes, 1815. (S. 1682).

MENGIN (Auguste), né à Paris, élève de Cabanel et de Baudry.— Méd. 3° cl. 1876. A Paris, impasse du Maine, 16.

1019. — Danaë. (App. à M. le Marquis d'Auriol. - S. 1883).
1020. — Portrait de Mme G... (S. 1879).

MERSON (Luc-Olivier), né à Paris, élève de Pils et de G. Chassevent. — Prix de Rome, 1869, méd..1re cl. 1873, ✳ 1881. — A Paris, boulevard Saint-Michel, 115.

1021. — Saint Isidore, laboureur. (Musée de Rouen. - S 1879).
1022. — L'Amour au jugement de Pâris. (S. 1884).

MERWART (Paul), né en Russie, de parents français, élève de H. Lehmann et de MM. Humbert et Roll. — A Paris, avenue Frochot, 13.

1023. — Portrait d'Armand Silvestre. (S. 1885).
1024. — Portrait de Mme Ackermann. (S. 1884).

MÉRY (Alfred-Em.), né à Paris, élève de J. Beaucé. — Méd. 1868. — A Paris, rue Mansart, 11.

1025. — « L'Union fait la Force. » (App. à M. Testart. - S. 1885).
1026. — La chaîne sans fin ; — étude sur l'ostéologie de l'oiseau. (App. à M. Salis. - S. 1882).
1027. — Les œufs à surprise. (S. 1888).

MESLÉ (Joseph-P.), né à Saint-Servan (Ille-et-Vilaine), élève de M. Bonnat. — Méd. 3° cl. 1886. — A Paris, rue Aumont-Thiéville, 4.

1028. — Portrait d'une sœur. (Musée de Pau. - S. 1886).

METTLING (V.-Louis), né à Dijon, élève de Cabanel. — A Neuilly (Seine), rue Perronet, 50 bis.

1029. — Tête de vieille femme. (S. 1888).

METZMACHER (Emile), né à Paris, élève de Boulanger et de M. Willems. — — A Paris, rue du Faubourg-Saint-Honoré, 237.

1030 — La leçon de peinture. (App. à M. le Cte R. de Grimberghe. - S. 1887).
1031 — Le Lion amoureux. (» » . - S. 1888).

MICHEL (Ernest), né à Montpellier, élève de Picot et de Cabanel. — Prix de Rome 1860, méd. 1870, ✳ 1880. — A Montpellier, au Musée Fabre.

1032. — L'heureuse mère. (E. N. 1883).
.... — La Voie lactée (plafond du foyer du grand théâtre, à Montpellier.
.... — La Nuit ; — le Jour ; — l'Aurore (trois coupoles ornant l'escalier d'honneur du théâtre de Montpellier).

MICHEL (Fr.-Emile), né à Metz, élève de Maréchal et de Migette. — Méd. 1868. — A Paris, avenue de l'Observatoire, 9.

1033. — Un torrent à Cerveyrieux (Ain). (Musée de Compiègne. - S. 1888).
1034. — Matinée d'été dans le Bugey. (S. 1888).
.... — Dans les Vosges. (Musée d'Orléans. - S. 1884).
.... — La dune, près d'Overveen. (Musée du Luxembourg. - S. 1886).
.... — Dans la lande ; — Bretagne. (Musée de Lille. - S. 1887).

MICHEL (Marius), né à Cette (Hérault), élève de M. Carolus-Duran. — Méd. 3° cl. 1888. — A Paris, boulevard Arago, 65.

1035. — La photographie de la Momie. (S. 1888).
1036. — Le portrait de la Communiante. (S. 1888).
.... — « Funiculi Funicula » (Capri). (Musée de Nantes).

MICHEL-LÉVY (Henri), né à Paris, élève de MM. Barrias et Vollon. — Méd. 3ᵉ cl. 1881. — A Paris, boulevard de Clichy, 25.

1037. — Un géographe.   (S. 1885).

MONCHABLON (Alphonse), né à Avillers (Vosges), élève de Cornu et de Gleyre. — Prix de Rome 1863, méd. 1869, 2ᵉ cl. 1874. — A Paris, rue Copernic, 30.

1038. — Portrait de M. Buffet.

MONGINOT (Charles), né à Brienne (Aube), élève de Couture. — Méd. 1864 et 1869. — A Paris, rue d'Assas, 84.

1039. — Singe à la fontaine.   (S. 1880).
1040. — Une plumeuse.
1041. — Petits oiseaux.   (E. N. 1888).

MONTENARD (Frédéric), né à Paris, élève de Dubufe et de MM. Mazerolles, Puvis de Chavannes et Delaunay. — Méd. 3ᵉ cl. 1883. — A Paris, rue Ampère, 7.

1042. — Le village de Six-Fours, près Toulon.   (Musée de Niort. - S. 1884).
1043. — Embarquement de troupes à bord d'un transport de guerre, en rade de Toulon.
                                                                            (S. 1885).
1044. — Sur les hauteurs de La Garde ; — Provence.   (S. 1888).
1045. — Le transport de guerre « l'Orne » gagnant son port d'amarrage ; — rade de Toulon.
                                                                            (S. 1888).
.... — « La Corrèze » quittant la rade de Toulon.   (Musée du Luxembourg).
.... — Panneau décoratif pour l'escalier du nouveau musée, à Toulon.

MONVEL (Maurice BOUTET DE), né à Orléans, élève de Boulanger, de Cabanel, et de MM. J. Lefebvre et Carolus-Duran. — Méd. 3ᵉ cl. 1878, 2ᵉ cl. 1880. — A Paris, rue Rousselet, 17.

1046. — Portraits d'enfants.   (S. 1885).
1047. — Dans les Graves.   (S. 1885).

MOREAU (Adrien), né à Troyes, élève de Pils. — Méd. 2ᵉ cl. 1876. — A Paris, rue Ampère, 57.

1048. — Le soir.   (Musée de Carcassonne. - S. 1888).
1049. — Dans le parc.   (S. 1888).
1050. — Noces d'argent.   (S. 1879).

MOREAU de TOURS (Georges), né à Ivry (Seine), élève de Cabanel et de Marquerie. — Méd. 2ᵉ cl. 1879. — A Paris, rue Claude-Bernard, 51.

1051. — La vision.   (S. 1884).
1052. — La mort de Pichegru.   (S. 1886).
1053. — Portraits de Mᵐᵉ et de Mlle ***.   (S. 1887).
1054. — Le Drapeau.   (M. I. P. et B.-A. - S. 1888).

MORLON (Antoine-P.-E.), né à Sully-sur-Loire (Loiret). — Méd. 3ᵉ cl. 1885, 2ᵉ cl. 1887. — A Paris, rue de l'Orient, 9.

1055. — Canot de sauvetage allant au secours d'un navire incendié. (M. du Havre.- S. 1887).

MORLOT (A.-A.), né à Isômes (Haute-Marne), élève de Corot et de M. Henner. — Med. 3ᵉ cl. 1885. — A Paris, rue de Chabrol, 18.

1056. — Après la moisson.   (S. 1888).

MOROT (Aimé), né à Nancy, élève de Cabanel. — Prix de Rome 1874, méd. 3ᵉ cl. 1875, 2ᵉ cl. 1877, 1ʳᵉ cl. 1879, méd. d'honneur 1880, ✻, 1883. — A Paris, rue Weber, 11.

1057. — Reischoffen ; — 8ᵉ et 9ᵉ cuirassiers.
1058. — Le bon Samaritain.   (S. 1880).
1059. — Dryade.   (S. 1884).
1060. — Portrait de Mlle A....   (S. 1881).
1061. — « Toro colante. »   (S. 1885).
.... — Martyre de Jésus de Nazareth.   (Musée de Nancy. - S. 1883).
.... — Bataille d'Eaux-Sextiennes   (Musée de Nancy. - S.   ).

MOTTE (Henri-P.), né à Paris, élève de M. Gérôme. — Méd. 3ᵉ cl. 1880. — A Neuilly-sur-Seine, rue de Longchamps, 94.

1062. — Les oies du Capitole. (S. 1881).
1063. — Richelieu sur la digue de La Rochelle. (Musée de La Rochelle. – S. 1881).
1064. — « César s'ennuie. » (Musée d'Auxerre. – S. 1880).
.... — Vercingétorix rendant ses armes à César. (Musée du Puy. – S. 1886).
.... — Annibal passant le Rhône. (Musée de Bagnols. - S. 1879.
.... — Bernard Limousin. (Décoration de l'Hôtel-de-Ville de Limoges).
.... — Henri IV réunit le Limousin à la France. (Décoration de l'Hôtel-de-Ville de Limoges).

MOUTTE (Alphonse), né à Marseille, élève de M. Meissonier. — Méd. 3ᵉ cl. 1881, 2ᵉ cl. 1882. — A Marseille, rue Sylvabelle, 110.

1065. — La plage du Prado ; — Marseille. (App. à M. Meissonier. – S. 1881).
1066. — Le déjeûner des pêcheurs ; — Marseille. (Musée de Marseille. – S. 1882).
1067. — La partie de boules aux Lecques de Saint-Cyr ; — Provence. (S. 1888).

MOYSE (Edouard), né à Nancy, élève de Drölling. — Méd. 2ᵉ cl. 1882. — A Paris rue du Parc-Royal, 12.

1068. — Hymne. (App. à M. David Brühl. - S. 1879).
1069. — Une discussion théologique. (S. 1883).
1070. — L'arrivée au Synode. (S. 1888).

MURATON (Mme Euphémie), née à Beaugency (Loiret), élève de M. Muraton. — Méd. 3ᵉ cl. 1880. — A Paris, rue Duperré, 17.

1071. — Banc de jardin. (Musée du Havre. - S. 1880).
1072. — Chrysanthèmes.
1073. — Minie.

NEMOZ (J.-B.), né à Thodure (Isère), élève de Picot et de Cabanel. — Méd. 3ᵉ cl. 1877 — A Paris, boulevard Saint-Michel, 139.

1074. — Les affligés. (S. 1887).

NICOLAS (Mᵐᵉ Marie-J.), née à Villers-Cotterets (Aisne), élève de M. Chaplin. — A Paris, rue d'Aumale, 15.

1075. — Portrait de L. G..... (S. 1888).

NOBILLET (M. Auguste), né à Vitré (Ille-et-Vilaine), élève de MM. E. Vernier et Vayson. — A Paris, rue Barye, 1.

1076. — Les chardons. (S. 1888).

NONCLERCQ (Elie), né à Valenciennes (Nord), élève de Cabanel. — Méd. 2ᵉ cl. 1881. — A Paris, avenue des Ternes, 92.

1077. — Chactas et Atala. (Musée du Havre. - S. 1881).

NOZAL (Alexandre), ne à Paris, élève de M. Luminais. — Méd. 3ᵉ cl. 1882, 2ᵉ cl. 1883. — A Paris, rue La Fontaine, 26.

1078. — Ruines du Château-Gaillard ; — Petit-Andelys (Eure). (S. 1886).
1079. — Étang de l'Ilette, à Mortefontaine (Seine-et-Oise). (S. 1887).
1080. — Un matin d'automne en Brenne (Berry) ; — étang de la Mer-Rouge. (S. 1888).
.... — Étang de la Mer-Rouge; — Berry. (Musée d'Évreux. - S. 1884).
.... — Fin de journée en Brenne ; — Berry. (Musée de Rouen. - S. 1884).

OLIVE (J.-Baptiste), né à Marseille, élève de M. Vollon. — Méd. 3ᵉ cl. 1885, 2ᵉ cl. 1886. — A Paris, rue Alfred-Stevens.

1081. — Entrée du vieux port de Marseille. (App. à M. Henri Bossut. - S. 1885).
1082. — Un coup de mistral dans l'anse du Prado ; — Marseille.
(App. à M. C. Blanc. - S. 1886).
1083. — Épave de « La Navarre » aux Fourques de Carri, près Marseille. (S. 1886).
1084. — Marseille, soleil couchant. (App. à M. E. Karcher. - S. 1887).

OTÉMAR (Édouard d'), né à Paris, élève de Giraud. — A Paris, avenue de Villiers, 147, et avenue de Neuilly, 165.

1085. — « A resouder » ; — nature morte.   (S. 1888).

OUTIN (Pierre), né à Moulins, élève de MM. Le Cointe et Cabanel. — Méd. 3e cl. 1883. — A Paris, boulevard Clichy, 27.

1086. — Piété filiale.   (S. 1888).

PARIS (Camille), né à Paris, élève de Ary Scheffer et Picot.— Méd. 3e cl. 1874.— A Paris, rue de la Vintimille, 16.

1087. — La Nuit ; – campagne de Rome.   (S. 1878).
1088. — Combat de Taureaux ; – campagne de Rome.   (S. 1888).
1089. — Ancienne Porte de Tibur à Rome.   (S. 1886).

PELEZ (Fernand), né à Paris, élève de Cabanel. — Méd. 3e cl. 1876, 2e cl. 1879, 1re cl. 1880. — A Paris, boulevard de Clichy, 62.

1090. — Grimaces et misère ; — les saltimbanques.   (S. 1888).
1091. — A l'Opéra.   (S. 1885).
1092. — Victime.   (S. 1886).
1093. — Un nid de misère.   (S. 1887).
1094. — Sans asile.

PELOUSE (L.-Germain), né à Pierrelaye (Seine-et-Oise). — Méd. 2e cl. 1873, 1re cl. 1876, 2e cl. 1878 (E. U.), ✻ 1878. — A Paris, rue Poncelet, 26.

1095. — Les premières feuilles.   (App. à M. P. Haag. – S. 1880).
1096. — Le soir, près de la ferme.   (Musée de Grenoble. – S. 1885).
1097. — A Saint-Jean-le-Thomas.   (Musée de Gand. – S. 1885).
1098. — Grandcamp à marée basse.   (Musée de Carcassonne. – S. 1884).
1099. — L'Ilot aux oies.   (App. à M. F. Barbedienne. – S. 1886).
1100. — La Source Bergerette à Arcier Doubs).   (App. à M. Poter-Palmer. – S. 1887).
1101. — Charbonniers au bord du Doubs.   (S. 1887).
1102. — Le matin sous bois en Franche-Comté. (App. à M. le comte de Grimberghe. – S. 1888).
1103. — Le ruisseau du Tourneur à Arcier, Doubs.   (App. à M. Girard).
1104. — Avanne, près Besançon ; — matinée de septembre. (S. 1888).

PENNE (Ch.-Olivier de), né à Paris, élève de Léon Cogniet et de M. Ch. Jacque. — Méd. 3e cl. 1875, 2e cl. 1883. — A Paris, rue Aumont-Thiéville, 2.

1105. — Chevreuil forcé.
1106. — Le lancé.   (App. à M. Bessonneau. – S. 1888).

PÉRAIRE (E.-Paul), né à Bordeaux, élève de Eug. Isabey et de M. Luminais. — Méd. 3e cl. 1880. — A Paris, rue Lepic, 46.

1107. — Le Château-Gaillard, aux Andelys.   (S. 1888).

PERRANDEAU (Charles), né à Sully-sur-Loire (Loiret), élève de Cabanel. — Méd. 3e cl. 1886. — A Paris, rue Boissonnade, 12.

. . . . — Misère.   (Musée de Lyon. – S. 1886).
1109. — Un banc d'attente à la Clinique.   (M. I. P. et B.-A. – S. 1888).

PERRAULT (Léon), né à Poitiers, élève de Picot et de M. Bouguereau. — Méd. 1864, 2e cl. 1876, ✻ 1887. — A Paris, boulevard Lannes, 43.

1110. — L'Eté ; — panneau décoratif.   (S. 1888).
1111. — La première lutte ; — Caïn et Abel.
1112. — Une rivale.
1113. — Portrait de M. A. M....   (S. 1878).
1114. — Portrait de Mlle M....   (S. 1885).
1115. — Portrait de mes enfants.   (S. 1886).
. . . . — Triomphe d'Hyménée.
                (Plafond de la salle des mariages de l'Hôtel-de-Ville de Poitiers. - S. 1881).

PERRET (Aimé), né à Lyon, élève de M. Vollon. — Méd. 3ᵉ cl. 1877, 2ᵉ cl. 1888. — A Paris, rue Rochechouart, 56.

1116. — La cinquantaine.   (App. à M. Vanoutryve. – S. 1888).
1117. — Bal champêtre ; — Bourgogne (XVIIIᵉ siècle).   (App. à M. Irroy. – S. 1883).
.... — Le Saint-Viatique   (Musée du Luxembourg. - S. 1879).
.... — Le semeur.   (Musée de Carcassonne. - S. 1882).
.... — La fiancée du berger.   (Musée de Morlaix. - S. 1886).

PETITJEAN (Edmond), né à Neufchâteau (Vosges). — Méd. 3ᵉ cl. 1884, 2ᵉ cl. 1885. — A Paris, rue Alfred-Stevens, 3.

1118. — Les remparts de Flessingue.   (Musée de Cherbourg. - S. 1885).
1119. — Voray (Haute-Saône).   (App. à M. Vattine-Hovelacque. - S. 1887).
1120. — Un hameau ; — Franche-Comté.   (Musée d'Amiens. - S. 1888).
1121. — Le Kattendyck à Anvers ; — marine.
1122. — Liverdun ; — Lorraine.   (App. à M. Aldrophe. - S. 1885).

PEYROL-BONHEUR (Mme Juliette), née à Paris, élève de son père. — A Paris, rue de Crussol, 14.

1123. — Moutons ; — effet du matin.   (App. à M. Gambert).
1124. — Sur la falaise.   (S. 1885).

PEZANT (Aymar), né à Bayeux (Calvados), élève de M. de Vuillefroy. — Méd. 3ᵉ cl 1888. — A Paris, place Dancourt, 10.

1125. — A la Villette.   (S. 1888).

PICARD (Edmond), né à Besançon, élève de MM. J.-P. Laurens et Rapin. — Méd. 3ᵉ cl. 1887. — A Paris, rue de Malte, 65.

1126. — Un marché.   (Musée de Cambrai. - S. 1887).

PILLE (Ch.-Henri). né à Essômes (Aisne), élève de M. F. Barrias. — Méd. 1869, 2ᵉ cl. 1872, ✽ 1882. — A Paris, boulevard Rochechouart, 35.

1127. — « L'ami Vayson ».   (S. 1887).
1128. — « L'ami Benjamin-Constant ».   (S. 1884).
1129. — Corps de garde.   (S. 1883).
    (Voir DESSINS).

PINEL (Gustave), né aux Riceys (Aube), né à MM. Barrias et Bonnat. — Méd. 3ᵉ cl. 1885. — A Paris, cité des Fleurs, 56.

1130. — Méditation.   (S. 1888).

PLASSAN (E.-Antoine), né à Bordeaux. — Méd. 3ᵉ cl. 1852, rapp. 1857 et 1859, ✽ 1859. — A Paris, passage de la Visitation, 11.

1131. — «Il dort».   (S. 1887).
1132. — Le Matin.   (S. 1887).

POINTELIN (E.-Auguste), né à Arbois (Jura), élève de Victor Maire. — Méd. 3ᵉ cl. 1878, 2ᵉ cl. 1881, ✽ 1886. — A Paris, rue de Fleurus, 27.

1133. — * La Combe-Verte (Jura).
1134. — Le soir dans les Pins.
1135. — Prairie dans la Côte-d'Or.   (Musée de Sens. – S. 1878).
1136. — Côteau jurassien.   (Musée de Besançon. - S. 1881).
1137. — Chêne à la nuit tombante.   (App. à Mᵐᵉ Almire Berrus. - S. 1887).
.... — Soir de Septembre.   (Musée du Luxembourg. - S. 1881).
    (Voir DESSINS).

POILLEUX SAINT-ANGE (L.), né à Paris. — A Paris, rue Dufrénoy, 23.

.... — Tympans du pavillon de raccordement, côté de l'avenue de La Bourdonnais.
.... — Panneaux, dessus de portes, au pavillon spécial de la Ville de Paris.

POMEY (Louis), né à Paris, élève de MM. Willems, Ch. Vallet et Lobrichon. — A Paris, boulevard Lannes, 39.

1138. — Portrait de Mlle T. P...

POPELIN (Gustave), né à Paris, élève de Eug. Giraud et de M. G. Ferrier. — Prix de Rome 1882. — A Paris, rue de Téhéran, 7.

1139. — Portrait de M. C. P....   (S. 1888).

PORCHER (Ch.-Albert), né à Orléans, élève de Lambinet. — A Paris, rue Boccador, 3.

1140. — Un étang du Forez (Loire).   (S. 1888).
1141. — Etang de Billonay ; — vallée d'Optevoz.   (S. 1888).

PORGÈS (Mlle Virginie-H.), née à Paris, élève de MM. Henner et Carolus-Duran. — A Paris, rue de Monceau, 81.

1142. — Fleur de pervenche ; — étude.   (S. 1887).

POZIER (Jacinthe), né à Paris, élève de Boulanger et de MM. J. Lefebvre, Renouf et Doucet. — A Paris, quai de Valmy, 93.

1143. — La côte Lézard, à Valherme.   (S. 1888).

PRÉVOST-ROQUEPLAN (Mme Camille), née à Mallemort (Bouches-du-Rhône), élève de MM. Stevens, Charlemont et Régamey. — A Paris, rue de Vaugirard, 55.

1144. — Vase de faïence rempli de fleurs.   (S. 1881).

PREVOT (Mlle Maria), née à Villeneuve-sur-Yonne (Yonne), élève de MM. Carolus-Duran et Henner. — A Paris, rue Legendre, 11.

1145. — Portrait de Mme A. L..

PRIOU (Louis), né à Toulouse, élève de A. Gibert et de Cabanel. — Méd. 1869, 1re cl. 1874. — A Paris, rue Clauzel, 10.

1146. — Portrait de M. le baron de S. H...   (S. 1879).

PROUVÉ (Victor), né à Nancy, élève de Cabanel et de M. Devilly. — Méd. 3e cl. 1886. — A Paris, rue Boissonade, 15,

1147. — Madeleine.   (S. 1886).
1148. — Charité.   (S. 1887).

PUVIS DE CHAVANNES (Pierre), né à Lyon, élève de Couture et de A. Scheffer. — Méd. 2e cl. 1861, méd. 1864, méd. 3e cl. 1867 (E. U.), ✿ 1867, O. ✿ 1877, méd. d'honneur 1882. — A Paris, place Pigale, 11.

.... — « Pro patriâ ludus ».   (Musée d'Amiens. - S. 1882).
.... — Vision antique.
.... — Inspiration chrétienne.
.... — Le Rhône et la Saône.
.... — Le Bois Sacré.   (S 1884).
                    (Peintures décoratives pour l'escalier du Palais des Arts, à Lyon).
... — Décoration du grand hémicycle de la Sorbonne.   (S. 1887).

QUIGNON (F.-Just), né à Paris.— Méd. 3e cl. 1888. — A Paris, boulevard Richard-Lenoir, 83.

1149. — Les Moyettes.   (S. 1888).

QUINSAC (Paul), né à Bordeaux, élève de M. L. Gerôme. — A Paris, rue Coustou, 8.

1150. — Portrait de M. G. D...
1151. — Portrait de M. R. D...

QUOST (Ernest), né à Avallon (Yonne). — Méd. 3e cl. 1880, 2e cl. 1882. — A Paris, rue Rochechouart, 74.

1152. — Fleurs paysannes.	(S. 1886).
1153. — La Ruine en Fleurs.	(S. 1887).
1154. — Coteau de Velferdin ; - Lorraine.	(S. 1888).
1155. — Lauriers fleuris.	
1156. — Les dernières fleurs.	
.... — La saison nouvelle.	(Musée du Luxembourg. - S. 1882).

RACHOU (Henri), né à Toulouse, élève de MM. Bonnat et Cormon. — Méd. 3e cl. 1884. — A Paris, rue Ganneron, 22.

1157. — Tricoteuses.	(Musée de Pau. - S. 1881).
1158. — Portrait de M. E. Boch.	(S. 1884).
1159. — Portrait de Mme ***	

RAFFAELLI (J.-François), né à Paris, élève de M. Gérôme. — ✳, 1889. — A Asnières (Seine), rue de la Bibliothèque, 19.

1160. — Midi ; — effet de givre.	(App. à M. Georges Petit. - S. 1886).
1161. — La belle matinée.	(App. à M. Georges Petit. - S. 1887).
1162. — Portrait de M. Edmond de Goncourt.	(M. I. P. et B.-A. - S. 1888).
1163. — « Paris 4 K. 1. »	(App. à M. Ern. Blum).
1164. — « Nous vous donnerons 25 fr. pour commencer. »	(App. à M. Montaudon).
1165. — Vieux ménage sans enfants.	(App. à M. Ch. Hayem).
1166. — Le paysage de St-Ouen ; — effet de givre.	(App. à M. William T. Dannat).
.... — Chez Gonon, le fondeur.	(Musée du Luxembourg. - S. 1886).

(Voir DESSINS).

RAPIN (Alexandre), né à Noroy-le-Bourg (Haute-Saône), élève de MM. Gérôme et Français. — Méd. 3e cl. 1875, 2e cl. 1877, ✳ 1884. — A Paris, rue de Bourgogne, 52.

1167. — Le matin dans le Valbois (Doubs).	(App, à M. le Vte Clary. - S. 1879).
1168. — L'averse.	(App. a M. P. Bardou-Job. - S. 1883).
1169. — Novembre ; — à Digulleville (Manche).	(App. à M. de Lamonta. - S. 1884).
1170. — * L'été de la Saint-Martin.	(S. 1886).
1171. — Le soir, à Druillat (Ain).	(M. I. P. et B. A. - S. 1888).
1172. — La neige.	(App. à M. E. Savoye. - S. 1888).
.... — Les bords de la Loue.	(Musée de Douai. - S. 1879).
.... — Le matin, au bord du Doubs.	(Musée du Luxembourg. - S. 1887).
.... — La mare, à Saint-Martin (Manche).	(Musée de Bordeaux. - S. 1886).

RAVANNE (Léon-G.), né à Meulan (Seine-et-Oise), élève de MM. Bonnat et Cormon. — A Paris, rue Cauchois, 3.

1173. — Le grand pont de Meulan, le soir.	(S. 1887).

RAVAUT (H.-René), né à Paris, élève de MM. Butin et J.-P. Laurens. — Méd. 3e cl. 1880. — A Paris, cité des Fleurs, 56.

1174. — Résurrection d'un enfant par Saint-Benoît.	(Musée d'Evreux. - S. 1880).
1175. — St-Colomban.	(S. 1883).
.... — Mort de Saint Bertrand-de-Comminges.	(Musée de Toulouse. - S. 1888).

RÉAL DEL SARTE (Mme Magdeleine), née à Paris, élève de Boulanger et de MM. J. Lefebvre et Robert-Fleury. — A Paris, boulevard de Courcelles, 88.

1176. — « Ma bonne ».	(S. 1885).

RÉALIER-DUMAS (Maurice), né à Paris, élève de Gérôme. — A Paris, rue St-Lazare, 57.

1177. — Bonaparte aux Tuileries, le 10 août 1792. (S. 1888).
1178. — Le vieux portique.

RENARD (Emile), né à Sèvres (Seine-et-Oise), élève de Cabanel et de M. César de Cock. — Méd. 3e cl. 1876. — A Paris, rue de Vaugirard, 93.

1179. — Le dimanche des Rameaux. (App. à M. Gauthier-Villars. - E. N. 1883. - S. 1882).
1180. — Portrait de M. C. R.... (S. 1886).
1181. — La mort du lieutenant-colonel Froidevaux. (App. au Minist. de la guerre. - S. 1887).

RENOUF (Emile), né à Paris, élève de Boulanger et de MM. J. Lefebvre et Carolus-Duran. — Méd. 2e cl. 1880. — A Paris, rue Dautancourt, 37.

1182. — Portrait de Mme P...
1183. — L'épave.
1184. — Le Pilote. (Musée de Rouen).
1185. — Portrait de M. Ibels.
1186. — La veuve. (Musée de Quimper).
1187. — Clair de lune.
1188. — Les Guetteurs.
1189. — Le coup de main.

REYNAUD François), né à Marseille, élève de M. Loubon. — Méd. 1867. — A Paris, rue Poncelet, 19.

1190. — Femmes de San-Remo. (S. 1882).
1191. — La partie de cartes ; — Naples. (S. 1886).

RICHEMONT (P.-M.-Alfred de), né à Paris, élève de MM. Bin et Albert Maignan. — Méd. 3e cl. 1886. — A Paris, rue Bayen, 27 bis.

1192. — Légende de Ste-Marie de Brabant. (S. 1886).
1193. — Sainte-Cécile ; — martyre. (Musée d'Orléans. - S. 1888).

RIVEY (H. Arsène), né à Caen, élève de M. L. Bonnat. — Méd. 3e cl. 1880, 2e cl. 1888. — A Paris, impasse Hélène, 15.

1194. — Napolitaine. (S. 1881).
1195. — Un buveur. (S. 1888).

RIXENS (J.-André), né à Saint-Gaudens (Haute-Garonne), élève de M. Gérôme. — Méd. 3e cl. 1876, 2e cl. 1881. — A Paris, rue Boccador, 5.

1196. — * Mort d'Agrippine. (S. 1881).
1197. — Coquetterie. (S. 1884).
1198. — Portrait de M. J. Delsart. (S. 1886).
1199. — «Mon portrait ». (S. 1814).
1199b. — Laminage de l'acier. (App. à la Ville de Paris. - S. 1887).
1200. — Don Juan. S. 1886.
1201. — Dame à la fourrure. (App. à M. le Prince de Hanau. - S. 1888).

ROBERT-FLEURY (Tony), né à Paris. — Méd. 1866, 1867 et 1870, méd. d'hon. 1870, ✻ 1873, méd. 1re cl. 1878 (E. U.), O. ✻ 1884. — A Paris, rue de Douai, 69.

1202. — Portrait de M. Robert-Fleury, membre de l'Institut. (S. 1884).
1203. — Portrait de Mme B...
.... — Vauban à Belfort. (Musée de Belfort. - S. 1882).
.... — Glorification de la Sculpture française ; — plafond.
(Musée du Luxembourg. - S. 1880).

ROBERT (Paul), né à Paris, élève de Guillaumet et de MM. Bonnat, Henner et Stevens. — Méd. 3e cl. 1883. — A Paris, boulevard de Clichy, 12.

1204. — La forge.
1205. — Andromède. (Musée de Clermont-Ferrand).

ROBINET (Paul), né à Magny-Vernois (Haute-Saône), élève de MM. Meissonier, Barrias, Cabat et Zund. — Méd. 1869.— A Paris, rue Notre-Dame-des-Champs, 125, et à Gersau (Suisse).

1206. — La baie des hérons, près de Vitznau (lac des Quatre-Cantons). (S. 1885).
1207. — Le Pont-aux-Mousses, à Gersau. (App. à M. Brook. - S. 1886).
1208. — Un matin près de Treib (soleil levant) : — lac des Quatre-Cantons). (S. 1884).
1209. — Gorge de Montier, canton de Berne. (App. à M. Le Kathsheer. - S. 1885).
.... — Près de Gersau (lac des Quatre-Cantons). (Musée de Sens).

ROCHEGROSSE (Georges), né à Versailles, élève de G. Boulanger et de M. J. Lefebvre. — Méd. 3e cl. 1882, 2e cl. 1883. — A Paris, rue Chaptal, 20.

1210. — Vitellius traîné dans les rues de Rome. (Musée de Sens. - S. 1882).
1211. — Andromaque. (Musée de Rouen. - S. 1883).
1212. — La Curée. (M. I. P. et B.-A. - S. 1887).

ROLL (Alfred), né à Paris, élève de MM. Gérôme et Bonnat. — Méd. 3e cl. 1875, 1r cl. 1877, ✱ 1883. — A Paris, 53, rue Brémontier.

1213. — La fête de Silène. (Musée de Gand. - S. 1879).
1214. — La grève des Mineurs. (Musée de Valenciennes. - S. 1880).
1215. — En Normandie. (M. I. P. et B.-A. - S. 1883).
1216. — * Le Travail ; — chantier de Suresnes. (S. 1885).
1217. — * Femme et taureau. (S. 1885).
1218. — Portrait de Damoye, paysagiste. (S. 1886).
1219. — Manda Lamétrie, fermière. (S. 1888).
1220. — Portrait de Mme G....
1221. — Portrait de M. Alphand. (M. I. P. et B.-A. - Pour la Sorbonne).
1222. — * Femme assise. (S. 1886).

RONOT (Charles), né à Belan-sur-Ource (Côte-d'Or), élève de Aug. Glaize. — Méd. 2e cl. 1876, 1e cl. 1878. — A Dijon, Ecole des Beaux-Arts, et à Paris, rue de Vaugirard, 95.

1223. — Les aumônes de Ste-Elisabeth de Hongrie. (Musée de Troyes. - S. 1878).

ROSIER (Amédée), né à Meaux (Seine-et-Marne), elève de Durand-Brager et de L. Cogniet. — Méd. 3e cl. 1876. — A Billancourt (Seine), 4, rue Heinrich.

1224. — L'église Santa-Maria-della-Salute ; — le soir, à Venise. (S. 1888).

ROSSET-GRANGER (Édouard), né à Vincennes (Seine), élève de Dubufe et de MM. Mazerolle et Cabanel. — Med. 3e cl. 1884. — A Paris, rue Martin, 5.

1225. — Les Hiérodules. (S. 1886).
.... — Orphée. (Musée de Carcassonne. - S. 1884).

ROTH (Mme Clémence), née à Saint-Denis (Seine), élève de M. A. Stevens. — A Paris, rue Meissonier, 6.

1226. — Portrait de Mme F... (S. 1881).
1227. — Antoinette. (S. 1885).
1228. — Portrait de Mme H... (S. 1886).
1229. — Portrait de M. le professeur Peter. (S. 1887).

ROUFFIO (Paul), né à Marseille, élève de Cabanel. — Méd. 3e 1879. — A Paris, rue de Berne, 33.

1230. — Jeune fille arrosant des fleurs. (S. 1888).

ROUSSEAU (Jean-Jacques), né à Paris, élève de MM. Roll et Ribot. — A Paris, rue des Plantes, 72 (impasse Camus).

1231. — Portrait de ma mère. (S. 1887).

ROUSSEL (F.-Georges), né à Beauvais, élève de Cabanel et de M. Maillot — A Paris, boulevard du Montparnasse, 25.

1232. — Mort de la Vierge. (S. 1887).

ROUSSELIN (J.-Auguste), né à Paris, élève de Gleyre et de MM. Bouguereau et T. Robert-Fleury. — A Paris, rue Guersant, 27.

1233. — Portrait de Mlle *** (S. 1883).

ROY (Marius), né à Lyon, élève de Boulanger et de M. J. Lefebvre. — Méd. 3ᵉ cl. 1883. — A Paris, rue Constance, 11.

1234. — Dans le manège ; — avant le duel. (S. 1885).
.... — Mort du colonel Charlier. (Salle d'honneur du 90ᵉ de ligne).

ROZIER (Dominique), né à Paris, élève de M. Vollon. — Méd. 3ᵉ cl. 1876, 2ᵉ cl. 1880. — A Paris, boulevard de Clichy, 34.

1235. — Sous la tonnelle. (S. 1888).
1236. — La soupe aux choux. (App. à M. G. Serre. - S. 1883).
1237. — Volailles. (App. à M. Haro. - S. 1884).
. . — La fin du réveillon. (Musée d'Amboise. - S. 1880).
.... — Le panier d'Isabelle. (Musée de Castellane. - S. 1883).
.... — La marée aux Halles centrales. (Musée de La Roche-sur-Yon. - S. 1885).
.... — Gibier. (Musée de Lille. - S. 1886).

RUEL (Léon), né à Paris, élève de Pils. — Méd. 2ᵉ cl. 1886. — A Paris, rue Rodier, 62.

238. — Hommage à l'amiral Courbet. (Musée d'Abbeville. - S. 1886).

SAIN (A.-Édouard), né à Cluny (Saône-et-Loire), élève de Picot. — Méd. 1866, 3ᵉ cl. 1875, ✽ 1877. — A Paris, rue Taitbout, 80.

1239. — La bénédiction paternelle avant le mariage ; — Capri. (S. 1882).
1240. — Mimi. (S. 1886).
1241. — Portrait de Mlle Th. Vaillant.
1242. — Pensierosa ; — Capri. (S. 1887).
1243. — Portrait de Mᵐᵉ G. de W.... (S. 1879).
1244. — Portrait de Mᵐᵉ P.... (S 1888).

SAÏN (Paul), né à Avignon, élève de Guilbert d'Anelle et de M. Gérôme. — Méd. 3ᵉ cl. 1886. — A Paris, rue du Dragon, 33.

1245. — * « Lou camin de la Cournicho » ; — le matin, environs d'Avignon.
1246. — Fin d'automne. (Musée de Clermont-Ferrand. - S. 1883).
1247. — Le Rhône, en face de Villeneuve-lez-Avignon. (App. à M. Armand. - S. 1885).

SAINT-GERMIER (Joseph), né à Toulouse, élève de M. Cabanel. — A Paris, impasse Hélène, 15.

1248. — Départ pour la procession ; — Venise. (App. à M. Hayem. - S. 1888).

SAINTIN (Henri), né à Paris, élève de Pils, de A. Segé et de M. St-Marcel. — Méd. 3ᵉ cl. 1882, 2ᵉ cl. 1887. — A Paris, rue Nationale, 155 (ancien 14).

1249. — Gelée blanche en octobre. (App. à M. Waldeck-Rousseau. - S. 1881).
1250. — * Rosée d'automne. (S. 1882).
1251. — Soir d'automne. (Musée de Tourcoing. - S. 1887).
1252. — * Matinée d'avril. (S. 1886).

SAINTIN (Jules-Émile), né à Lemé (Aisne), élève de Drölling, Picot et Leboucher. — Méd. 1866, 1870, ✽ 1877. — A Paris, rue du Rocher, 56.

1253. — Fleurs de Nice. (S. 1880).
1254. — Rêverie. (S. 1886).
1255. — Dernière prière. (S. 1887).
1256. — A l'Opéra.

SAINTPIERRE (C.-Gaston), né à Nimes, élève de Léon Cogniet et Ch. Jalabert. — Méd. 1868, 2e cl. 1879, ✻ 1881. — A Paris, avenue de Wagram, 35.

1257. — * Saâdia, l'heureuse.	(S. 1878).
1258. — Portrait de Mlle E. de Bornier.	(App. à M. le Vte H. de Bornier. - S. 1882).
1259. — * L'Aurore ; — panneau décoratif.	(S. 1883).
1260. — * Zina.	(S. 1887).
1261. — * La femme au tambour.	(S. 1887).
1262. — Portrait de Mlle J. G....	(App. à M. G.... - S. 1888).

SALZEDO (Paul), né à Bordeaux, élève de M. Bonnat. — A Bordeaux, rue d'Anjou, 27.

1263. — Le témoin.   (Musée de Bordeaux. - S. 1883).

SAUNIER (Noël), né à Vienne (Isère). élève de Pils. — A Paris, rue Dutot, 3.

1264. — Le tambour du village.   (S. 1888).

SAUTAI (Paul E.), né à Amiens, élève de MM. J. Lefebvre et Robert-Fleury. — Méd. 1870, 2e cl. 1875, 3e cl. 1878 (E. U.), ✻ 1885. — A Paris, rue Notre-Dame-des-Champs, 74.

1265. — Saint Bonaventure.	(Musée de Nantes. - S. 1878).
1266. — Sainte Elisabeth de Hongrie.	(App. à M. Alf. Mame. - S. 1880).
1267. — Fra Angelico da Fiesole.	(Musée d'Amiens. - S. 1882).
1268. — L'entrée à l'église.	(App. à M. Morel. - S. 1863).
1269. — Prière.	(App. à M. Château. - S. 1884).
1270. — * L'Office chez les Capucins.	(S. 1885).
.... — Intérieur de l'église de Lavardin (Loir-et-Cher).	(Musée du Luxembourg. - S. 1882).

SAUZAY (J.-Adrien), né à Paris, élève de M. A. Pasini. — Méd. 3e cl. 1881, 2e cl. 1883. — A Paris, rue d'Orsel, 19.

1271. — Un étang aux environs de Paris.	(Musée de Brest. - S. 1878).
.... — Fin d'automne.	(Musée de Nérac. - S. 1884).

SCHERRER (Jean-Jacques), né à Lutterbach (Alsace), élève de Cabanel, et de MM. Barrias et Cavelier. — Méd. 3e cl. 1887. — A Paris, impasse du Maine, 9.

1272. — Jeanne-d'Arc.	(S. 1887).
.... — La prise de Verdun.	(Musée d'Angers. - S. 1882).

SCHMITT (Paul), ne à Paris, élève de M. Guillemet. — Méd. 3e cl. 1888. — A Paris, rue Boissonade, 12.

1273. — Le vieux chemin des Moulineaux, près Meudon.   (S. 1888).

SCHOMMER (François), né à Paris, élève de Pils et de H. Lehmann. — Prix de Rome 1878, méd. 2e cl. 1884. — A Paris, rue Saint-Didier, 58.

1274. — Portrait de M. L. O. Merson	(S. 1887).
1275. — Portrait de M. L...	(S. 1887).
1276. — Portrait de M. H. H....	
1277. — Portrait de M. H. H....	
1278. — Portrait de M. F. Mathias.	(S. 1888).
.... — Edith retrouvant le corps d'Harold	(Musée de Nimes. - S. 1884).
.... — La défense de Pantin ; — panneau. (Fragment de décoration de la mairie de Pantin. — (Exp. spéciale de la ville de Paris).	

SCHRYVER (Louis de), né à Paris. — A Paris, rue Pergolèse, 12 bis.

1279. — Un deuil.   (S. 1888).

SCHULLER (J.-Charles), né à Hüsseren (Alsace), élève de F. Damoye. — A Paris, place du Calvaire, 1.

1280. — Fleurs d'été.   (S. 1888).

SEBILLEAU (Paul), né à Bordeaux, élève de M. Auguin. — A Bordeaux, rue Duplessis, 14.

1281. — Matinée d'avril à Biscarosse (Landes).   (S. 1884).

SÉON (Alexandre), né à Chazelles-sur-Lyon (Loire), élève de l'école des Beaux-Arts de Lyon, de Lehmann et de M Puvis de Chavanne. — A Paris, rue de l'Abbé-Groult, 61.

1282. — Soir d'été.   (S. 1888)
... — Deux panneaux ; — compositions allégoriques.   (Exp. spéciale de la ville de Paris).
(Fragments de décoration de la mairie de Courbevoie).

SICARD (Nicolas), né à Lyon. — A Lyon, rue St-Georges, 120.

1283. — Après le duel.   (S. 1887).

SIMONNET (Lucien), né à Paris, élève de Boulanger et de MM. Nozal et J. Lefebvre. — A Sèvres (Seine-et-Oise), rue de Ville-d'Avray, 8.

1284. — Lever de soleil, à Garches.   (S. 1884).

SINIBALDI (J.-R.-Paul), né à Paris, élève de Cabanel et de M. Alf. Stevens. — A Paris, rue de la Grande-Chaumière, 8.

1285. — La fille des Rajahs.   (S. 1888).

SMITH (Alfred), né à Bordeaux, élève de MM. L. Chabry, Pradelles et Baudit. — Méd. 3e cl. 1888. — A Bordeaux, rue de Pessac, 36.

1286. — Printemps.   (S. 1886).
1287. — Soirée d'avril.   (S. 1888).
1288. — Sous bois.   (Musée de Bordeaux. - S. 1888).

SOYER (Paul), né à Paris, élève de Léon Cogniet. — Méd. 1870, 2e cl. 1882. — A Chanteloup, par Triel (Seine-et-Oise).

1289. — « La Grève des Forgerons ».   (S. 1882).
1290. — Au logis.   (App. à M. Dausiers).

STEINHEIL (Ch. Ed. Adolphe), né à Paris, élève de son père. — Méd. 3e cl. 1882. — A Paris, rue de Vaugirard, 152.

1291. — Un sénateur vénitien.   (App. au Cercle de l'Union, à Limoges. - S. 1884).

SURAND (Gustave), né à Paris, élève de M. J. P. Laurens. — A Paris, boulevard Poissonnière, 30.

1292. — Les mercenaires de Carthage ; — lions crucifiés.   (S. 1884).
1293. — « Entre amis ».   (S. 1885).

TANOUX (H.-Adrien), né à Marseille. — A Paris, boulevard Raspail, 226.

1294. — Portrait de M. Aug. Paris

TANZI (Léon), né à Paris, élève de MM. Bouguereau, J. Lefebvre et Benjamin Constant. — Méd. 3e cl. 1887. — A Paris rue Rochechouart, 67.

1295. — Une mare à Valvin.   (App. à M. le Dr Fournier. - S. 1886).
1296. — La mare de Courtbuisson.   (App. à M. le prince G. Stirbey. - S. 1887).

TATTEGRAIN (Francis), né à Péronne (Somme), élève de Boulanger et de MM. Crauk, J. Lefebvre et Le Pic. — Méd. 2e cl. 1883. — A Paris, boulevard de Clichy, 12.

1297. — Les Deuillants, — Etaples.   (Musée d'Amiens. - S. 1888).
1298. — Les Casselois u merci, devant Philippe-le-Bon ; — 10 janvier 1430.
                                                  (M. I. P. et B.-A. - S. 1887).
1299. — Les débris du trois-mâts « Majestas ».   (S. 1888).

THIOLLET (Alexandre), né à Paris, élève de Drölling et de M. Robert-Fleury. — Méd. 3ᵉ cl. 1885, 2ᵉ cl. 1887. — A Paris, rue de Chabrol, 16.

1300. — « La mer se retire ».   (App. à M. Guérinot. - (S. 1885).
1301. — La côte normande.   Musée du Havre. - (S. 1887).

THIRION (Eugène-R.), né à Paris, élève de Picot, de Fromentin et de Cabanel. — Méd. 1886, 1868, 1869, 2ᵉ cl. 1878 (E. U.). — A Paris, rue Chaptal, 28.

1302. — La muse Euterpe.   (S. 1880).
1303. — Le Poète et la Source.   (S. 1882).
1304. — La Nuit d'octobre.   (S. 1887).
1305. — Portrait de M. J. T....   (S. 1878).
.... — Moïse exposée sur le Nil.   (Musée du Luxembourg)
.... — La ville de Paris présidant aux institutions et améliorations du XIIᵉ arrondⁱ.
                    (Plafond du grand escalier de la mairie du XIIᵉ arrondt

THOLER (R.), né à Paris, elève de M. Bergeret. — A Paris, rue Frochot, 12.

1306. — Fruits ; — nature morte.   (App. à M. Boisson. - S. 1888).

THOMAS (A.-Charles), né à Paris, élève de Victor Leclaire.— Méd. 3ᵉ cl. 1886. — A Paris, rue de Navarin, 12.

1307. — Fleurs d'automne.   (S. 1887).
.... — Cellier du père Jacquemin.   (Musée de Nantes. - S. 1882).
.... — Veille de fête à l'atelier.   (Musée du Havre. - S. 1886).

THURMER (Gabriel), né à Mulhouse, élève de M. Chabal-Dussurgey. — Méd. 3ᵉ cl. 1887. — A Paris, rue Blomet, 27.

1308. — Dans le cellier ; — fruits.   (S. 1885).

TISSOT (James), né à Nantes, élève de Lamotte. — Méd. 1886. — A Paris, avenue du Bois-de-Boulogne, 64.

1309. — Portrait du R. P. B....
1310. — L'Enfant Prodigue ; — le départ.   (E. N. 1888).
1311. — L'Enfant Prodigue ; — en pays lointains.   (»).
1312. — L'Enfant Prodigue ; — le retour.   (»).
1313. — L'Enfant Prodigue ; — le veau gras.   (»).

TOUDOUZE (Edouard), élève de Pils et de M. Leloir. — Prix de Rome 1871, méd. 3ᵉ cl. 1876, 2ᵉ cl. 1877. — A Paris, boulevard des Batignolles, 21.

1314. — Portrait de M. P. de N....   (S. 1888).
1315. — Portrait de Mlle M. B....   (S. 1878).
1316. — Etude de femme.   (S. 1888).

TOULMOUCHE (Auguste), né à Nantes, élève de Gleyre. — Méd. 3ᵉ cl. 1852, rappel 1859, 2ᵉ cl. 1861, ✠ 1870, méd. 3ᵉ cl. 1878 (E. U.). — A Paris, rue Victor-Massé, 37.

1317. — La sultane parisienne.   (S. 1887).
1318. — Envoi de fleurs.   (S. 1888).
1319. — Portrait de Mlle Réjane.   (S. 1888).
1320. — Le baiser.

TOURNÈS (Etienne), né à Bordeaux, élève de Cabanel et de M. Harpignies. — A Paris, impasse du Maine, 18 bis.

1321. — Femme faisant chauffer un fer à friser.   (M. I. P. et B.-A. - S. 1888).

TRAYER (J.-B.-Jules), né à Paris, élève de son père et de Lequien. — Méd. 3ᵉ cl. 1853, 3ᵉ cl. 1855 (E. U.). — A Paris, quai Bourbon, 15

1322. — Le marché aux chiffons ; — Finistère.   (S. 1886).
1323. — Sur le quai neuf à Concarneau , — Finistère.   (S. 1884).
1324. — La Seine au quai Bourbon.   (S. 1887).

TRUPHÈME (Auguste), né à Aix (Bouches-du-Rhône), élève de H. Flandrin de Cornu, et de MM. Henner et Bouguereau. — Méd. 3ᵉ cl. 1884. 2ᵉ cl. 1888, — A Paris, rue de Sèvres, 23, et à Châtillon-sous-Bagneux (Seine) rue du Ponceau, 53.

1325. — Une leçon de chant dans une école communale du XIVᵉ arrondissement. (S. 1884).
1326. — La dictée. à l'école communale. (S. 1887).
1327. — « En retenue ». (App. à la Ville de Paris. - S. 1888).

UMBRICHT (Honoré), né à Obernai (Alsace), élève de MM. Bonnat et H. Le Roux. — Méd. 3ʳ cl. 1884. — A Paris, rue Lemercier, 30.

1328. — Au bois ; — en Lorraine. (S. 1884).

VALADON (E.-Jules), né à Paris, élève de Drölling, de Cogniet et de Lehmann.— Méd. 3ᵉ cl. 1880, 2ᵉ cl. 1886. — A Paris, avenue de Villars, 15.

1329. — Le puits mitoyen.
1330. — Portrait de M. Etienne Arago. (E. N. 1883).
1331. — Rêverie. (S. 1885).
1332. — Portrait de Mᵐᵉ J. L.... (E. N. 1883).

VAUTHIER (L.-L.-Pierre), né à Pernambouc (Brésil), de parents français, élève de Maxime Lalanne. — Méd. 3ᵉ cl. 1887. — A Paris, 18, rue Molitor.

1333. — Crue de la Seine au pont de Tolbiac. (S. 1887).
(Voir DESSINS.)

VAYSON (Paul), né à Gordes (Vaucluse), élève de J. Laurens. — Méd. 2ᵉ cl. 1875, 2ᵉ cl. 1879, ✱ 1886. — A Paris, rue Fortuny, 13.

1334. — Moutons dans la combe de Bezaure (Provence). (Musée de Marseille. - S. 1879).
1335. — Troupeau nomade. (S. 1881).
1336. — La foire de St-Trinit, en Provence. (S. 1888).
1337. — Le printemps. (Musée de Carcassonne. - S. 1884).
1338. — Les chercheurs de truffes. (App. à MM. Lambert, frères. - S. 1886).
1339. — L'Angelus. (App. à Mᵐᵉ Mantin. - S. 1887).
1340. — Gardeuse de moutons ; — Provence. (Musée de Grenoble. - S. 1888).
1341. — Vaches à l'étable. (App. à M. E. Watel. - S. 1888).
1342. — Bœuf ; — l'herbage. (App. à M. Louis Wagner. - S. 1886).
1343. — Le berger et la mer ; — lever de lune.

VEYRASSAT (J.-Jules), né à Paris. — Méd. 2ᵉ cl. 1872, ✱ 1878, (E. U.).— A Paris, boulevard de Clichy, 7.

1344. — Têtes de chevaux.
1345. — Relais de chevaux de rivière. (S. 1884).
1346. — Les premiers blés. (S. 1882).
1347. — En Normandie. (S. 1888)

VILLA (Emile), né à Montpellier, élève de Gleyre et de M. A. Glaize. — A Paris, boulevard Raspail, 208.

1348. — L'automne. (S. 1885).
1349. — Les favoris. (S. 1885).

VILLEBESSEYX (Mme Jenny), née à Lyon, élève de MM. Aimé Millet et Ph. Rousseau. — A Paris, avenue Frochot, 8.

1350. — Chrysanthèmes. (S. 1887).

VIMONT (Édouard), né à Paris, élève de Cabanel et de Maillot. — Méd. 3ᵉ cl. 1886. ← A Paris, rue Cauchois, 12,

1351. — Saint-Colomban. (S. 1884).
1352. — Vitellius. (S. 1886)

VOLLON (Antoine), né à Lyon. — Méd. 1865, 1868, 1869, ✻ 1870, méd. 1ʳᵉ cl. 1878 (E. U.), O. ✻ 1878. — A Paris, boulevard de Clichy, 25.

1353. — Le Pont-Neuf.   (App. au prince Stirbey).
1354. — Potiche de Chine et accessoires.   (App. à M. Robert West).
1355. — Oiseaux du Midi.   (App. à M. Skrypitzine. - S. 1883).
1356. — Potiron.
1357. — Vue du Tréport.   (App. à M. Alexandre Dun.as. - S. 1886)
1358. — Les produits de la chasse.   (App. à M. le marquis de Talleyrand. - S. 1888).
1359. — Cour de ferme ; — Seine-et-Oise.
1360. — Poterie.   (App. à M. Chenu).
1361. — Espagnol.   (App. à M. le Dʳ Marchand).
1362. — Une cour ; — effet de soleil.   (App. à M. Féral).

VUILLEFROY (Félix de), né à Paris, élève de MM. Hébert et Bonnat. — Méd. 1870, 2ᵉ cl. 1875, ✻ 1880. — A Paris, rue Andrieux, 3.

1363. — Chevaux dans une mare.   (S. 1882).
1364. — Sur le champ de foire.   (S. 1881).
1365. — La vente des poulains.   (S. 1885).
1366. — Journée d'Automne.   (S. 1884).
1367. — La « Coliche » et la « Brune » ; — vaches.
1368. — Sortie de l'herbage.
1369. — L'herbage ; — l'hiver.
.... — Troupeau de vaches dans l'Oberland.   (Musée d'Amiens. - S. 1879).
.... — Le retour du troupeau.   (Musée du Luxembourg. - S. 1880).
.... — Dans les prés.   (Musée du Luxembourg. - S. 1883).

WATTELIN (V.-Louis), né à Paris, élève de M. Diaz. — Méd. 3ᵉ cl. 1876, 2ᵉ cl. 1888. — A Paris, boulevard Péreire, 59.

1370. — Rosée de septembre.   (S. 1887).
1371. — Le marais de Boves (Somme).   (S. 1887).

WEBER (Théodore), né à Leipzig, naturalisé français. — A Paris, rue des Martyrs, 37.

1372. — Remorqueur ; — Boulogne.

WEERTS (J.-Joseph), né à Roubaix (Nord), élève de Cabanel. — Méd. 2ᵉ cl. 1875, ✻ 1884. — A Paris, rue d'Amsterdam, 77 et 79.

1373. — Portrait de Gustave Nadaud.   (S. 1880).
1374. — Saint François d'Assise étant prêt de rendre l'esprit, se fait transporter à Sainte-Marie-
        de-Portiuncule.   (S. 1884).
1375. — Portrait de M. Ed. Duffaud.   (S. 1884)
1376. — Exorcisme.
.... — Vierge évanouie entre les bras des Saintes-Femmes.
                                             (Musée de Dunkerque. - S. 1878).
.... — Assassinat de Marat.   (Musée d'Evreux. - S. 1880).
.... — Mort de Bara.   (Au Palais de l'Elysée. - S. 1883).
.... — Les franchises de Limoges ; — plafond pour la salle du Conseil municipal de la ville
        de Limoges.   (S. 1887).

WEISZ (Adolphe), né à Bude, naturalisé français, élève de Jalabert. — Méd. 3ᵉ cl. 1875, 2ᵉ cl. 1885. — A Paris, avenue Trudaine, 3.

1377. — Nymphe trouvant la tête et la lyre d'Orphée.
1378. — René et Bob.   (S. 1883).

WENCKER (Joseph), né à Strasbourg, élève de M. Gérôme. — Prix de Rome 1876, méd. 2ᵉ cl. 1877, ✻ 1887. — A Paris, rue de Larochefoucauld, 17.

1379. — Pose de la première pierre de la Nouvelle Sorbonne.
1380. — Portrait de M. le comte Durrrieu.   (S. 1886).
1381. — Prédication de Saint-Jean Chrysostôme contre l'impératrice Eudoxie.
                                             (Musée du Puy. - S. 1882).
1382. — Portrait de S. A. Mᵐᵉ la Pˢˢᵉ Gortschakoff.   (S. 1887).
1383. — Portrait de M. Engel-Dollfus.   (S. 1881).
1384. — Portrait de Mᵐᵉ Engel-Dollfus.   (S. 1885).
1385. — Portrait de Mᵐᵉ Dumont.   (S. 1886).
1386. — Portrait de Mᵐᵉ E. Hentsch.
1387. — Portrait de Mᵐᵉ la Pˢˢᵉ Brocovan.

WINTER (Pharaon de), né à Bailleul (Nord), élève de Cabanel et de M. Jules Breton. — Méd. 3ᵉ cl. 1886. — A Lille et à Bailleul (Nord).

1388. — Dans les champs.   (S. 1880).
1389. — Au couvent.   (S. 1885).
1390. — Au dispensaire.   (S. 1886).
1391. — En Flandre.   (S. 1888).

WISLIN (Charles), né à Gray (Haute-Saône), élève de M. J.-P. Laurens.—A Paris, avenue de Wagram, 26.

1392. — Journée d'août sur les falaises d'Étretat.   (S. 1884).

WORMS (Jules), né à Paris, élève de M. Lafosse. — Méd. 1867, 1868, 1869, 1876, méd. 3ᵉ cl. 1878 (E. U.). — A Paris, rue de Navarin, 19.

1393. — Un prétendant.   (S. 1883).
1394. — Portrait.   (S. 1885).
1395. — Sous le charme.   (S. 1886).

YARZ (Edouard), né à Toulouse. — Méd. 3ᵉ cl. 1884 — A Paris, rue Lemercier, 15.

1396. — Les bords du Gardon.   (M. I. P. et B. A. - S. 1887).
1397. — Le bris de St-Privat.   (S. 1888).
1398. — La statue du Colléone.   (S. 1885).

YON (Ch.-Edmond), né à Paris, élève de Lequien. — Méd. 3ᵉ cl. 1875 2ᵉ cl. 1879, ✿ 1886. — A Paris, rue Lepic, 59.

1399. — L'embouchure de la Dives.   (Musée de Condom. - S. 1884).
1400. — Les roseaux à Sainte-Aulde-sur-Marne,
1401. — La rafale.   (App. à M. Muret - S 1883).
1402. -- La Meuse à Dordrecht.   (App. à M. Houssin. - S. 1885).
1403. — Le trou aux Carpes.   (App. à M. Georges Laurent. - S. 1886).
1404. — La Seine, près de Vernon.   (App. à M. Tabouriech-Nadal).
.... — Le bas de Montigny.   (S. 1879).
.... — La rivière d'Eure à Acquigny.   (Musée du Luxembourg. - S. 1882).
... — Le marais de Sacy-le-Grand.   (Musée d'Amiens. - S. 1887).
.... — Un orage dans la plaine d'Enfer, à Cayeux-sur-Mer.   (S. 1888).

YVON (Adolphe), né à Eschviller (Lorraine), — Méd. 1ʳᵉ cl. 1848, 2ᵉ cl. 1855 (E. U.), ✿ 1855, méd. d'honneur 1857, méd. 2ᵉ cl. 1867 (E. U.), O. ✿ 1867.— A Paris, rue de la Tour, 156.

1405. — Portrait de feu Gatineau.   (S. 1879).
1406. — Portrait du Dʳ Péan.   (S. 1879).
1407. — Portrait de Henri Martin.   (S. 1880).
1408. — Portrait de Paul Bert.   (S. 1880).
1409. — Portrait du Dʳ Fauvel.   (S. 1881).
1410. -- Portrait du Dʳ Germain Sée.   (S. 1882).
1411. — Portrait de M. Rouvier.   (S. 1887).
1412. — Portrait de M. Carnot, président de la République.   (S. 1888).

ZILLHARDT (Mlle Jenny), née à Saint-Quentin, élève de M. T. Robert-Fleury. — A Paris, rue Léon-Cogniet, 11.

1413. — Portrait de Mᵐᵉ Z...   (E. N. 1883).

ZUBER (J.-Henri), né à Rixheim (Alsace), élève de Gleyre. — Méd. 3ᵉ cl. 1875, 2ᵉ cl. 1878, (E. U.), ✿ 1886. — A Paris, rue de Vaugirard, 59.

1414. — Septembre au pâturage.   (S. 1885).
1415. — La forêt en hiver.   (S. 1888).
1416. — Sous les hêtres ; — Fontainebleau.
1417. — Marée montante (Arcachon).
1418. — Dans la dune.
.... — » Le Holland's Diep ».   (Musée du Luxembourg. - S. 1885).

GROUPE I.

ŒUVRES D'ART.

~~~~~~~~~~~~~~~~~

FRANCE.

———

CLASSE 2.

Peintures diverses et Dessins.

ALLONGÉ (Auguste), né à Paris, élève de L. Cogniet. — A Paris, rue Notre-Dame-de-Lorette, 44.

1419. — Un coin du plateau de la Mare-aux-Fées (forêt de Fontainebleau) ; — aquarelle.
1420. — En forêt ; — fusain.
1421. — Souvenir de Martinvast (Manche) ; — fusain.
1422. — Le givre ; — fusain.

ARGENCE (Eugène d'), né à Paris, élève de MM. Giraud et Busson. — A Paris, rue St-Ferdinand, 21.

1423. — Ruisseau sous bois en automne ; — pastel.
1424. — Vue prise à Venteuil ; — pastel.
1425. — Marine ; — pastel.   (Voir PEINTURE).

ASTRUC (Zacharie), né à Angers. — A Paris, rue du Faubourg-St-Honoré, 233.

1426. — Branche de cerisier ; — aquarelle.
                    (Voir PEINTURE et SCULPTURE).

AXE (Jules d'), né à Paris, élève de MM. Puvis de Chavanne et Dagnan-Bouveret. — A Paris, rue Demours, 74.

1427. — Portrait du général Milius ; — miniature.   (S. 1888).

BARBOT (Mlle Laurens), née à Orléans, élève de M. Schilt et de Mᵐᵉ Lemoine.— A Paris, rue Berton, 17.

1428. — Bégonia ; — aquarelle.

BAYARD (Emile), né à La Ferté-sous-Jouarre, élève de L. Cogniet. — A Paris, rue Notre-Dame-des-Champs, 70 bis.

1429. — Dix dessins pour une illustration de « Comme il vous plaira », de Shakspeare.

BEAURY-SAUREL (Mlle Amélie), née à Barcelone (Espagne), de parents français, elève de Boulanger et de MM. Robert-Fleury, Bouguereau et J. Lefebvre. — Méd 3ᵉ cl. 1888. — A Paris, avenue de Villiers, 122.

1430. — Portrait de Mᵐᵉ Marie Laurent.   (S. 1888).

BELLANGER (Camille), né à Paris, élève de Cabanel et de M. Bouguereau. — Méd. 2ᵉ cl. 1875. — A Paris, boulevard du Montparnasse, 118.

1431. — Conseiller municipal ; — Normandie.   (S. 1883).
1432. — Portrait de Mᵐᵉ J. B...
1433. — Etude.

BELLEL (Jean-Joseph), né à Paris, élève de Justin Ouvrier. — Méd. 1ʳᵉ cl. 1848, ✳ 1860. — A Paris, rue Say, 10.

1434. — Gorges de Montpairon   (S. 1878).
1435. — Ravin de Grave-Noire.   (S. 1881).
1436. — Paysage composé ; — souvenir de Chateldon.   (S. 1881).
                                                        (Voir PEINTURE).

BERNAMONT (Mlle Clarisse), née à Châtillon-sous-Bagneux (Seine), élève de Mᵐᵉ Thoret et de M. A. Leloir. — A Paris, rue Coëtlogon, 7.

1437. — Seau de pivoines ; — aquarelle.   (S. 1887).
1438. — Trois miniatures ; — portraits :
        1º Mlle B... ; 2º Mlle G. S... ; 3º Mlle D. G...   (S. 1883, 1885 et 1887).

BIDA (Alexandre), né à Toulouse, élève d'Eugène Delacroix. — Méd. 2ᵉ cl. 1848, ✳ 1855, méd. 1ʳᵉ cl. 1855 (E. U.), med. 1ʳᵉ cl. 1867 (E. U.), O. ✳ 1870, rap. méd. 1ʳᵉ cl. 1878 (E. U.). — A Paris, boulevard Saint-Michel, 22, et à Bühl (Alsace).

1439. — Jeanne d'Arc devant les juges de Poitiers ; — aquarelle.
1440. — Interrogatoire de Jeanne d'Arc dans sa prison ; — aquarelle.
1441. — Un banc d'église en Suisse ; — aquarelle.
1442. — Un puits à Venise ; — aquarelle
1443. — La princesse Colonna ; — dessin.
1444. — Le harem d'Assuérus ; — dessin.
1445. — Les Vierges sages ; — dessin.
1446. — Le retour du Calvaire ; dessin.   (M. I. P. et B. A.)
1447. — Mardochée et Aman ; — dessin.

BONOMÉ (Mlle Adolphine), née à Paris, élève de Mᵐᵉ Colin-Libour. — A Paris, place Lafayette, 114.

1448. — Trois miniatures ; — portraits :   (S. 1886, 1887).
        1º Mᵐᵉ Colin-Libour ; 2º M. le docteur R. C... , 3º Mlle C. de T...

BOUCHOT (Mme Claire, née CHEVALIER), née à Paris, élève de Mᵐᵉ de Cool et de M. Camino. — A Paris, rue Bonaparte, 47.

1449. — Jean Bouchot ; — miniature.

BOURGOIN (Désiré), élève de MM. Detaille et Berne-Bellecour. — A Paris, rue de Lancry, 7.

1450. — Envoi d'un Japonais ; — aquarelle.
1451. — Au Japon ; — aquarelle.
1452. — Cadeau du parrain ; — aquarelle.
1453. — Pensées et giroflées ; — aquarelle.

CAGNIART (Emile), né à Paris, élève de M. A. Guillemet. — Méd. 3ᵉ cl. 1887. — A Paris, rue de Navarin, 6.

1454. — L'automne en Périgord ; — quatre pastels.
1455. — Six pastels :
        1º La Bièvre, à Gentilly ; 2º Rentrée des foins ; 3º La Garenne-Besons ; 4º Le bassin de La Villette ; 5º L'automne, forêt de Marly ; 6º Matinée d'hiver à Arcueil.   (S. 1887 et 1888).

CARBONNIER (Paulin), né à Paris, élève de MM. Allongé et Harpignies. — A Paris, rue de Paradis, 51.

1456. — Eglise de St-Valéry-en-Caux ; — aquarelle. (S. 1886).

CARIN (Mlle Marie), née à Lille, élève de Camino et de M. Chaplin. — A Lille, rue Palikao, 51.

1457. — Quatre portraits ; — miniatures.
1º Mᵐᵉ C... ; 2º Mlle J. D... ; 3º Mlle Germain P... ; 4º Mᵐᵉ Récamier, d'après David.

CARRIER-BELLEUSE (Pierre), né à Paris, élève de Cabanel et de Carrier-Belleuse. — A Paris, boulevard Berthier, 31.

1458. — Le miroir ; — pastel. (M. I. P. et B. A. - Salon de 1887).
1459. — Le bonnet d'âne. (S. 1887).
(Voir PEINTURE).

CAZIN (J. Charles), né à Samer (Pas-de-Calais), élève de M. Lecoq de Boisbaudran. — Méd. 1ʳᵉ cl. 1880, ✱ 1882. — A Paris, rue du Luxembourg, 40.

1460. — Le départ ; — cire et pastel. (S. 1879).
1461. — Agar ; — cire et pastel. (App. à M. Dietz. - E. N 1883).
1462. — L'étang : cire et pastel. (App. à M. E. May)
1463. — Une route dans le Nord ; — cire et pastel. (App. à M. E. May)
1464. — Théocrite ; — cire et pastel. (App. à M. E. May).
(Voir PEINTURE).

CAZIN (Mme Marie), née à Paimbœuf (Loire-Inférieure). — A Paris, rue du Luxembourg, 40.

1465. — La vie obscure. (S. 1885).
1466. — Nativité. (S. 1881).
1467. — Couseuse ; — dessin au bistre. (S. 1885).
1468. — Femme nue. — Tête de femme ; — dessins au bistre. (S. 1888).
1469. — Convalescente ; — dessin au bistre. (S. 1886).
1470. — Le sommeil ; — dessin au bistre. (E. N. 1883).

CAZIN (Michel), né à Paris, élève de son père. — A Paris, rue du Luxembourg, 40.

1471. — Etude ; — sanguine. (S. 1888).
(Voir SCULPTURE et GRAVURE).

CHAGOT (Edmond), né à Paris, élève de Durand-Brager et M. Ziem. — A Paris, avenue Hoche, 17.

1472. — Le Cader-Idris, sur la rivière Mawddach ; — aquarelle. (S. 1888).

CHAVAGNAT (Mlle Antoinette), née à Rouen, élève de M. Rivoire. — A Nanterre (Seine), rue Chanzy, 11.

1473. — Chrysanthèmes ; — aquarelle. (S. 1888).

CHÉRON (Mlle Lucy), née à Paris, élève de Mᵐᵉ Chéron. — A Paris, cité Condorcet, 4.

1474. — Trois portraits · — miniatures. (S. 1886, 1887 et 1888).

CHICOTOT (George), né à Paris, élève de Boulanger et de MM. Hanoteau et J. Blanc. — A Paris, quai aux Fleurs, 13.

1475. — Un pressoir ; — dessin. (S. 1884).

COEFFIER (Mlle Pauline), née à Paris, élève de Leon Cogniet. — A Paris, quai Bourbon, 21.

1476. — Portrait de Mᵐᵉ de Benardaki ; — pastel. (S. 1876).
1477. — Portrait d'enfant ; — pastel. (S. 1888).

COMBES (Mlle Clémentine), née à Paris, élève de sa mère et de Mᵐᵉˢ Donnier, Thoret et de M. Dessart. — A Paris, rue Lhomond, 25.

1478. — Portrait de Mᵐᵉ A. T... ; — porcelaine. (E. N. 1888).

CONTAL (Mlle Jeanne), née à Nancy, élève de M. Bellay. — A Paris, rue du Trésor, 9.

1479. — Cinq portraits ; — miniatures.   (S. 1888).

CRAUK (Charles), né à Valenciennes , élève de Picot et de Abel de Pujol. — Prix de Rome 1846 ; ✹ 1881. — A Paris, rue du Cherche-Midi, 102.

1480. — Le char du Soleil ; — aquarelle.
Maquette d'une verrière de la galerie des machines à l'Exp. univ. de 1889.

CRESTY (Mme Marguerite), née à Paris. — A Paris, rue Herschel, 5.

1481. — Roses trémières.

CURZON P. (Alfred de), né à Poitiers, élève de Drölling et de M. Cabat. — Méd. 2ᵉ cl. 1857, rap. 1859, 1861, 1863, ✹ 1865, méd. 3ᵉ cl. 1867 (E. U.), méd. 2ᵉ cl. 1878 (E. U.), — A Paris, boulevard Suchet, 15.

1482. — Bords du Teverone, près Lunghezza ; — fusain.   (S. 1887).
1483. — Une porte de la ville de Narni ; — fusain.   (S. 1885).
1484. — Vue prise près d'Albano ; — fusain.   (S. 1885).

DARDOIZE (Emile), né à Paris. — Méd. 3ᵉ cl. 1882. — A Paris, rue Coëtlogon, 4.

1485. — A Beaulieu (Alpes-Maritimes) ; — dessin.

DARTEIN (Ferdinand de), né à Strasbourg. — A Paris, boulevard Saint-Germain, 189.

1486. — Vieux hêtres, près Niederbronn (Alsace) ; — aquarelles.   (S. 1888).

DAVID (Charles E.), né à Paris, élève de Boulanger et de M. J. Lefebvre. — A Paris, rue du Cherche-Midi, 109.

1487. — Deux portraits.

DAWANT (Albert Pierre), né à Paris, élève de M. J.-P. Laurens. — Méd. 3ᵉ cl. 1880, méd. 2ᵉ cl. 1885. — A Paris, rue Ampère, 9.

1488. — Dessins.
Pour une illustration de « Cinq-Mars », d'Alfred de Vigny.   (S. 1888).

DENEUX (Gabriel), né à Paris, élève de Cabanel et de M. Gérôme. — A Paris, rue du Grenier-Saint-Lazare, 13.

1489. — Crépuscule ; — pastel.   (S. 1888).

DÉRUD (F.-Charles), né à Besançon, élève de L. Matout. — A Paris, rue de la Perle, 14.

1490. — Portrait de M. Dubulle, de l'Opéra (rôle de Philippe-le-Bel, dans «Les Templiers») ;
— miniature.   (App. à M. Dubulle. - S. 1888).

DÉSIGNOLLE (Ernest), né à Beauvoir (Yonne), élève de son père. — A Jurques (Calvados).

1491. — Crépuscule ; — aquarelle.   (S. 1887).

DIDIER (Jules), né à Paris, élève de L. Cogniet et de M. J. Laurens. — Prix de Rome 1857, méd. 1866 et 1869. — A Paris, rue de Vaugirard, 59.

1492. — Un couvent à Rieti (Italie) ; — aquarelles.   (S. 1887).
1493. — Eventail (genre Boucher) ; — aquarelle.   (S. 1887).
1494. — En Suisse (canton du Valais) ; — aquarelle.   (S. 1888).
(Voir GRAVURE et PEINTURE).

DIEN (Achille), né à Paris. — A Paris, rue des Beaux-Arts, 3.

1495. — Les bords de la Viosne, à Osny, près Pontoise ; — fusain.   (S. 1887).

DINAUMARE (C.-H. Antony), né à Riom (Puy-de-Dôme), élève de M. Maillart. — A Paris, Villa-Saïd, 2 bis (avenue du Bois-de-Boulogne).

1496. — Portrait de Mlle Marie Perrin ; — miniature. (S. 1887).

DORNOIS (Albert). — A Paris, square du Roule, 5.

1497. — La Cité de Carcassonne ; — fusain. (S. 1884).

DOUCET (Lucien), né à Paris, élève de Boulanger et de M. J. Lefebvre. — Méd. 3ᵉ cl. 1879, Prix de Rome 1880, méd. 2ᵉ cl. 1887. — A Paris, rue La Rochefoucauld, 64.

1498. — Etude ; — pastel. (S. 1887).
1499. — Portrait de Mᵐᵉ B... (S. 1886).
(Voir PEINTURE).

DUHEM (Henri), né à Douai (Nord), élève de M. Harpignies. — A Douai, rue Saint-Jean, 21.

1500. — La rue de la Catalogne, à Gand ; — aquarelle.

DUPRÉ (Jules), né à Nantes. — Méd. 2ᵉ cl. 1833, ✳ 1849, méd. 2ᵉ cl. 1867 (F. U.), O. ✳ 1870. — A Paris, chez son fils, rue Lauriston, 104.

1501. — Sous bois, forêt de Compiègne ; — pastel. (App. à MM. Tedesco frères.)

DURAND (Albert), né à Fougères (Ille-et-Vilaine), élève de Boulanger et de M. J. Lefebvre. — A Paris, rue Richer, 3.

1502. — Un vieux blasé ; — miniature. (S. 1886).

DURAND (Mlle Jeanne), née à Paris, élève de M. Foulongne. — A Paris, rue Pierre-Guérin, 32, et à La Chapelle-St-Ouen (Eure).

1503. — Paysage normand, l'hiver.

ELIOT (Maurice), né à Paris, élève de Cabanel et de M. Bin.—Méd. 3ᵉ cl. 1887. — A Paris, rue Houdon, 3.

1504. — Une visite ; — pastel. (S. 1886).
1505. — Oignons et choux ; — pastel.
(Voir PEINTURE).

EHRMANN (E. François), né à Strasbourg, élève de Gleyre.— Méd. 1865, 1868, 3ᵉ cl. 1874, ✳ 1879. — A Paris. rue de Fleurus, 38.

1506. — Le Commerce, la Navigation ; — cartons de panneaux. (App. à M. Deck).

FANTIN-LATOUR (I.-J.-Th.-Henri), né à Grenoble, élève de son père et de M. Lecoq de Boisbaudran. — Méd. 1870, méd 2ᵉ cl. 1875, ✳ 1879. — A Paris, rue des Beaux-Arts, 8.

1507. — L'Aurore et la Nuit ; — pastel. (S. 1887).
(Voir PEINTURE et GRAVURE).

FATH (René-Maurice), né à Paris, élève de Cabanel et de M. C. Bernier.—A Maisons-Lafitte (Seine-et-Oise), rue du Chemin-Vert, 2.

1508. — Le quai de la Reuss, à Lucerne ; — aquarelle. (S. 1887).

FAURÉ (Marie), né à Paris, élève de MM. Barrias et Frémiet. — A Paris, boulevard Malesherbes, 154.

1509. — Anémones (éventail) ; — aquarelle.

FAUX (Mlle J. Eugénie), née à Noyen (Sarthe), élève de Mᵐᵉ Mac-Nab et de MM. de Champeaux et Galland. — A Paris rue de Dunkerque, 42.

1510. — Iris ; — aquarelle. (S. 1888).

FEUILLAS-CREUSY (Mme Caroline), née à Paris, élève de MM. Carolus-Duran, Henner et J. Lefebvre. — A Paris, rue Sainte-Anne, 51.

1511. — Cinq miniatures ; — portraits.   (S. 1883, 1884, 1885).

FLANDRIN (Paul), né à Lyon, élève d'Ingres. — Méd. 2ᵉ cl. 1839, 1ʳᵉ cl. 1847, 2ᵉ cl. 1848, ✱ 1852. — A Paris, rue Garancière, 10.

1512. — Portrait de Mᵐᵉ la comtesse de C... (App. à Mᵐᵉ la Cˢˢᵉ de Bourbon- halus. - S. 1887).
1513. — Portrait de Mlle Jeanne Y. B....   (App. à M. Y. B.... - S. 1887).
1514. — Portrait de M. Henri Y. B....   (App. à M. Henri Y. B...).
1515. — Portrait de Mᵐᵉ H. F...   (App. à M. Chavé-Massaine).
1516. — Six dessins ; — paysages.   (S. 1882).
1517. — Deux dessins.   (S. 1883).
                                                                  (Voir PEINTURE).

FLEURY-SIMONET (Mme C.-Charlotte), née à Paris, élève de MM. Levasseur et Donzel. — A Luxeuil (Haute-Saône).

1518. — Portrait de Mlle J. N.... ; — miniature.   (S. 1888).

FORGES (Joseph), né à Auray (Morbihan), élève de M. C. Gosselin. — A Paris, impasse du Maine, 18 bis.

1519. — Cinq aquarelles :
          1. Le port d'Auray. — 2. La baie de Kérisper. — 3. 4. Vues prises à Auray. —
          5. L'église de Saint-Avoye.   (S. 1888).

FOULONGNE (C.-Alfred), né à Rouen, élève de P. Delaroche et de Gleyre. — Méd. 1869. — A Paris, rue du Bac, 83.

1520. — Quatre paysages ; — aquarelles.

FROMENT (Eugène-J.-V.), né à Paris, élève de P. Lecomte, de J. Jollivet et et d'Amaury Duval. — ✱ 1863. — A Paris, rue Notre-Dame-des-Champs, 83 bis.

1521. — La Neige.   (S. 1884).
1522. — Les Muses.   (S. 1886).

GEOFFROY (Jean), né à Marennes (Charente-Inférieure),élève de MM. Levasseur et Eugène Adan. — Méd. 3ᵉ cl. 1883, méd. 2ᵉ cl. 1884. — A Paris, rue du Faubourg-du-Temple, 54.

1523. — Le dernier sommeil du petit vagabond ; — fusain.   (S. 1884).
                                                                  (Voir PEINTURE).

GILBERT (René), né à Paris, élève de M. A. Gilbert. — Méd. 3ᵉ cl., 1886. — A Paris, rue Aumont-Thiéville, 6.

1524. — Portrait de M. J... ; — pastel.   (S. 1887).
1525. — Portrait de Mᵐᵉ M. L... ; — pastel.   (S. 1888).
1526. — Un jardinier ; — pastel.
1527. — Portrait de Mᵐᵉ M. D... ; — pastel.
.... — Un repriseur de tapisseries ; — pastel.   (Musée du Luxembourg. - S. 1886).
                                                                  (Voir PEINTURE).

GOUTARD (Léonce), né à Mamers (Sarthe). — A Paris, rue Henri-Regnault, 17.

1528. — Effraie et mésanges.
1529. — Hirondelle.

GRATIA (Louis-C.), né à Rambervillers (Vosges), élève de Henri Decaisne. — Méd. 3ᵉ cl. 1844, rapp. 1861. — A Nancy, rue du Faubourg-Stanislas, 35.

1530. — Jeune liseuse ; — pastel.

GUICHARD (Mlle M.-Louise), née à Vernon (Eure), élève de M. F. Desmoulin. — A Paris, rue d'Auteuil, 30.

1531. — Trois miniatures.   (S. 1885-1886).

GUYON (Mme Maximilienne), née à Paris, élève de Boulanger et de MM. T. Robert-Fleury et Lefebvre. — Med. 3ᵉ cl. 1888. — A Paris, rue Ampère, 85.

1532. — Portrait de Mlle J. Guyon ; — pastel.

HADINGUE, né à Paris, élève de M. Bonnat. — A Paris, rue Pelouse, 5.

1533. — Intérieur d'atelier ; — aquarelle.

HALLÉ (Louis), né à Francfort, naturalise français. — A Neuilly (Seine), avenue du Roule, 25.

1534. — Portrait de M. Victor Cousin.

HUAS (Pierre), né à La Rochelle, élève de M. E. Delaunay. — A Paris, rue Châteaubriand, 11.

1535. — Fillette au chat ; — dessin rehaussé de sanguine.

ISBERT (Mme Camille), née à Paris, élève de Scheffer et de Meuret. — A Paris, rue Labruyère, 15.

1536. — Huit portraits ; — miniatures :
1. M. Eugène Pépin. — 2. Mme Grandhomme. — 3. Ma fille et ses amies. — 4. Mlle Severine Dubray. — 5. Mme Gustave Darin. — 6. Antonine G... — 7. Robert G... — 8. Jeune fille et sa perruche.   (S. 1882, 1887, 1888).

IWILL (Marie-Joseph), né à Paris, élève de MM. C. Kuwasseg et Lansyer. — A Paris, quai Voltaire, 11.

1537. — A la tombée du jour, à Vanves ; — pastel.   (S. 1885).
1538. — Les bassins, à Anvers ; — pastel.   (S. 1888).
1539. — Le matin, à Dordrecht : — pastel.
1540. — Le soir, à Dordrecht ; — pastel.   (Voir PEINTURE).

KARL-ROBERT (George), né à Paris, élève de MM. Allongé et Mathieu-Meusnier. — A Paris, rue St-Augustin, 22.

1541. — Le Bas-Meudon ; — fusain.

LACHEURIÉ (Eugène), né à Paris. — A La Rochelle, place de la Préfecture, 7.

1542. — La côte de Grâce, en hiver ; — aquarelle.   (S. 1884).
1543. — Environs d'Honfleur ; — aquarelle.   (S. 1884).

LAGUILLERMIE (Frédéric), né à Paris, élève de M. Bouguereau. — A Paris, rue Robert-Estienne, 4.

1544. — Portrait de Mlle M. T... ; — aquarelle.   (App. à M. Thouvenet).

LATRUFFE-COLOMB (Mme Marie), née à Schelestadt (Alsace), élève de Mᵐᵉ de Cool et de M. Camino. — A Paris, passage Nollet, 10

1545. — Quatre miniatures.

LAUGÉE (Désiré), né à Maromme (Seine-Inférieure), élève de Picot. — Méd. 3ᵉ cl. 1851, 2ᵉ cl. 1855 (E. U.), rapp. 1859, 1ʳᵉ cl. 1861, rapp. 1863, ✳ 1865. — A Paris, boulevard Lannes, 15 bis.

1546. — Portrait de Mme M. D... ; — pastel.   (S. 1888).
1547. — Portrait de Mlle C. L... ; — pastel.   (S. 1888).
1548. — Portrait de Mme F. L... ; — pastel.   (S. 1885).
1549. — Portraits de Jacques et Thérèse D... ; — pastel.   (S. 1886).
1550. — Portrait de Mᵐᵉ J. D... ; — pastel.
1551. — Portrait de Mlle C. L... ; — pastel.   (Voir PEINTURE).

LAURENT-DESROUSSEAUX (Henri), né à Joinville-le-Pont (Seine), élève de M. Maignan. — Méd. 3ᵉ cl. 1886. — A Paris, rue Hippolyte-Lebas, 12.

1552. — Claude et Christine ; — pastel.   (S. 1887).
                                                                        (Voir PEINTURE).

LÉANDRE (L. Charles), né à Champsecret (Orne), élève de Cabanel et de M. Bin. — A Paris, rue Houdon. 3.

1553. — Au jardin ; — pastel. (S. 1887).
1554. — Portrait de M. Maurice Eliot ; — pastel. (S. 1888).
1555. — Portrait du docteur G... ; — pastel.

LEMAISTRE (Alexis), né à Paris, élève de MM. Brandon et Bonnat. — A Paris, quai du Louvre, 26.

1556. — Dessins ; — « l'Ecole des Beaux-Arts. » (S. 1888).

LE VILLAIN (Auguste), né à Paris, élève de Guiaud. — A Paris, rue Alphonse-de-Neuville, 30.

1557. — Une desserte ; — aquarelle. (S. 1882).
1558. — Un coin de haie en fleurs ; — aquarelle. (S. 1885).
1559. — Intérieur moderne, nature-morte ; — aquarelle. (S. 1887).
1560. — Coin de table, nature morte ; — aquarelle. (S. 1885).
1561. — Dans les blés ; — aquarelle. (S. 1886).
1562. — Fleurs d'avril (bouquet d'aubépine et de genêts) ; — aquarelle. (S. 1888).
1563. — Pommier en fleurs ; — aquarelle.

LHERMITTE (Léon), né à Mont-St-Père (Aisne), élève de M. Lecoq de Bois-baudran. — Méd. 3ᵉ cl. 1874, méd. 2ᵉ cl. 1880, ✻ 1880. — A Paris, rue Vauquelin, 19.

1564. — Le quatuor. (S. 1881).
1565. — Le tisserand. (S. 1882).
1566. — Le pot de vin. (S. 1882).
1567. — Les laveuses. (E. N. 1883).
1568. — La première communion. (S. 1885).
1569. — Avril. (S. 1886).
1570. — Le forgeron. (S. 1888).
1571. — En moisson.
1572. — Après le bain.
.... — La vieille demeure. (Musée du Luxembourg).
(Voir PEINTURE).

MANGIN (Marcel), né à Cherbourg, élève de MM. Harpignies et J. P. Laurens. — A Paris, boulevard Haussmann, 130.

1573. — Au Golfe-Juan ; — aquarelle.

MARIE (Adrien), né à Neuilly-sur-Seine, élève de Pils et de M. E. Bayard. — A Paris, avenue d'Antin, 37.

1574. — Quatre dessins :
1° Michel Strogoff, — 2° Quatre-Vingt-Treize, — 3° Triboulet, — 4° Les pauvres chez le Lord-Maire.
1575. — L'Arlésienne ; — dessins.

MATTHIS (Émile), né à Walk (Alsace), élève de M. Henner. — A Paris, rue Monsieur-le-Prince, 67.

1576. — Vendanges en Alsace ; — grisaille. (S. 1882).
1577. — La légende du Semeur de chanvre ; — panneau décoratif. (S. 1884).

MEISSONIER (J.-L.-Ernest), né à Lyon. — Méd. 3ᵉ cl 1840, 2ᵉ cl. 1841. 1ʳᵉ cl. 1843, ✻ 1846, méd. 1ʳᵉ cl. 1848, méd. d'honneur 1855 (E. U,), O. ✻ 1856, M. de l'Inst. 1861, Méd. d'honneur 1867 (E. U.), C. ✻ 1867, rapp. de méd. d'honneur 1878 (E. U.), G. O. ✻ 1878. — A Paris, boulevard Malesherbes, 131, et à Poissy (Seine-et-Oise).

1578. — 1807 ; — aquarelle. (Voir PEINTURE).

MICHEL (François-Émile), né à Metz, élève de Maréchal et de Migette. — Méd. 1868. — A Paris, avenue de l'Observatoire, 9.

1579. — La dune, près de Brederode ; — Hollande.
1580. — Les mares de Senlisse (Seine-et-Oise) .

MOREL (Charles-P.-H.), né à Paris. — A Paris, rue Saint-Simon, 11.

1581. — Feu de cave, aux Halles-Centrales, à Paris.   Pour le *Monde Illustre*.

MORIZOT (Mlle Henriette), née à Paris, élève de Boulanger et de M. J Lefebvre. — A Paris, boulevard Rochechouart, 17.

1582. — Portrait de Mme M... ; — fusain.   (S. 1887).

MORLOT (Alphonse), ne à Isômes (Haute-Marne), élève de Corot et de M. Henner. — Méd. 3e cl. 1885. — A Paris, rue de Chabrol, 18.

1583. — Un coin de parc : — aquarelle.
1584. — Parc ; — aquarelle.
1585. — Aquarelle.
1586. — Aquarelle.

NOZAL (Alexandre), né à Paris, élève de M. Luminais. — Méd. 3e cl. 1882, 2e cl 1883. — A Paris, rue de La Fontaine. 26

.... — L'hiver à Saint-Cucufa (S.-et-O.) ; — pastel.   (Musée de Carcassonne. - S. 1883).
.... — Givre et neige ; — pastel.   (Musée du Luxembourg. - S. 1885).

ORY-MOCQUART (Mme Jeanne), née à Paris, élève de Mme de Cool et de M. Camino. — A Paris, rue du Bouloi, 21.

1587. — Six portraits ; — miniatures.   (S. 1884-1885-1888).

PILLE (M.-Henri), né à Essômes (Aisne), élève de M. F. Barrias. — Méd. 1869, 2e cl. 1872, ✳ 1882. — A Paris, boulevard Rochechouart, 35.

1588. — Sortie d'église.   (Voir Peinture).

POINTELIN (Auguste), né à Arbois (Jura), élève de Victor Maire. — Méd. 3e cl. 1878, méd. 2e cl. 1881, ✳ 1886. — A Paris, rue de Fleurus, 27.

1589. — Matin, dans le Jura ; — pastel.   (App. à M. A.... - S. 1887)
1590. — Chemin montant ; — pastel.   (App. à Mlle Marie P.... - S. 1888).
1591. — * Coucher de soleil sur les bois ; — pastel.
1592. — * Le Rocher du Dombier ; — pastel.

POMEY (Mlle Thérèse), née à Paris, élève de son père. — A Paris, boulevard Lannes, 39.

1593. — Six portraits ; — miniatures.

PONTAVICE (Ulric du), né à Fougères, élève de Boulanger et de M. J. Lefebvre. — A Paris, rue Cambon, 46.

1594. — Sacré ; — aquarelle.   (Voir Peinture).

PORCHER (Albert), né à Orléans. — A Paris, rue Boccador, 3.

1595. — Les bords de la Marne ; — aquarelle.

PRINS (Pierre), né à Paris. — A Paris, quai de la Tournelle, 61.

1596. — Les châtaigniers, en automne. à Corbeville ; — pastel.
1597. — Dans l'Ile Saint-Germain, au Bas-Meudon, en automne ; — pastel.

PUISOYE (Mlle Marie), née à Boulogne-sur-Mer, élève de MM. C. Popelin, Sain et Camino. — A Paris, rue de Grenelle, 24.

1598. — Trois portraits ; — miniatures.   (S. 1887)

RAFFAELLI (J.-François), né à Paris, élève de M. Gérôme. — ✻ 1889. — A Asnières (Seine), rue de la Bibliothèque, 19.

1599. — Forgerons buvant : — dessin rehaussé de peinture à l'huile.
(App. à M. Fernand Crouan. - S. 1885)
1600. — Chiffonnier dans un terrain vague ; — dessin rehaussé de peinture à l'huile.
(App. à M Georges Petit. - S. 1885).
1601. — Le dimanche au cabaret : — dessin rehaussé de peinture à l'huile. (S. 1885).
1602. — L'armée du Salut ; — dessin rehaussé de peinture à l'huile.
(App. à M. Georges Petit. - S. 1886).
1603. — Germaine a sa toilette ; — pastel.
1604. — La place de la Trinité ; — pastel. (App. à M. Georges Petit).
1605. — Invités attendant la noce ; — dessin rehaussé de peinture à l'huile.
(App. à M. Ch. Hayem).
(Voir PEINTURE).

REAL DEL SARTE (Mlle Marie-M.), née à Paris, élève de Boulanger et de MM. J. Lefebvre et T. Robert-Fleury. — A Paris, boulevard de Courcelles, 88.

1606. — Portrait de M. C... ; — pastel. (S. 1888).

RENOUARD (Paul), né à Cour-Cheverny (Loir-et-Cher), élève de Pils. — A Paris, rue de l'Arbre-Sec, 46.

1607. — Cinq dessins pour « Les maîtres anglais chez eux ». (App. au journal *The Graphic*).
1608. — Quatre dessins pour « Les maîtres anglais chez eux ».
(App. au journal *The Graphic*).

RICHARD (Mme Hortense), née à Paris, élève de J. Bertrand et de M. J Lefebvre. — A Paris, rue Bara, 6.

1609. — Portrait de M. le docteur C.. ; — porcelaine. (S. 1885).
1610. — Portrait de Mlle E. B.. ; — porcelaine. (S. 1885).
1611. — Mimi Pinson : — porcelaine. (S. 1885).
1612. — Portrait de Mme A. M... ; — porcelaine. (S. 1886).
1613. — Portrait de M. A. Magne ; — porcelaine. (S. 1887).
1614. — Portrait de Mme la comtesse de N... ; — porcelaine. (S. 1887).
1615. — Portrait de Mme B. H.. ; — porcelaine. (S. 1188).

RIVOIRE (François), né à Lyon, élève de l'École des Beaux-Arts de Lyon. — Méd. 3e cl. 1886. — A Paris, rue Bréda, 15.

1616. — Pivoines ; — aquarelle. (S. 1886).
1617. — Roses trémières ; — aquarelle. (S. 1887).
1618. — Fleurs d'automne ; — aquarelle. (S. 1886).
1619. — Vase de fleurs ; — aquarelle. (S. 1888).
1620. — Giroflées ; — aquarelle. (S. 1888).

ROUX (Paul), né à Paris, élève de Cabanel et de MM. L. Roux et Harpignies. — A Paris, rue Pigalle, 21.

1621. — Parc de Fontaines-les-Nonnes, près Meaux ; — aquarelle.
1622. — La Seine à Croissy, près Paris ; — aquarelle.

SAINTIN (Jules), né à Lemé (Aisne), élève de Drölling, de Picot et de Leboucher. — Méd. 1866 et 1870, ✻ 1877. — A Paris, rue du Rocher, 56.

1623. — Portrait de Mlle Suzette Lemaire ; — pastel. (S. 1882).
1624. — Portrait de Mlle Jeannine Dumas ; — pastel. (S. 1882).
1625. — Portrait de Mlle A. D.. ; — pastel. (S. 1885).
1626. — Portraits de Mlles G. M. Chevrier ; — pastel. (S. 1887).

SERRET (Charles-E.), né à Aubenas (Ardèche), élève de H. Flandrin. — A Paris, rue de Vaugirard, 240.

1627. — Scènes d'enfants ; — six pastels. (S. 1887).

SIMON (Ernest), né à Paris, élève de Cabanel et de M. Dardoize. — A Paris, rue Coëtlogon, 4.

1628. — Vue prise à Amsterdam.

TOUDOUZE (Edouard), né à Paris, élève de Leloir et de Pils. — Prix de Rome, 1871. méd. 3ᵉ cl. 1876, méd. 2ᵉ cl. 1877. — A Paris, boulevard des Batignolles, 21.

.... — Une fête sous Henri IV ; — aquarelle.   (Musée du Luxembourg. - S. 1888).

(Voir PEINTURE).

VAUTHIER (Pierre), né à Pernambouc (Brésil), de parents français, élève de Lalanne. — A Paris, rue du Molitor, 18.

1629. — Inondation ; — fusain.

VIGNAL (Pierre), né à Bordeaux, élève de Lalanne et de M. Harpignies. — A Paris, rue Vaneau, 36.

1630. — Bassin d'Arcachon ; — aquarelle.
1631. — Saint-Malo ; — fusain.

VITEAU (Mlle Isabelle), née à Paris, élève de M. Camino. — A Saint-Mandé (Seine), villa Viteau-Fays.

1632. — Trois portraits ; — miniatures.   (S. 1885-1886-1887)

GROUPE I.

ŒUVRES D'ART.

~~~~~~~~~~~~~~~~

Classe 3.

Sculptures et Gravures en médailles.

—————

FRANCE.

AIZELIN (Eugene), né à Paris, élève de Ramey et de Dumont. — Méd. 3ᵉ cl. 1859, 2ᵉ cl. 1861, rap. 1863. ✳ 1867, med. 2ᵉ cl. 1878 (E. U.). — A Paris, rue Gay-Lussac, 10.

1633.	— Marguerite ; — statue. marbre.	(S. 1884).
1634.	— Mignon ; — statue, bronze.	(S. 1881).
1635.	— Japon ; — statue, marbre.	(M. I. P. et B. A. - S. 1886).
1636.	— Vestale ; — statue, plâtre.	(M. I. P. et B. A. - S. 1887).
1637.	— Agar et Ismaël ; — groupe, plâtre.	(M. I. P. et B.-A. - S. 1888).
....	— Archer du XVᵉ siècle ; — statue, plâtre.	(Exp. spéciale de la Ville de Paris).
....	— La Paix ; — statue marbre.	(S. 1883).
	(Décorant une fontaine monumentale à Dôle).	

ALBERT-LEFEUVRE (L.-E.), né à Paris, élève de Dumont et de M. Falguière. — Méd. 3ᵉ cl. 1875, 2ᵉ cl. 1876, ✳ 1881. — A Paris, rue de Bagneux, 9.

1638.	— Après le travail ; — groupe, plâtre.	(Musée de Perpignan. - E. N. 1883).
1639.	— Pour la Patrie ; — groupe, plâtre.	(M. I. P. et B. A. - E. N. 1883).
1640.	— Bara ; — statue, plâtre.	(Modèle de la statue érigée à Palaiseau. (S. 1881).
1641.	— Le Pain ; — groupe, marbre.	(A Parthenay. - S. 1886).
1642.	— Portrait de M. Louis Ulbach ; — buste, bronze.	(S. 1888).
1643.	— L'Age d'or ; — groupe, plâtre.	(S. 1887).
....	— Adolescence ; — statue. plâtre	(Musée de Mirande. - E. N. 1883).
....	— Au pâturage ; — groupe, bronze.	(Exp. spéciale de la Ville de Paris.
....	— Frère et sœur ; — groupe, pierre.	(Exp. spéciale de la Ville de Paris).

ALLAR (André), né à Toulon (Var), élève de MM. Guillaume et Cavelier. — Prix de Rome 1869, méd. 1ʳᵉ cl. 1873, méd. 1ʳᵉ cl. 1878 (E. U.), ✳ 1878, méd. d'honneur 1882. — A Paris, rue d'Amsterdam, 77.

....	— La mort d'Alceste ; — groupe, marbre.	(Musée du Luxembourg. - S. 1881).
....	— L'Europe ; — torchère, plâtre.	(Exp. spéciale de la Ville de Paris).
....	— Enfants décorant les frises et les médaillons du Palais-des-Arts, au Champ-de-Mars	
	— terres-cuites.	

ALLASSEUR (J. Jules), né à Paris, élève de David d'Angers. — A Paris, rue Ramey, 34.

1644. — Rameau ; — statue, marbre. (Académie nationale de musique - M. I. P. et B. A.).

ALLOUARD (Henri-E.), né à Paris, élève de M. Lequesne. — Méd. 3e cl. 1876 2e cl. 1882. — A Paris, rue Vavin, 28.

1645. — Molière mourant ; — marbre.   (M. I. P. et B. A. - S. 1884).
1646. — Héloïse au Paroclet ; — marbre.   (S. 1886).
1647. — Lutinerie ; — groupe, marbre.   (S. 1888).
1648. — Faustin Hélie ; — buste, marbre.
1649. — Mes enfants ; — médaillon, marbre.
1650. — Beaumarchais ; — buste, marbre.   (S. 1887).
1651. — Mme Buloz ; — buste, marbre.   (E. N. 1883).
1652. — M. Buloz ; — buste, marbre.

AMY (Jean), né à Tarascon, élève de A. Dumont et de M. Bonnassieux. — Méd. 1868. — A Paris, rue du Moulin de Beurre, 12.

1653. — Frédéric Mistral ; — buste, marbre.   (M. I. P. et B.-A. - S. 1885).
1654. — A. F. Clément ; — médaillon, plâtre.   (S. 1888).

ASTANIÈRES (Comte Clément d'), né à Paris, élève de M. Falguière. — Méd. 3e cl. 1882. — à Paris, rue d'Assas, 68.

1655. — L'espiègle ; — statue, marbre.   (S. 1882).

ASTRUC (Zacharie), né à Angers.— A Paris, rue du Faubourg-Saint-Honoré, 233.

1656. — Le roi Midas ; — statue, bronze.   (S. 1887)
1657. — Hamlet (scène des Comédiens) ; — statue, plâtre. (M. I. P. et B.-A. - S. 1887)

AUBÉ (Paul), né à Longwy (Meurthe-et-Moselle), élève de Dantan et de Duret. — Méd. 2e cl. 1874, rappel 1876, méd. 3e cl. 1878 (E. U.). — A Paris, rue des Fourneaux, 74 (impasse Fremin).

1658. — Bailly ; — statue, bronze.   (M. I. P. et B. A. - S. 1884).
1659. — Groupe principal du monument élevé à la mémoire de Gambetta ; — plâtre (modèle au tiers d'exécution).
1660. — La Liberté : — statue, marbre.
.... — Boucher ; — groupe, plâtre.   (S. 1888).
.... — Dante ; — statue, plâtre   (Exp. spéciale de la Ville de Paris).
.... — Ensemble de la sculpture du monument érigé place du Carrousel à la mémoire de Gambetta (M. Boileau, architecte).
.... — L'Agriculture ; — marbre.   (App. à la Société des Agriculteurs français).

BAFFIER (Jean), né à Neuvy-le-Barrois (Cher), élève de M. Jean Garnier. — Méd. 3e cl. 1883. — A Paris, rue Lebouis, 6, et à La Croix-Renault (Cher).

1661. — La Mariette, fille du Berry ; — buste, marbre   (S. 1888).

BAILLY (Paul-Ernest), né à Paris, élève de MM. V. Dubray et A. Millet. — A Paris, rue de la Faisanderie, 72.

.... — Têtes formant clefs.   (Palais des Arts et Galerie, au Champ-de-Mars).

BARALIS (Louis), né à Toulon, élève de M. Cavelier. — Méd. 3e cl. 1888. — A Paris, rue Bouchardon, 29.

.... — Philoctète ; — statue, plâtre.   (Au musée de Toulon. - S. 1888).

BARBAROUX (François), né à Marseille, élève de M. Cavelier. — Méd. 3e cl. 1884, 2e cl. 1888. — A Paris, rue de Vaugirard, 145.

1662. — La Nuit ; — statue, plâtre.   (S. 1888).

BARBET (Adrien), né à Paris, élève de Caillouet et Levasseur. — A Paris, quai Jemmapes, 24.

1663. — Tête de la République. — Serment des Horaces, d'après David ; — pierres fines.
(E. N. 1883).

BARRAU (Théophile), né à Carcassonne (Aude), élève de Jouffroy et de M. Falguière. — Méd. 3e cl. 1879, 2e cl. 1880. — A Paris, rue Notre-Dame-des-Champs, 28.

1664. — Matho et Salammbô ; — groupe, plâtre. (S. 1888).
1665. — Hosanna ; — statue, plâtre.
.... — La Poésie française ; — statue, marbre. (Musée de Carcassonne. - S. 1883).
.... — La Fenaison ; — statue, plâtre. (Exp. spéciale de la Ville de Paris).
.... — Vanneuse ; — statue, plâtre. (Exp. spéciale de la Ville de Paris).

BARRIAS (Ernest), né à Paris, élève de Jouffroy, de Coigniet et de M. Cavelier. — Prix de Rome 1865, méd. 1870, 1re cl. 1872, ✳ 1878, méd. d'honneur 1878, 1re cl. 1878 (E. U.), O. ✳ 1881, membre de l'Institut 1884. — A Paris, rue Fortuny, 48.

1666. — Dufaure ; — buste, marbre. (S. 1882).
1667. — Le Dr Dechambre ; — buste, marbre. (S. 1886).
1668. — Mme Coliñ ; — buste, marbre.
1669. — Marmontel ; — buste, marbre.
.... — Les premières funérailles ; — groupe, marbre. (E. N. 1883).
(Exp. spéciale de la Ville de Paris).
.... — La défense de Paris ; — groupe, plâtre. (Exp. spéciale de la Ville de Paris).
.... — Mozart ; — statue, bronze. (Musée du Luxembourg. - E. N 1883).
.... — Bernard Palissy ; — statue, bronze. (Square Saint-Germain-des-Prés. - S. 1888).
.... — La Musique ; — figure décorative. (A l'Hôtel-de-Ville de Paris. - S. 1888).
.... — Le Chant ; — figure décorative. (A l'Hôtel-de-Ville de Paris. - S. 1888).

BARTHELEMY (Raymond), né à Toulouse, élève de Duret. — Prix de Rome 1860, méd. 1867 et 1869. — A Paris, rue Humboldt, 25, et à Montrouge (Seine), avenue Victor-Hugo, 47,

1670. — Pastourelle du Faune ; — groupe, marbre. (S. 1888).
.... — L'Electricité ; — figure bronze placée aux départs de l'escalier du grand vestibule du Palais des Machines, au Champ-de-Mars.

BARTHOLDI (Auguste), né à Colmar (Alsace), élève de Ary Scheffer et de Soitoux. — ✳ 1865, O. ✳ 1882, C. ✳ 1888. — A Paris, rue Vavin, 38

1671. — Monument de la Liberté éclairant le Monde, érigé à New-York en 1886; — terre cuite.
.... — Rivières et sources, en route pour l'Océan ; — fontaine décorative en plomb.
(Exposée dans la section industrielle par MM. Gaget, Gauthier et Cie).

BASSET (Urbain), né à Grenoble (Isère), élève de M. Cavelier. — Méd. 3e cl. 1884 — A Paris, boulevard St-Jacques, 51.

1672. — Isis jeune ; — statue plâtre.
.... — Les premières fleurs ; — statue, marbre. (S. 1878).
(A l'ambassade de France, à Rome).
.... — Le Torrent ; — statue, bronze : Sur une place, à Grenoble (Isère . (S. 1878).

BAUJAULT (Baptiste), né à La Crèche (Deux-Sèvres), élève de Jouffroy. - Méd. 1870. 1re cl. 1873, 3e cl. 1878 (E. U.). ✳ 1878. — A Paris, rue Saint-Lambert, 38.

1673. — Primitiæ ; — groupe, marbre. (S. 1887).

BECQUET (Just), né à Besançon, élève de Rude. — Méd. 1869 et 1870, 1re cl. 1877, méd. 2e cl. 1878 (E. U), ✳ 1878. — A Paris, rue de la Procession, 27.

1674. — Faune jouant avec une panthère ; — groupe, marbre. (Musée de Tours.- E. N. 1883).
1675. — La vieille, (Franche-Comté) ; — buste, marbre.
.... — Saint Sébastien ; — statue, marbre. (Musée du Luxembourg. - S. 1884).
.... — Apologie de la vigne française ; — statue, marbre.(Musée du Luxembourg.- S. 1886).

BÉGUINE (Michel), né à Uzeau (Saône-et-Loire), élève de Dumont et de M. Aimé Millet. — Med. 3e cl. 1883, 2e cl. 1887. — A Paris, boulevard Arago, 65.

1676. — David vainqueur ; — statue, bronze. (M. I. P. et B. A. - S. 1887).
1677. — Charmeuse ; — statue, plâtre. (App. a la Ville de Paris. - S. 1887).
1678. — Portrait du docteur Henri Picard ; — buste, bronze. (S. 1886).

BÉNET (Eugène), né à Dieppe (Seine-Inférieure), élève de MM. Falguière, Marqueste et Jouhan. — A Paris, boulevard du Montparnasse, 81.

1679. — Portrait de M. Fromont : — buste, bronze.
1680. — Portrait de Jehan Ango, armateur dieppois (XVIᵉ siècle) ; — buste, bronze.
(M. I. P. et B.-A.)

BERTAUX (Mme Léon), née à Paris, élève de Hébert et Dumont. — Méd. 1864, et 1867, 2ᵉ cl. 1873. — A Paris, avenue de Villiers, 147.

1681. — * Jeune fille au bain ; — statue, bronze.   (S. 1888).
1682. — * Psyche sous l'empire du mystère ; — statue, plâtre.

BERTHET (Paul), né à Dijon, élève de Jouffroy. — Méd. 3ᵉ cl. 1887. — A Paris, impasse du Mont-Tonnerre, 12.

1683. — Jean-Jacques-Rousseau ; — statue, plâtre (modèle de la statue érigée place du Panthéon).   (S. 1887).

BESNARD (Mme Charlotte), née à Paris, élève de Vital Dubray. — A Paris, rue Guillaume Tell, 17.

1684. — Jeune fille : — bronze.   (S. 1884).

BIANCHI (Mme Mathilde), née à Châteaudun. — A Paris, rue Jean-Goujon, 6.

1685. — Enfant ; — buste, marbre.

BLANCHARD (Jules), né à Puiseaux (Loiret), élève de Jouffroy. — Méd. 1866 et 1867, 2ᵉ cl. 1873, ✿ 1881. — A Paris, rue Madame, 74.

1686. — Une découverte : — statue, marbre.   (M. I. P. et B. A. - S. 1886).
　　　— Diane surprise : — statue, marbre.   (Musée de Bourges. - S. 1881).
　　　— La Science ; — statue, plâtre.   (Exp. spéciale de la Ville de Paris. - S. 1886).
　　　— Boccador : — statue, plâtre.   (Hôtel-de-Ville de Paris).
.... — La Science ; — statue, bronze.   (Parvis de l'Hôtel-de-Ville de Paris).
.... — Deux figures décoratives.   (Couronnement de la Porte Rapp, au Champ-de-Mars).

BLOCH (Mme Elisa), née à Breslau (Silésie) naturalisée française. — A Paris, rue Jouffroy, 42.

1687. — Virginius immolant sa fille pour l'arracher au déshonneur ; — groupe, bronze.
(S. 1888).

BOISSEAU (Emile), né à Varzy (Nièvre), élève de Dumont et de M. Bonnassieux.
— Méd. 1869, 2ᵉ cl. 1880, 1ʳᵉ cl. 1883, ✿ 1886. — A Paris, avenue de Ségur, 53.

1688. — Le Génie du mal : — statue, marbre.   (Musée de Rennes. - S. 1880).
1689. — Le Crépuscule ; — groupe, marbre.   (M. I. P. et B. A. - S. 1880).
.... — La Défense du foyer ; — groupe, marbre.
　　　　　　　　　　　　　　　　　　　　　　(Exp. spéciale de la Ville de Paris. - S. 1887).
.... — Beaumarchais ; — statue, pierre.   (Hôtel-de-Ville de Paris).
.... — L'Enseignement ; — statue, plâtre. (Palais des Arts-Libéraux, au Champ-de-Mars).

BONHEUR (Isidore), né à Bordeaux, élève de son père. — Méd. 1865 et 1869. — A Paris, rue de Crussol, 14.

1690. — * Cavalier Louis XV ; — bronze.   (S. 1879).
1691. — * Jockey caressant son cheval ; — bronze.   (S. 1879).
1692. — * Le saut de la haie ; — bronze.   (S. 1884).
1693. — Cavalier romain ; — bronze.   (S. 1888).

BORREL (Alfred), né à Paris, élève de Jouffroy et de Merley. — Méd. 3ᵉ cl. 1880. — A Paris, rue Monge, 6.

1694. — Médailles et médaillons.

BOTTÉE (L. A.), né à Paris, élève de Dumont et de MM. A. Millet et Ponscarme. — Prix de Rome 1878, méd. 3ᵉ cl. 1882, 2ᵉ cl. 1887. — A Paris, boulevard Saint-Michel, 141.

1695. — Médailles et modèles de médailles.   (S. 1888-1887).
1696. — Saint-Sébastien ; — haut-relief, marbre.   (M. I. P. et B. A. - S. 1882).
1697. — Médailles.

BOUCHER (Alfred), né à Nogent-sur-Seine (Aube), élève de Ramus, de Dumont et de M. P. Dubois. — Méd. 3e cl. 1874, 2e cl. 1878, prix du Salon 1881, 1re cl. 1886, ✳ 1887. — A Paris, boulevard du Montparnasse, nos 23 et 25.

1698. — Laënnec découvrant l'auscultation ; — groupe. plâtre. (M. I. P. et B. A. - S. 1884).
1699. — L'Amour filial ; — groupe, bronze. (M. I. P. et B. A. - S. 1881).
1700. — Au but ; — groupe, bronze. (M. I. P. et B. A. - S 1886).
1701. — Leda : — statue, plâtre. (S. 1879).

BOUILLOT (J. Ernest), né à Paris. — A Paris, rue des Fourneaux, 74, impasse Fremin, 9.

1702. — Portrait de l'abbé Corblet ; — buste. marbre. (Musée d'Amiens).

BOURDELLE (Émile), né à Montauban, élève de M. Falguière. — A Paris, impasse du Maine, 16.

1703. — Portrait de M. Marais ; — buste, bronze et marbre. (App. à M. Marais. - S. 1886).
1704. — Portrait de M. Ruef ; — buste, bronze.

BOURGEOIS (L. Maximilien), ne à Paris, élève de Jouffroy et de M. Thomas. — Méd. 3e cl. 1873, 2e cl. 1877, ✳ 1886. — A Paris, rue de Sèvres, 103.

1705. — Le commandant Beaurepaire ; — statue, plâtre.
(Erigée en bronze à Coulommiers. - S. 1884).
1706. — Portrait de M. le Mis de B... ; — buste, marbre. (S. 1888).
1707. — Quatre portraits ; — médaillons, bronze. (S. 1884-1888).
1708. — Médailles.
.... — L'Air. (Fronton entre les piliers intérieurs du dôme central, au Champ-de-Mars).
.... — Guillaume Budé; — statue, marbre. (Au Collège de France. - S. 1882 .

BOUTELLIER (Ernest), né à Toulouse, élève de Jouffroy et de M. Falguière. — Méd. 3e cl. 1882. — A Paris, boulevard du Montparnasse, 81.

1709. — Avant le combat ; — statue, plâtre. (S. 1882).

CADOUX (Marie-Edme), né à Blacy (Yonne), élève de M. Jouffroy. — Méd. 3e cl. 1887. — A Paris, impasse du Maine, 3 bis.

1710. — * L'esclave ; — groupe, pierre. (S. 1886).

CAIN (Auguste), né à Paris, élève de Rude et de Guionnet. — Méd. 3e cl. 1851, rap 1863, méd. 1864, 3e cl. 1867 (E. U.) ✳ 1869, méd. 2e cl. 1878 (E. U.), O. ✳ 1882. — A Paris. rue de l'Entrepôt, 19.

1711. — Rhinocéros attaqué par des tigres ; — groupe, bronze. (M. I. P. et B. A. S. 1882).
1712. — Lion terrassant un crocodile ; — groupe, bronze.
(App. à M. Chauchard. - S. 1888).

CAMBOS (Jean), né à Castres (Tarn), élève de Jouffroy. — Méd. 1864 et 1866, 2e cl 1867 (E. U.), ✳ 1881. — A Paris, impasse du Maine, 16.

1713. — La Guimard ; — buste, marbre. (S. 1881).
(Pour l'Académie nationale de musique.)
1714. — Le retour du Printemps ; — statue, marbre. (S. 1883).
1715. — Louis XIV ; — buste, marbre. (S. 1886).
(Pour la Bibliothèque Nationale).

CANA (Félix), né à Paris, élève de Dumont et de M. Cappellaro. — A Paris, rue de Saintonge, 8.

1716. — Portrait de M. E.-C. X... ; — buste, marbre. (E. N. - S. 1883).

CAPTIER (François), né à Baugy (Saône-et-Loire), élève de Dumont et de M. Bonassieux.— A Paris, avenue de Breteuil, 78 et à Marcigny (Saône-et-Loire).

1717. — Timon le Misanthrope ; — statue, bronze. (M. I. P. et B. A. - S. 1879).
.... — L'Egalitaire ; — statue. (Exp. spéciale de la Ville de Paris).
.... — Archer du XVe siècle ; — statue, plâtre. (Exp. spéciale de la Ville de Paris).

CARLÈS (Antonin), né à Gimont (Gers), élève de Jouffroy et de M. Hiolle. — Méd. 2e cl. 1881, 1re cl. 1885. — A Paris, avenue de Wagram, 56.

1718. — Abel : — statue, marbre.   (M. I. P. et B. A - S. 1887).
1719. — Retour de la chasse ; — groupe, bronze.   (S. 1888).
1720. — Portrait de Mme la comtesse de L. R... ; — buste, marbre.   (S. 1888).
1721. — Portrait de Mme la marquise de J... ; — buste, marbre.   (S. 1886).
1722. — La Cigale ; — statue, marbre.
1723. — Candide, étude de jeune vénitienne ; — buste, marbre.
1724. — M. Gérard de G... ; — buste, bronze.
1725. — Mlle Françoise de J... ; — buste. marbre.
1726. — La Jeunesse.   (Musée du Luxembourg. - S. 1885).
.... — Officier de ville au XVIe siècle ; — statue, plâtre.(Exp. spéciale de la Ville de Paris)

CARLIER (Joseph), né à Cambrai, élève de Jouffroy et de MM. Hiolle et Chapu.— Méd. 2e cl. 1879, 1re cl. 1883, ✳ 1886. — A Paris, rue du Cherche-Midi, 55.

1727. — Gilliatt aux prises avec la pieuvre ; — statue, marbre.
            (Musée de Cambrai - S. 1879).
1728. — Fraternité : l'Aveugle et le Paralytique ; — groupe, bronze.   (S. 1888).
1729. — La Famille ; — groupe, plâtre.

CARLUS (Jean), né à Toulouse, élève de MM. Falguière et Mercié. — Méd. 3e cl. 1886. — A Paris, rue du Moulin- de-Beurre, 14.

1730. — Molière et sa servante ; — groupe, plâtre.   (S. 1886)

CAVELIER (Jules), né à Paris, élève de David d'Angers et de P. Delaroche.— Prix de Rome 1842, méd. 3e cl. 1842, 1re cl. 1849, méd. d'honneur 1849, ✳ 1853, méd. 3e cl. 1855 (E. U.), O. ✳ 1861, membre de l'Institut 1865. — A Paris, rue Bossuet, 8.

1731. — Gluck ; — statue, plâtre.   (E. N. 1888).
1732. — Portrait de Mme T. D... ; — médaillon, marbre.   (E. N. 1887).
1733. — Portrait de Mme R. M... ; — buste, marbre.
1734. — La Sculpture ; — statue, plâtre.

CAZIN (Michel), né à Paris. — A Paris, rue du Luxembourg, 40.

1735. — Un cadre ; — médailles.   (S. 1888).
                (Voir GRAVURE).

CAZIN (Mme Marie), née à Paimbœuf (Loire-Inférieure). — A Paris, rue du Luxembourg, 40.

1736. — Jeune garçon ; — buste, bronze.   (S. 1888).
                (Voir DESSINS.)

CHAPLAIN (Jules-Clément), né à Mortagne (Orne). — Prix de Rome 1863, méd. 1870, 2e cl. 1872, ✳ 1877, méd. 1re cl. 1878 (E. U.), membre de l'Institut 1881, O. ✳ 1888. — A Paris, rue Mazarine, 3.

1737. — Médailles : — bronze.
.... — Hallebardier du XVIe siècle ; — statue, plâtre   (Exp. spéciale de la Ville de Paris).
.... — Médaille de l'Hôtel-de-Ville.   (Exp. spéciale de la Ville de Paris).
.... — Face de République ; — médaille.   (Exp. spéciale de la Ville de Paris).

CHAPU (Henri), né au Mée (Seine-et-Marne). — Prix de Rome 1855, méd. 3e cl. 1863, méd. 1865 et 1866, ✳ 1867, O. ✳ 1872, méd. d'honn. 1875 et 1877, membre de l'Institut 1880. — A Paris, rue Oudinot, 23.

1738. — La Peinture ; — statue, marbre.   (Destinée au Musée Galliera).
1739. — Statue du jeune Desmarres ; — marbre.   (S. 1880)
1740. — Statue de Mgr Dupanloup ; — fragment du tombeau.   (S. 1887).
1741. — Les frères Galignani ; — modèle, plâtre.   (S. 1888).
1742. — Portrait de Mlle Tollu ; — buste, marbre.
1743. — Barbedienne ; — buste, marbre.   (S. 1884)
1744. — Alexandre Dumas ; — buste, marbre.
1745. — Duc, membre de l'Institut ; — buste, marbre.
1746. — Dervillé ; — buste

CHARPENTIER (Félix), né à Bollène (Vaucluse), élève de M. Cavelier. — Méd. 3e cl. 1884, méd. 2e cl. 1887. — A Paris, rue Campagne-Première, 15.

1747. — Improvisateur ; — statue, bronze. (M. I. P. et B. A. - S. 1887).
.... — Jeune faune ; — statue, marbre. (Exp. spéciale de la ville de Paris. - S. 1886).

CHATROUSSE (Emile), né à Paris, élève de Rude. — Méd. 3e cl. 1863, méd. 1864 et 1865, chev. ✳ 1879. — A Paris, boulevard Raspail, 253.
.... — Jeanne d'Arc ; — statue, bronze. (Exp. spéciale de la Ville de Paris. - S. 1887).
.... — La lecture ; — marbre. (Musée du Luxembourg - S. 1880).
.... — M. de Liesville ; — buste, bronze. (Exp. spéciale de la Ville de Paris)
.... — L'abbé Grégoire ; — buste, marbre. (Salle du Jeu de Paume, à Versailles).

CHÉREAU (J. Eugène), né à Mamers (Sarthe), élève de MM. Caillouette et Garreaud. — A Paris, rue Turenne, 67.

1748. — Un cadre, camées :
Zéphir, onyx ; — Enlèvement de Psyché, cornaline ; — Psyché, onyx ; — L'Aurore, opaline ; — Le fil rompu, cornaline ; — Le jugement de Salomon, cornaline. (S. de 1879, 1881, 1882, 1883 et 1888).

CHEVALIER (Hyacinthe), né à Saint-Bonnet-le-Château (Loire), élève de Toussaint. — A Paris, boulevard des Capucines, 8.

1749. — Le Sommeil ; — groupe plâtre. S. 1887).

CHOPPIN (Paul), né a Auteuil (Seine), élève de Jouffroy et de M. Falguière, — Méd. 3e cl. 1888. — A Paris, rue Duguay-Trouin, 5.

1750. — Un volontaire de 1792 ; — statue, bronze. (S. 1888).
.... — Le docteur Broca ; — statue, bronze élevée à Paris devant l'École de médecine.

CHRÉTIEN (Ernest), né à Elbeuf (Seine-Intérieure), élève de Dumont. — Méd. 2e classe 1874, rap. 1876. — A Paris, rue des Plantes, 74 (impasse Camus, 3 .

1751. — Le Printemps ; — groupe, marbre. (M. I. P. et B. A.. - S. 1882).
.... — Guerrier blessé reforgeant son épée ; — statue, plâtre.
(Exp. spéciale de la Ville de Paris. - S. 1881).
.... — Le prisònnier de guerre ; — groupe, marbre. (Mairie de Châteaudun. - S. 1878)
.... — Les Sciences, le Commerce, les Arts et l'Industrie ; — médaillons.
(Dans l'archivolte du porche principal, au Champ-de-Mars).

COLLET (Charles), né à Esternay (Marne), élève de Jouffroy et de M. Hiolle. — A Paris, rue Leclerc, 1.

1752. — L'esquisse ; — statue, plâtre. (S. 1887).

COLOMBIER (Mlle Amélie), née à Paris, élève de M. Franceschi. — Rue du Faubourg Saint-Honoré, 72.

1753. — Le général Pittié ; — buste, marbre (M I. P. et B. A. - S. 1887.)

CORDIER (Henri), né à Paris, élève de MM. Ch. Cordier, Mercié et Gérôme. — Méd. 3e cl. 1879, 2e cl. 1885. — A Paris, rue du Val-de-Grâce, 6.

1754. — Cuirassier ; — statue équestre, bronze. (M. I. P. et B. A. - S. 1887).
1755. — Portrait de ma mère ; — buste, marbre. (S. 1883).
1756. — Les frères Montgolfier ; — modèle en plâtre du bronze érigé à Annonay.

CORDONNIER (Alphonse), né à La Madeleine-lez-Lille (Nord), élève de Dumont. — Méd. 3e cl. 1875, 2e cl. 1876, prix de Rome 1877, méd. 1re cl. 1883. — A Paris, rue Denfert-Rochereau, 77.

1757. — Abel allant au sacrifice ; — statue, marbre. (S. 1884).
.... — Printemps ; — groupe, marbre. (Musée de Château-Thierry. - S. 1883).
.... — Héraut d'armes (XVIe siècle) ; — statue, plâtre.
(Exp. spéciale de la ville de Paris. - S. 1885).
.... — Maternité ; — statue, pierre. (Exp. spéciale de la Ville de Paris)
.... — Jeanne d'Arc sur le bûcher ; — statue, marbre. (Musée du Luxembourg. - S. 1885).

CORNU (Vital), né à Paris, élève de Pils, de Jouffroy et de M. Delaplanche. — Méd 3ᵉ cl. 1882, 2ᵉ cl. 1886. — A Paris, rue Notre-Dame-des-Champs, 85.

1758. — Camille Desmoulins ; — statue, plâtre.	(App. à la ville de Paris. - S. 1882).
1759. — Belles vendanges ; — groupe, bronze.	(M. I. P. et B. A. - S. 1886).
.... — Abandonnée ; — statue, marbre.	(Exp. spéciale de la Ville de Paris).
.... — Le Ricochet ; — statue, bronze	(Exp. spéciale de la Ville de Paris),

COUDRAY (Lucien), né à Paris, élève de MM. Thomas et Allouard. — A Paris, quai Voltaire, 17.

1760. — Portrait de Mlle M. B... ; — médaillon, bronze argenté.   (S. 1888).
1761. — Portrait de M. G. C... ; — médaillon, bronze argenté.   (S. 1888).

COULON (Jean), né à Ebreuil (Allier), élève de M. Cavelier. — Méd. 3ᵉ cl. 1880, 2ᵉ cl. 1886. — A Paris, rue Denfert-Rochereau, 85.

1762. — Flore et Zéphir ; — groupe, plâtre.   (Musée de Moulins. - S. 1883).
1763. — Hébé Cœlestis ; — statue, marbre.   (M. I. P. et B. A. - S. 1888).

COUTAN (Jules Félix), né à Paris, élève de M. Cavelier. — Prix de Rome 1872, méd. 1ʳᵉ cl. 1876, ✳ 1885. — A Paris, rue Nicole, 4.

.... — Porteuse de pain ; - statue, plâtre.   (Exp. spéciale de la Ville de Paris).
.... — Sergent d'armes (XIVᵉ siècle) ; — statue, plâtre. (Exp. spéciale de la Ville de Paris).
.... — La Paix armée ; — statue plâtre.   (Exp. spéciale de la Ville de Paris).
.... — Un Génie.
.... — Fontaine du Progrès.   (Au centre du jardin, au Champ-de-Mars).

CROISY (Aristide), né à Fagnon (Ardennes). — Méd. 3ᵉ cl. 1873, 2ᵒ cl. 1882, 1ʳᵒ cl. 1885, ✳ 1885. — A Paris, rue Bréa, 5.

1764. — L'armée de la Loire ; — groupe, plâtre.   (S. 1885).
.... — Le Nid ; — groupe, marbre.   (Musée du Luxembourg. - S. 1882).
.... — Les Quatre Saisons ; — vases décoratifs, bronze.
          (Jardins publics de Bourges et de Niort).
.... — Mercure, messager d'amour ; — bronze.   (A Paris, jardin du Palais-Royal).
.... — La Paix et la Concorde. (Couronn. du fronton du dôme central, au Champ-de-Mars).

CROS (Henry), né à Narbonne, élève de Jouffroy, d'Etex et de Valadon. — A Paris, rue du Regard, 6.

1765. — Les Druidesses ; — bas relief, marbre.   (Musée de Soissons. - S. 1880).
1766. — La Verrerie antique ; — bas-relief, verre.   (S. 1888)
1767. — Europe ; — bas-relief, verre.
1768. — Portrait de M. D. L M... ; — bas-relief, verre.
1769. — La Peinture ; — bas-relief, verre.
1770. — Un cadre, masques et médaillon ; — verre.
1771. — La source gelée ; — pâte de verre.

CUGNOT (Léon), né à Paris, élève de Duret et de Diebolt. — Prix de Rome 1859, méd. 3ᵉ cl. 1863, méd. 1865 et 1867, méd. 3ᵉ cl. 1867 (E.U.), ✳ 1874. — A Paris, rue Labruyère, 29.

1772. — Messager d'amour ; — groupe, bronze.   (S. 1879).

DAGONET (Ernest), ne à Châlons-sur-Marne, elève de MM. Moreau-Vauthier et Fremiet. — A Paris, rue Notre-Dame-des-Champs, 85.

1773. — Chevrette prise au collet ; — groupe, bronze.
1774. — Portrait de M. L. D.... ; — buste, bronze.

DAILLION (Horace), né à Paris, élève de Dumont et M. Aimé Millet. — Méd. 2ᵉ cl. 1882, 1ʳʳ cl. 1885, prix du Salon 1885. — A Paris, rue Denfert-Rochereau, 77.

1775. — Joies de la famille ; — groupe, marbre.   (S. 1885).
1776. — Graziosa ; — buste, marbre.   (S. 1887).
1777. — Jeune florentine du XVᵉ siècle ; — buste, marbre.   S. 1887).
.... — Le réveil d'Adam ; — statue, marbre. Exp spéciale de la ville de Paris. - S. 1885).

DALOU (Jules), né à Paris, élève de Carpeaux et de Duret. — Méd. 1870, méd. d'honneur 1883, ✳ 1883. — A Paris, impasse du Maine, 18 bis.

1778.	— Etats Généraux, séance du 23 juin 1789 ; — bas relief, plâtre.	(S. 1883).
1779.	— La République ; — bas-relief, plâtre.	S. 1883).
1780.	— Blanqui ; — statue, plâtre.	(S. 1885).
1781.	— Auguste Vacquerie ; — buste, bronze,	(S. 1887).
1782.	— Henri Rochefort ; — buste, bronze.	S. 1888).

DAMÉ (Ernest), né à Saint-Florentin (Yonne), élève de Lequesne, de Duret et de MM. Guillaume et Cavelier. — Méd. 2ᵉ cl. 1875, 3ᵉ cl. 1878 (E. U.). — A Paris, rue de l'Abbaye, 13.

1783.	— Diane et Endymion ; — groupe, plâtre.	(S. 1883).
....	— Céphale et Procris ; — groupe, marbre.	(Musée de Laon. E. N. 1888).
....	— La Science et le Progrès.	
	(À la naissance du fronton du dôme central, au Champ de Mars).	

DAMPT (Jean), né à Venarey (Côte-d'Or), élève de Jouffroy et de M. Dubois. — Med. 2ᵉ cl. 1879, 1ʳᵉ cl. 1881, — A Paris, rue Campagne-Première, 15.

1784.	— Diane ; — statue, marbre.	(M. I. P. et B. A. - S. 1887).
1785.	— Mignon ; — statue, marbre.	(M. I. P. et B. A. - S. 1884).
....	— Saint-Jean ; — statue, marbre.	(Musée du Luxembourg. - S. 1881).

DAVID (Adolphe), né à Baugé (Maine-et-Loire), élève de Jouffroy. — Méd. 3ᵉ cl. 1874. — A Sèvres (Seine-et-Oise, rue des Bruyères, 14.

1786.	— Distribution des drapeaux en 1880 ; — sardonyx.	(M. I. P. et B. A. - S. 1884).
1787.	— Victor Hugo ; — calcédoine.	(M. I. P. et B. A. - S. 1887).

DEBRIE (Gustave), né à Paris, élève de Léon Cogniet et Auguste Poitevin. — A Paris, rue Grange-aux-Belles, 53.

1788.	— Ch. Normand ; — buste, marbre.	
	(App. à l'Ecole nat. des Arts décoratifs. - S. 1886).	

DELAPLANCHE (Eugène), né à Paris, élève de Duret. — Prix de Rome 1864, méd. 1866, 1868 et 1870, ✳ 1876, méd. d'honneur 1878, méd. 1ʳᵉ cl. 1878 (E. U.). — A Paris, rue d'Assas, 68.

1789.	— Vierge au lys ; — statue, marbre.	(Musée de Montpellier. - S. 1878).
1790.	— Circé ; — statue, marbre.	
1791.	— La Danse ; — statue, marbre.	(M. I. P. et B. A. - S. 1888).
1792.	— Portrait de Mᵐᵉ Delaplanche ; — buste, marbre.	
1793.	— Portrait de Mᵐᵉ L.... ; — buste, marbre.	
1794.	— Portrait de Mᵐᵉ D.... ; — buste, marbre.	
1795.	— La Sécurité ; — statue, plâtre.	(S. 1884).
1796.	— Notre-Dame de Brebière (Modèle, moitie grandeur d'exécution, de la statue qui est à Albert (Somme ; — groupe, plâtre.	S. 1887).
....	— L'Aurore ; — statue, marbre.	(Musée du Luxembourg. - S. 1884.
....	— La France distribuant des couronnes.	(Sur le dôme central, au Champ-de-Mars).

DELHOMME (L. Alexandre), né à Tournon-sur-Rhône (Ardèche), élève de Dumont et Fabisch. — Méd. 1867. — A Paris, rue de Dantzig, 11.

....	— L'Age de bronze ; — plâtre.	(Exp. spéciale de la Ville de Paris).
....	— L'Europe et l'Amérique.	
	(Au sommet des piliers intérieurs du dôme central, au Champ-de-Mars).	

DELORME (J. André), né à Sainte-Agathe-en-Douzy (Loire), élève de M. Bonnassieux. — Médaille 2ᵉ cl. 1861, rap. 1863. — A Paris, boulevard de Vaugirard, 120.

1797.	— La Vérité ; — statue, plâtre.	S. 1883).
1798.	— Pifferaro ; — statue, plâtre.	(S. 1887).
1799.	— Sainte Madeleine ; — statue, plâtre.	(S. 1886).
....	— Mercure ; — statuette, bronze.	(Musée de Lyon. - S. 1880).

DELOYE (Gustave), né à Sedan, élève de Jouffroy et de Dantan. — Méd. 3ᵉ cl. 1886. — A Paris, rue Fromentin, 9.

1800. — Sainte Agnès ; — buste, marbre. (S. 1887).
1801. — Cadre, médailles bronze et argent. (S. 1887).

DEMAILLE (Louis), né à Gigondas (Vaucluse), élève de Vernet-Lecomte et de Dumont. — Méd. 1866, 2ᵉ cl. 1885. — A Paris, rue de l'Abbé-Groult, 129.

1802. — La Protection ; — groupe, plâtre. (Musée de Grenoble).
.... — Berthollet ; — buste, plâtre. (Exp. spéciale de la Ville de Paris).

DESBOIS (Jules), née à Parçay (Maine-et-Loire), élève de M. Cavelier. — Méd. 3ᵉ cl. 1875, 2ᵉ cl. 1877, 1ʳᵉ cl. 1887. — A Paris, rue Denfert-Rochereau, 89.

1803. — Acis changé en fleuve ; — statue, marbre. (S. 1887).
.... — L'Electricité. (Fronton entre les piliers du dôme central, au Champ-de-Mars).

DESCA (Edmond), né à Vic-en-Bigorre (Hautes-Pyrénées), élève de Jouffroy. — Méd. 3ᵉ cl. 1881, 2ᵉ cl. 1883, 1ʳᵉ cl. 1885. — A Paris, impasse du Maine, 11.

1804. — « On veille ! » ; — groupe, marbre. (M. I. P. et B. A. - S. 1885).
1805. — « Revanche ! » — statue, bronze. (S. 1888).
.... — Chasseur d'aigles ; — groupe, plâtre.
(Exp. spéciale de la ville de Paris. - S. 1881).

DESCAT (Mme Henriette), né à Carnières (Nord), élève de Frère et de Lon-gepied. — A Paris, rue Denfert-Rochereau, 77.

1806. — Innocence ; — statue, marbre. (S. 1885).

DEVENET (Claude), né à Uchizy (Saône-et-Loire), élève de Dumont. — Méd. 3ᵉ cl, 1882. — A Paris, rue Lecourbe, 84.

.... — Ismaël mourant. (Musée de Mâcon).

DOUBLEMARD (A. D.), né à Beaurain (Aisne), élève de Duret. — Prix de Rome, 1885, méd. 1863, ✳ 1877. — A Paris, Villa Saïd, avenue dn Bois-de-Boulogne, 64.

1807. — Béranger ; — statue, plâtre. (Petit modèle de la statue en bronze inaugurée à Paris).
1808. — M. Laroche, de la Comédie Française ; — buste, terre cuite.
1809. — M. Coquelin cadet, de la Comédie Française ; — buste, terre cuite.
1810. — Camille Desmoulins ; — statue, plâtre. (Petit modèle de la statue érigée à Guise).

DROPSY (Emile), né à Paris, élève de M. Levasseur. — A Paris, rue du Pont-aux-Choux, 6.

1811. — Deux médailles. (S. 1886 et 1887).

DUBOIS (Alphée), né à Paris, élève de Barre et de Duret. — Prix de Rome 1855, méd. 1868 et 1869, ✳ 1882. — A Paris, rue Mazarine, 37.

1812. — Médailles et médaillons.

DUBOIS (Henri), né à Rome, de parents français, élève de MM. Chapu, Falguière et Alphée Dubois. — Méd. 3ᵉ cl. 1888. — A Paris, avenue de l'Observatoire, 7.

1813. — Médailles et médaillons. (S. 1888).

DUBOIS (Paul), né à Nogent-sur-Seine (Aube), élève de Toussaint. — Méd. 2ᵉ cl. 1863, méd. d'hon. 1865, méd. 2ᵉ cl. 1867 (E. U.), ✳ 1867, O. ✳ 1874, méd. d'hon. 1876, M. de l'Inst. 1876, méd. d'hon. 1878 (E. U.), C. ✳ 1886. — A Paris, rue Bonaparte, 14 à l'Ecole des Beaux-Arts.

1814. — Ch. Gounod, membre de l'Institut ; — buste, bronze.
1815. — Paul Baudry, membre de l'Institut ; — buste
1816. — M*** ; — buste.

DUMILATRE (Alphonse J.), né à Bordeaux, élève de Dumont et de M. Cavelier. — Méd. 1re cl. 1878. — A Paris, avenue de Clichy, 86.

1817. — Jeune vendangeur ; — statue, bronze.   (S. 1888).
1818. — Monument à La Fontaine.   (S. 1884).
1819. — Monument funèbre de Crocé-Spinelli et Sivel ; — groupe, bronze.   (S. 1879).

DUPUIS (Daniel), né à Blois, élève de Cavelier et Farochon. — Prix de Rome 1872. méd. 3e cl. 1877, 3e cl. 1878 (E. U.), ✳ 1881. — A Paris, rue Desrenaudes, 8.

1820. — Médailles, médaillons et plaquettes.
1821. — Médailles, médaillons et plaquettes.
.... — Médaille type de la Ville de Paris.   (Exp. spéciale de la Ville de Paris).
.... — Médaille du concours des chevaux de trait.   (Exp. spéciale de la Ville de Paris.).

DURAND (Ludovic), né à St-Brieuc, élève de Toussaint et de M. Bonnat. — Méd. 3e cl. 1872, 2e cl. 1874. — A Courbevoie (Seine), rue de Bécon, 56.

1822. — Cléopâtre : — statue, plâtre.   (S. 1880).
.... — Monument de Ph. Pinel ;— groupe, bronze.   (A Paris, à la Salpêtrière. - S. 1880).

ENDERLIN (L. Joseph), né à Bâle, de parents français, élève de MM. Falguière et Roubaud. — Méd. 3e cl. 1880, 2e cl. 1888. — A Paris, rue d'Alésia, 13.

1823. — Joueur de billes ; — statue, marbre.   (M. I. P. et B. A. - S. 1888).
1824. — Poverina ; — buste, plâtre.   (E. N. 1883).
1825. — Roubaud, statuaire ; — buste, plâtre.   (S. 1887).
.... — Bataille d'enfants ; — groupe, bronze.   (Exp. spéciale de la Ville de Paris).

ENGRAND (Georges), né à Aire-sur-la-Lys (Pas-de-Calais), élève de M. Cavelier. — Méd. 3e cl. 1878. — A Paris, rue Rodier, 50.

1826. — Ménade traînant la tête d'Orphée ; — statue, plâtre.   (S. 1886).

ESCOULA (Jean), né à Bagnères-de-Bigorre (Hautes-Pyrénées). — Méd. 3e cl. 1881, 2e cl. 1882. — A Paris, rue des Fourneaux, 36.

1827. — Le Sommeil , — statue, marbre.   (M. I. P. et B. A. - S. 1883).
1828. — Jeunes baigneuses ; — groupe, marbre.   (M. I. P. et B. A. - S. 1888).
1829. — Jeune fille au lierre ; — buste, marbre.   (S. 1888).
.... — Bâton de vieillesse ; — groupe, plâtre.(Exp. spéciale de la ville de Paris.- S. 1882).

ETCHETO (Francois), né à Madrid, de parents français. — Méd. 3e cl. 1881, 2e cl. 1883. — A Paris, chez M. Orsolini, rue Fourcroy, 7.

.... — François Villon ; — statue.   (Exp. spéciale de la Ville de Paris).

EUDE (L. A.), né à Arès (Gironde), élève de David d'Angers. — Méd. 3e cl. 1859 1re cl. 1877. — A Paris, 26, rue de la Voûte.

1830. — Charmeuses d'oiseaux ; — statue, bronze.   (E. N. 1883).
1831. — Un mauvais conseiller ; — groupe, marbre.

FAGEL (Léon), né à Valenciennes (Nord), élève de MM. Cavelier et Fache. — Prix de Rome 1879, méd. 3e cl. 1882, 2e cl. 1883. — A Paris, rue Le Verrier, 23.

1832. — Abel ; — statue, marbre.   (S 1887).
1833. — Saint-Denis ; — statue, plâtre.   (S. 1883).
1834. — La Jeunesse artistique ; — statue, plâtre. (Musée de Mme la Csse de Caen. - (S. 1887).
1835. — Poète mourant ; — bas-relief, plâtre.   (Musée d'Etampes. - (S. 1882).
1836. — Chevreul ; — buste, bronze.   (S. 1888).
1837. — Capriote ; — buste, bronze.   (S. 1886).
.... — Chevreul ; — statue, pierre   (Exp. spéciale de la Ville de Paris).

FERRARY (Maurice), né à Embrun (Hautes-Alpes), élève de M. Cavelier. — Méd. 3e cl. 1879, prix de Rome 1882, méd. 2e cl. 1886. — A Paris, rue Viote, 3, et rue Prony, 59.

1838. — Mercure et l'Amour ; — groupe, plâtre.   (M. I. P. et B. A. - (S. 1886).
1839. — Décollation de Saint-Jean-Baptiste ; — groupe, plâtre.
.... — Bellunaire et panthère ; — groupe, plâtre.
                                          (Exp. spéciale de la Ville de Paris. - S. 1879).

FOSSÉ (Athanase), né à Allonville (Somme), élève de MM. Crauk et Cavelier. — Méd. 3e cl. 1882. — A Paris, rue Chevert, 15 bis.

1840. — Souvenir de la nuit du 4 ; — groupe, pierre.   (S. 1888).
1841. — Le berger Jupille luttant contre un chien enragé.
                                                            (App. à la Ville de Paris. - S. 1887).
.... — Décoration de l'Hôtel-de-Ville d'Amiens.

FOUQUES (A. Henri), né à Paris, élève de M. Cavelier. — Méd. 3e cl. 1885. — A Paris, rue Fondary, 37.

1842. — Fox, chien d'arrêt ; — plâtre.   (S. 1884).
1843. — Trop tard, chien et chat ; — plâtre.   (S. 1885).
1844. — Un drame au désert, lion et arabe; — groupe, plâtre.   S. 1887).

FRANÇOIS (Henri L.), à Vert-le-Petit (Seine-et-Oise), élève de MM. Bonnat et Chapu. — Méd. 1879, 2e cl. 1882, 1re cl. 1883. — A Paris, rue de l'Orient, 4.

1845. — Andromède ;— camée sardoine à trois couches. (Musée du Luxembourg. - S. 1886).
1846. — Amour filial ; — camée agate.   (Musée du Luxembourg. - S. 1883).
1847. — Céphale et Procris ; — camée onyx rose.   S. 1884).
1848. — Pan jouant avec une bacchante ; — camée sardoine à trois couches.
                                                          (Musée de Dijon. - S.1886).
1849. — Sapho sur le rocher de Leucade ; — camée sardoine à trois couches.
                                                (M. I. P. et B. A. - (S. 1887).
1850. — Portrait de M. Léon Bonnat, membre de l'Institut ; - camée onyx.   S. 1888).

FREMIET (Emmanuel), né à Paris, élève de Rude. — Méd. 3e cl. 1849, 2e cl. 1851, 3e cl. 1855 (E. U.), ✻ 1860, méd. 2e cl. 1867 (E. U.), O. ✻ 1878, méd. d'honneur 1887. — A Paris, rue de la Tour, 70.

1851. — Gorille « Troglodytes Gorilla », Gabon ; — groupe, plâtre.   (S. 1887).
1852. — Capture d'un jeune éléphant par un nègre ; — groupe, plâtre.
                                                          (App. à M. Dervillé. - S. 1880)
1853. — Monument funéraire de « Miss Jenny » ; — bronze.
                                                          (App. à M. de Candamo. - S. 1881).
1854. — Ourse et homme de l'âge de pierre ; — plâtre.   (Museum d'hist. nat. - S. 1885).
1855. — Bassets et chatte : — bronze.   (App. à M. le baron Ed. de Rotschild).
1856. — Chevaux de course ; — bronze.
1857. — L'aïeul ; — statuette équestre, bronze.
1858. — « Credo » ; — statuette, bronze.
1859. — Saint-Louis ; — statuette, bronze.
.... — Porte-falot; — statue équestre, plâtre (Exp. spéciale de la ville de Paris - S. 1888).

FRÈRE (Jean), né à Cambrai, élève de M. Cavelier. — Méd. 3e cl. 1878, 2e cl. 1883. — A Paris, rue Denfert-Rochereau, 22.

1860. — Chanteur oriental ; — statue marbre.   (Musée de Marseille. - S. 1883).
1861. — Les deux pigeons ; — groupe bronze.   (S. 1888).
.... — Conteur ; — statue, plâtre   (Musée de Vitré. - S. 1881).

FRÉVILLE (Léon), né au Mesnil-Saint-Denis (Seine-et-Oise), élève de MM. Ed. Roux et de L. Couteau. — A Paris, rue du Temple, 114.

.... — Trois camées.

GARDET (Georges), né à Paris, élève de MM. Aimé Millet et Fremiet. — Méd. 3e cl. 1887. — A Paris, avenue de Breteuil, 78.

1862. — Ours ; — marbre.   (App. à M. Louvrier de Lajolais. — (S. 1887).
.... — Un drame au désert, bronze.   (Exp. spéciale de la Ville de Paris).

GATÉ (Camille), né à Nogent-le-Rotrou. — A Nogent-le-Rotrou.

1863. — Chiens de relai ; — groupe, fonte de fer.   (S 1885).

GAUDEZ (Adrien), né à Lyon, élève de Jouffroy. — Méd. 3ᵉ cl. 1879, 2ᵉ cl. 1881. — A Neuilly-sur-Seine, boulevard d'Argenson, 59.

1864. — La Nymphe Écho ; — statue, plâtre.   (S. 1881).
1865. — Parmentier ; — statue, plâtre.   (M. I. P. et B. A. - S. 1886).
.... — Lulli enfant ; — statue ; bronze.   (Exp. spéciale de la ville de Paris. - S. 1885).
.... — Le Ciseleur, XIVᵉ siècle ; — statue, plâtre.
                                                  (Exp. spéciale de la ville de Paris. - S. 1881).
.... — L'enfant prodigue.   (Musée de Saint-Etienne).
.... — Moissonneur ; — statue, bronze.   (Exp. spéciale de la Ville de Paris).

GAULARD (F. Emile), né à Paris, élève de M. Salvatelli. — Méd. 3ᵉ cl. 1881. — A Vincennes, rue de Montebello, 6.

1866. — Dans un cadre :
        1. Phœbus, camée sur opaline.   (M. I. P. et B. A. - S. 1881).
        2. * Hébé, camée agate à quatre teintes.   (S. 1886).
        3. * Hippolyte, camée agate à six couches.   (S. 1887).
        4. * Eve, camée agate orientale.   (S. 1888).

GAUQUIÉ (Henri D.), né à Flers-lez-Lille (Nord), élève de MM. Cavelier et Fache. — Méd. 3ᵉ cl. 1886. — A Paris, rue Dareau 16.

1867. — Persée vainqueur de Méduse ; — groupe, plâtre.   (M. I. P. et B. A. - S. 1886).

GAUTHERIN (Jean), né à Ouroux (Nièvre), élève de Gumery, de Dumont et de M. Paul Dubois. — Méd. 1868 et 1870, 3ᵉ cl. 1873, 3ᵉ cl. 1878 (E. U.), ✳ 1878. — A Paris, rue d'Assas, 84.

1868. — Le Travail ; — statue, bronze.   (M. I. P. et B.-A. - Jardin du Luxembourg).
1869. — M. Levasseur ; — buste, marbre.   M. I. P. et B. A.
1870. — Pierre Lafenestre ; — buste, marbre.   (E. N.1883).
1871. — La République ; — buste, marbre.
1872. — M. Martinet, membre de l'Institut ; — buste, marbre.
1873. — La Lumière électrique ; — statue, marbre.
1874. — M. le baron de Courcel ; — buste, marbre.
1875. — M. Carl Jacobsen ; — buste, marbre.
.... — Le Paradis perdu ; — groupe, marbre.   (Exp. spéciale de la ville de Paris).
.... — Le Commerce.   (A gauche du porche du pavillon central, au Champ-de-Mars).

GAUTHIER (Charles), né à Chauvirey-le-Châtel (Haute-Saône). — Méd 1865, 1866 et 1869, ✳ 1872. — A Paris, rue de Vaugirard, 108.

1876. — Jouffroy d'Arbans ; — statue, plâtre.
.... — Cléopâtre ; — statue, plâtre.   (M. I. P. et B. A. - A Tunis).
.... — Fronton de l'horloge de l'Hôtel-de-Ville de Paris.
.... — L'Industrie.   (A droite du porche du pavillon central, au Champ.de-Mars).

GERMAIN (Gustave), né à Fismes (Marne), élève de Gumery et de Debut. — — A Paris, rue Boissonnade, 13.

1877. — L'Amour s'endort ; — statue, marbre.   (S. 1887).

GODEBSKI (Cyprien), né à Méry-sur-Cher (Cher), élève de Jouffroy. — A Paris, rue Prony, 75.

1878. — La Force étouffant le Génie ; — groupe, marbre.   (M. I. P. et B. A. - S. 1888).
.... — Persuasion ; — groupe.   (Musée de Lille).

GOSSIN (Louis), né à Paris, élève de M. Mathurin-Moreau. — Méd. 3ᵉ cl. 1882, 2ᵉ cl. 1886. — A Paris, rue de Romainville, 52.

1879. — Charité ; — groupe, bronze.   (S. 1886).

GRANET (Pierre), né à Villenave-d'Ornon (Gironde). — Méd. 2ᵉ cl. 1874. — A Paris, rue Aumont-Thieville, 4.

1880. — La République française, statue plâtre ; — au monument de la Constituante.
1881. — Jeunesse et Chimère ; — groupe, marbre.   (S. 1887).

GRAVILLON (Arthur de), né à Lyon (Rhône), élève de MM. Fabisch et La-
france. — A Naples (Italie), via de Chiosa, 59.

1882. — Peau d'âne ; — statue, marbre.

GRÉGOIRE (Mlle Alice), à Aix-la-Chapelle, de parents français, élève de M.
A. Durand. — A Paris, rue Madame, 23.

1883. — Portraits ; — médaillons, cire.   (S. 1881-1886-1887-1888).

GUGLIELMO (Lange), né à Toulon, élève de Jouffroy et de Courdouan. —
Méd. 3e cl. 1880, 2e cl. 1885. — A Paris, boulevard St-Jacques, 51.

1884. — Jeune mère consolant son enfant ; — groupe, marbre.
                                                     (Au Palais de l'Elysée. - M. I. P. et B. A. - S. 1881).
1885. — Giotto révélant sa vocation ; — statue, marbre.   (Musée d'Amiens. - S. 1885).
1886. — Tête d'étude ; — buste, marbre.
1887. — Pêcheur raccommodant son filet ; — statue, bronze. (M. I. P. et B. A. - S. 1888).
.... — Mort d'Abel ; — statue, marbre.   (Musée de Toulon).
.... — Vieille histoire ; — groupe, marbre.   (Exp. spéciale de la ville de Par.s. - S. 1886).

GUILBERT (Ernest Ch. D,), né à Paris, élève de Dumont et de M. Chapu. —
Méd. 3e cl. 1873, 2e cl. 1875, ✳ 1879. — A Paris, rue de Vaugirard, 59.

1888. — Thiers ; — statue, plâtre.   (App. à la ville de Nancy. - S. 1880).
1889. — Le général Billot ; — buste, marbre.
1890. — Mme la Comtesse de Beaumarchais ; — buste, marbre.   (S. 1888).
.... — Eve ; — statue, marbre.   (Musée de Mirande. - S. 1882).
.... — Daphnis et Chloe :— groupe, marbre. (Exp. spéciale de la ville de Paris. - S. 1885).
.. — Héraut d'armes au XVIIe siècle.   (Exp. spéciale de la ville de Paris).
. — Monument de Christophe Colomb (A Saint-Domingue).
... — Etienne Dolet.   (Monument élevé sur la place Maubert, à Paris).
.... — Eugène Delacroix ; — statue, pierre.   (A l'Hôtel-de-Ville de Paris).
.... — Buste de Rougevin.   (Ecole des Beaux-Arts, à Paris).

GUILLAUME (Cl. J. B. Eugène), né à Montbard (Côte-d'Or), élève de Pradier.
— Prix de Rome 1845, méd. 2e cl. 1852, 1re cl. 1855 (E. U.), ✳ 1855, M. de l'Inst. 1862,
méd. d'honneur 1867 (E. U.), O. ✳ 1867, C. ✳ 1875, rapp. méd. d'honneur 1878 (E. U.),
- A Paris, rue de l'Université, 5.

1891. — Mariage romain ; — groupe, marbre.
1892. — Andromaque ; — groupe, marbre.   (App. à Mme la Dsse de Palmella. - S. 1881).
1893. — Monument élevé à la mémoire de Duban ; — bronze et marbre.
                     (Architecture par M. COQUART, Membre de l'Institut. - S. 1885).
1894. — Marc Séguin ; — buste, marbre.   (S. 1881).
1895. — Le prince Napoléon ; — buste. marbre.   (S. 1888).
1896. — François Buloz; — buste, marbre.   (S. 1879).
1897. — M. Jules Ferry ; — buste, marbre.   (S. 1887).
1898. — M. Thiers ; — buste, plâtre, teinté.
1899. — J.-B. Dumas, Membre de l'Académie française, Secrétaire perpétuel de l'Académie des
            Sciences ; — buste, marbre.   (App. à l'Ecole centrale des Arts et Manufactures).
1900. — M. Germain, Membre de l'Institut ; — buste, marbre.

GUILLON (Auguste), né à Paris, élève de Dumont et de M. A. Millet. — Méd.
3e cl. 1884. — A Paris, rue du Mont-Cenis, 113.

1901. — Le dernier ennemi ; — groupe, plâtre.   (S. 1884).

GUILLOUX (Alphonse E.), né à Rouen, élève de Dumont et de M. Falguière.
— Méd. 3e cl. 1881. — A Paris, rue de la Glacière, 18, et à Rouen, Place des Arts, 3.

1902. — Orphée expirant ; — statue, marbre.   (M. I. P. et B. A. - S. 1888).

HAINGLAISE (Jean-Fleury), né à Toulon-sur-Anoux (Saône-et-Loire), élève
de M. Cavelier. — Méd. 3e cl. 1883, vue d'Auteuil, 8.

.... — Fronton du Pavillon de raccordement, avenue de La Bourdonnais. (Au Champ-de-Mars).

HALLER (Gustave), no à Paris, élève de M. Mathieu Meusnier. — A Paris, rue de Rome. 8.

1903. — La Comedie moderne ; — buste, marbre.　　　　(S. 1888).

HELLER (A. Florent), né à Saverne (Alsace), élève de Farochon et de M. Gérôme — Méd. 1870. — A Paris, rue Véron, 20.

1904. — Médaillons et Médailles.

HERCULE (L. Benoit), né à Toulon, élève de Jouffroy. — Méd. 3ᵉ cl. 1886. — A Paris, rue Humboldt, 25.

1905. — Au Drapeau ! — statue, bronze.　　　　(S. 1887).
.... — Turenne enfant : — statue, plâtre. (Exp. spéciale de la Ville de Paris. - S. 1888).
.... — Primevère ; — statue, marbre. (Exp. spéciale de la Ville de Paris. - S. 1888).

HEXAMER (Frédéric), ne à Paris, élève de Dumont. — Méd. 3ᵉ cl. 1883. — A Paris, rue Boissonnade, 15.

1906. — Gazouillis ; — fig. marbre.　　　　(S. 1887).

HIOLIN (Auguste), né à Septmonts (Aisne), élève de Perrey et de Jouffroy Méd. 3ᵉ cl. 1879, 2ᵉ cl. 1885. — A Paris, boulevard du Montparnasse, 74.

1907. — Abel offre au Seigneur le premier-né de son troupeau ; — groupe, plâtre. (S. 1879).
.... — « Au loup ! » ; — groupe, plâtre. (Exp. spéciale de la ville de Paris. - S. 1885).

HIROU (M. Ernest), né à Paris élève de MM. Aimé Millet et Bastet. — A Paris, rue de Sèze, 3.

1908. — L'Amiral Courbet ; — buste, plâtre.　　　　(S. 1887).
1909. — Femme ; — buste, plâtre.
1910. — Chattes ; — groupe, plâtre.　　　　(S. 1888).

HOLWECK (Louis), né à Paris , élève de MM. Gauthier, et Thomas. — Méd. 3ᵉ cl. 1888. — A Paris, rue Delambre, 28.

1911. — Le Vin ; — groupe, plâtre.　　　　(S. 1888).

HOUSSIN (Edouard), né à Douai (Nord), élève de Jouffroy et de M. Aimé Millet. — Méd. 3ᵉ cl. 1887. — A Paris, rue Denfert-Rochereau, 37.

1912. — Léda ; — statue, plâtre.　　　　(S. 1887).
1913. — Phaéton ; — statue, plâtre. (M. I. P. et B. A. - S. 1888).
1914. — Esméralda ; — statue, fonte de fer. (M. I. P. et B. A. - S. 1880).

HUET (Victor), né à St-Pierre-lez-Elbeuf (Seine-Inférieure), élève de M. Decorchemont. — A Paris, rue Campagne Première, 3.

1915. — Le potier ; — statue, plâtre.　　　　(S. 1886).

HUGOULIN (Emile), né à Aix (Bouches–du–Rhône). — Med. 2ᵉ cl. 1876 — A Paris, rue Deparcieux, 29.
.. — Oreste se réfugie à l'autel de Pallas ; —groupe, marbre. (Musée de Nice. - S. 1879).

HUGUES (Jean), né à Marseille , élève de Dumont et de M. Bonnassieux. — Prix de Rome 1875, méd. 3ᵉ cl. 1878, 2ᵉ cl. 1881, 1ʳᵉ cl. 1882. — A Paris, rue Mansart, 15.

1916. — Tentation ; — figure plâtre.　　　　(S. 1888).
1917. — Œdipe à Colone ; — groupe, marbre. (M. I. P. et B. A. - S. 1882).
.... — Torchère ; — Asie. (Exp. spéciale de la Ville de Paris).
.... — Torchère. (Exp. spéciale de la Ville de Paris).
.... — Femme jouant avec son enfant ; — groupe, marbre. (Musée d'Evreux. - S. 1882).
.... — Les Sciences ; — (fronton en pierre a l'Ecole des Arts Industriels de Roubaix.)
.... — David ; — buste, marbre, (facade du nouveau Musée du Luxembourg.)
.... — Groupe principal du pavillon de la République Argentine, à l'Exposition universelle de 1889.
.... — L'Immortalité ; — statue plâtre, (pavillon de la Compagnie de Suez, à l'Exposition universelle de 1889.)
.... — Monument du Chevalier Rose, (à Marseille).

INJALBERT (J. Antonin), né à Béziers (Hérault), élève de Dumont. — Prix de Rome 1874, méd. 2ᵉ cl. 1877, 1ʳᵉ cl. 1878 (E. U.), ✻ 1887. — A Paris, rue du Val-de-Grâce, 18.

1918. — Renommée ; — haut-relief, bronze.   (S. 1888).
1919. — Amour incitant des colombes ; — statue, marbre.   (S. 1882).
.... — Christ en croix ; — bronze.   (Musée de Reims. - S 1878).
.... — Hippomène : — statue, bronze.   (Musée du Luxembourg. - S. 1886).
.... — L'Hérault, l'Orbe et la source du Lez ; — hauts-reliefs, marbre.
                                               (A la préfecture de l'Hérault, à Montpellier).

ISELIN (Henri Frédéric), né à Clairegoutte (Haute-Saône), élève de Rude. — Méd. 3ᵉ cl. 1852 et 1855 (E. U.), rap. 1857, 2ᵉ cl. 1861, rapp. 1863, ✻ 1863. — A Paris, rue Denfert-Rochereau, 22.

1920. — Claude Bernard ; — buste, marbre.   (M. I. P. et B.-A. - E. N. 1883).

ITASSE (Adolphe) né à Lourmarin (Vaucluse), élève de Belloc et Jacquot. — Méd. 3ᵉ cl. 1875. — A Paris, rue du Faubourg-Saint-Honoré, 233.

1921. — Hilaire Belloc, peintre ; — buste, marbre.
1922. — Henri Penon ; — buste, terre cuite.   (S. 1884)
1923. — L'Amour victorieux ; — statue, bronze.   (S. 1887).

ITASSE (Mlle Jeanne), née à Paris, élève de son père. — A Paris, faubourg Saint-Honoré, 233.

1924. — Portrait de mon père ; — buste, plâtre.   (S. 1888).

JACQUOT (Charles), né à Bains (Vosges), élève de MM. Falguière et Aubé. — Méd. 3ᵉ cl. 1888. — A Paris, boulevard de Vaugirard, 94.

1925. — Prière aux champs ; — statue, plâtre.   (S. 1887).
1926. — Nymphe et satyre ; — groupe, plâtre.   (S. 1888).

JAMAIN (Emile Th.), né à Fumay (Ardennes), élève de M. Vaudet. — A Paris, rue Rébeval, 17.

1927. — Deux camées : 1. Marie de Médicis ; — 2. Milon de Crotone ; — sur sardoine.
                                                                                        (S. 1888)

KINSBURGER (Sylvain), né à Paris, élève de Dumont et de M. Thomas. — Méd. 3ᵉ cl. 1888. — A Paris, rue Fontaine-au-Roi, 47.

1928. — En péril ! — groupe, plâtre.   (S. 1888).

LABATUT (J. J.), né à Toulouse, élève de Jouffroy et de MM. Falguière et Mercié. — Prix de Rome 1881, méd. 3ᵉ cl. 1881, 2ᵉ cl. 1884. — A Paris, rue de Vaugirard, 131.

1929. — Roland ; — groupe, marbre.   (M. I. P. et B. A. - S. 1888).
1930. — La pomme de la Discorde ; — bas-relief.   (Musée de Castelnaudary. - S. 1884).
1931. — Moïse ; — groupe, plâtre   (S. 1888).

LAGRANGE (Jean), né à Lyon, élève de Vibert, de Flandrin et de M. Bonnassieux. — Prix de Rome 1870, méd. 3ᵉ cl. 1874, 2ᵉ cl. 1879. — A Paris, boulevard du Montparnasse, 150.

1932. — Médailles.

LAMBERT (Emile), né à Paris, élève de M. Franceschi.— A Paris, rue de la Tour-des-Dames, 4.

1933. — M. A. Lacan.   (App. à M. G. Lacan. - S. 1881).

LAMI (Stanislas), né à Paris. — A Paris, rue Véron, 24.

1934. — L'épave ; — statue, marbre.   (S. 1887).

LANCELOT (Marcelle), née à Paris, élève de son père et de M. Ponscarme. — A Malakoff (Seine), rue de la Chapelle, 31.

1935. — Un cadre de portraits ; — médaillons, plâtre.   (S. 1888)

LANSON (Alfred) né à Orléans (Loiret), élève de Jouffroy. — Méd. 3ᵉ cl. 1875, prix de Rome 1876, 2ᵉ cl. 1879, 1ʳᵉ cl. 1882, ✿ 1882. — A Paris, rue Pelouze, 5

1936. — Judith ; — groupe, marbre.	(S. 1886).
1937. — La Résurrection ; — haut relief, plâtre.	(S. 1879).
1938. — La Géographie ; — terme. pierre.	(S. 1681).
1939. — M. Eudoxe Marcille ; — buste, bronze.	(S. 1880).
1940. — M. le vicomte H. Delaborde, secrétaire perpétuel de l'Académie des Beaux-Arts ; — buste, terre cuite.	(E. N. 1883).
1941. — L'Age de fer ; — groupe, plâtre.	(S. 1882).

LAOUST (A. L. A.), ne à Douai (Nord), élève de Jouffroy. — Méd. 3ᵉ cl. 1873 et 1874. — A Roubaix et à Paris, rue Campagne-Première, 15.

1942. — Lully ; — statue, marbre.	(M. I. P. et B. A. - S. 1887).
1943. — Un pierrot ; — statue plâtre.	
.... — Ganaï, chanteur indien ; — statue, bronze.	(Musée du Luxembourg. - S. 1886).
.... — « Spes » ; — statue, bronze.	(Sur les places de Niort et de Douai. - S. 1880)

LAPORTE (Émile), né à Paris, élève de Dumont et de M. Thomas. — Méd. 3ᵉ cl. 1885. — A Paris, rue Fontaine-au-Roi, 49.

1944. — Bélisaire ; — groupe, bronze.	(S. 1885).
1945. — L'Anniversaire ; — statue, pierre.	(S. 1888).
1946. — Le réveil de la Jeunesse ; — groupe, plâtre.	(S. 1888).

LARROUX (Antonin), né à Toulouse, élève de Idrac et de MM. Maurette et Falguière. — A Paris, rue Dauphine, 33, et à Toulouse, rue de la Colombette, 11.

1947. — Vengeance de Judith ; — statue, plâtre.	(S. 1887).
1948. — Les vendanges ; — statue, plâtre.	(S. 1888).

LE BOSSÉ-CASCIANI (Mᵐᵉ Lucy), né à Paris, élève de M. Le Bossé. — A Paris, rue du Moulin-Vert, 26.

1949. — Portraits de mes neveux ; — médaillon, bronze	(S. 1888).

LE BOURG (Charles A.), né à Nantes, élève de Rude. — Méd. 3ᵉ cl 1853, rap. 1859, méd. 1868. — A Nantes, rue Dobrée, 12.

.... — Le Travail ; — statue, plâtre.	(Exp. spéciale de la Ville de Paris. - S. 1885).
.... — La ville de Nantes ; — statue, plâtre.	(Hôtel-de-Ville de Paris).

LECHEVREL (Alphonse E.), né à Paris, élève de M. François. — Méd. 3ᵉ cl. 1858. — A Paris, place du Marché Saint-Honoré, 26.

1950. — Dans le même cadre :
Nymphe et jeune faune dansant ; esquisse, bronze. — Nymphe et jeune faune dansant ; intaille sur sardoine et épreuve, plâtre. — L'Aurore ; intaille sur sardoine, épreuve, plâtre (App. à M. P. Boucheron). — Portrait de ma fille ; camée sur sardonyx. — La Nuit distribue ses pavots ; intaille sur sardoine, épreuve argent. (App. à M. E. Vauquoy). — Portrait de M. F. Desportes de la Fosse, plaquette, bronze.

LE COINTE (Aimé J. L.), né à Paris, élève de J. Klagmann et de M. A. Toussaint. — Méd. 3ᵉ cl. 1881. — A Paris, rue de Rome, 58.

1951. — Un après-dîner chez Mme Geoffrin ; — bas-relief, plâtre.	(S. 1887).
.... — Sedaine ; — statue, plâtre.	(Exp spéciale de la Ville de Paris. - S. 1881).
.... — Diderot ; — statue, plâtre.	(Exp. spéciale de la Ville de Paris. - S. 1884).

LE DUC (Arthur Jacques), né à Torigny-sur-Vire (Manche), élève de Dumont, de Barye et de M. Carolus-Duran. — Méd. 3ᵉ cl. 1879. — A Paris, rue Laugier, 74.

1952. — Centaure et Bacchante ; — groupe, bronze.	(Musée de Caen. - E. N. 1888).
1953. — La Piété filiale ; — bas-relief, plâtre.	(E. N. 1888).
1954. — M. Carolus-Duran fils, à cheval ; — groupe, plâtre.	(E. N. 1888).
1955. — Harde de cerfs ; — groupe, bronze.	(M. I. P, et B. A - S. 1886).
1956. — Le millième cerf ; — groupe, bronze. (App. à M. le marquis de Chambray. - S. 1884).	
.... — La Presse guide l'Enfance à la source de Vérité ; — monument polychrôme à la mémoire de L. Havin.	(A Saint-Lô).

LEFEVRE (Camille), né à Issy-sur-Seine, élève de MM. Cavelier et Aimé Millet.
— Med. 3ᵉ cl. 1884, 2ᵉ cl. 1888. — À Paris, rue de Rennes, 76.

1957. — La visionnaire ; — groupe, plâtre.   (S. 1888)
.... — Le Gué ; — groupe, plâtre.   (Exp. spéciale de la Ville de Paris. - S. 1886).

LEFÈVRE-DESLONCHAMPS (Louis), né à Cherbourg (Manche), élève
de M. Dumont. — Méd. 3ᵉ cl. 1878, 2ᵉ cl. 1880. — À Paris, rue des Dames, 27.

1958. — Marguerite à l'église ; — statue, fonte.
1959. — Premières joies ; — groupe marbre.   (A l'Hôtel-de-Ville du Havre. - S. 1880).
.... — A l'abattoir ; — groupe, bronze.   (Exp. spéciale de la Ville de Paris. -S. 1884)

LEGUEULT (Eugène), né à Saint-Sever (Calvados), élève de MM. Thomas, Fal-
guières, Leroux et Millet. — Méd. 3ᵉ cl. 1887. — A Paris, rue des Fourneaux, 74.

1960. — Le Juif errant ; — statue, plâtre.   (M. I. P. et B. A. - S. 1887).
1961. — Un cadre contenant cinq portraits : quatre en bronze et un en marbre.

LEMAIRE (Georges H.), né à Bailly (Seine-et-Oise), élève de J. Perrin. — Méd.
3ᵉ cl. 1885, 2ᵉ cl. 1886. — A Paris, rue Tourlaque, 22.

1962. — Corneille ; — buste, jaspe rouge.   (S. 1881).
1963. — Idylle ; — camée cornaline.   (Musée d'Amiens. - S. 1886).
1964. — Flore et Zéphyr ; — camée sardonyx.   (M. I. P. et B. A. - S. 1886).
1965. — Dans un cadre : 1. Victor Gille, camée (S. 1886) ; — 2. Raphaël Boudrot, camée
          (S. 1887) ; — 3. La Fortune et le jeune enfant, camée (S. 1882), — 4. L'Aurore,
          camée (S. 1883).
.... — La main chaude ; — camée cornaline.   (Musée du Luxembourg. - S. 1885).

LEMAIRE (Hector), né à Lille, élève de Dumont et de M. Falguière. — Méd. 3ᵉ cl.
1877, 2ᵉ cl. 1878, Prix du salon 1878. 1ʳᵉ cl. 1882. — A Paris, rue Denfert-Rochereau, 77.

1966. — L'Immortalité ; — groupe, plâtre.   (S. 1883).
1967. — Bambini ; — groupe, bronze.   (Muséede Quimper. - S. 1884).
1968. — Le Matin ; — statue, marbre.   (M. I . P. et B. A. - S. 1887).
1969. — Jeune mère ; — groupe, plâtre.   (S. 1880).
1970. — Samson trahi par Dalila ; — groupe, plâtre.   (Musée de Lorient).
1971. — Rêve d'amour.   (M. I. P. et B. A.).
1972. — Mariage romain ; — bas-relief, plâtre.   (App. a la Ville de Paris).
.... — L'Amérique ; — torchère, plâtre.   (Exp. spéciale de la Ville de Paris).
.... — Pompier sauveteur.   (Exp. spéciale de la Ville de Paris).

LEMAITRE (Mme Eglantine, née ROBERT-HOUDIN), née à Gervais
(Loir-et-Cher). — A Blois (Loir-et-Cher).

1973. — Bien-Aller ; — panneau décoratif, plâtre.   (S. 1888).
1974. — Pataud, chien basset ; — plâtre.   (S. 1886)

LENOIR (Alfred), né à Paris, élève de MM. Guillaume et Cavelier. — Méd. 2ᵉ cl.
1874, 1ʳᵉ cl. 1875, 2ᵉ cl. 1878 (E. U.), ✳ 1886. — A Auteuil, rue Boileau, 38 (hameau
Boileau, 17).

1975. — Saint Jean ; — buste, bronze.
          (Répétition du marbre qui est au Musée du Luxembourg).
1976. — Hector Berlioz ; — statue bronze.
1977. — Auguste Couder, membre de l'Institut ; — buste, marbre.   (M. I. P. et B. A.)
1978. — Stanislas Laugier ; — buste, marbre.   (App. à l'Ecole de médecine).
.... — Jeune mère ; — groupe, plâtre.   (Exp. spéciale de la Ville de Paris).

LENOIR (Charles), né à Paris, élève de Léon Cogniet et de Jouffroy. — Méd. 3ᵉ cl.
1874. — A l'Ecole régionale des Beaux-Arts de Rennes.

.... — Jeune faune faisant combattre deux coqs ; — groupe, marbre.
                                        (Musée de Nice. -S. 1879).
.... — Idylle ; — groupe, marbre.   (A Tunis. - S. 1886).
.... — La Ville de Nice ; — statue, plâtre.   (Hôtel-de-Ville de Paris)

LEOFANTI (Adolphe), né à Rennes, élève de Picot et de Lanno. — A Paris,
impasse du Maine, 9.

.... — Christ au tombeau ; — statue, marbre.   (Musée de Riom. - E. N. 1883).

GROUP E I. — CLASSE 3. 87

LÉONARD (Agathon), né à Lille, élève de M. Delaplanche. — Méd. 3° cl. 1879, 2° cl. 1885. — A Paris, rue d'Assas, 68.

1979. — Après l'Annonciation ; — buste, marbre. (S. 1884).
1980. — Béatrix ; — buste, marbre. (S. 1885).
1981. — Sainte Cécile ; — bas-relief, bronze. (S. 1888).

LEROUX (Étienne), né à Ecouché (Orne), élève de Jouffroy. — Méd. 1866, 1867 et 1870, ✳ 1878, méd. 2° cl. 1878 (E. U). — A Paris, rue de Vaugirard, 99.

1982. — La Tragédie française, Rachel ; — statue, marbre. (Musée de Rouen. - S. 1882).
1983. — Démosthène au bord de la mer ; — statue, marbre. (Musée de Caen. - S. 1878).
1984. — Jeune fileuse ; — statue, marbre. (S. 1884).
1985. — M. de Marcère : — buste, marbre. (S. 1887).
1986. — M. Renan ; — buste, marbre. (S. 1886).
1987. — Portrait de M. Christophle, gouverneur du Crédit Foncier ; — buste, plâtre.
.... — Jeanne d'Arc ; — statue, bronze. (A Compiègne, place de l'Hôtel-de-Ville).

LEROUX (Gaston), né à Paris, élève de Jouffroy et de Hiolle. — Méd. 3° cl. 1885. — A Paris, boulevard Malesherbes, 112.

.... — Le premier bain ; — groupe, bronze. (M. I. P. et B. A. - S. 1887).
(Musée de Bressuire).

LEVASSEUR (Henri L.), né à Paris, élève de Dumont et de M. Delaplanche. — Méd. 3° cl. 1885, 2° cl. 1888. — A Paris, rue de la Folie-Méricourt, 22.

1988. — La Nuit de mai ; — groupe, plâtre. (S. 1885)
1989. — Le Réveil du Printemps ; — statue, marbre. (S. 1888).
1990. — Après le combat ; — groupe, plâtre. (S. 1888)
.... — Th. Rousseau ; — buste, marbre. (Musée du Luxembourg)

LEVILLAIN (Ferdinand), né à Paris, élève de Jouffroy. — Méd. 2° cl. 1872, méd. 1ʳᵉ cl. 1884. — A Paris, boulevard Richard-Lenoir, 31.

1991. — Dans un cadre :
Mort d'Argus ; — bas-relief, bronze. — La Terre ; — bas-relief, bois. — L'Air ; bas-relief, bois. — Portrait de l'abbé Beau ; méd., bronze. — Marque de la manufacture de Sèvres ; porcelaine. — Ganymède ; méd., bonze. (M I. P. et B A. - S. 1888).
1992. — Petit vase ; — bronze argenté.
.... — Table ; — bronze. (Musée du Louvre. - Pavillon Denon).

LOISEAU (Georges), né à Faix-Sauvigny-le-Bois (Yonne), élève de Dumont. — Méd. 2° cl. 1886. — A Paris, rue de Vaugirard, 117.

1993. — La Veuve ; — groupe, plâtre. (M. I. P. et B. A.. - S. 1886).
1994. — Jersey et Guernesey ; — groupe, plâtre. (S. 1888).

LOMBARD (Henry), né à Marseille, élève de M. Cavelier. — Méd. 2° cl. 1880, prix de Rome 1883. — A Paris, rue Denfert-Rochereau, 77.

1995. — Sainte Cécile ; — bas-relief, marbre. (M. I.P. e B. A. - S. 1884).
1996. — Judith ; — statue, bronze. (S. 1884).
1997. — Diane ; — statue, plâtre. (S. 1887).

LORMIER (Édouard), né à Saint-Omer (Pas-de-Calais), élève de Jouffroy. — Méd. 3° cl. 1883. — A Neuilly (Seine), rue Borghèse, 32.

1998. — G. Duprez ; — buste, marbre (M. I. P. et B. A. - E. N. 1883).
.... — Jacqueline Robins ; — statue, bronze. (A Saint-Omer, square de Vinquai).
.... — La République française ; — buste, marbre. (App. à la ville de Paris).

LOUIS-NOËL (Hubert), né à Saint-Omer (Pas-de-Calais), élève de Jouffroy. — Méd. 2° cl. 1873, ✳ 1880. — A Paris, rue de Vaugirard, 108.

1999. — Le cardinal Régnier ; — statue, plâtre. (S. 1886).
.. . — Mgr V. Lequette, évêque d'Arras ; — statue. (A Arras).

MABILLE (Jules), né à Valenciennes (Nord), élève de Jouffroy. — Méd. 3ᵉ cl. 1877. — A Paris, rue Boissonade, 1 bis.

2000. — Méléagre ; — statue, plâtre.   (M. I. P. et B. A. - S. 7881).
.... — Amour ; — statue, plâtre.   (Musée de Roubaix).
.... — M. Guillaume ; — buste, terre cuite.
.... — L'Amour blessé ; — groupe, bronze   (Exp. spéciale de la ville de Paris).

MANIGLIER (H. Charles), né à Paris, élève de Ramey et de Dumont. — Prix de Rome 1856, méd. 2ᵉ cl. 1863, méd. 1868, ✳ 1878. — A Paris, rue Denfert-Rochereau, 89.

2001. — Armurier du XVᵉ siècle ; — statue, bronze.   (E. N. 1868).
.... — La Sculpture et l'Architecture ; — statue, pierre.   (Hôtel-de-Ville de Paris).
.... — Enfant décorant une frise du Palais des Arts-Libéraux, au Champ-de-Mars ; terre cuite.

MARAMBAT (Jean M.), né à Agassac (Haute-Garonne). — A Agassac.

2002. — Le Songe ; — statuette, plâtre.

MARIOTON (Claudius), né à Paris, élève de Dumont et de MM. Thomas et Levasseur. — Méd. 3ᵉ cl. 1883, 2ᵉ cl. 1885. — A Paris, rue Michel-Bizot, 199.

2003. — L'Amour fait, à son gré, tourner le monde ; · — statue, plâtre.   (E. N. 1888).
2004. — * Benvenuto Cellini ; — statue, platre.   (E. N. 1888).
2005. — * Diogène ; — statue, bronze.   (E. N. 1888).
2006. — Ondine ; — statuette, argent et or émaillé.   (App. à M. H. Teyssier. - S. 1886).
2007. — Musique champêtre ; — statue, plâtre.   (S. 1885).
2008. — Refrain de printemps ; — statuette, argent.   (S. 1888).
2009. — Quatre pièces ; — argent repoussé :
    1. Retour du printemps, médaillon ; — 2. Portrait de M. C... ; — 3. Portrait de Mᵐᵉ R... ; — 4. La Jeunesse entraînée par la Débauche.   (S. 1837).
.... — Enfants soutenant une sphère lumineuse.   (Port Rapp, au Champ-de-Mars).

MARIOTON (Eugéne), né à Paris, élève de Dumont, et de MM. Thomas et Bonnassieux. — Méd. 2ᵉ cl. 1884. — A Paris, rue Rochechouart, 35.

2010. — Frères d'armes ; — groupe, plâtre.   (S. 1888).
2011. — Chactas ; — statue, marbre.   (M. I. P. et B. A. - S. 1888).

MARQUESTE (Laurent H.), né à Toulouse, élève de Jouffroy et de M. Falguière. — Prix de Rome 1871, méd. 3ᵉ cl. 1874, 1ʳᵉ cl. 1876, 2ᵉ cl. 1878 (E. U), ✳ 1884. — A Paris, avenue de Wagram, 25.

2012. — Cupidon ; — statue, bronze.   (S. 1882).
.... — Suzanne ; — statue, marbre.   Musée du Luxembourg. - S. 1882).
.... — L'Art ; — statue, plâtre.   (Exp. spéciale de la Ville de Paris. - S. 1887).
.... — Etienne Marcel ; — statue équestre, bronze (commencée par Idrac).
    (Hôtel-de-Ville de Paris).
.... — Galathée , — statue, marbre.   (Musée du Luxembourg. - S. 1885).
.... — L'Architecture ; — statue, plâtre.   (Palais des Beaux-Arts, au Champ-de-Mars).

MARTIN (Félix), né à Neuilly (Seine), élève de Duret et de MM. Guillaume et Cavelier. — ✳ 1879. — A Paris, boulevard Gouvion-St-Cyr, 77.

2013. — Portrait de M. M... ; — buste marbre.   (S. 1886).

MARTIN (Louis), né à Aix (Bouches-du-Rhône), élève de Jouffroy et de M. Mercié. — Méd. 3ᵉ cl. 1875, 2ᵉ cl. 1881. — A Paris, boulevard Saint-Jacques, 51.

2014. — L'Age d'or ; — groupe, marbre.   (S. 1888).
2015. — Enfance de Bacchus ; — statuette, bronze.
.... — Persée ; — groupe, bronze.   (É. N. 1883)
.... — Voyer d'Argenson ; — statue, pierre.   (Hôtel-de-Ville de Paris).
.... — La Peinture ; — bas-relief, pierre.   (Hôtel-de-Ville de Paris).

MASSOULLE (André P. A.), né à Epernay (Marne), élève de MM. Salmson et Cavelier. — Méd. 2ᵉ cl. 1882. — A Paris, rue Denfert-Rochereau, 77.

2016. — Premier miroir. (S. 1886).
2017. — La Douleur ; — marbre, plâtre. (Pour un tombeau. - S. 1888).
.... — Un Ancêtre ; — statue, plâtre. (Exp. spéciale de la Ville de Paris. - S. 1882).
.... — La ville de Nancy ; — figure décorative. (Hôtel-de-Ville de Paris).

MATHIEU-MEUSNIER, né à Paris, élève de Dumont. — Méd. 3ᵉ cl. 1844. — A Paris, rue d'Assas, 84.

2018. — La jeune fille à la tortue ; — statue marbre. (S. 1886)
.... — Louis, architecte;— buste, marbre. (A l'Académie Nationale de musique. - S 1880).
.... — La Littérature satyrique ; — statue, marbre. (A Paris, cour du Louvre - S. 1884)
.... — La Verrerie ; — statue, marbre. (A Paris, cour du Louvre).

MATHET (Louis), né à Tarbes, élève de Dumont. — Méd. 3ᵉ cl. 1888. — A Paris, boulevard du Montparnasse, 49.

2019. — Hésitation ; — statue, marbre. (M. I. P. et B. A. - S. 1888).

MÉGRET (Adolphe), né à Paris, élève de Jouffroy et de Duret. — A Paris, rue du faubourg Saint-Honoré, 233 bis.

2020. — La naissance du Jour ; — groupe, marbre. (S. 1882).

MENGUE (Jean M.), né à Bagnères-de-Luchon (Haute-Garonne). — Méd. 3ᵉ cl. 1886, 2ᵉ cl. 1887. — A Paris, rue Blomet, 45.

2021. — Icare ; — statue, marbre. (M. I. P. et B. A. - S. 1887).
2022. — Source des Pyrénées ; — statue, plâtre. (M. I. P. et B. A. - S. 1886).

MERCIÉ (Antonin), né à Toulouse, élève de Jouffroy et de M. Falguière. — Prix de Rome 1868, méd. 1ʳᵉ cl. 1872, ✳ 1872, méd. d'honneur 1874 et 1878 (E. U.), O. ✳ 1879. — A Paris, avenue de l'Observatoire, 15.

2023. — Quand même ; — groupe, marbre. (S. 1882).
2024. — Le Souvenir, pour un tombeau ; — figure, marbre. (S. 1885).
2025. — Génie pleurant ; — figure, plâtre. (S. 1887).
2026. — Marie-Antoinette ; — buste, marbre.
2027. — Mlle G... ; — buste, marbre. (S. 1887).
.... — Tombeau du roi Louis-Philippe et de la reine Amélie ;— groupe. marbre. (S. 1886).

MICHEL (Gustave F.), né à Paris, élève de Jouffroy.— Méd. 2ᵉ cl. 1875.— A Paris, rue du Faubourg Saint-Honoré, 233.

2028. — La Paix ; — statue, plâtre. (E. N. 1883. - S. 1881).
2029. — La Fortune enlevant son bandeau ; — statue, plâtre. (S. 1888).
2030. — Mlle de N... ; — buste, marbre. (S. 1888).
2031. — L'Amour vainqueur ; — statuette, marbre.
.... — L'Aveugle et le Paralytique ; — groupe, plâtre. (Exp. spéciale de la ville de Paris. - S. 1881).
.... — Circé ; — groupe, plâtre. (Exp. spéciale de la ville de Paris. - S. 1886).
.... — La Paix et le Travail. (Trophées ornant l'entrée du Palais des Arts Libéraux [côté du jardin], au Champ-de-Mars.)

MILLET (Aimé), né à Paris, élève de David d'Angers. — Méd. 1ʳᵉ cl. 1857, ✳ 1859, méd. 1ʳᵉ cl. 1867 (E. U.), O. ✳ 1870, rap. méd. 1ʳᵉ cl. 1878 (F. U.). — A Paris, boulevard des Batignolles, 21.

2032. — Edgar Quinet ; — statue, bronze. (A Bourg. - S. 1885).
2033. — Phidias ; — statue, pierre. (S. 1887).
2034. — George Sand ; — statue, pierre. (S. 1885).
2035. — Le jeune H... ; — statue, marbre. (S. 1882).
2036. — Lemercier, imprimeur-lithographe ; — buste, bronze. (S. 1885).
2037. — M Chabouillet, conservateur du cabinet des médailles à la Bibliothèque nationale ; — buste, marbre.
2038. — Mlle Sylvie B... ; — buste, marbre. (S. 1882).
2039. - Denis Papin ; — modèle, plâtre de la statue en bronze érigée à Blois et aux Arts-et-Métiers, à Paris

MOMBUR (Jean O.), né à Ennezat (Puy-de-Dôme), élève de Dumont et de M. Bonnassieux. — Méd. 3ᵉ cl. 1884. — A Paris, avenue de Ségur, 39.

2040. — Hébé ; — groupe, plâtre.   (S. 1886).
.... — Un sauveteur ; — groupe, plâtre.   (Exp. spéciale de la ville de Paris. - S. 1884).
.... — Paysanne d'Auvergne ; — groupe, bronze.
                                             (A Paris, square de Montrouge. - S. 1882).

MONTAGNY (Etienne), né à Saint-Etienne, élève de David d'Angers et de Rude. — Méd. 3ᵉ cl. 1849, 2ᵉ cl. 1853, 3ᵉ cl. 1855 (E. U.), 1ʳᵉ cl. 1857, ✳ 1862, 3ᵉ cl. 1867 (E. U.). — A Paris, rue Boissonade, 8.

2041. — Le Révérend de La Salle ; — groupe, marbre.   (S. 1888).

MOREAU (Mathurin), né à Dijon, élève de Ramey et de Dumont.—Méd. 2ᵉ cl. 1855 (E. U.), 1ʳᵉ cl. 1859, rapp. 1861 et 1863, ✳ 1865, méd. 2ᵉ cl. 1867 (E. U.), 1ʳᵉ cl. 1878 (E. U.). — A Paris, passage du Montenegro, 15.

2042. — Exilés ; — groupe, marbre.   (M. I. P. et B. A. - S. 1884).
2043. — M. Gramme ; — buste, marbre.   (S. 1888).
.... — L'Avenir ; — groupe, marbre.
                            (Exp. spéciale de la Ville de Paris. - S. 1884 et 1886).

MOREAU (Louis), né à Paris, élève de son père, de Dumont et de M. Mathurin-Moreau. — Méd. 3ᵉ cl. 1880. — A Paris, rue Pelleport, 140.

2044. — Sylvain lutinant un ours ; — groupe, plâtre.   (S. 1886).
2045. — Psyché ; — statue, plâtre.   (S. 1882).
2046. — Giotto ; — statue, plâtre.   (Musée de Bagnères-de-Bigorre. - S. 1880).
2047. — Le défi ; — statue, plâtre.   (S. 1884).

MOREAU-VAUTHIER (Augustin J.), né à Paris, élève de Toussaint.—Méd. 1865, 2ᵉ cl. 1875, ✳ 1877, méd. 3ᵉ cl. 1878 (E. U.). — A Paris, rue Notre-Dame-des-Champs, 70 bis.

2048. — La Fortune ; — statue, marbre.   (App. à M. Chauchard. - E. N. 1888).
2049. — Jeune Faune ; — statue, bronze.   (E. N. 1888).
2050. — Figure décorative destinée à un tombeau ; — statue, bronze. (S. 1887).
2051. — Pascal enfant ; — statue, bronze.   (S. 1888).
2052. — Un prévôt des marchands (XVᵉ siècle) ; — buste, marbre.   (S. 1888).
2053. — La Peinture ; — statuette, ivoire, orfèvrerie et matières précieuses.
                                             (App. à M. Corroyer. - S. 1885).
2054. — Jeune orientale ; — buste, ivoire, onyx et orfèvrerie.   (S. 1886).
                                             (App. à M. Chauchard).
2055. — Gavroche ; — statue, bronze.   (S. 1888).
.... — Garnier-Pagès ; — buste, marbre.   (Musée de Versailles. - S. 1887)

MORICE (Léopold), né à Nîmes, élève de Jouffroy. — Méd. 2ᵉ cl. 1875, 3ᵉ cl. 1878 (E. U.), ✳ 1883. — A Paris, rue du Faubourg Poissonniere, 18.

2056. — Jeune châtelaine dansant ; — statuette, marbre.   (S. 1886).
2057. — Rose de Mai ; — statue, marbre.   (S. 1887).
2058. — Chant d'exil ; — statue, marbre.   (S. 1888).
2059. — Suzanne ; — bas-relief, marbre.   (S. 1888).
... — La République ; — statue, plâtre.   (Exp. spéciale de la ville de Paris).
.... — Sergent d'armes du Parloir-aux-Bourgeois ; — statue, plâtre.
                                             (Exp. spéciale de la ville de Paris).

MOUCHON (L. Eugène), né à Paris. — Méd. 3 cl. 1888. — A Paris, impasse du Maine, 7.

2060. — Médaillons et médailles.   (S. 1887 et 1888).

NELSON (Henri A.), né à Paris, élève de M. J. Darval.— A Paris, boulevard Haussmann, 79.

2061. — Portrait d'enfant ; — buste, marbre.   (App. à M. Duval. - S. 1887).

NOEL (Tony), né à Paris, élève de MM. Lequesne, Guillaume et Cavelier. — Prix de Rome 1868, méd. 2ᵉ cl. 1872, 1ʳᵉ cl. 1874, 2ᵉ cl. 1878 (E. U.), ✳ 1878. — A Paris, boulevard Malesherbes, 112.

2062. — Orphée; — statue, cire dure. (S. 1886).
.... — Méditation ; — statue, marbre. (Exp. spéciale de la Ville de Paris. - S. 1878).
.... — « Pro patriâ morituri » ; — groupe, marbre.
(Exp. spéciale de la ville de Paris. - S. 1886).

OGÉ (Pierre-Marie), né à St-Brieuc, élève de Carpeaux et de Eude. — A Boulogne-sur-Seine, rue Guttenberg, 29.

.... — Pilleur de mer ; — statue, plâtre. (Exp. spéciale de la ville de Paris).

OLIVA (J. Alexandre), né à Saillagouse (Pyrénées-Orientales), élève de F. B. Delestre. — Méd. 3ᵉ cl. 1852, 3ᵉ cl. 1855 (E. U.), rapp. 1857 et 1859, 2ᵉ cl. 1861, rapp. 1863, ✳ 1867. — A Paris, rue Denfert-Rochereau, 22.

2063. — S. E. le Cardinal Lavigerie ; — buste, marbre. (S. 1887).
2064. — Mac-Mahon ; — buste, marbre. (M. I. P. et B.-A. - S. 1879).
2065. — Ferdinand de Lesseps ; — buste, bronze. (App. à M. F. Barbedienne).
2066. — Amiral Pàris ; — buste, marbre. (S. 1883).

OSBACH (Joseph), né à Lunéville (Meurthe-et-Moselle), élève de Jouffroy et de Carpeaux. — Méd. 3ᵉ cl. 1881. — A Paris, rue de l'Université, 176.

2067. — Caïn ; — statue, plâtre. (S. 1880).
2068. — Titan foudroyé ; — statue, plâtre. (S. 1887)

OTTIN (Auguste L. M.), né à Paris, élève de David d'Angers. — Prix de Rome 1836, méd. 2ᵉ cl. 1842, 1ʳᵉ cl. 1846, 2ᵉ cl. 1867 (E. U.), ✳ 1867. — A Paris, rue Lepic, 46.

2069. — Marche triomphale de la République ; — bas-relief, plâtre. (S. 1885)

PALLEZ (Lucien), né à Paris, élève de MM. Guillaume et Aimé Millet. — Méd. 3ᵉ cl. 1875, 2ᵉ cl. 1885, ✳ 1887. — A Paris, rue Bara, 3.

2070. — La Vérité ; — statue, marbre. (M. I. P. et B. A. - S. 1885).
2071. — Suzanne et les vieillards ; — groupe plâtre. (M. I P. et B. A. - S. 1885)
2072. — Apothéose de Victor Hugo ; — bas-relief, plâtre. (S. 1886)
2073. — L'ivresse d'Anacréon ; — groupe, plâtre. (S. 1888)

PARIGOT (Emile), né à Sens (Yonne), élève de MM. Gaulard et Lequien. — A Paris, rue Saint-Placide, 46.

2074. — Mars ; — gravure sur onyx.

PARIS (Auguste), né à Paris. — Méd. 3ᵉ cl. 1876, 2ᵉ cl. 1880, 1ʳᵉ cl. 1882. — A Paris, rue Boissonade, 13.

2075. — Bara ; — buste, marbre. (S. 1886).
2076. — Mme Beaumetz ; — buste, marbre. (S. 1887).
2077. — Le sergent Bobillot ; — statue, plâtre. (S. 1888).
(Modèle du monument élevé à Paris, boulevard Voltaire).
2078. — M. Soleau ; — buste, bronze et marbre. (S. 1886).
.... — La Fugitive ; — groupe, bronze. (Musée d'Arras. - S. 1883).
.... — Orphée et Eurydice; — groupe, plâtre. (Musée de Belfort. - S. 1888).
.... — Le Temps et la Chanson ; — groupe, plâtre.
(Exp. spéciale de la Ville de Paris. - S. 1882).
.... — « 1789 » ; — statue, bronze. (Exp. spéciale de la Ville de Paris. - S. 1887).
.... — L'Archéologie ; — statue, pierre. (A Paris, façade de la Nouvelle Sorbonne)
.... — Favart ; — statue, pierre. (Hôtel-de-Ville de Paris)

PATEY (H. Auguste), né à Paris, élève de Jouffroy et de MM. Chapu et Chaplain. — Prix de Rome 1881, méd. 3ᵉ cl. 1886, 2ᵉ cl. 1887. — A Paris, rue du Cherche-Midi, 55.

2079. — Dans le même cadre :
Médaille pour la direction des ballons, face et revers, bronzes ; — Scène pastorale, plaquette, bronze ; — Médaillons.   (S. 1886).
2080. — Dans le même cadre :
Médaille pour M. Pasteur, face et revers ; — La Peinture, modèle et épreuve, bronze ; — Médaillons.   (S. 1888).
2081. — Médaille pour la Société nationale des architectes de France ; — modèle et épreuves.

PECH (Ed. B. Gabriel), né à Albi, élève de Jouffroy et de MM. Mercié et Falguière. — Méd. 3ᵉ cl. 1885. — A Paris, rue Corneille, 7 et rue Notre-Dame-des-Champs, 85.

2082. — Gui d'Arezzo ; — statue, marbre.   (M. I. P. et B. A. – S. 1885).
2083. — J.-B. Dumas ; — statue, plâtre.   (Modèle de la statue érigée à Alais. - S. 1888).

PÉCHINÉ (A. Marie), né à Langres, élève de Dumont, et de MM. Bonnassieux et Thomas. — A Paris, rue Boissonade, 15.

2084. — Philippe Lebon ; — statue, plâtre.   (S. 1887).

PÉCOU (Henri J. V.), né à Bordeaux, élève de Jouffroy et de MM. Falguière et Delaplanche. — A Paris, avenue d'Italie, 74.

2085. — M. Paul Mounet, — buste, plâtre   (S. 1887).
2086. — Cinq médaillons ; — terre cuite.   (S. 1888).
2087. — Cinq médaillons ; — plâtre.   (S. 1884)
.... — La Vapeur.
(Fronton entre les piliers intérieurs et le dôme central, au Champ-de-Mars).

PEINTE (Henri), né à Cambrai (Nord), élève de Duret et de MM. Guillaume et Cavelier. — Méd. 3ᵉ cl. prix du Salon, 1877, méd. 2ᵉ cl. 1887. — A Paris, rue Cauchois, 15.

2088. — Orphée endormant Cerbère ; — statue, bronze.   (M. I. P. et B. A. – S. 1888).
2089. — Sarpédon ; — statue, bronze.   (Ville de Cambrai. - S. 1878).

PÉPIN (Edouard), né à Paris, élève de M. Cavelier. — Méd. 2ᵉ cl. 1884. — A Paris, boulevard Berthier, 31.

2090. — Salomé ; — statue,
(Modèle de la statue placée à l'Académie Nat. de musique. - S. 1884).
2091. — Pandore ; — statue, plâtre.   (S. 1888).

PERREY (A. Léon), né à Paris, élève de son père et de Jouffroy. — Méd. 1866, et 1867. — A Paris, rue du Cherche-Midi, 112, et boulevard des Invalides, 41.

2092. — Charmeuse de pigeons ; — groupe, plâtre.
(Musée de Chalon-sur-Saône. - E. N. 1883).
2093. — L'Amour ; — groupe, plâtre.   (S. 1887).
2094. — Jézabel ; — groupe, marbre.
2095. — Jeune moulière (souvenir de Villerville) ; — statue, marbre.
(Musée de Nice. - S. 1878).
.... — Tondeur de moutons ; — groupe, bronze.   (A Tunis. - S. 1888).
.... — Belgrand ; — buste, marbre.   (Exp. spéciale de la Ville de Paris).

PERRIN (Jacques), né à Lyon, élève de Dumont. — Méd. 3ᵉ cl. 1886. — A Paris, rue des Martyrs, 37.

2096. — « Pro patriâ » ; — groupe, plâtre.   (S. 88).
.... — Le Botteleur ; — statue.   (Exp. spéciale de la Ville de Paris).

PÉTER (Victor), né à Paris, élève de MM. Devault et Cornu. — Méd. 3ᵉ cl. 1879. — A Paris, rue d'Assas, 68.

2097. — L'Age heureux ; — bas-relief, marbre.   (S. 1879).

PEYNOT (Em. Ed.), né à Villeneuve-sur-Yonne (Yonne), élève de Jouffroy et de Hiolle. — Prix de Rome 1880, méd. 3ᵉ cl. 1883, 2ᵉ cl. 1884, 1ʳᵉ cl. 1886. — A Paris, rue Denfert-Rochereau, 89.

2098. — La Proie ; — groupe, marbre. (S. 1886).
2099. — Mᵐᵉ M. de L.. ; — buste, marbre. (S. 1887).
2100. — ° Pro patriâ ° ; — statue, marbre. (Musée du Luxembourg - S. 1886).
.... — Abandonnée ; — haut-relief (Musée d'Auxerre. - S. 1883)

PEYROL (Hippolyte), né à Paris, élève de M. Isidore Bonheur. — Méd. 3ᵉ cl. 1888. — A Paris, rue de Crussol, 14.

2101. — ° Protection ; — groupe, bronze. (S. 1888).

PÉZIEUX (Jean-Alexandre), né à Lyon, élève de Jouffroy et de MM. Noël et Fabisch. — Méd. 3ᵉ cl. 1882. — A Paris, avenue Duquesne, 38.

.... — « Non omnes moriemur » ; — groupe, plâtre. (Exp. spéciale de la Ville de Paris).

PILET (Léon), né à Paris, élève de Toussaint. — Méd. 3ᵉ cl. 1888. — A Paris, quai Jemmapes, 6..

2102. — Un coup de vent ; — statue, marbre. (M. I. P. et B.-A. - S. 1888).
2103. — Bethsabée ; — statue, marbre. (E. N. 1883).

PLÉ (Henri H.), né à Paris, élève de MM. Mathurin-Moreau et Picault. — Méd. 1880. — A Paris, rue Fontaine-au-Roi, 49.

2104. — Le premier pas ; — groupe, plâtre. (M. I. P. et - B.-A. E. N. de 1883).
.... — « All' Erta ! » — statue plâtre. (Musée de Poligny. - S. 1879).
....° — Cyparis ; — statue, plâtre. (Exp. spéciale de la ville de Paris - S. 1880).
.... — Jeanne-d'Arc ; — statue, pierre (A Compiègne, à l'Hôtel-de-Ville)
.... — Daubigny ; — statue, pierre. (Hôtel-de-Ville de Paris).
.... — L'Eau. (Fronton entre les piliers intérieurs du dôme central, au Champ-de-Mars).

POMPON (François), né à Saulieu (Nièvre), élève de Caillé et de M. A. Millet. — Méd. 3ᵉ cl. 1888. — A Paris, rue Campagne-Première, 3.

2105. — Cosette ; — statue, plâtre. (S. 1888).
2106. — Martyre ; — statue, marbre. (S. 1888).
2107. — Ste-Catherine ; — buste, marbre. (S. 1888).

PRINTEMPS (Jules), né à Lille, élève de Jouffroy et de M. Falguière. — Méd. 3ᵉ cl. 1879. — A Paris, rue du Moulin-de-Beurre, 12.

2108. — Baudin , — statue, plâtre.
2109. — Hercule brisant sa lyre ; — statue, plâtre.
.... — Adraste mourant sur le tombeau de son ami Atyx. (Musée de St-Quentin. - S. 1879).

QUINTON (Eugène), né à Rennes, élève de M. Cavelier. — Méd. 3ᵉ cl. 1884. — A Paris, rue du Temple, 12.

2110. — L'Étoile du berger ; — statue, plâtre. (Musée de Rennes - S. 1884).
2111. — Jeune chasseur a la source ; — statue, plâtre. (S. 1888).

RAINOT (Alexandre), né à Paris, élève de M. Fremiet. — Au Perreux (Seine), avenue Ledru-Rollin, 44 bis.

2112. — Sanglier ; — bronze. (S. 1885).

RAMBAUD (Pierre), né à Allevard (Isère), élève de Jouffroy et de M. Chapu. A Paris, rue de Vaugirard, 108.

2113. — Le Pâtre ; — statue, plâtre. (S. 1887).

RÉCIPON (Georges), né à Paris, élève de son père, de Dumont et de MM. Thomas et Français. — A Paris, impasse du Maine, 11.

2114. — L'Aube ; — haut-relief décoratif, plâtre. (S. 1888)

RICHARD (Félix), né à La Trouche (Isère) — Méd. 3ᵉ cl. 1880. — A Paris, rue Humboldt, 25.

.... — Le Harponneur ; — statue, plâtre.　　　　(Exp. spéciale de la ville de Paris).

RINGEL D'ILLZACH, né à Mulhouse, élève de Jouffroy et de M. Falguière. — A Paris, rue du Point-du-Jour, 97.

2115. — La marche de Rakoczy ; — statue, bronze.　　　　(S. 1880).
2116. — Parisienne ; — statue, terre cuite.　　　　(S. 1885).
2117. — La Saga ; — statue, marbre.
2118. — Vases en bronze.
　　　　(App. à M. le baron A. de Rotschild et à Mᵐᵉ la baronne N. de Rotschild. (S. 1887).
2119. — Douze médaillons ; — bronze.　　　　(App. à l'*Art*)
2120. — Six médaillons ; — bronze.

ROBERT (Eugène), né à Paris, élève de M. Mathurin Moreau. — A Paris, rue Bichat, 16.

2121. — Braccio di Montone ; — buste, marbre.　　　　(S. 1881).
2122. — Ste-Geneviève enfant ; — buste, marbre.　　　　(S 1883).
.... — Petit colporteur ; — figure, bronze.　　　(Musée de St-Quentin (Aisne). - S 1880)

RODIN (Auguste), né à Paris. — Méd. 3ᵉ cl. 1880, ✻ 1888. — A Paris, rue de l'Université, 182.

2123. — Un des bourgeois de Calais ; — plâtre.
2124. — M. Antonin Proust ; — buste, bronze.
2125. — M. Dalou ; — buste, bronze.
2126. — Buste ; — marbre.
2127. — L'Age d'airain ; — bronze.　　　　(Jardin du Luxembourg).
.... — Victor Hugo ; — buste, marbre.　　　(Exp. spéciale de la ville de Paris)
.... — Saint-Jean-Baptiste ; — bronze.　　　　(Musée du Luxembourg).

ROGER (François), né à Rambervillers (Vosges), élève de Dumont et de MM. Bonnassieux, Viard et Thierry. — Méd. 3ᵉ cl. 1880, 2ᵉ cl. 1887. — A Paris, rue de l'Université, 182.

2128. — Le Temps découvre la Vérité.　　　　(M. I. P. et B. A. - S. 1887).
.... — Fronton du Pavillon de raccordement, avenue de Suffren, au Champ-de-Mars.

ROLARD (François), né à Paris, élève de Jouffroy. — Méd. 3ᵉ cl. 1882, 1ʳᵉ cl. 1884. — A Paris, rue Notre-Dame-des-Champs, 85.

.... — « Monnaie de singe » ; — statue, plâtre. (Exp. spéciale de la ville de Paris. - S. 1886).
.... — « Sauvé ! » — groupe, plâtre.　　　(Exp. spéciale de la ville de Paris. - S. 1886).

ROTY (L. O.) né à Paris, élève de Dumont et de M. Ponscarme. — Méd. 3ᵉ cl. 1873, Prix de Rome 1875, 2ᵉ cl. 1882, 1ʳᵉ cl. 1885, ✻ 1885, membre de l'Institut, 1888. — A Paris, rue de l'Université, 35.

2129. — Médailles, médaillons et plaquettes.
2130. — Médailles et plaquettes.
.... — Médaillons au centre des arabesques décorant l'entrée du Palais des Beaux-Arts (côté du jardin), au Champ-de-Mars.

ROUBAUD (L. Aug.), né à Cerdon (Ain), élève de Duret et de Flandrin. — Méd. 1865 et 1866, 2ᵉ cl. 1875. — A Paris, rue Campagne-Première, 21.

2131. — M. Beaumont ; — buste, marbre.　　　　(E. N. 1883).
2132. — La Vocation ; — statue, bronze.　　　　(S. 1888).
2133. — Le pape Urbain IV ; — statue, plâtre.
　　　　(Modèle de la statue élevée à Châtillon-sur-Marne. — S. 1884).
.... — La Tragédie et la Comédie ; — statues, plâtre.　　　(Théâtre des Célestins, à Lyon).

ROUGELET (Bénédict), né à Tournus (Saône-et-Loire), élève de Duret. — A Paris, rue du Faubourg-St-Honoré, 233.

2134. — Le fil rompu ; — statuette, marbre.　　　　(S. 1887).

ROULLEAU (J.-P.), né à Libourne (Gironde), élève de MM. Cavelier et Barrias. — Méd. 2ᵉ cl. 1882. — A Paris, rue du Faubourg Saint-Honoré, 233.

2135. — Le grand Carnot ; — statue, plâtre. (S. 1882).
  Modèle de la statue élevée à Nolay (Cote d'Or),
2136. — Hébé ; — statue, marbre. (S. 1882).

ROZET (René), né à Paris, élève de M. Cavelier. — A Paris, rue Aumont-Thiéville. 6.

2137. — Portrait de M. L. J... ; — buste, marbre.

RUBIN (Auguste), né à Grenoble, élève de son frère. — A Paris, rue de Vaugirard, 131.

.... — Griffons.
  (Au-dessus des consoles d'amortissement du dôme central, au Champ-de-Mars).

SAINT-MARCEAUX (René de), né à Reims (Marne), élève de Jouffroy. — Méd. 2ᵉ cl. 1872, 1ʳᵉ cl. 1879, méd. d'honneur 1879. ✻ 1880. — A Paris, avenue de Villiers, 23.

2138. — Faneuse ; — buste, terre cuite. (App. à M. E. Jardin).
2139. — M. Meissonier, membre de l'Institut ; — buste, bronze
2140. — Arlequin ; — statue, bronze. (App. à M. Dehaynin)
2141. — Danseuse arabe ; — statue, pierre. (App. à M. Joseph Reinach).
.... — Génie gardant le secret de la tombe ; — statue, marbre.
  (Musée du Luxembourg. - S. 1879).
.... — Bailly ; — statue, marbre. (A Versailles, salle du Jeu de Paume).

SAINT-VIDAL (Francis de), né à Milan, de parents français, élève de Carpeaux. — A Paris, avenue de Wagram, 61.

2142. — Carpeaux ; — buste, marbre. (M. I. P. et B. A. - S. 1887).
.... — Les Cinq parties du monde ; — plâtre.
  (Fontaine, sous la Tour Eiffel, au Champ-de-Mars).

SALMSON (Jean Jules), né à Paris, élève de Ramey, Dumont et Toussaint. — Méd. 2ᵉ cl. 1863, méd. 1865, 2ᵉ cl. 1867 (B. U.), ✻ 1867. — A Genève, à l'Ecole des beaux-arts.

2143. — Les Titans ; — bouclier, plâtre.
.... — Hændel. (Académie Nationale de musique)
.... — Monument élevé à B. de Saussure. (A Chamonix. - S. 1886).

SANSON (Justin C.), né à Nemours (Seine-et-Marne), élève de Jouffroy. — Prix de Rome 1861, méd. 1866, 3ᵉ cl. 1867 (E. U.), Méd. 1869, ✻ 1876, méd. 2ᵉ cl. 1878 (E. U.). — A Paris, rue Bara, 3.

2144. — Un Vainqueur ; — statue, plâtre. (E. N. 1883).
.... — Bezout ; — statue, marbre. (Erigée à Nemours).

SAURIN (Donatien P.), né à Nantes, élève de MM. Greetaers et Roubaud. — A Paris, boulevard de Vaugirard, 70.

2145. — Mᵐᵉ Pommier-Verdier ; — médaillon, marbre. (S. 1887).

SCHRŒDER (Louis), né à Paris, élève de Dantan et de Rude. — Méd. 2ᵉ cl. 1852, rapp. 1857 et 1859. — A Paris, rue Denfert-Rochereau, 77.

2146. — Œdipe et Antigone ; — groupe, marbre. (Musée de Dijon. - S. 1885).
2147. — Science et Mystère ; — statue, marbre. (S. 1886).

SIGNORET-LEDIEU (Mme Lucie), ne à Nevers, élève de M. Gautherin. — A Paris, rue du Faubourg-St-Jacques, 72.

2148. — Fileuse du Berri ; — statue, plâtre. (S. 1883).

SOBRE (Hyacinthe), né à Paris, élève de Ramey et de Dumont. — A Paris, rue Denfert-Rochereau, 89.

2149. — L'Ecrin ; — bas-relief, marbre. (S. 1888).

SOLDI (Emile), né à Paris, élève de Lequesne, de Farochon, de Dumont et M. Guillaume. — Prix de Rome 1869, méd. 3e cl. 1873, ✳ 1878. — A Paris, rue Bruxelles, 30.

2150. — Gallia ; — médaillon, haut-relief, marbre.   (S. 1888).

SOLLIER (Eugène L. P.), né Paris, élève de M. Cordier. — A Paris, rue de la Grande-Chaumière, 9.

2151. — La Musique : — statue, plâtre.   (S. 1884).
2152. — M. le President A. M... ; — statuette, terre cuite.   (S. 1881).
.... — Le chancelier Michel de l'Hospital ; — statue, marbre.
                                               (Au Palais-de-Justice de Riom. - S. 1881).

STEINER (Léopold C.), né à Paris, élève de Jouffroy. — Méd. 1re cl. 1884. — A Paris, impasse du Maine, 11.

2153. — Berger et Sylvain ; — statue, plâtre.   (M. I. P. et B. A. - S. 1884).
2154. — Le Père nourricier ; — groupe, bronze.   (M. I. P. et B. A. - S. 1888).
.... — Rouget de l'Isle ; — statue, bronze.   (A Choisy-le-Roy. - S. 1884).
.... — Ledru-Rollin ; — statue, bronze.   (A Paris, mairie du XIe arrt)

STEUER (Bernard), né à Paris, éleve de Jouffroy et de MM. Lequesne et A. Millet. — A Paris, rue du Cherche-Midi, 55.

.... — Un éclaireur ; — statue.   (Exp. spéciale de la ville de Paris).

SUCHETET (E. Auguste), né à Vendeuvre-sur-Barse (Aube), élève de MM. Cavelier et P. Dubois. — Méd. 2e cl. 1880, prix du salon, 1881. — A Paris, impasse du Maine, 11.

2155. — Aux vendanges ; — groupe, marbre.   (M. I. P. et B. A. - S. 1886).
2156. — Claude C... ; — buste, marbre
2157. — Byblis ; — statue, marbre.   (App. à M. le baron G. de Rotschild - S. 1880).

SUL-ABADIE (Jean), né à Toulouse, élève de M. Falguière. — Méd. 2e cl. 1887. — A Paris, rue d'Assas, 130.

2158. — Idylle ; — groupe, marbre.   (S. 1887).

SYAMOUR, né à Bréry (Jura), élève de M. A. Mercié. — A Paris, rue Bertin-Poirée, 16.

2159. — M. Schœlcher, sénateur ; — buste, bronze.

TALUET (Ferdinand), né à Angers, élève de David d'Angers. — Méd. 1865. — A Paris, rue du Cherche-Midi, 55.

2160. — Charlotte Corday ; — statue, plâtre.   (S. 1885).

TASSET (E. Paulin), né à Paris, élève de Oudiné. — Méd. 3e cl 1883. — A Paris, rue Mazarine, 37.

2161. — Un cadre ; — médailles.

THABARD (Adolphe M.), né à Limoges, élève de Duret. — Méd. 1868, 2e cl 1872, ✳ 1884. — A Paris, rue Bara, 5.

2162. — L'Enfant au cygne ; — groupe, marbre.   (S. 1884).
2163. — Le Vainqueur ; — statue, plâtre.   (S. 1887).

THOMAS (G. J.), né à Paris, élève de Dumont et de Ramey. — Prix de Rome 1848, méd. 3e cl. 1857, 1re cl. 1861 et 1867 (E. U.), ✳ 1867, membre de l'Inst. 1875, rapp. méd. 1re cl. 1878 (E. U.), méd. d'hon. 1880, O. ✳ 1883.—A Paris, rue Notre-Dame-des-Champs, 73.

2164. — Mgr Landriot ; — statue, plâtre.   (S. 1880).
2165. — La Bruyère ; — statue, plâtre.   (S. 1882).
2166. — L'Architecture ; — statue, marbre.   (S. 1885).
2167. — P. Abadie, membre de l'Institut ; — buste, marbre.   (S. 1881).
2168. — M. Bouguereau, membre de l'Institut ; — buste, marbre.   (S. 1879).
2169. — A. Dumont, membre de l'Institut ; — buste, marbre.   (S. 1879).
2170. — Ginain, membre de l'Institut ; — buste, bronze.   (S 1883).

THOMAS-SOYER (Mme Mathilde), née à Troyes, élève de MM. Chapu et Cain. — Méd. 3e cl. 1881. — A Paris, rue Vavin, 10.

2171. — Poursuite (cerf et lévrier) ; — groupe, plâtre. (S. 1887).
2172. — « A bout de force », étude d'âne ; — plâtre. (S. 1888).

TONNELLIER (Georges), né à Paris, élève de MM. Aimé Millet et Ch. Gautier. A Paris, rue de Belleyme, 37.

2173. — Un camée.

TOURNOIS (Joseph), né à Chazeuil (Côte-d'Or), élève de Jouffroy. — Prix de Rome 1857, méd. 1868, 1869, 1870, méd. 2e cl. 1878 (E. U.), ✳ 1878. — A Paris, rue Leclercq, 1.

2174. — Un joueur de palet ; — statue, plâtre.
2175. — Rude ; — maquette de la statue exécutée en bronze.
2176. — M. O... ; — buste, plâtre teinté.

TRUFFOT (Emile L.), né à Valenciennes, élève de Duret et de Carpeaux. — Méd. 3e cl. 1887. — A Paris, boulevard Richard-Lenoir, 103.

2177. — Esméralda ; — statue, bronze. (S. 1886).
.... — Le berger Jupille ; — groupe, bronze. (A l'Institut Pasteur. - S. 1887).

TURCAN (Jean), né à Arles (Bouches-du-Rhône), élève de M. Cavelier. — Méd. 2e cl. 1878, 1re cl. 1883, méd. d'hon. 1883. — A Paris, impasse du Maine, 4.

.... — L'Aveugle et le Paralytique ; — groupe, marbre.
(Musée du Luxembourg. - S. 1888).
.... — L'Afrique ; — torchère, plâtre. (Exp. spéciale de la ville de Paris).
.... — Torchère ; — plâtre. (Exp. spéciale de la ville de Paris).

VALTON (Charles), né à Pau, élève de Barye et de M. Frémiet. — Méd. 3e cl. 1875, 2e cl. 1885. — A Paris, rue St-Gilles, 12.

2178. — Tigre et tigresse ; — groupe, bronze. (M. I. P. et B. A. - S. 1885).
2179. — Lion d'Algérie ; — statue, plâtre. (M. I. P. et B. A. - S. 1883).
.... — Lionne blessée ; — statue, bronze (interprétation d'un bas-relief assyrien).
(Exp. spéciale de la Ville de Paris. - S. 1889).

VASSELOT (Anatole MARQUET de), né à Paris, élève de Jouffroy et de MM. Bonnat et Lebourg. — Méd. 3e cl. 1873, 2e cl. 1876, ✳ 1886. — A Paris, rue Talma, 7.

2180. — M. Boutmy, membre de l'Institut ; — buste, marbre.

VAUDET (A. A.), né à Paris. — Méd. 3e cl. 1880. — A Paris, rue de la Verrerie, 67.

2181. — Dans un cadre :
Tête Egyptienne sur sardonyx. (App. à Mme Edmond About. - S. 1880).
Timidité ; — sardonyx et modèle cire. (S. 1882).
Charmeuse ; — sardonyx et modèle cire. (S. 1882).
Méduse ; — sardonyx. (S. 1882).
2182. — « Je la tiens » ; — statuette, sardoine. (S. 1880).
2183. — Ajax ; — buste. (M. I. P. et B. A. - S. 1881).
2184. — Le centenaire de la Révolution Française ; — bas-relief, cire. (S. 1884).
2185. — La République Française ; — médaillon, cire. (S. 1888).

VAURÉAL (Henri de), né à Paris, élève de Toussaint. — Méd. 3e cl. 1878 2e cl. 1883. — A Paris, boulevard Lannes, 7 bis.

2186. — Persée ; — statue, marbre. (S. 1888).

VERLET (C. Raoul), né à Angoulême, élève de MM. Cavelier et Barrias. — Méd. 2e cl. 1887, prix du Salon 1887. — A Paris, rue du Faubourg Saint-Honoré, 233.

2187. — Mme C... ; — buste, marbre. (S. 1888)
.... — La douleur d'Orphée ; — statue, bronze.(Exp.spéciale de la Ville de Paris.-S. 1887).

VERNAZ (Charles), né à Paris, élève de M. Vechte, en collaboration avec M⁼ᵉ H.
VERNAZ, née Vechte, élève de son père, à Paris, avenue du Maine, 178.

2188. — L'Agriculture ; — médaille, argent.   (M. I. P. et B. A. - S. 1886).
2189. — La Victoire ; — Triomphe de Vénus ; — Psyché et les Amours ; — vases, cire.

VERNIER (Emile S.), né à Paris. — A Paris, rue de l'Abbaye, 3.

2190. — Médaillons, médailles et jetons.

VERNON (Frédéric Ch. V.), né à Paris, élève de MM. Cavelier, Millet et Tasset
— Méd. 3ᵉ cl. 1884. — A Rome, villa Médicis, et à Paris, chez M. Tasset, rue Mazarine, 37.

2191. — Un cadre, médailles.   (S. 1881 et 1884).

VILAIN (Victor), né à Paris, élève de Pradier. — Prix de Rome, 1838, méd. 3ᵉ cl.
1847, 2ᵉ cl. 1848, ✳ 1849. — A Paris, rue d'Assas, 130.

.... — L'Aurore ; — statue, marbre.   (Dans la Cour-Carrée, au Palais du Louvre)

VOISIN-DELACROIX (Alphonse), né à Besançon, élève de M. Chapu. — Méd
3ᵉ cl. 1887. — A Paris, rue Denfert-Rochereau, 85.

2192. — Saint-Antoine ; — statue, plâtre.   (S. 1887).

WEYL (Mme Jenny), née à Lure Haute-Saône), élève de M. Bertaux. — A Paris,
rue Bergère, 7.

2193. — Quinze ans ! — buste, marbre.   (M. I. P. et B. A).

GROUPE I.

ŒUVRES D'ART.

FRANCE.

CLASSE 4.

Dessins et modèles d'architecture.

ACADÉMIE DE FRANCE A ROME. — Restauration de monuments d'Italie, de Grèce et d'Asie Mineure ; travaux des pensionnaires architectes, depuis 1879.

LAMBERT (M.-N.). — Restauration de l'Acropole d'Athènes (*époque de Périclès*) (n° 2276).

LOVIOT (B.-E.). — Restauration du Parthénon (n° 2290).

PAULIN (Ed.-J.-B.). — 1. Restauration du temple de Thésée (n° 2304). — 2. Restauration des Thermes de Dioclétien (n° 2307). — 3. Perspective des Thermes (n° 2309). — 4. Chaire de Rovello (n° 2308). — 5. Panthéon (n° 2311). — 6. Autel à Florence (n° 2306). — 7. Chaire de S. Lorenzo (n° 2310). — 8. Hôpital de Pistoïa (n° 2305).

BLONDEL (P.). — Restauration du temple de la Concorde (n° 2212).

LALOUX (V.-A.-F.). — Restauration du temple d'Olympie (n° 2375).

BLAVETTE (V.-A.). — Enceinte sacrée de Déméter à Eleusis (*restauration*) (n° 2209). — 2. Panthéon de Rome (*restauration*) (n° 2217). — 3. Libreria Vecchia, à Venise (n° 2206). — 4. Palais ducal, à Venise (*plafond de la salle du collège*) (n° 2208). — 5. Brescia (*palais municipal*) (n° 2211).

GIRAULT (E.). — 1. Villa d'Hadrien (*restauration*) (n° 2360). — 2. Tombeau, à Vérone (n° 2361). — 3. Arc de Titus (n° 2362).

DEGLANE (H.). — Restitution du palais des Césars (n° 2253).

ESQUIÉ (P.-J.). — Décoration du vestibule de la Villa-Madama (n° 2357).

ALDROPHE (A. Philibert), né à Paris, élève de Bellangé.— ✳ 1863, O. ✳ 1867. Méd. 2ᵉ cl. 1878 (E U.), — A Paris, rue du Faubourg-Poissonnière, 37.

.... — Tombeau de M. Thiers, érigé au cimetière du Père-Lachaise.

ANCELET (Gabriel-Auguste), né à Paris. —Prix de Rome 1851, méd. d'honneur 1867 (E. U.), ✳ 1867. — A Paris, rue Vitruve, 64.

.... — Galerie, rue Vaucanson, au Conservatoire des Arts-et-Métiers.

AUBRY (Gaston), né à Montargis (Loiret), élève de M. André. — Méd. 2ᵉ cl. 1883. — A Paris, avenue Montaigne, 33.

2194. — Restauration du château de Sully-sur-Loire ; — trois cadres, trois châssis. (S. 1883).

AUBURTIN (Emile), né à Metz, élève de M. Constant-Dufeux. — Méd 2ᵉ cl. 1883.
— A Paris, rue de Mézières, 6.
.... — Mairie du XIVᵉ arrondissement ; — dessins et photographies.
                                              (Exp. spéciale de la Ville de Paris).

BAILLY (Antoine-Nicolas), né à Paris. — ✻ 1853, O. ✻ 1863, M. de l'Inst. 1875,
méd. 1ʳᵉ cl. 1878 (E. U.), C. ✻ 1881. — A Paris, boulevard Bonne-Nouvelle, 19.
.... — Agrandissements de la cathédrale de Limoges.

BALLU (Albert), né à Paris, élève de son père. — Méd. 3ᵉ cl. 1874, 2ᵉ cl. 1877. 3ᵉ cl.
1878 (E. U.), ✻ 1886. — A Paris, rue Blanche, 80,
2195. — Palais de Justice de Bucharest ; — dix châssis.
         Plans, coupes et détails.   (S. 1885).
2196. — Mosquée de Sidi-Abd-er-Rhaman, à Alger ; — sept châssis.
         Plans, façades. coupes et détails.   (S. 1886).
2197. — Tour Solidor à St-Servan (Ille-et-Vilaine) ; — trois châssis.
         Plans, façades, coupes.
2198. — Eglise de Lamballe (Côtes-du-Nord) ; — cinq châssis.
         Plans, façades, coupes.
.... — Pavillon de l'Algérie.   (Esplanade des Invalides).
.... — Pavillon de la République Argentine.   (Champ-de-Mars).
.... — Achèvement de la cathédrale d'Alger.
.... — Eglise d'Esnandes (Charente-Inférieure), restauration.
.... — Tour de Solidor, à Saint-Servan (Ille-et-Vilaine), restauration.
.... — Eglise de Lamballe (Côtes-du-Nord), restauration.

BENOUVILLE (L. A. Pierre), né à Rome, de parents français, élève de
M. André. — Méd. de 3ᵉ cl. 1876, 2ᵉ cl. 1877,— A Paris, rue Madame, 62.
2199. — Le moulin de Barbaste, état actuel et restauration ; — un châssis.   (S. 1884).
2200. — La Bastide de Vianne, état actuel et restauration ; — un châssis.   (S. 1884).
2201. — Le château de Chalucet, état actuel et restauration ; — six châssis. (S. 1887).
2202. — Le château de Madaillau, état actuel et restauration;— quatre châssis. (S. 1888).
2203. — La commanderie du Temple-sur-Lot ; — deux châssis.
2204. — Parallèle de châteaux gascons ; — onze châssis.

BERNIER (Louis), né à Paris. élève de M. Daumet. — Prix de Rome 1872, méd.
1ʳᵉ cl. 1878 (E. U.), ✻ 1885. — A Paris, rue de Vienne, 6.
2205. — Hôtel d'un peintre, rue de Bassano, 48, à Paris ; — huit cadres.   (E. N. 1883).

BLAVETTE (V. Auguste), né à Brains (Sarthe), élève de M. Ginain. — Prix de
Rome 1879, méd. 2ʳ cl. 1883, 1ʳᵉ cl. 1886. — A Paris, rue de Lille, 50.
2206. — Libreria Vecchia, à Venise ; — un châssis.
         Elévation en retour vers la mer.   (S. 1883).
2207. — Panthéon de Rome. — Restauration de la Palœstra ; — cinq châssis.   (S. 1885).
2208. — Plafond de la salle, dite du collège, au Palais ducal, à Venise ; — un
         châssis.   (S. 1885).
2209. — Enceinte Sacrée de Déméter à Eleusis (Grèce) ; — sept châssis.   (S. 1886).
2210. — Monument à la gloire de la République, en cours d'exécution à Lyon ; — trois châssis.
2211. — Palais municipal de Brescia ; — un châssis.

BLONDEL (Paul), né à Paris, élève de M. Daumet. — Méd. 3ᵉ cl 1880, 1ʳᵉ cl. 1881
— A Paris, boulevard St-Germain, 134.
2212. — Temple de la Concorde :
         Restauration ; — dix châssis.   (E. N. 1883).
.... — Bourse de commerce ; — dessins.   (Exp. spéciale de la Ville de Paris).

BOITTE (P. François), né à Paris. élève de MM. Blouet, Gilbert et Questel. —
Méd. 2ᵉ cl. 1867 (E. U.), 1ʳᵉ cl. 1872. — A Paris, rue Bonaparte, 14.
2213. — Restauration de la cheminée de la salle de la Vieille-Comédie, à Fontainebleau.
                                                                             (S. 1888).
2214. — Etat actuel et restauration du château de Fère-en-Tardenois (Aisne) ; — sept châssis
         et un cadre.   (S. 1888).

BOUDIN (A.-François), né à Paris, élève de M. Laisné. — Méd. 3ᵉ cl. 1880. — A Paris, rue de Constantinople, 28.

2215. — Stalles et Jubé de l'Eglise de Brou (Ain) ; — quatre châssis.   (S. 1880).
2216. — Tombeau de Marguerite de Bourbon, à Brou (Ain).   (S. 1880).

BOUVARD (Joseph-Antoine), né à Saint-Jean-de-Bournay (Isère), — ✱ 1878 — A Paris, rue de Verneuil, 53.

.... — Caserne de la garde républicaine. r. Schomberg. (Exp. speciale de la Ville de Paris).
.... — Bâtiment des Archives de la Seine.   Exp. speciale de la Ville de Paris).
.... — Achèvement de l'hôtel Carnavalet.   (Exp. speciale de la Ville de Paris).
.... — Bourse centrale du Travail.   Exp. spéciale de la Ville de Paris).
.... — Refuge-ouvroir, rue Fessart.   (Exp. spéciale de la Ville de Paris).
.... — Etablissement de désinfection.   Exp. spéciale de la Ville de Paris).
.... — Palais des Expositions Diverses au Champ-de-Mars.

BOUWENS van der BOYEN (William), né à La Haye (Pays-Bas), naturalisé français, élève de Labrouste et de Léon Vaudoyer. — ✱ 1878. — A Paris, rue de Lisbonne, 45.

2217. — Hôtel du Crédit Lyonnais, à Paris : dix cadres.   (S. 1879 et 1883).
       Plans, coupes et détails.
.... — Hôtel de M. H. Bamberger, 14, Rond-Point des Champs-Elysées.
.... — Hôtel de M. Eug. Péreire, 10, rue Alfred de Vigny.
.... — Hôtel de M. Laroche, 110, avenue de Wagram.
.... — Restauration, pour Sa Majesté le Roi François d'Assise, du château d'Epinay, parc et dépendances.
.... — Tombeau de M. Martin Coster, cimetière Nord, à Paris.
.... — Tombeau de la famille Jules Beer, à Londres.
.... — Tombeau de la famille Batix, à New-York.

BRUNEAU (Eugène), né à Morsang-sur-Orge (S.-et-O.), élève de Labrouste. — Méd. 3ᵉ cl. 1874, 2ᵉ cl. 1878 (E. U.). — A Paris, rue Godot-de-Mauroy, 5.

2218. — Monument à la gloire de la Révolution Française de 1789, sur l'emplacement des Tuileries (photographie et plan).

CALINAUD (Eugène), né à Paris, élève de M. Vaudremer — Méd. 3ᵉ cl. 1881, 2ᵉ cl. 1885. — A Paris, avenue de Villars 16.

2219. — Projet d'un collège de jeunes filles : — cinq châssis.   (S. 1883).
2220. — Relevé de l'église de Marmans (Isère) ; — trois cadres.
2221. — Hôtel-de-Nille de Vincennes (en cours d'éxecution) ; — cinq cadres.
       Plans, façades, coupes et détails.

CAMUT (J. F. Emile), né à Paris, élève de M. Daumet. — Med. de 3ᵉ cl. 1881, 2ᵉ cl. 1885. — A Paris, rue d'Alger, 10.

2222. — Hôtel Cujas à Bourges ; — cinq châssis.   (S. 1881).
2223. — Palais de Justice de Meaux ; — trois châssis.   (S. 1885).
2224. — Plafond de la Bibliothèque Nationale.   (S. 1885).
2225. — Ecole normale d'institutrices, à Clermont-Ferrand.

CASSIEN-BERNARD (M. J.), né à La Mure (Isère), elève de Questel et de MM. Pascal et Garnier. — Méd. 2ᵉ cl. 1881. — A Paris, rue Bonaparte, 7.

2226. — Perspective du théâtre de Montpellier.
.... — Ecole, rue des Martyrs ; — projet.   Exp. spéciale de la Ville de Paris).

CAZEAUX (Charles), né à Paris.

.... — Groupe scolaire. rue Damrémont : — dessins et photographies.
                    (Exp. spéciale de la Ville de Paris).

CHANCEL (P. A. Adrien), né à Paris, élève de M. Moyaux. — Méd. 3ᵉ cl. 1879, 2ᵉ cl. 1884. — A Paris, rue Condorcet, 70.

2227. — Une salle de réunions publiques ; — huit châssis.
       Plans, façades, coupes et détails.
2228. — Fragments antiques ; — Forum romain.   (S. 1882).
2229. — Parthénon, Propylées, Pandrosium, Pœstum.
2230. — Eglises-cathédrales ; — Sainte-Sophie, Saint-Marc, Pise, Saint-Laurent-hors-les-Murs.

CHIPIEZ (Charles), né à Lyon, élève de Constant-Dufeux. — Méd. 2ᵉ cl 1878
✳ 1888. — A Paris, rue Bréa, 20.

2231. — Les édifices du plateau de Persépolis (Perse) ; — neuf châssis.
2232. — Restauration des tours à étages de l'Assyrie ; — quatre châssis.   (S. 1879).
2233. — Porte intérieure de Khorsabad (Assyrie) ; — un châssis.
2234. — Temple de Jérusalem (Judée) ; — onze châssis.
2235. — Vue de la grande salle de Karnak (Egypte) ; — un châssis.
2236. — Cella du Parthénon ; — trois châssis.

COQUART (Georges-Ernest), né à Paris. — Prix de Rome 1858, méd. 1865,
✳ 1876, M. de l'Inst. 1888. — A Paris, rue des Halles, 30.

2237. — La chapelle du grand séminaire de Laval.
2238. — La Grand'Chambre de la Cour de cassation, à Paris.

CORROYER (Edouard), né à Amiens, élève de Viollet-Le-Duc et de Questel.
— Méd. 1ʳᵉ cl. 1873, 1ʳᵉ cl. 1878 (E. U.), ✳ 1882. — A Paris, rue de Courcelles, 14.

2239. — Comptoir d'Escompte de Paris, reconstruit de 1878 à 1882 ; — dix châssis.
Plans, coupes, élévations, vues perspectives, photographies, etc.   (S. 1882).
2240. — Modèle en relief du motif principal de la façade du Comptoir d'Escompte. (S. 1882).

DANJOY (Edouard), né à Paris, élève de MM. Danjoy et Questel. — Méd. de 2ᵉ
cl. 1873, 2ᵉ cl. 1878 (E. U.). — A Paris, rue de la Paix, 15.

2241. — Château de Villersexel ; — cinq châssis.
Façades, coupes, plans et détails. (App. à M. le comte de Grammont. - S. 1887).

DARCY (Denis), né au Cateau-Cambrésis (Nord), élève de Labrouste, de Lassus et
de Viollet-Le-Duc. — Méd. 1869, méd. de 1ʳᵉ cl. 1878 (E. U.), ✳ 1878. — A Paris, rue
de Bruxelles, 2.

2242. — Musée de Toulouse ; — trois châssis.
Façades, plans, coupes et détails.   (S. 1884).

DARCY (S. Honoré), né à Paris, élève de son père. — Méd. 2ᵉ cl. 1878 (E. U.),
1ʳᵉ cl. 1885. — A Paris, rue de Bruxelles, 2.

2243. — Château de Mehun-sur-Yèvre. état actuel et restauration ; — sept châssis.
Plans, façade, vues et détails.   (S. 1885).

DAUMET (P. J. Honoré), né à Paris. — Prix de Rome, 1855, ✳ 1865, méd.
3ᵉ cl. 1867. (E. U.), méd. 2ᵉ cl. 1878. (E. U.), M. de l'Institut 1885. — A Paris, rue de
l'Abbaye, 13.

2244. — Nouvelles tribunes du champ de courses, à Chantilly (Oise).   (E. N. 1889)
2245. — Château de Chantilly (plan, photographies, perspectives et chapelle) ; — trois cadres.
.... — Partie nouvelle du Palais de Justice, Cour d'appel ; — dessins et photographies.
(Exp. spéciale de la Ville de Paris).
.... — Palais des Facultés, à Grenoble.

DAUPHIN (L. T. Marie), né à Paris, élève de M. André. — Méd. de 2ᵉ cl. 1879.
— A Paris, rue Linné, 24.

2246. — Institut universitaire d'Alger ; — sept châssis.
Façades, coupe, plans, détails et photographies.

DAVID (J, Claude), né à Paris, élève de M. Nolau. — Méd. 2ᵉ cl. 1882. — A Paris,
boulevard Poissonnière, 14.

2247. — Banque N. Cordier.   (S. 1880).
2248. — Hôtellerie du Lyon d'Or : salle des festins.   (S. 1882).
2249. — Hôtel de M. le baron J. de R..., à Paris ; — grand salon Louis XIV.   (S. 1883).
2250. — Restitution du château d'Echoisy (Charente) ; — quatre intérieurs.   (S. 1885).

DECONCHY (Jean-Ferdinand), né à Paris. — Méd. 3ᵉ cl. 1878 (E. U.) — A Paris, rue Bernouilli, 5.

.... — Groupe scolaire de la rue de l'Ouest ; — dessins et photographies.
(Exp. spéciale de la Ville de Paris).

.... — Groupe scolaire de la rue Violet ; — dessins et photographies.
(Exp. spéciale de la Ville de Paris).

.... — Groupe scolaire de la rue La Vieuville ; — dessins et photographies.
(Exp. spéciale de la Ville de Paris).

.... — Ecole supérieure Arago ; — dessins et photographies.
(Exp. spéciale de la Ville de Paris).

DEGEORGE (Hector), né à Paris, élève de M. Lefuel. — A Paris, boulevard Malesherbes, 151.

2251. — Eglise abbatiale de Vezelay (Yonne) ; — vues extérieures.
Détails et places à grande échelle.   (S. 1886).

2252. — Eglise abbatiale de Vézelay ; — vues intérieures.
Plan à petite échelle.   (S. 1887).

DEGLANE (A. A. Henri), né à Paris, élève de M. André. — Prix de Rome 1881, méd. 3ᵉ cl. 1881, 2ᵉ cl. 1887, méd. d'honn. 1888. — A Paris, rue Serpente, 25.

2253. — Restitution du Palais des Césars au Mont-Palatin à Rome ;— dix châssis. (S. 1888).

DEPERTHES (P. J. Edouard), né à Houdilcourt (Ardennes), élève de M. Brunette. — Méd. 1865, 2ᵉ cl. 1867 (E. U.), 2ᵉ cl. 1878 (E. U.), ✳ 1882. — A Paris, rue Molitor, 18.

2254. — Projet de portail pour la cathédrale de Milan ; — quatre châssis.

2255. — Projet de décoration en mosaïque du grand escalier des fêtes à l'Hôtel-de-Ville de Paris.
(S. 1888).

DESLIGNIÈRES (Marcel), né à Paris. — Méd. 3ᵉ cl. 1879, méd. 2ᵉ cl. 1880, ✳ 1885. — A Paris, rue Demours, 13.

.... — Façade dans la galerie centrale de l'Exposition universelle (groupe III, classe 20) ; — Lave émaillée et mosaïque.

.... — Portiques dans la galerie Desaix (groupe II, classe 13).

DIET (Arthur-Nicolas), né à Amboise (Indre-et-Loire). — Prix de Rome 1853, ✳ 1867, méd. 1ʳᵉ cl. 1878 (E. U.), M. de l'Inst. 1884. — A Paris, rue du Luxembourg, 36.

.... — Réservoirs de Montmartre ; — dessins et vue perspective.
(Exp. spéciale de la Ville de Paris).

DUCLOS (Albert), né à Melun, élève de M. A. Desnues. — A Paris, rue des Mathurins, 64.

2256. — Eden-Théâtre.
1. Plan du premier étage ; — 2. Façade ; — 3. Coupe longitudinale.
(En collaboration avec M. W. KLEIN.)

DUTERT (Ch.-L.-F.), né à Douai (Nord). — Prix de Rome 1869, méd. 1ʳᵉ cl. 1875 et 1878, (E. U.) ✳ 1882. — A Paris, avenue Kléber, 41.

.... — Le Palais des machines, au Champ-de-Mars.

ESQUIÉ (Pierre), né à Toulouse, élève de M. Daumet. — Méd. 2ᵉ cl. 1867 (E. U.). — A Paris, rue de Rennes, 10.

2257. — Restauration d'une voûte d'arête du vestibule de la Villa-Madama, à Rome ; — deux châssis.   (S. 1887).

FAURE-DUJARRIC (Louis-Lucien). — ✳. — A Paris, quai Malaquais, 3.

.... — Reconstruction de l'École des langues orientales vivantes, rue de Lille, à Paris; travaux exécutés pour l'Etat en 1886, 1887 et 1888.

FORMIGÉ (J. Camille), né au Bouscat (Gironde), élève de J. C. Laisné. — Méd. 3e cl. 1875, 2e cl. 1876, 2e cl. 1878 (E. U.), méd. d'honn. 1882, ✵ 1885. — A Paris, rue Coëtlogon.

2258. — Projet de Monument commémoratif de l'Assemblée Nationale de 1789.
     Plan façade, détails et maquette en relief.
.... — Palais des Arts-Libéraux, au Champ-de-Mars.
.... — Palais des Beaux-Arts, au Champ-de-Mars.
.... — Fontaine monumentale, au centre des jardins, au Champ-de-Mars (M. JULES COUTAN, statuaire).

GARNIER (J. L. Charles), né à Paris, élève de Leveil et Lebas. — Prix de Rome, 1848, méd. 3e cl. 1857, 1re cl. 1863, ✵ 1864, M. de l'Inst. 1874, O. ✵ 1875. — A Paris, boulevard Saint-Germain, 90.

.... — Cercle de la Librairie, boulevard Saint-Germain (1879).
.... — Casino de Monte-Carlo (1879).
. . — Observatoire de Nice (1880).
... — Maison et hôtel, boulevard Saint-Germain, 195 (1880).
.... — Panorama Valentino, rue Saint-Honoré (1882).
.... — Panorama Marigny, aux Champs-Elysées (1883).
.... — Eglise de La Capelle (Aisne) (1883).
.... — Casino de Vittel (Vosges) (1883).
.... — Tombeau de Victor Massé, au cimetière Montmartre (1885).
.... — Histoire de l'habitation, à l'Exposition universelle (1889).

GEORGÉ (Edouard), né à Nancy, élève de MM. Crépinet et Guadet. — A Paris, rue Clauzel, 22.

.... — Façade du Restaurant « La Lorraine », au Champ-de-Mars.

GINAIN (Paul), né à Paris. — Prix de Rome 1852, ✵ 1877, M. de l'Inst. 1881 — A Paris, avenue des Ternes, 55.

.... — Ecole de Médecine.   (Exp. spéciale de la Ville de Paris).
.... — Ecole pratique.   (Exp. spéciale de la Ville de Paris).
.... — Musée Galliera.   (Exp. spéciale de la Ville de Paris).
.... — Agrandissement de la mairie du VIe arrondissement.
                                     (Exp. spéciale de la Ville de Paris).
.... — Poste de pompe à vapeur, rue Denfert-Rochereau. ; — dessins, photographies et modèle en relief.   (Exp. spéciale de la Ville de Paris).

GION (Paul), né à Paris, élève de Questel. — ✵ 1886. — A Paris, rue de Tournon, 12.

2259. — Monument à M. Bapterosses, manufacturier à Briare (Loiret). — Modèle en plâtre.

GIRAULT (Charles), né à Cosnes (Nièvre).— Prix de Rome 1880, méd. 2e cl. 1884. — A Paris, rue Clément-Marot, 16.

2260. — Restauration de la villa d'Hadrien.
2261. — Relevé du tombeau de Martino II della Scola, à Vérone
2262. — Détails de l'Arc de Titus, à Rome.

GIRETTE (Jean), né à Paris, élève de MM. Garnier, Louvet et A. Baudry. — Méd. 2e cl. 1884. — A Paris, avenue de Wagram, 123.

2263. — Casino municipal de la ville d'Hyères ; — huit châssis.
     Plans, façades, coupes et perspective.   (S. 1884).
.... — Villa Leo Delibes, à Choisy-au-Bac.
.... — Ateliers et galeries de la maison Braun et Cie, rue Louis-le-Grand, 18.
.... — Tombeau du docteur Fauvel, cimetière de Passy.

GONTHIER (J. Alphonse), né à Paris, élève de M. Pascal. — Méd. 3e cl. 1887. — A Paris, rue Saint-Lazare, 43.

2264. — Porte d'une maison à Tunis ; — trois châssis.   (S, 1885).
2265. — Porte d'une maison à Kairouan : — un châssis.   (S. 1886).
2266. — Relevé et restauration du château du Rocher, à Mezanger (Mayenne) ; — cinq châssis.
                                     (S. 1887).
2267. — Restitution de l'ancien manoir du Rocher ; — deux châssis.

GUADET (Julien), né à Paris. — Prix de Rome 1864, méd. 1870, méd. 1ʳᵉ cl. 1878 (E. U.), ✳ 1878.

.... — Nouvel Hôtel des Postes, à Paris.

GUILLAUME (Edmond Jean-Baptiste), né à Valenciennes (Nord). — Prix de Rome 1856, méd. 2ᵉ cl. 1863, ✳ 1866, méd. 2ᵉ cl. 1867 (E. U.) et 1878 (E. U.). — A Paris, rue Jean-Bart, 3.

2268. — Décoration en mosaïque de l'escalier Daru au Musée du Louvre ; — six châssis : 1. Avant-projet, ensemble des voûtes ; — 2. Première étude d'un pendentif et d'un pilier ; — 3. Coupe de l'escalier : — 4. Etude définitive d'un pendentif et de la voûte ellipsoïdale ; — 5. Etude définitive d'un pilier archivoltes et des intrados des arcs ; — 6. Détails, grandeur d'exécution, d'un pilier et d'un cul-de-lampe.
.... — La grande salle du XIXᵉ siècle. au Musée du Louvre.
.... — Le Jeu-de-Paume de Versailles, transformé en musée de la Révolution.

HERMANT (Jacques), né à Paris. — Méd. 1ʳᵉ cl. 1876, 1ʳᵉ cl. 1878 (E. U.). — A Paris, rue Legendre, 10.

.... — Les tombeaux des familles Boullay et Lenoir.   (Cimetière de l'Est).
.... — Pavillon de la Société des pastellistes   (Au Champ-de-Mars).
.... — Façade de la section américaine.   (Au Champ-de-Mars).
.... — Agrandissement de la caserne de la rue Mouffetard ; — dessins.
                                   (Exp. spéciale de la ville de Paris).

HERMANT (P. A. Achille), né à Paris, élève de Blouet. — Méd. 1ʳᵉ cl. 1876, 1ʳᵉ cl. 1878 (E. U.). — A Paris, rue Legendre, 10.

2269. — Chapelle non terminée de la maison de Nanterre ; — cinq cadres.   (E. N. 1883).
.... — La maison départementale de Nanterre (Seine).
.... — Le pavillon des aquarellistes français.   (Au Champ-de-Mars).

HOURLIER (Armand V.), né à Paris, élève de M. Douillard. — Méd. 2ᵉ cl. 1886 — A Paris, avenue Duquesne, 28.

2270. — Plafond de l'église Santa-Maria-d'Ara-Cœli, à Rome.   (S. 1885).
2271. — Relevé d'un autel dans l'église Fonteguista, à Sienne (Italie).   (S. 1886).

HUILLARD (Charles-Gustave), né à Paris. — Méd. 3ᵉ cl. 1878 (E. U.). — A Paris, rue du Vingt-Neuf Juillet, 5.

.... — Annexe de la mairie du Louvre ; — dessins.   (Exp. spéciale de la ville de Paris).

JOURDAIN (Frantz), né à Anvers, naturalisé français, élève de M. Daumet. — Méd. 3ᵉ cl. 1882. — A Paris, rue de Clichy, 14.

2272. — Salle de billard de M. Gasnier-Guy, à Chelles (Seine-et-Marne), vue perspective.
                                               (S. 1882).
.... — Monument à La Fontaine, (M. DUMILATRE, statuaire).

LAFOLLYE (Paul), né à Paris, élève de MM. Coquart, Gerhardt et Galland. — A Paris, rue Richepanse, 7.

2273. — Projet de décoration de la salle à manger d'un rendez-vous de chasse ; — deux châssis.   (S. 1888).

LAFON (Albert-Jean), né à Paris, élève de M. André. — Méd. 2ᵉ cl. 1886. — A Paris, rue Beaurepaire, 31.

2274. — Relevé et restauration de l'hôtel de Bourgtheroulde, à Rouen : — dix châssis. En collaboration avec M. AL. MARCEL.   (S. 1886).

LALOUX (V. A. Frédéric), né à Tours, élève de M. J. André. — Méd. 1ʳᵉ cl. 1883, méd. d'honn. 1885. — A Paris, rue de Solférino, 2.

2275. — Restauration d'Olympie ; — huit châssis.   (S 1885.

LAMBERT (Marie-N.), né à Paris, élève de M. André. — Prix de Rome 1873, méd. 1ʳᵉ 1878 (E. U.). — A Paris, rue du Havre, 8.

2276. — L'Acropole d'Athènes (état actuel et restauration) ; — dix-sept châssis. (E. N. 1883).

LANDRY (Théophile), né à Paris, élève de MM. Moyaux et André. — A Paris, rue de La Rochefoucault, 66.

.... — Pavillon de la Ménagère, au Champ-de-Mars.

LE BÈGUE (Stéphan L. A.), né à Paris, élève de son père et de Questel. — A Paris, rue Castellane, 12.

2277. — Manoir de Calmont ; — six châssis.
2278. — Manoir de Calmont ; — photographie.
2279. — Manoir d'Etran ; — trois châssis.

LEBLANC (Lucien), né à Palaiseau (Seine-et-Oise), élève de M. André. — A Paris, rue de Dunkerque, 69.

.... — Pavillon de l'administration des Forêts ; parc du Trocadéro.

LECLERC (C. Alfred). à Paris, élève de Questel. — Prix de Rome 1868, méd. 1re cl. 1878 (E. U.). — Palais de Versailles.

2280. — Hôtel-de-Ville de Limoges ; — six dessins.   (E. N. 1883).
2281. — Capitole de Toulouse : achèvement ; — quatre dessins.
2282. — Tombeau Duc, au cimetière du Nord ; — un dessin.   (S. 1880).

LE DESCHAULT (Edmond), né à Ste-Menehould (Marne), élève de Gilbert, et de Questel. — A Paris, boulevard Excelmans, 97.

.... — Hôtel de M. L. Normand, avenue du Bois-de-Boulogne, 20.
.... — Château de M. le pasteur Goulden, à la Garenne, près Sedan (Ardennes).
.... — Hôtel de M. le pasteur Goulden, à Sedan (Ardennes).
.... — Magasins de M. Choubersky, boulevard Montmartre, 20, à Paris

LEFOL (J. Casimir), né à Paris, elève de M. Laisné. — Méd. 2e cl. 1883. — A Paris, rue de la Bastille, 2.

2283. — Le château royal de Montceaux ; — six châssis.   (S. 1883).
2284. — Cryptes et croix de Jouarre (Seine-et-Marne) ; — un châssis.   (S. 1886).

LEFORT (Lucien F. D.), né à Sens (Yonne), élève de M. André. — Méd 1re cl. 1885. — A Rouen, rue St-André, 17.

2285. — Palais de Justice de Rouen ; — quatre dessins.
.... — Ecole normale d'instituteurs, à Rouen.
.... — Ecole normale d'institutrices à Rouen.

LETHOREL (Léon), né à Paris, élève de M. Chouveroux. — A Paris, rue La Fontaine, 26.

2286. — Chapelle des Templiers, à Laon ; — état actuel.   (S. 1888).

LEROUX (Gaston J. C.), né à Bouïarik (Algérie). — A Paris, boulevard du Montparnasse. 135.

.... — Ecole, avenue Duquesne ; — dessins et photographies.
                                        (Exp. spéciale de la ville de Paris).

LEWICKI (M. Edouard), né à Varsovie, naturalisé français. — Méd. 3e cl. 1888. — A Paris, rue de l'Université, 193.

2287. — Château de Brécy (Calvados) ;   (S. 1888).
         Relevé, restauration ; — six châssis.

LHEUREUX (L. Ernest), né à Fontainebleau, élève de M. Labrouste. — Méd. de 1re cl. 1873, 1re cl. 1878 (E. U.), ✻ 1885. — A Paris, rue Largillière, 4.

2288. — Ecole préparatoire du collège Sainte-Barbe ; — neuf dessins.
         Plans, façades, détails et perspectives.   (S. 1883).
2289. — Tombeau de M. H... ; — un châssis.   (S, 1885).
.... — Restaurant de Bercy ; — dessins et photographies.
                                        (Exp. spéciale de la ville de Paris).
.... — Agrandissement de l'Ecole de Droit ; — dessins et photographies.
                                        (Exp. speciale de la ville de Paris).
.... — Ecole, rue Saint-Louis-en-l'Ile ; — dessins et photographies.
                                        (Exp. spéciale de la ville de Paris)

LISCH (Juste), né à Alençon. — Méd. 1864, ✳ 1868, méd. 1ʳᵉ cl. 18ı8 (E. U.). — A Paris, rue de Marignan, 14.

.... — Restauration et agrandissements de l'Hôtel-de-Ville de la Rochelle.
.... — Restauration de l'entrée du port de la Rochelle, Tour St-Nicolas.
.... — Restauration de l'ancien Hôtel-de-Ville de Niort.
.... — Restauration de l'église de Surgéres (Deux-Sèvres).
.... — Restauration de la grande chambre du Palais de Justice de Dijon.
.... — Construction du grand séminaire de Dijon.
.... — Construction de l'Ecole normale d'Aurillac (château de St-Geraud).
. .. — Construction du château de Livet (Eure).
.... — Construction de la gare du Havre (Seine-Inférieure).
.... — Construction de la gare St-Lazare, à Paris.

LOVIOT (B. Edouard), né à Paris, élève de M. Coquart. — Prix de Rome 1874, méd. 1ʳᵉ cl. 1879, ✳ 1880. — A Paris, rue de Rome, 50.

2290. — Le Parthénon d'Athènes (restauration) ; — huit châssis. (S. 1880).
2291. — Monument à Victor-Emmanuel, sur le Capitole ; — cinq châssis. (S. 1884).

LUCAS (A.).
.... — Ecole, rue de Tolbiac ; — dessins et photographies.
(Exp. spéciale de de la ville de Paris).

LUCAS (Charles).
.... — Ecole professionnelle du Livre ; — dessins. (Exp. spéciale de la ville de Paris).

MAGNE (Lucien), né à Paris, élève de MM. Aug. Magne et Daumet. — Méd. de 2ᵉ cl. 1878, ✳ 1885. — A Paris, rue de l'Oratoire, 6.

2292. — Etudes sur l'architecture angevine : Hôpital St-Jean-d'Angers (musée archéologique). Plan général, façades et plans détaillés ; — six dessins.
2293. — Etudes sur les vitraux du XIIᵉ siècle dans la Champagne, l'Anjou et le Poitou ; — six aquarelles.
2294. — Fontaine St-Lazare, à Autun, (XVIᵉ siècle) ; restauration ; — trois dessins.
2295. — Eglise de Montmorency (Seine-et-Oise) ; construction de la façade et du clocher ; — trois dessins.
.... — Hôtel Mirabaud, avenue de Villiers, à Paris.
.... — Hôtel de Béthisy, avenue Henri Martin à Paris.
.... — Villa M..., boulevard de Boulogne.
.... — Maison, rue des Pyramides.
.... — Eglise d'Ermont (Seine-et-Oise).
.... — Clocher de l'église de Louhans (Saône-et-Loire).

MARCEL (L. A. Alexandre), né à Paris, élève de M. André. — Méd. 3ᵉ cl. 1883. 2ᵉ cl. 1886. — A Paris, rue Vaneau, 36.

2296. — Relevé et restauration de l'hôtel de Bourgtheroulde, à Rouen ; — dix châssis. En collaboration avec M. A. LAFON. (S. 1886).

MARCHEGAY (E.-Gustave), né à Saint-Germain-de-Princay (Vendée), élève de de MM. Daumet et Girault. — A Paris, rue de Tournon, 20.

.... — Pavillon de la République Sud-Africaine (Transvaal), à l'Esplanade des Invalides.

MARECHAL.
.... — Asile de Villejuif ; — dessins, photographies et vue perspective.
(Exp. spéciale de la ville de Paris).
.... — Quartier d'aliénés, à Ville-Evrard ; — dessins, photographies et vue perspective.
(Exp. spéciale de la ville de Paris).
.... — Pensionnat de la Ville-Evrard ; — dessins, photographies et vue perspective.
(Exp. spéciale de la ville de Paris).

MAYEUX (Pierre, H.), né à Paris, élève de Guénepin, de Paccard et de M. André. — Méd. 2ᵉ cl. 1883. — A Paris. rue de Rébeval, 55.

2297. — Mâts permanents de la place de la République ; — cinq châssis. (S. 1883).

MICHELIN (Félix H. A.), né à Montgeron (S.-et-O.), élève de M. Guadet. — A
Paris, rue de Clichy, 21.

2298. — Décoration pompéienne d'une voûte d'arête.   (S. 1880)

MOREAU (Ernest), né à Paris, élève de Garrez et de Lebas. — A Paris, avenue
Trudaine, 33.

.... — Projet des Abattoirs de la rive gauche de la ville de Paris ; — cinq châssis
(Exp. spéciale de la Ville de Paris).

MOREL.

.... — Ecole, rue des Ecluses-St-Martin ; — dessins et photographies.
(Exp. spéciale de la ville de Paris).

NARJOUX.

.... — Groupe scolaire, rue Viton, XIᵉ arrondissement ; — dessins et photographies.
(Exp. spéciale de la ville de Paris).

.... — Collection des édifices construits par la Ville de Paris ; — volumes.
(Exp. spéciale de la ville de Paris)

NENOT (Paul), né à Paris. — Prix de Rome 1877, méd. 3ᵉ cl. 1880, méd. 2ᵉ cl. 1884,
✻ 1885 — A Paris, rue St-Jacques, 124.

.... — Reconstruction de la Sorbonne ; — dessins, photographies et modèle en relief.
(Exp. spéciale de la ville de Paris)

NORMAND (Alfred), né à Paris. — Prix de Rome 1846, méd. 1ʳᵉ cl. 1855 (E. U.),
✻ 1860, méd. 2ᵉ cl. 1878 (E. U.). — A Paris, rue des Martyrs, 51.

.... — Maison centrale de Rennes.
.... — Hôtel particulier, au Parc-Monceaux, à Paris.
.... — Tombeau de la famille Latour, à Liancourt.

OUDINÉ.

... — Groupe scolaire, rue Camou ; — dessins, photographies et vue perspective.
(En collaboration avec feu EGERRE. - Exp. spéciale de la Ville de Paris).

OURI (Alphonse), né à Versailles, élève de Gosse et de E. Delacroix. — ✻ 1868. —
A Paris, rue Lemercier, 58.

2299. — Plafond ; — Renaissance italienne.   (S. 1881).
2300. — Salon Louis XVI.   (S. 1881).

PARENT (Henri-Aubert-Joseph), né à Valenciennes (Nord), élève de son père
et de M. Frœlicher. — Méd. 3ᵉ cl. 1857, ✻ 1870. — A Paris, avenue de Breteuil, 10.

.... — Le monument de la famille Menier au cimetière du Père Lachaise.

PASCAL (J. Louis), né à Paris, élève de Questel. — Prix de Rome 1866, méd.
1866, 1ʳᵉ cl. 1878 (E. U.), ✻ 1880, O. ✻ 1889. — A Paris, à la Bibliothèque nationale.

.... — Faculté de médecine de Bordeaux ; — douze châssis.
(Exp. de l'Ens. sup. du Ministère de l'Instruction publique et des Beaux-Arts).

2301. — Mairie et école d'Ablon ; — trois châssis.
2302. — Intérieur de la Bibliothèque Nationale ; — vues photographiées.
2303. — Hôtel rue Prony ; — dessins et photographies.
.... — Autel dans la cathédrale de Valence.
.... — Mairie et groupe scolaire à Ablon.
.... — Tombeau de Michelet.
.... — Hôtel Kœnigswarter, à Paris, rue Prony, 12.
.... — Restaurations et travaux neufs à la Bibliothèque Nationale.

PAULIN (J. B. Edmond), né à Paris, élève de M. Ginain. — Prix de Rome 1875,
méd. 1ʳᵉ cl, 1880, méd. d'honn. 1882. — A Paris, rue des Ecuries-d'Artois, 6.

2304. — Temple de Thésée (restauration) ; — douze châssis.   (E. N. 1880).
2305. — Hôpital de Pistoïa ; — un cadre.   (S. 1880).
2306. — Autel d'Or Sau-Michele, à Florence ; — deux cadres.   (S. 1881).
2307. — Thermes de Dioclétien (restauration) ; — onze châssis.   (S. 1882).
2308. — Chaire de Rovello ; — un cadre.   (S. 1884).
2309. — Perspectives de Thermes ; — deux cadres.   (S. 1886).
2310. — Chaire de San-Lorenzo, à Rome ; — un cadre.
2311. — Portique du Panthéon ; — un cadre.

REVOIL (Henry), né à Aix-en-Provence (Bouches-du-Rhône), élève de Auguste Caristie. — ✱ 1865, O. ✱ 1878. — A Nîmes (Gard).

.... — Nouvelle cathédrale de Marseille de Léon Vaudoyer (porche de l'édifice, portes latérales, décoration des dômes et de la couverture, sculptures et mosaïques)

.... — Sanctuaire paroissial de Notre-Dame de la Garde ; décoration en mosaïque du dôme et de l'abside ; grand autel en orfévrerie et marbrerie.

.... — Restauration de la cathédrale de Nîmes : reconstruction de la nef du chœur en style du XIIe siècle.

RIDEL (Léopold J.), né à Nantes, élève de Bourgerel et de M. Douillard. — A Laval, rue Crossardière, 25.

2312. — Musée de Laval ; — vue perspective. (S. 1888)

RIGAULT (Eugène), né à Paris, élève de Lesueur, de Lebas et de M. Ginain. — A Paris, rue Vashington, 30.

2313. — Le poste central des télégraphes, à Paris ; — dix châssis. (S. 1888).

RIVES (A. Gustave), né à Saint-Palais (Basses-Pyrénées), élève de M. André. — A Paris, rue Daru, 15.

2314. — Projet d'hôtel, à Passy-Auteuil ; — croquis perspectif. (S. 1884).

ROBERT DE MASSY (Gaston), né à Paris, élève de MM. Coquart et Gerhardt. — A Paris, rue Bourtibourg, 4.

2315. — Cabaret du Léopard-Noir.
Façade, cuisine, salle de billard.

2316. — Dans un cadre :
1. Villa Vertinguette ; — 2. Un pavillon pour l'Exposition ; — 3. Chapelle.

ROUSSI (Charles-Georges), né à Paris, élève de Guénepin. — Méd. 3e cl. 1886. — A Paris, boulevard Voltaire, 47.

.... — Caserne des pompiers, rue de Chaligny ; — dessins, photographies et modèle en relief.
(Exp. spéciale de la Ville de Paris).

ROY (Lucien), né à Nantes, élève de M. Vaudremer. — A Paris, rue Pigalle, 9.

.... — Pavillon des fresques de M. Toché, au Champ-de-Mars.

RUY (J. Alphonse), né à Paris, élève de MM. Vaudremer et André. — Méd. 3e cl. 1883. — A Paris, rue d'Amsterdam, 106.

2317. — Villa pour l'Algérie ; — un châssis.

SAINT-PÈRE (Charles et Eugène). — A Paris, rue du Vieux-Colombier, 21.

2318. — Dessins et projets exécutés.

SALLERON (Claude A. L.), élève de MM. Salleron, Daumet et Girault. — Méd. 2e cl. 1878 (E. U.). — A Paris, rue de Lisbonne, 26.

.... — Ecole normale d'Auteuil ; — dessins, photographies et vue perspective.
(Exp. spéciale de la Ville de Paris).

SANDIER (Alexandre), né à Beaune (Côte-d'Or), élève de M. Laisné. — A Saint-Mandé (Seine), chaussée de l'Etang, 42 bis.

2319. — Maison moderne ; — cinq cadres.
2320. — Hôtel moderne ; — neuf cadres :
Etudes de décorations intérieures.

SAUVAGEOT (Louis), né à Santenay (Côte-d'Or), élève de E. Millet et de Viollet-le-Duc. — Méd. 3e cl. 1875, 1re cl. 1878 et 1878 (E. U.), ✱ 1882. — A Paris, rue de Bellefond, 23.

.... — Théâtre des Arts, à Rouen.
.... — Bibliothèque et Musée de Rouen.
.... — Reconstruction de la flèche de l'église de Caudebec-en-Caux (Seine-Inférieure).

SÉDILLE (Paul), né à Paris, élève de J. Sédille et de Guénepin. — ✻ 1878. — A Paris, boulevard Malesherbes, 28.

.... — Reconstruction des grands magasins du Printemps.
.... — Restauration du théâtre du Palais-Royal.
.... — Hôtel particulier, à Paris, rue Vernet, 11.
.... — Hôtel, rue Jacques-Dulud, à Neuilly-sur-Seine.
.... — Hôtel, rue d'Erlanger.
.... — Maison, rue Vernet, 13.
.... — Travaux à l'Exposition universelle : — Installation intérieure : — Histoire rétrospective du travail et des sciences anthropologiques ; — Porte de la mosaïque.

SELMERSHEIM (Paul), né à Langres, élève de Eugène Millet. — Méd. 2ᵉ cl. 1873, rappel 1876, 2ᵉ cl. 1878 (E. U.), ✻ 1885. — A Paris, rue de Moscou, 31.

2321. — Restauration de la chapelle de Saint-Bernard, fondée par Louis XIII et Anne d'Autriche, à Fontaine-lez-Dijon (Côte-d'Or) ; — projet d'église et de communauté contiguë ; — cinq cadres.

SOUDÉE.

.... — Mairie du XIIIᵉ arrondissement ; — dessins et photographies.
(Exp. speciale de la Ville de Paris)
.... — Poste de pompe à vapeur, rue Parmentier ; — dessins et photographies.
(Exp. spéciale de la Ville de Paris).

THIERRY-LADRANGE (François), né à Vignory, élève de MM. Dommey et Danjoy. — Méd. 1ʳᵉ cl. 1872. — A Paris, rue du Cherche-Midi, 67.

2322. — Cheminée décorative ; — deux cadres.
2323. — Une arcade ; décoration intérieure.
(Témoignage de reconnaissance de la ville de Chaumont, à Edme Bouchardon, sculpteur). un cadre.
.... — Ecole, rue Henri-Chevreau ; — dessins et photographies.
(Exp. spéciale de la Ville de Paris).

TAIN (Eugène), né à Toul (Meurthe-et-Moselle). — Méd. 3ᵉ cl. 1878 (E. U.), ✻ 1880. — A Paris, rue des Noyers, 39.

.... — Lycée Voltaire ; — dessins, photographies et vue perspective.
(Exp. spéciale de la Ville de Paris).

TRÉLAT (Émile), né à Paris. — A Paris, boulevard du Montparnasse, 136.

2324. — Monument à Gambetta (En collaboration avec M. GASTON TRÉLAT).

TRÉLAT (Gaston), né à Paris, élève de l'Ecole spéciale d'Architecture. — A Paris, boulevard du Montparnasse, 136.

2325. — Projet d'achèvement de la cathédrale de Milan ; — un châssis.
2326. — Monument aux Girondins ; — un châssis.

ULMANN (S. J. Emile), né à Paris. — Prix de Rome 1871, méd. 2ᵉ cl. 1877. — A Paris, rue de Trévise, 33.

2327. — Monument à élever à la mémoire de Mme la Cᵗˢˢᵉ de Caen ; — un dessin.
(App. au musée de Mᵐᵉ la Cᵗˢˢᵉ de Caen et à l'Institut).

VARCOLLIER (Marcellin-Emmanuel), né à Paris. — Méd. 3ᵉ cl. 1878 (E. U.). — A Paris, rue des Saints-Pères, 54.

.... — Mairie du XVIIIᵉ arrondissement ; — dessins. (Exp. spéciale de la Ville de Paris).

VAUDREMER (Joseph A. E.), né à Paris. — Prix de Rome 1854, méd. 1865, ✻ 1865, membre de l'Inst. 1879, O. ✻ 1882. — A Paris, rue de Grenelle, 116.

.... — Lycée Buffon ; — dessins, photographies et vue perspective.
(Exp. spéciale de la Ville de Paris).
.... — Maison, rue Magellan.
.... — Tombeau Larousse.
.... — Tombeau du sculpteur Perrault.
..... -- Tombeau Faillot.

VAUDOYER (Alfred), né à Paris, élève de son père. — Méd. 2ᵉ cl. 1879. — A Paris, avenue de Villiers, 132.

2328. — Pont décoratif ; — dix châssis.
Plans, élévations, coupes, détails grandeur d'exécution, vue perspective. (S. 1884).

WABLE (Charles), né à Paris, élève de Questel et de M Pascal. — Méd. 3ᵉ cl. 1879, 2ᵉ cl. 1885, 1ʳᵉ cl. 1887. — A Paris, rue des Saints-Pères, 18.

2329. — Palais algérien à l'exposition de 1878 ; — neuf cadres. (S. 1879).
2330. — Projet d'Académie de médecine : — cinq cadres. (S. 1882).
2331. — Projet de Palais algérien-tunisien ; — douze cadres. (S. 1887)
2332. — Chapelle de château ; — six châssis (S. 1885).

GROUPE I.

ŒUVRES D'ART.

CLASSE 5.

Gravures et Lithographies.

FRANCE.

ABOT (Eugène M.-J.), né à Malines, de parents français. — Méd. 3ᵉ cl. 1887. — A Paris, rue de Condé, 5.

2333. — Une gravure :
A l'abreuvoir, d'après Lynch. (S. 1887)

ADELINE (Jules), né à Rouen. — A Rouen, rue Eau-de-Robec, 36.

2334. — Une gravure (eau-forte) :
Coin du collége d'Albane ; — cathédrale de Rouen. (S. 1879).

ALLAIS (Paul P.-E.), né à Paris, élève de son père et de Drölling. — Méd. 3ᵉ cl. 1863. — A Paris, rue d'Arras, 138.

2335. — Une gravure :
Le château du grand-père, d'après M. Adan. (S 1884).
2336. — Une gravure :
Yvonne, d'après M. J. Lefebvre. (S. 1887).

ANNEDOUCHE (J. Alfred), né à Paris, élève de Martinet et de Gleyre. — Méd. 3ᵉ cl. 1876, 2ᵉ cl. 1886. — A Paris, boulevard du Montparnasse, 82.

2337. — Une gravure (burin) :
Byblis, d'après M. Bouguereau. (S. 1886).
2338. — Une gravure (burin) :
Portrait d'une jeune fille de cinq à six ans, d'après Ph. de Champaigne. (S. 1888).

ARDAIL (Albert), né à Paris, élève de M. Waltner. — Méd. 3ᵉ cl. 1887. — A Paris, rue de Lacépède, 45.

2339. — Une gravure (eau-forte) :
Portrait de petite fille, d'après Govaërt Flinck.
2340. — Quatre gravures (eaux fortes) :
1. Portrait de Mme Jarre, d'après Prud'hon ; — 2. Portrait de M. H. B. de Grand-maison ; — 3. Portrait de famille, d'après Rembrandt ; — 4. L'Orpheline, d'après M. Henner.

BAHUET (Alfred-L.), né à Paris, élève de MM. Hébert, Sirouy et Chauvel. — Méd. 3ᵉ cl. 1887. — A Paris, rue Censier, 51.

2341. — Une lithographie :
Agar et Ismaël, d'après M. Cazin.   (App. au journal l'*Art*. - S. 1885).

2342. — Une lithographie :
Juan Prim, d'après H. Regnault.
(App. à la Société des lithographes français. - S. 1887)

BAUCHARD (J. F. Georges), né à Paris. — A Paris, passage Montbrun, 6.

2343. — Une gravure sur bois :
Seul ! d'après M. Beauquesne.   (S. 1888).

BAUDE (Charles), né à Paris, élève de M. Guillaume. — Méd. 3ᵉ cl. 1883, 2ᵉ cl 1886. — A Paris, rue Le Verrier, 8.

2344. — Une gravure sur bois :
L'homme au bonnet de fourrure, d'après Rembrandt.   (S. 1886).

2345. — Une gravure sur bois :
Portrait d'une dame âgée, d'après Rembrandt.   (S. 1887).

2346. — Une gravure sur bois :
Portrait de M. Alexandre Dumas, d'après M. Bonnat.   (S. 1888).

2347. — Deux gravures sur bois :
1. Portrait de Rembrandt, par lui-même ; — 2. Etude, d'après Rembrandt.
(S. 1888).

2348. — Une gravure sur bois :
Portrait de M. Français, d'après M. Carolus Duran.   (Pour le *Monde Illustré*).

2349. — Une gravure sur bois :
Portrait présumé de Cornélius Van der Geest, d'après Van Dyck.

BAUDOUIN (Eugène), né à Montpellier, élève de MM. L. Flameng et A. Didier. — A Paris, boulevard du Montparnasse, 25.

2350. — Trois gravures :
1 Vue de Montpellier ; — 2. La Bièvre ; — 3. Comédie dans les feuilles.
(Pour l'Ed. nat. des Œuvres de Victor Hugo. - S. 1887).

BAUDOIN (Frank-J.), né à Saint-Martin-de-Ré (Charente-Inférieure), élève de MM. Rousseau et Truphème. — A Paris, rue Campagne-Première, 15.

2351. — Une gravure sur bois :
Contrebandier aragonais, d'après Damat.   (S. 1888).

BEAUVERIE (Charles-J.), né à Lyon, élève de Gleyre et de l'Ecole des Beaux-Arts — A Paris, rue Gabrielle, 29.

2352. — Une gravure (eau-forte) :
Une esquisse de Corot.   (S. 1884).

BELLENGER (Albert M. V.), né à Pont-Audemer (Eure), élève de M. Panncmaker. — Méd. 3ᵉ cl. 1884. — A Paris, boulevard de Port-Royal, 62.

2353. — Trois gravures sur bois.
(Pour le *Magazine of Art*).   (S. 1880).

BELLENGER (Clément), né à Paris, élève de MM. A. et G. Bellenger et de M. D. Vierge. — Méd. 3ᵉ cl. 1882, 2ᵉ cl. 1885. — A Paris, rue de Crébillon, 8.

2354. — Une gravure sur bois :
Le tisserand, d'après M. L. Lhermitte.   (S. 1882).

2355. — Une gravure sur bois :
L'affutage des outils, d'après M. L. Lhermitte.   (S. 1883).

2356. — Une gravure sur bois :
Mai, d'après M. L. Lhermitte.   (S. 1885).

2357. — Une gravure sur bois :
Une boucherie de campagne, d'après M. L. Lhermitte.   (S. 1884).

2358. — Une gravure sur bois :
Labourage, d'après M. L. Lhermitte.   (S. 1886).

2359. — Une gravure sur bois :
La veillée, d'après M. L. Lhermitte.

2360. — Huit gravures sur bois :
Pour « La vie rustique », d'après M. L. Lhermitte. (S. 1887).

2361. — Huit gravures sur bois :
Pour « La vie rustique », d'après M. L. Lhermitte. (S. 1888).

BELLENGER (Georges), né à Rouen, élève de MM. Lecocq de Boisbaudran et J. Laurens. — Méd. 3ᵉ cl. 1873, 2ᵉ cl. 1882. — A Paris, rue de Buci, 10.

2362. — Une lithographie :
Velpeau à la Charité, d'après Feyen-Perrin. (S. 1882).

2363. — Une lithographie :
Jupiter et Antiope, d'après Corrège.

BILLY (Charles B. de), né à Paris, élève de MM. Yvon et Boilvin. — A Paris, rue Stanislas, 10.

2364. — Trois gravures (eaux-fortes) :
1. Le Pardon, d'après M. Dagnan (pour Le Livre d'Or) ; — 2. Les Odalisques, d'après M. Gérôme ; — 3. Novembre, d'après M. Adan.
(Pour la Société des Amis des arts).

BOILEAU (Alexandre J.), né à Paris. élève de M. Valette. — Méd. 3ᵉ cl. 1885. — A Paris, rue Chevert, 30.

2365. — Une gravure sur bois :
La comptabilité ; — d'après M. Ribot. (S. 1885).

BOILOT (Alfred), né à Paris, élève de U. Butin et de M. Courtry. — A Paris, rue des Bons-Enfants, 19.

2366. — Une gravure (eau-forte) :
L'amateur de tableaux, d'après M. Aranda. (S. 1888).

2367. — Deux gravures (eaux fortes) :
Spadassin; — Japonaise, d'après Leloir.

BOILVIN (Emile), né à Metz, élève de Pils et de Hédouin. — Méd. 3ᵉ cl. 1877, 2ᵉ cl. 1879, 1ʳᵉ cl. 1882. — A Paris, rue des Beaux-Arts, 5.

2368. — Une gravure (eau-forte) :
Les bibliophiles, d'après Fortuny. (S. 1884).

2369. — Dix gravures (eaux-fortes) :
Pour l'illustration des Poésies de M. Fr. Coppée. (S. 1882).

2370. — Six gravures (eaux-fortes) :
1. Souvenir, d'après M. Chaplin; — 2. Marine, d'après M. Ziem; — 3. Aurore et Céphale, d'après Boucher; — 4. Bacchus et Ariane, d'après M. Ranvier ;— 5. La Vierge aux Innocents, d'après Rubens ; — 6. La famille de Paul Potter, d'après Van der Helst.

BORREL (F. Marius), né à Paris, élève de MM. Gérôme, Courtois et Courtry. — A Paris, rue de Seine, 35.

2371. — Une gravure (eau-forte) :
Portrait, d'après M. Bonnat. (S. 1884).

BOULARD (Auguste), né à Paris. — Méd. 3ᵉ cl. 1885. — A Paris, quai de Bourbon, 29.

2372. — Une gravure (eau-forte) :
« Mon ancien régiment », d'après M. Detaille.

BOULIAN (Louis-J. B. A.), né à Neuf-Brisach (Alsace), élève de M. Courtry. — A Brunoy (S.-et-O.), rue des Vallées, 23.

2373. — Une gravure (eau-forte) :
Fabiola, d'après M. Henner.

BRACQUEMOND (Félix), né à Paris, élève de M. Guichard. — Méd. 1868, 2° cl. 1872, 1ʳᵉ cl. 1881, ✻ 1882, méd. d'honneur 1884. — A Sèvres (Seine-et-Oise), rue de Brancas, 13.

2374. — Une gravure (eau-forte) :
    Portrait de M. Edmond de Goncourt.   (S. 1881.

2375. — Une gravure (eau-forte) :
    Le soir, d'après Th. Rousseau.   (S 1882).

2376. — Deux gravures (eaux-fortes) :
    Le vieux coq ; — 2. Ebats de canards.   S. 1882).

2377. — Deux gravures (eaux-fortes) :
    Canards surpris. — Brumes du matin.

2378. — Une gravure (eau-forte) :
    Labor, d'après Millet.   (S. 1883).

2379. — Une gravure (eau-forte) :
    David, d'après M. G. Moreau.   (S. 1884).

2380. — Une gravure (eau-forte) :
    La Rixe, d'après M. Meissonier.   (S. 1886).

2381. — Deux gravures (eaux fortes) :
    Fables de La Fontaine, d'après M. G. Moreau.   (S. 1887).

2382. — Une gravure (eau-forte) :
    Puiseuses d'eau, d'après Millet.   (S. 1887).

.... — Une gravure (eau-forte) :
    Boissy d'Anglas, d'après Eug. Delacroix.
        (Exp. spéciale de la ville de Paris. - S. 1881).

BRUNET-DEBAINES (Alfred), né au Havre, élève de Pils, Lalanne, Gaucherel et de M. Ch. Normand. — Méd. 2° cl. 1872 et 1873, 1ʳᵉ cl. 1886. — A Paris, chez M. Schaeffer, rue Montmartre, 13.

2383. — Une gravure (eau-forte).
    Vue de Venise, d'après M. Ziem.   (S. 1886).

2384. — Une gravure (eau-forte) :
    « At evening times », d'après M. Leader.   (S. 1886).

2385. — Une gravure (eau-forte) :
    « Parting day », d'après M. Leader.   (S. 1887).

2386. — Une gravure (eau-forte) :
    Grottes de Fingal.

2387. — Une gravure (eau-forte) :
    La rue de l'Epicerie à Rouen.

2388. — Une gravure (eau-forte) :
    Paysage, d'après M. Leader.

BUHOT (Félix), né à Valognes (Manche), elève de J. Noël et de Gaucherel. — Med. 3° cl. 1880. — A Paris, boulevard de Clichy, 71.

2389. — Une gravure (eau-forte).
    « Westminster palace ».   (S. 1886).

2390. — Une gravure (eau-forte) :
    Un pont, à Londres.   (S. 1886).

2391. — Trois gravures (eaux-fortes) :
    Les esprits des villes mortes. — Deux frontispices.   (S. 1886).

BURNEY (F. Eugène), né à Mailley (Haute-Saône), élève de F. Gaillard. — Méd. 3° cl. 1881, 2° cl. 1886. — A Paris, rue de Vaugirard, 35.

2392. — Une gravure :
    Portrait de Mgr de Ségur, d'après Gaillard.   (S. 1881).

2393. — Une gravure :
    Portrait de M. le docteur Paradis.   (S. 1863).

2394. — Une gravure :
    La chocolatière, d'après Liotard.   (S. 1886).

2395. — Une gravure :
    Pierre Corneille.

CAZIN (J. M. Michel), né à Paris. — A Paris, rue du Luxembourg, 40.

2396. — Une gravure (eau-forte).

CHAIGNEAU (Jean-Ferdinand), né à Bordeaux, élève de Brascassat. — A Paris, boulevard Malesherbes, 147.

2397. — Une gravure (eau-forte) :
Lever de lune.
2398. — Une gravure (eau-forte) :
Les moutons au repos.
2399. — Une gravure (eau-forte) :
Le vieux berger.
2400. — Une gravure (eau-forte) :
Le troupeau en marche.
2401. — Une gravure (eau-forte) :
Le givre.

CHAMPOLLION (Eugène A.), né à Embrun (Hautes-Alpes), élève de Gaucherel et de M. Hédouin. — Méd. 3e cl. 1879, 2e cl. 1881, 1re cl. 1883. — A Paris, boulevard Saint-Germain, 123.

2402. — Une gravure (eau-forte) :
Le choix du modèle, d'après Fortuny. (S. 1879).
2403. — Une gravure (eau-forte) :
Le menuet, d'après M. J. Jacquet. (S. 1883).
2404. — Une gravure (eau-forte) :
Judith, d'après M. Benjamin-Constant. (S. 1888).
2405. — Une gravure (eau-forte) :
Fête champêtre, d'après Watteau. (S. 1887).
2406. — Une gravure (eau-forte) :
Fête champêtre, d'après Watteau. (S. 1887)

CHAPON (Léon L.), né à Paris, élève de l'Ecole des beaux-arts et de M. Trichon. — Méd. 1866. — A Paris, rue Belliard, 63.

2407. — Une gravure sur bois :
Entrée de Jésus à Jérusalem, d'après H. Flandrin. (S. 1882).

CHAUVEL (Théophile), né à Paris, élève de Picot, d'Aligny et de M. Bellel. — Méd. 1870, 2e cl. 1873 et 1878 (E. U.), ✿ 1879, méd. d'honneur 1881. — A Paris, avenue de la Grande-Armée. 55.

2408. — Une gravure (eau-forte) :
La saulaie, d'après Corot. (S. 1881).
2409. — Une gravure (eau-forte) :
Le Nid de l'Aigle, d'après Th. Rousseau. (S. 1881).
2410. — Une gravure (eau-forte) :
L'orage, d'après Diaz. (S. 80).
2411. — Une gravure (eau-forte) :
Ville-d'Avray, d'après Corot. (S. 1883).
2412. — Une gravure (eau-forte) :
Solitude, d'après Daubigny. (S. 1882).
2413. — Une gravure (eau-forte) :
Le lac, d'après Corot. (S. 1886).
2414. — Une gravure (eau-forte) :
Solitude, d'après Corot. (S. 1887).
2415. — Une gravure (eau-forte) :
Stratford Lock, d'après M. W. Leader.
2416. — Une gravure (eau-forte) :
Passage d'animaux sur un pont dans le Berry, d'après M. J. Dupré.
2417. — Une lithographie :
L'enclos, d'après M. Van Marcke.

CICÉRI (Eugène), né à Paris, méd. 3e cl. 1876. — A Paris, quai Saint-Michel, 21.

2418. — Cinq gravures :
Souvenirs de voyage.
2419. — Quatre gravures :
Souvenirs de voyage.

COLAS (Louis), né à Gouville, elève de MM. Sirouy et Levasseur. — A Paris, rue Jean-Jacques Rousseau, 74-76.

2420. — Une lithographie :
Floréal, d'après R. Collin.   (M. I. P. et B. A. - S. 1887).

COURTRY (Charles L.), né à Paris, élève de Gaucherel et de M. Flameng. — Méd. 1868, 3ᵉ cl. 1874, 2ᵉ cl. 1875, ✻ 1881, méd. d'honneur 1887. — A Paris, rue Bréa, 25.

2421. — Une gravure (eau-forte) :
Milton, aveugle, dictant le Paradis Perdu à ses filles, d'après M. Munkacsy.
                                                            (S. 1879).

2422. — Une gravure (eau-forte) :
Le gué de Mouthiers, d'après M. Van Marcke.
                            (App. à MM. Boussod, Valadon et Cⁱᵉ. - S. 1880).

2423. — Une gravure (eau-forte) :
Hélène Fourment, d'après Rubens.   (S. 1880).

2424. — Une gravure (eau-forte) :
Le berger, d'après M. Julien Dupré.   (S. 1884).

2425. — Une gravure (eau-forte) :
La famille du Menuisier, d'après Rembrandt. (App. à M Sedelmayer. - S. 1887).

2426. — Six gravures (eaux-fortes) :
L'Ecolier, d'après Bonvin.— 2. La halte, d'après Fromentin ;— 3. La Fontaine, d'après Henner; — 4. Le cavalier altéré, d'après Menzel; — 5. L'arrestation, d'après M. Leloir ; — 6. La contribution de guerre, d'après Menzel.

2427. — Six gravures (eaux-fortes) ;
1. Lucrèce Borgia, d'après Maignan;—2. Maréchal de Saxe, d'après Meissonier; — 3. Les amateurs de gravures , d'après Meissonier ; — 4. Les fileuses, d'après Guillaumet ; — 5. La famille d'Holbein, d'après Holbein ; — 6. Sans asile, d'après Marsch.

DAMMAN (Benjamin A. L.), ne à Dunkerque, élève de M. Waltner. — Méd. 3ᵉ cl. 1879, 2ᵉ cl. 1883. — A Paris, rue Campagne-Première, 15.

2428. — Une gravure (eau-forte) :
Les glaneuses, d'après Millet.   (S. 1883).

2429. — Une gravure (eau-forte) :
La petite bergère, d'après Millet.   (S. 1885).

DANGUIN (J. B.), né à Frontenas (Rhône), élève de Vibert, d'Orsel et de M. Henriquel Dupont. — Méd. 3ᵉ cl. 1863, 1868, 1ʳᵉ cl. 1872 et 1878 (E. U.), ✻ 1883. — A Paris, rue Campagne-Première, 12.

2430. — Une gravure (burin):
Saint-Sébastien, d'après une peinture attribuée à Raphael.
                                        (Pour la Société française. - S. 1879).

2431. — Une gravure (burin) :
La Danse des muses, d'après Mantegna.
                                        (Pour la Chalcographie du Louvre. - S. 1880).

2432. — Une gravure (burin) :
La Charité, d'après André del Sarte.   (Pour la Société française. - S. 1882).

2433. — Une gravure (burin) :
Portrait de A. Chenavard.   (S. 1881).

2434. — Une gravure (burin) :
Tête de jeune femme, d'après Palma-le-Vieux. (Pour la Société française.–S.1883).

2435. — Une gravure (burin) :
La Vierge et sainte Anne, d'après Léonard de Vinci;— commencée par feu Huot.
                                (Pour la Société française de gravure. - S. 1885).

2436. — Une gravure (burin) :
Portrait de M. Meissonier, d'après son dessin.
                                (Pour la Société française de gravure. - (S. 1885).

2437. — Une gravure (burin) :
Le Messager, d'après Terburg.   (S. 1886).

2438. — Une gravure (burin) :
Jeune homme au bord de la mer, d'après H. Flandrin.
                                (Pour la Chalcographie du Louvre. - S. 1887).

2439. — Saint-Etienne visitant les malades, d'après L.Cogniet.(Pʳla Sociétéfranç.de gravure).

DAUMONT (Emile), né à Montereau (Seine-et-Marne), élève de MM. Courtry et Chauvel. — Méd. 3e cl. 1886. — A Paris, rue Morère, 6.

2440. — Une gravure (eau-forte) :
La vallée de Munster (Alsace), d'après M. Français. (S. 1886).

2441. — Une gravure (eau-forte) :
Le soir, d'après M. J. Dupré. (S. 1883).

DAUTREY (Lucien), né à Auxonne (Côte-d'Or), élève de L. Courtry. — A Paris, rue de Poissy, 33.

2442. — Une gravure (eau-forte) :
Le retour du troupeau, d'après M. de Vuillefroy. (S. 1884).

2443. — Une gravure (eau-forte) :
Cribleuse de colza, d'après M. J. Breton.

DEBLOIS (Charles-A.), né à Paris. — Méd. 2e cl. 1873. — A La Varenne-Saint-Hilaire (Seine), avenue Chanzy, 8.

2444. — Une gravure :
Le concert, d'après Terburg. (S. 1880).

2445. — Une gravure :
« À toi, toujours ! », d'après E. de Beaumont. (S. 1884).

DEBLOIS (Charles T,), né à Fleurines (Oise), élève de Cabanel et de M. Henriquel-Dupont. — Prix de Rome 1878, méd. 3e cl. 1888. — A La Varenne-Saint-Hilaire (Seine), avenue Chanzy, 8.

2446. — Une gravure :
Ange Doni, d'après Raphaël. (M. I. P. et B. A. - S. 1882).

2447. — Une gravure :
« Interwieving their Member », d'après M. Erskine Nicol. (S. 1888).

2448. — Une gravure :
La Calomnie, d'après Boticelli. (M. I. P. et B. A.)

DECIZY (Eugène), né à Metz, élève de MM. L. Gilbert et Courtry. — A Paris, boulevard Magenta, 170.

2449. — Une gravure (eau-forte) :
L'adoration des bergers, d'après M. Dinet. (S. 1888).

DELANGLE (Théodore), né à Paris. — Méd. 3e cl. 1888. — A Paris, impasse du Maine, 18 bis.

2450. — Une gravure sur bois :
Pour l'*Histoire des Grecs*, de M. V. Duruy. (S. 1888).

DELAUNEY (Alfred A.), né à Gouville (Manche). — Méd. 1870, 2e cl. 1872. — A Paris, rue Saint-Louis-en-l'Ile, 10.

2451. — Une gravure (eau-forte).
Le moulin à eau, d'après Hobbéma. (S. 1888).

2452. — Une gravure (eau-forte).
La cathédrale de Rouen en 1822. (S. 1885).

DELIERRE (Auguste), né à Paris, élève de L. Gaucherel et de M. Lalauze. — A Paris, boulevard Saint-Germain, 204.

2453. — Douze gravures (eaux-fortes).
Fables de La Fontaine. (S. 1881).

DESBOUTIN (Marcelin), né à Cérilly (Allier). — Méd. 3e cl. 1879. — A Paris, rue Rochechouart, 74.

2454. Une gravure (pointe sèche) :
Portrait de M. Desboutin.

DESBROSSES (Léopold J.), né à Bouchain (Nord), élève de P. Delaroche et Corot. — Méd. 3e cl. 1885. — A Paris, rue Friant, 22.

2455. — Une gravure (eau-forte) :
Clair de lune. (S. 1885).

DESMOULIN (P. Fernand), né à Javerlhac (Dordogne), élève de M. Bracquemond. — A Auteuil, rue La Fontaine, 98.

2456. — Une gravure (eau forte) :
   Les empiriques, d'après M. Ribot.

DESVACHEZ (David J.), né à Valenciennes, élève de Calamatta et de Picot. — Méd. 1861, 1863 et 1864. — A Paris, rue de l'Abbaye, 10.

2457. — Une gravure (taille-douce) :
   La cruche cassée, d'après Greuze.   (S. 1888).

DÉTÉ (Eugène), né à Valenciennes (Nord), élève de MM. Smeeton et Tilly. — A Paris, rue Montbrun, 21.

2458. — Débarquement de troupes à Alexandrie, d'après un dessin de M. Lepère. (S. 1884)

DEVEAUX (J. Martial), né à Paris, élève de A. Martinet. — Prix de Rome 1848, méd. 1864, 2e cl. 1878. — A Arnouville-les-Gonesse (S.-et-O.).

2459. — Une gravure :
   Portrait d'Armand-Jean du Plessis, cardinal, duc de Richelieu, d'après Ph. de
   Champaigne.   (Pour la Chalcographie du Louvre)

DEVILLE (Maurice), né à Bayonne (Basses-Pyrénées), élève de M. Chauvel. — A Paris, rue Copernic, 25.

2460. — Une gravure (eau-forte) :
   « Full speed », d'après F. Steward.

DHARLINGUE (Gustave), né à Paris, élève de MM. Sirouy et Maurice.— Méd. 3e cl. 1883, 2e cl. 1885. — A Paris, avenue d'Orléans, 100.

2461. — Une lithographie :
   L'excommunication de Robert-le-Pieux, d'après M. J. P. Laurens.
                                             (App. à M. Lemercier. - S. 1885).

2462. — Une lithographie :
   La toilette, d'après M. Baader.   (S. 1883)

DIDIER (Adrien), né à Gigors (Drôme), élève de Vibert, de H. Flandrin et de M. Henriquel Dupont. — Méd. 1869, 1re cl. 1873 et 1878 (E. U.), ✳ 1880. — A Paris, boulevard Raspail, 219.

2463. — Une gravure :
   Madeleine, d'après M. Henner   (S. 1879).

2464. — Une gravure :
   Thiers, d'après M. Bonnat.   (S. 1880).

2465. — Une gravure :
   La Vierge à l'églantine, d'après Ghirlandajo.   (S. 1882).

2466. — Une gravure :
   La Justice, d'après Raphaël.   (S. 1883).

2467. — Une gravure :
   La Vierge au coussin vert, d'après Solario.   (E. N. 1883).

2468. — Deux gravures :
   Le jour ; — La nuit, d'après M. Bouguereau.   (S. 1887).

2469. — Une gravure :
   La Vierge, l'enfant Jésus, sainte Catherine, saint Benoît et saint Jacques, d'après
   P. Véronèse.   (S. 1888).

DIDIER (Jules), né à Paris, élève de L. Cogniet et de M. J. Laurens. — Méd. 3e cl. 1881. — A Paris, rue de Vaugirard, 59.

2470. — Une lithographie :
   Moutons, d'après M. Brissot de Warville.   (S. 1881).

2471. — Une lithographie :
   Vaches, d'après M. Van Marcke.   (S 1882).
                                             (Voir PEINTURE et DESSINS).

DOCHY (Henri A. A.), né à Lille, élève de MM. Gauchard, Delangle et Barbant — A Sèvres, Grande-Rue, 52.

2472. — Une gravure sur bois :
Portrait de M. Alexandre Dumas, d'après M. Bonnat. (S. 1888).

DUBOUCHET (Henri J.), ne à Lyon, élève de Vibert. — Prix de Rome 1860, Méd. 1869, 1870. — A Paris, rue Littré, 5.

2473. — Une gravure :
Terpsichore, d'après P. Baudry. (S 1882).
2474. — Une gravure :
Le rêve de Sainte-Cécile, d'après P. Baudry. (S. 1885).
2475. — Une gravure :
Mme Regnault de saint Jean-d'Angely, d'après Gérard. (S. 1885).

DUPLESSIS (Edmond M.), né à Paris, élève de M. Bellenger. — A Paris, boulevard Arago, 47.

2476. — Une gravure sur bois :
Le thé, d'après M. Chadwick.

DUTHEIL (Hippolyte C.), né à Paris, élève de M. Verdeil. — Méd. 3e cl. 1888. — A Paris, boulevard Montparnasse, 166.

2477. — Sept gravures sur bois :
Pour les *Chroniques du règne de Charles IX* ; — dessins de M. Toudouze. (S. 1888).

DUVIVIER (Albert), né à Nevers, élève de Pils. — Méd. 3e cl. 1884.— A Paris, rue Pernéty, 10.

2478. — Trois gravures (eaux-fortes) :
1. Portrait de M. L. de Courmont (pour *Feuilles au vent*) ; — 2. Les infortunés, d'après M. J. Geoffroy ; — 3 Tête de femme, d'après Luca della Robbia. (S. 1884).

DUVIVIER (Mme Claire), née à Vittel (Vosges), elève de M. Thomas. — A Paris, rue Pernety, 10.

2479. — Une gravure sur bois :
Misère, d'après M. Thévenot (pour le *Monde Illustré*). (S. 1884).

FAIVRE (Claude), né à Arbois (Jura), élève de MM. Lefebvre, Boulanger et Courtry. — Méd. 3e cl. 1888. — A Paris, rue de la Harpe, 43.

2480. — Une gravure (eau-forte) :
La chanson à boire, d'après M. Roybet. (S. 1888).

FANTIN-LATOUR (J. Henri), né à Grenoble, élève de son père et de M. Lecocq de Boisbaudran. — ✠ 1879. — A Paris, rue des Beaux-Arts, 8.

2481. — Deux lithographies :
1. Baigneuses ; — 2. Evocation. (S. 1883)
2482. — Deux lithographies :
1. Italie 1 — 2. Gotterdammerung. (S 1885).
(Voir PEINTURE et DESSINS).

FÉLIX (Florentin A.), ne à Paris, élève de MM. Pégard et Barbant. — A Paris, rue Vendamme, 27.

2483. — Une gravure sur bois :
Sortie de forêt (Fontainebleau), d'après M. Rousseau. (S. 1888 .

FLAMENG (Léopold), né à Bruxelles (de parents français). — Méd. 1864. 1866 et 1867, ✴ 1870, méd. 3° cl. 1878 (E. U.), méd. d'hon. 1886. — A Paris, boulevard du Montparnasse, 25.

2484. — Une gravure :
    Mort et glorification de sainte Geneviève, d'après M. J. P. Laurens.
2485. — Une gravure :
    Darwin, d'après John Collier.
2486. — Une gravure :
    Les Accordailles, d'après M. Mosler.

FLEURET (Léon L.), né à Pacy-sur-Eure, élève de MM. Hildibrand et Pannemaker. — A Paris, rue Delambre, 33.

2487. — Une gravure sur bois :
    Type espagnol, d'après M. Ximenès.   (S. 1882)

FOCILLON (Victor), né à Dijon, élève de l'Ecole des Beaux-Arts de Dijon. — A Paris, quai des Célestins, 12.

2488. — Une gravure (eau-forte) :
    La fenaison, d'après M. Lhermitte.
2489. — Une gravure (eau-forte) :
    A la fontaine, d'après M. Lhermitte
2490. — Une gravure (eau-forte) :
    Cour de ferme, la nuit, d'après Millet.   (S. 1885).

FONCE (Camille), né à Briare (Loiret), élève de Lalanne et de MM. Allongé et Collier. — A Paris, rue Saint-Paul, 9.

2491. — Une gravure (eau-forte) :
    Kiew, d'après de Webb.   (S. 1888).

FORMSTECHER (Mlle Hélène), née à Paris, élève de son père et de MM. E. Frère et Laguillermie. — A Paris, rue de la Tour-d'Auvergne, 27.

2492. — Une gravure (eau-forte) :
    Lancer d'un lièvre, d'après M. I. Gélibert.   (S. 1888)

FORNET (Eugène A.), né à Paris, élève de M. L. Lucas, méd. 3° cl. — A Paris, rue Clotaire, 3.

2493. — Une gravure (eau-forte) :
    Baratteuse, d'après Millet.   (S. 1887).
2494. — Une gravure (eau-forte) :
    Gardeuse d'oies, d'après Millet.   (S. 1888).

GAREN (Georges), né à Paris, élève de M. Boussard. — A Paris, rue de l'Université, 155.

2495. — Six gravures (eaux-fortes) :
    Pièces d'orfévrerie.   (S. 1887).

GAUJEAN (Eugène), né à Paris, élève de Pils et de M. Waltner. — Méd. 1880, 2° cl. 1887. — A Paris, rue de Sèvres, 45.

2496. — Une gravure (eau-forte) :
    La Vierge, saint Georges et saint Donatien, d'après Van Eyck.   (S. 1887)
2497. — Une gravure (eau-forte) :
    « Flamma vestalis », d'après Bum-Jones.
2498. — Une gravure (eau-forte) :
    Annonciation, d'après Rossetti.

GAUTIER Amand), né à Lille, élève de Souchon et L. Cogniet. — A Paris, rue Tourlaque, 12.

2499. — Une lithographie :
    Portrait de M. D .   (S. 1887).

GAUTIER (Lucien M.), né à Aix (Bouches-du-Rhône), élève de Gaucherel. — A Paris, boulevard Saint-Germain, 122.

2500. — Une gravure :
    Le forum, à Rome.   (S. 1884).

GENTY (Mlle Marie), née à Paris, élève de M. Trichon. — A Bondy (Seine), avenue Franklin.

2501. — Une gravure sur bois ;
Causerie, d'après M. M. Leloir (pour la *Revue Illustrée*).   (S. 1888).
2502. — Neuf gravures sur bois :
D'après les dessins de MM. Rochegrosse, Raffaëlli, Renouard et de Richemond (pour la *Revue Illustrée*).

GÉRY-BICHARD (A. Alphonse), né à Rambouillet (S.-et-O.). — Méd. 3ᵉ cl. 1865. — A Paris, boulevard Arago, 3.

2503. — Quatre gravures (eaux-fortes) :
1. Sganarelle ; — 2. Corneille : —3. Don Garcie de Navarre, d'après M. Leman ;
4. Les Chérifas, d'après M. Benjamin-Constant.   (S. 1884-86).
2504. — Une gravure (eau-forte) :
« Plus rien ! » d'après M. J. Israëls.   (S. 1884).
2505. — Une gravure (eau-forte) :
Le peintre, d'après M. Meissonier.   (S. 1885).

GILBERT (Achille), né à Paris, élève de Belloc et Thomas Couture. — Méd. 1864 et 1865, 3ᵉ cl. 1875 et 1878 (E. U.). — A Paris, rue des Grands-Degrés, 4.

2506. — Une gravure (eau-forte) :
Le grand cerf, d'après Mlle Rosa Bonheur.   (S. 1881).
2507. — Une gravure (eau-forte) :
Les sangliers, d'après Mlle Rosa Bonheur.   (S. 1882).
2508. — Une gravure (eau-forte) :
Tête de lion, d'après Mlle Rosa Bonheur.   (S. 1883).
2509. — Trois gravures (eaux-fortes) :
1. Victor Hugo ; — 2. Philippe Rousseau, d'après Dubufe ;
— 3. La dentelière, d'après Van-der-Meer.   (S. 1885).

GIROUST (René C.), né à Paris, élève de M. Thornley. — A Paris, avenue Carnot, 30.

2510. — Une lithographie :
Ile San-Bartolomeo, à Rome, d'après Corot.   (S. 1886)

GIROUX (Charles), né à Limoges, élève de MM. Gérôme et Chauvel. — A Paris, rue Cassette, 17.

2511. — Une gravure (eau-forte).
Le mendiant brestois, d'après Th. Ribot.   (S. 1886)

GŒNEUTTE (Norbert), né à Paris, élève de Pils. — A Paris, rue de Rome, 62.

2512. — Une gravure (eau-forte) :
La bergerie.   (S. 1887).

GRAVIER (Alexandre), né à Saint-Germain-en-Laye (S.-et-O.), élève de Péquégnot. — A Paris, place des Batignolles, 8.

2513. — Une gravure (eau-forte) :
Contre-temps, d'après M. Haywoord Hardy.   (S. 1885).
2514. — Une gravure (eau-forte) :
Feuilles d'automne, d'après M. J.-E. Grace.   (S. 1885).
2515. — Une gravure (eau-forte) ·
Paysage, d'après M. J.-E. Grace   (S. 1888).
2516. — Une gravure (eau-forte) :
Paysage, d'après M. J.-E. Grace.

GRELLET (François), né à Vienne (Isère), élève de M. P. Barrias. —Méd. 3ᵉ cl. 1880. — A Paris, rue Chardin, 1.

2517. — Une lithographie :
La martyre, d'après M. Becker.   (S 1888).

GRENIER (Ernest) C., né à Sèvres (S.-et-O.), élève de MM. Bracquemond et Galland. — A Paris, rue Mayet, 14.

2518. — Une lithographie :
Moulage sur nature, d'après M. Dantan.

GREUX (Gustave), né à Paris, élève de Gleyre. — Méd. 3ᵉ cl. 1873, 2ᵉ el. 1876. — A Asnières, avenue de Courbevoie. 7.

2519. — Une gravure (eau-forte).
Marais dans les Landes, d'après Th. Rousseau.   (S. 1884).
2520. — Une gravure (eau-forte) :
Le semeur, d'après Millet.   (S. 1884).

GUÉRARD (Ch. Henri), né à Parıs.— Méd. 3ᵉ cl. 1882.— A Paris, avenue Frochot, 4.

2521. — Eaux-fortes :
Vase à vin, épée, aiguière.   (Coll. Thiers et Spitzer. - S. 1883).
2522. — Eaux-fortes :
Six objets d'orfévrerie.   (Exp. de Budapest. - S. 1887).
2523. — Eaux-fortes :
Six objets d'orfévrerie.   (Trésor de St-Marc, coll. Goupil et Stein. - S. 1887).

GUILLAUMOT (Auguste-A.), né à Paris, élève de Lemaître et Viollet-le-Duc. — Méd. 3ᵉ cl. 1845, rap. 1861 et 1863, méd. 1864. — A Marly-le-Roi (S.-et-O.), rue Madame, 14.

2524. — Une gravure (eau-forte) :
La Bastille, d'après les matériaux de la Bibl. Nat.).   (S. 1888).

GUILLON (Pierre-Ernest), né à Paris, élève de M. Sirouy. — Méd. 3ᵉ cl. 1886.— A Paris, avenue d'Orléans, 81.

2525. — Une lithographie :
Job, d'après M. Bonnat.   (S. 1888).

GUSMAN (Pierre), né à Paris, éleve de son père et de M. Cormon. — A Paris, rue de la Barre, 40.

2526. — Une gravure sur bois :
La baratteuse, d'après Millet (pour la *Revue Illustrée*).

HAUSSOULLIER (William), né à Paris, élève de P. Delaroche.— Méd. 1886 2ᵉ cl. 1884. — A Paris, boulevard Suchet, 61.

2527. — Une gravure :
Apollon et Marsyas, d'après Baudry.   (S. 1888).
2528. — Une gravure :
Les Poètes, d'après Baudry.   (S. 1884).

HUET (René-Paul), né à Nice, élève de P. Huet, de Pils et de M. Boilvin. — A Paris, rue d'Assas, 68.

2529. — Deux gravures (eaux-fortes) :
La plage de Houlgate. — Matinée de printemps, d'après Paul Huet. (S. 1881-83).

JACOB (Mlle Marguerite). née à Paris, élève de son père. — A Paris, rue de Vaugirard, 117.

2530. — Une gravure sur bois :
L'inspection, d'après Fragonard.   (S. 1888).
2531. — Une gravure sur bois :
L'appel au passeur, d'après M. Millet.   (S. 1886).
2532. — Une gravure sur bois :
Le marmiton, d'après M. Bail.   (S. 1888).

JACQUE (Charles-E.), né à Paris. — Méd. 3ᵉ cl. 1851, rapp. 1861 et 1863, méd. 3ᵉ cl. 1867 (E. U.), ✳ 1867. — A Paris, boulevard de Clichy, 73.

2533. — Une gravure (eau-forte) :
Intérieur de bergerie.
2534. — Une gravure (eau-forte) :
Abreuvoir aux moutons.   (Voir PEINTURE et DESSINS).

JACQUE (Frédéric), né à Paris, élève de Cabanel. — A Paris, rue du Faubourg-Saint-Denis, 178.

2535. — Une gravure (eau-forte) :
Bergerie, d'après M. Ch. Jacque.

JACQUET (Achille), né à Courbevoie (Seine), élève de Pils et de M. Henriquel Dupont. — Prix de Rome 1870, méd. 3ᵉ cl. 1877, 2ᵉ cl. 1881, 1ʳᵉ cl. 1884. — A Paris, rue des Acacias, 37.

2536. — Une gravure :
Pieta, d'après M. Bouguereau.   (S. 1881).
2537. — Une gravure :
Ophélie, d'après M. Cabanel.   (S. 1884).
2538. — Une gravure :
Rebecca et Eliézer, d'après M. Cabanel.   (S. 1884).
2539. — Une gravure :
Portrait de M. Mackay, d'après M. Cabanel.   (S. 1884).
2540. — Une gravure :
Portrait de Carle Vernet, d'après Lépicié.   (S. 1887).
2541. — Trois gravures :
Les mois, d'après M. Cabanel.   (S. 1883-1884 et 1885).
2542. — Une gravure :
Le peintre d'enseignes, d'après M. Meissonier.   (S. 1888).
2543. — Une gravure :
Flore et Psyché, d'après M. Cabanel.   (S. 1882).
2544. — Une gravure :
Evanouissement de Ste-Catherine, d'après le Sodoma.   (E. N. 1883).

JACQUET (Jules), né à Paris, élève de Pils, de Laemlein et de M. Henriquel-Dupont. — Prix de Rome 1866, méd. 2ᵉ cl. 1875, rapp. 1876, méd. 1ʳᵉ cl. 1882, ✳ 1883. — A Paris, avenue de la Grande Armée, 57.

2545. — Une gravure :
Melpomène, Erato et Polymnie, d'après E. Lesueur.   (S. 1881.)
2546. — Une gravure :
Esmeralda, d'après M. J. Lefebvre.   (S. 1882).
2547. — Une gravure :
1814, d'après M. Meissonier.   (S. 1884).
2548. — Une gravure :
Aurore, d'après M. J. Lefebvre.   (S. 1885.)
2549. — Une gravure :
Calliope, d'après M. P. Baudry.   (S. 1886).
2550. — Une gravure :
Le portrait du sergent, d'après M. Meissonier.   (S. 1887).
2551. — Une gravure :
La belle Portia, d'après M. Cabanel.   (S. 1888).
2552. — Une gravure :
La défense de Paris, d'après M. E. Barrias.

KRATKÉ (Ch. Louis), né à Paris, élève de MM. Waltner et Gérôme. — Méd. 3ᵉ cl. 1887. — A Paris, boulevard du Montparnasse, 117.

2553. — Une gravure (eau forte) :
L'arquebusier, d'après Fortuny.   (S. 1887).

LAGUILLERMIE (Frédéric), né à Paris, élève de MM. Flameng et Bouguereau. — Prix de Rome 1866, méd. 2e cl. 1877, ✿ 1882. — A Paris, rue Robert-Estienne, 4.

2554. — Une gravure (eau-forte) :
L'état-major Autrichien devant le corps de Marceau, d'après M. J. P. Laurens.
(M. I. P. et B. A. - E. N. 1888).

2555. — Une gravure (eau-forte) :
Les deux familles, d'après M. Munkacsy.   (E. N. 1888).

2556. — Une gravure (eau-forte) :
Massacre de Scio, d'après E. Delacroix.   (S. 1885).

2557. — Une gravure (eau-forte) :
La Vierge au baiser, d'après M. Hébert.   (Chalcographie du Louvre. - S. 1886).

2558. — Une gravure (eau-forte) :
Béatrix de Cusance, princesse de Cante-Croix, femme de Charles IV, duc de
Lorraine, d'après Van Dyck.   (S. 1888).

2559. — Une gravure (eau-forte) :
Portrait de Mme Vigée Le Brun et de sa fille, d'après Mme Vigée-Le Brun.

LALAUZE (Adolphe), né à Rive-de-Gier (Loire), élève de Gaucherel,méd. 3e cl. 1876, 2e cl. 1878. — A Paris, quai de Béthune, 24.

2560. — Une gravure (eau-forte) :
Portrait de Mme de Pompadour, d'après Latour.   (S. 1878).

2561. — Une gravure (eau-forte) :
Une histoire d'amour, d'après Diksee.

2562. — Une gravure (eau-forte) :
La halte, d'après M. Meissonier.

2563. — Une gravure (eau-forte) :
La sentinelle, d'après M. Bargue.

2564. — Une gravure (eau-forte) :
Jeune fille au chien, d'après M. Seymour.

LAMOTTE (Alphonse), né au Havre, élève de M. Henriquel-Dupont. — Méd. 3e cl. 1878, 2e cl. 1880, 1re cl. 1883. — A Paris, rue Hippolyte-Lebas, 6.

2565. — Une gravure :
Les Etats-Généraux (séance du 23 juin 1789), d'après M. Dalou.

2566. — Cinq gravures :
1. Bevendo, d'après L. Robert. (S. 1879). — 2. Voix céleste, d'après M. Hébert.
(S. 1884). — 3. Souvenirs, d'après M. Chaplin. (S 1884). — 4. La source,
d'après M. Munier. (S. 1883). — 5. Mignon, d'après M J. Lefebvre.

LANGEVAL (Jules, L. L.), né à Paris, élève de MM. Dupeyron et Joliet. — Méd. 3e cl. 1881, 2e cl. 1886. — A Paris, rue Cortot, 2.

2567. — Deux gravures sur bois :
1. Le chaos de Villers (Calvados) d'après M. Guillemet ; — 2. Un herbage à Soreng
(Seine Inferieure) d'après, M Van Marcke.   (S. 1880).

2568. — Une gravure sur bois :
Dans la campagne, d'après M. Lerolle.   (S. 1881).

2569. — Une gravure sur bois :
Au pâturage, d'après M. Julien Dupré.   (S. 1883).

2570. — Une gravure sur bois :
Les orphelines. d'après M. Hawkins Welden.   (S. 1884).

2571. — Une gravure sur bois :
Un calvaire (moutons), d'après M. Henry Thompson.   (S. 1885).

LARIVIÈRE (Mlle Eugénie), née à Fleys (Yonne), élève de M. Waltner — A Paris, rue du Cherche-Midi, 79.

2572. — Une gravure (eau-forte) :
Une Parisienne, d'après M. Lynch.   (S. 1888).

LAURENS (Jules), né à .Carpentras (Vaucluse), élève de M. J. Laurens. — Méd.
3ᵉ cl. 1853, rap. 1859, méd. 2ᵉ cl. 1861, ✣ 1868, — A Paris, rue de Narbonne, 1 et à
Carpentras, aux Platanes, 2.

2573. — Une lithographie :
    Un buveur, d'après Craesbecke.   (S. 1888).
2574. — Une lithographie :
    D'après Th. Rousseau.   (S. 1888).
                                     (Voir PEINTURE.)

LE COUTEUX (A.-Lionel), né au Mans, élève de Gaucherel et de MM. Luminais et Waltner. — Méd. 3ᵉ cl. 1879, 2ᵉ cl. 1881, 1ʳᵉ cl. 1884. — A Paris, boulevard de
Clichy, 36.

2575. — Une gravure (eau-forte) :
    Deux chiens, d'après M. Van-Marcke.   (S. 1881).
2576. — Une gravure (eau-forte) :
    Fileuse, d'après Millet.   (S. 1883).
2577. — Une gravure (eau-forte) :
    Portrait de Mme A..., d'après M. P. Dubois.   (S. 1883).
2578. — Une gravure (eau-forte) :
    Vache au pâturage, d'après M. Julien Dupré   (S. 1884).
2579. — Une gravure (eau-forte) :
    La barque de Don Juan, d'après Delacroix.   (S. 1884).
2580. — Une gravure (eau-forte) :
    Fantaisie, d'après M. R. Collin.   (S. 1885).
2581. — Une gravure (eau-forte) :
    Le goûter, d'après M. J. Breton.   (S. 1887).
2582. — Une gravure (eau-forte) :
    Etude, d'après M. R. Collin.   (S. 1887j.
2583. — Une gravure (eau-forte) :
    Laitière normande, d'après Millet.   (S. 1888).
2584. — Une gravure (eau-forte) :
    L'âge de pierre, d'après M. Cormon.   (M. I. P. et B. A.).

LEFORT (Henri), né à Paris, élève de MM. L. Flameng et Courtry. — Méd. 3ᵉ cl.
1881, 2ᵉ cl. 1885. — A Paris, rue Notre Dame-des-Champs, 34.

2585. — Une gravure (eau-forte) :
    Le printemps, d'après M. A. Stevens.   (S. 1884).
2586. — Une gravure (eau-forte) :
    L'automne, d'après M. A Stevens.   (S. 1884).
2587. — Une gravure (eau-forte) :
    Portrait de Washington   (S 1881).
2588. — Une gravure (eau-forte) :
    « First grief », d'après M. Tofano.   (S. 1885).
2589. — Quatre gravures (eaux-fortes).

LEPÈRE (Louis-A.), né à Paris. élève de M. Burn-Smeeton. — Méd. 3ᵉ cl. 1881
2ᵉ cl. 1887. — A Paris, rue Chanoinesse, 4.

2590. — Trois gravures sur bois :
    1. Frontispice du « Voyage autour des Fortifications ». — 2. La rue de la Mon-
tagne-Sainte-Geneviève. — 3. Roches Cuvier-Châtillon, à Fontainebleau (dessins du
graveur).   (S. 1887).
2591. — Quatre gravures sur bois :
    1. Brûleurs de fougères. — 2. Le matin, hautes futaies. — 3. Au plateau de Belle-
Croix. — 4. Chercheurs de champignons (dessins du graveur).   (S. 1888).
2592. — Deux gravures sur bois :
    1. Au Bas-Bréau. — 2. La récolte du sable à Saint-Adresse (dessins du graveur).
                                           (S. 1887).
2593. — Trois gravures sur bois :
    1. La Seine au pont d'Austerlitz. — 2. La rue des Barres. — 3. La rue du Pont-
Neuf (dessins du graveur).
2594. — Une gravure sur bois :
    La cathédrale de Rouen (dessin du graveur) (Pour l'*Illustration*).
2595. — Une gravure sur bois :
    Le dimanche aux environs de Paris, dessin de M. Vierge (Pour le *Monde illustré*).
2596. — Une gravure sur bois :
    Fête donnée pendant l'Exp. univ. de 1867, aquarelle de M.H.Baron.(Pour *L'Estampe
française*).

LE RAT (Paul, E.), né à Paris. élève de Gaucherel et de M. Lecoq de Boisbaudran.
— Méd. 3ᵉ cl. 1875, 2ᵉ cl. 1879. — A Paris, boulevard du Montparnasse, 42.

2597. — Une gravure (eau-forte) :
Le Bibliophile, d'après M. Meissonier.   (E. N. 1883).
2598. — Huit gravures (eaux fortes) :
Pour une illustration d'Eugénie Grandet, dessin de H. Dagnan-
Bouveret.   (E. N. 1883).
2599. — Une gravure (eau forte) :
Portrait de M. T...   (S. 1885).
2600. — Treize gravures (eaux fortes) :
Pour une illustration des Fables de Lafontaine, dessin de M. E. Adan.
                                                             (S. 1886).
2601. — Une gravure (eau-forte) :
L'homme à la fenêtre d'après M. Meissonier.   (S. 1888).
2602. — Une gravure (eau-forte) :
Le doge Lorédan, d'après J. Bellin.   (S. 1887).
2603. — Une gravure (eau-forte) :
Portrait de Guillaumet.   (S 1888).

LEROY (Alphonse A.), né à Lille. — Med. 3ᵉ cl. 1853 et 1855 (E. U.), rap. 1859 et
1863. — A Lille, rue à Fiens, 1 bis.

2604. — Une gravure (eau-forte) :
Un vigneron.

LETERRIER (Paul E.), né à Gesvres (Mayenne), élève de MM. Waltner et
Carolus-Duran. — Méd. 3ᵉ cl. 1888. — A Paris, avenue de Breteuil, 16.

2605. — Une gravure (eau-forte) :
Fiançailles, d'après M. Demont.   (S. 1888).

LETOULA (Jules), né à Paris, élève de MM. J. Laurens et Chauvel. — Méd. 3ᵉ cl.
1884. — A Paris, boulevard Saint-Germain, 97.

2606. — Une lithographie :
La mort de Chramm, d'après M. Luminais.   (S. 1881).
2607. — Une lithographie :
Portrait d'Eug. Delacroix.   (S. 1881).

LEVASSEUR (Jules, G.), né à Paris, élève de Girard et de M. Henriquel-Dupont.
— Méd. 1867, 2ᵉ cl. 1877, 1ʳᵉ cl. 1878, 2ᵉ cl. 1878 (E. U.). — A Paris, rue du Cherche-
Midi, 98.

2608. — Une gravure (burin):
Intérieur hollandais, d'après P. de Hooch.   (S. 1881).
2609. — Une gravure (burin):
Enterrement du fils aîné, d'après L. Robert.   (E. N. 1883).
2610. — Une gravure (burin) :
La Sainte-Vierge dite de Carrondelet, d'après Fra-Bartholoméo. (S. 1886).
2611. — Une gravure (burin):
Racine et Chapelle, d'après Tournières.   (S. 1887).
2612. — Une gravure (burin):
Jésus en Gethzémanée, d'après P. Delaroche.   (S. 1888).

LÉVEILLÉ (H. Auguste), né à Joué-du-Bois (Orne), élève de Best et de M. Ho-
telin. — Méd. 3ᵉ cl. 1885, 2ᵉ cl. 1888. — A Paris, boulevard du Montparnasse, 25.

2613. — Une gravure sur bois :
Louis XI, d'après M. Baffier.   (S. 1885).
2614. — Trois gravures sur bois :
1. baudry, buste, d'après M. Dubois.2.— Vieux marins, d'après U. Butin.— 3 M.
A. Proust, d'après M. Rodin.   (S. 1886).
2615. — Une gravure sur bois :
Projet de statue, d'après M. Rodin.   (S. 1887).
2616. — Une gravure sur bois :
M. Pasteur, buste, d'après M. P. Dubois.   (S. 1887).
2617. — Une gravure sur bois :
M. Dalou, buste, d'après M. Rodin.   (S 1888).

LEVEILLÉ (Ernest-P.), né à Paris, élève de son père. — A Paris, boulevard du Montparnasse, 25.

2618. — Une gravure sur bois :
Le Remorqueur, d'après M. Boggs   (S. 1888)

LÉVY (Gustave), né à Toul. — Méd. 3e cl. 1846, rap. 1857 et 1867. — A Paris, rue de Trévise, 21.

2619. — Une gravure :
Jeune fille à la couronne, d'après Rosalba Cogliera   (S. 1879).
2620. — Une gravure :
Ad. Crémieux, d'après M. Lecomte du Nouy.   (S. 1880)
2621. — Une gravure :
Mélodie, d'après M. Hébert.   (S 1884).
2622. — Une gravure :
Message, d'après Cabanel.   (S. 1885)
2623. — Une gravure :
Portrait de Cabanel, d'après lui-même.   (S. 1887).

LHERMITTE (Léon-A.), né à Mont-Saint-Père (Aisne), élève de M Lecoq de Boisbaudran. — A Paris, rue Vauquelin, 19.

2624. — Une gravure (eau-forte) :
La cathédrale de Rouen.
2625. — Une gravure (eau-forte) :
Une prédication à l'église Saint-Maclou, à Rouen
2626. — Deux gravures (eaux-fortes) :
1. Une visite pastorale. — 2. La vierge à Kersaint.

LOUVEAU-ROUVEYRE (Mme Marie), née à Paris, élève de MM. Flameng, Laguillermie et Carolus-Duran. — Méd. 3e cl. 1888. — A Paris, rue du Battoir, 5.

2627. — Une gravure (eau-forte) :
Portrait de jeune homme, d'après Calcar.   (S. 1888)

LUCAS (Louis-M.), né à Paris, élève de MM. L. Flameng, E. Delaunay et Puvis de Chavannes. — Méd. 3e cl. 1882. — A Paris, rue Faustin-Hélie, 7.

2628. — Une gravure (eau-forte) :
Portrait d'Isabelle, fille de Philippe II, d'après Cœllo   (S 1881)

LUNOIS (Alexandre), né à Paris, élève de M. Sirouy. — Méd. 3e cl. 1883, 2e cl. 1887. — A Paris, boulevard St-Jacques, 49.

2629. — Une lithographie :
Le pot de vin, d'après M. Lhermitte.   (S. 1882).
2630. — Une lithographie :
La paie des moissonneurs, d'après M. Lhermitte.   (S. 1883).
2631. — Une lithographie :
La salle Graffard, d'après M. J. Béraud.   (S 1885)
2632. — Une lithographie :
Le vin, d'après M. Lhermitte.   (S. 1887).
2633. — Une lithographie :
Le faucheur.   (S. 1888)

LURAT (J. Abel), né à Orléans, élève de M. François. — Méd. 3e cl. 1876. — A Paris, rue Vavin, 52.

2634. — Une gravure (eau-forte) :
L'ouïe, d'après Téniers, (pour l'*Art*).   (S. 1880).

MANESSE (G.-Henri), né à Rouen, élève de M. Champollion. — Méd. 3ᵉ cl. 1886. — A Paris, rue de l'Abbé-Grégoire, 29.

2635. — Une gravure (eau-forte) :
Mᵐᵉ de Beereysteine, fondatrice du Béguinage.   (S. 1886).
2636. — Une gravure (eau-forte) :
Jean des Monstiers, maréchal des camps du Roy.

MARE (Tiburce de), né à Paris, élève de Gaillard. — Méd. 3ᵉ cl. 1884. — A Paris, boulevard des Italiens, 34.

2637. — Gravures :
Fresques de la Farnésine, à Rome.   (S. 1884).
2638. — Gravures :
Fresques de la Farnésine, à Rome. — Portrait d'Edmond About.   (S. 1884).

MARGELIDON (Lucien), né à La Nouaille (Creuse), élève de Lehmann et de MM. Le Rat et Carolus-Duran. — A Paris, passage Rimbaut, 9.

2639. — Une gravure (eau-forte) :
Une matinée aux Tuileries, d'après Clary.   (S. 1886).
2640. — Trois gravures (eaux-fortes) :
1. L'Angelus, d'après Millet.—2. Les planteurs de pommes de terre, d'après Millet. — 3. Le peintre d'enseignes, d'après M. Meissonier.
2641. — Deux gravures (eaux-fortes) :
1. L'étoile du berger, d'après M. J. Breten, pour l' « Album des Aqua-Fortistes ». 2. — La halte, d'après M. Meissonier.

MASSARD (Léopold), né à Crouy-sur-Ourcq (Seine-et-Marne), élève de son père. — Méd. 1866, 2ᵉ cl. 1874, ✠ 1880. — A Paris. rue de la Barouillere, 1.

2642. — Une gravure (burin) :
Portrait du maréchal Mac-Mahon.
2643. — Une gravure (eau forte) :
Job, d'après M. Bonnat.
2644. — Une gravure (burin) :
Le bagage de Croquemitaine, d'après M. Lobrichon.
2645. — Une gravure (burin) :
Jeune fille, d'après Greuze.
2646. — Une gravure :
Christ, d'après M. Bonnat.
2647. — Une gravure (burin) :
Jeune fille, d'après Hicke.
2648. — Une gravure (burin) :
Victor-Hugo, d'après M. Bonnat.
2649. — Une gravure (burin) :
Antiope, d'après Le Corrège.

MASSARD (Jules), né à Versailles, élève de son père, de Pils et de M. Henriquel Dupont. — Méd. 3ᵉ cl. 1886. — A Paris, rue de Rennes, 131.

2650. — Une gravure :
Portrait de Mᵐᵉ Vigée-Le Brun et de sa fille, d'après Mᵐᵉ Vigée-Le Brun
(M. I. P et B. A. - S. 1879).
2651. — Une gravure :
Portrait de Mᵐᵉ Molé-Raymond, d'après Mᵐᵉ Vigée-Le Brun.
(M. I. P. et B. A. - S. 1890).

MASSÉ (P. Augustin), né à Blois, élève de MM. Champollion et Boilvin. — A Paris, rue Madame, 67, et à Londres, Wobum place, 1a, Russel square.

2652. — Une gravure (eau-forte) :
La reine des épées, d'après M. Orchardson.

MASSÉ (Frédéric), né à Bitche, élève de Hédouin, Gaucherel et de M. Gérôme. — A Paris, avenue Philippe-Auguste, 62.

2653. — Un cadre, quatre gravures.

MATHEY-DORET (Armand), né à Besançon, élève de Lehmann et de M. Waltner. — Méd. 3ᵉ cl. 1883, 2ᵉ cl. 1887. — A Paris, avenue des Tilleuls, 2.

2654. — Une gravure (eau-forte) :
Le condamné à mort, d'après M. Munkacsy. (S. 1883).
2655. — Une gravure (eau-forte) :
L'alchimiste, d'après M. Brozik. (S. 1883).
2656. — Une gravure (eau-forte) :
Le chien au canard, d'après Troyon. (S. 1888).
2657. — Une gravure (eau-forte) :
Tête du Christ, d'après M. Munkacsy

MATRAT (Mlle Pauline), née à Paris, élève de M. Chauvet. — A Paris, avenue d'Orléans, 61.

2658. — Une gravure (eau-forte) :
L'étude, d'après Fragonard.

MAUROU (Paul), né à Avignon, élève de Guilbert d'Anelle. — Méd. 3ᵉ cl. 1882, 2ᵉ cl. 1886. — A Paris, rue de la Grange-Batelière, 16

2659. — Une lithographie :
Patrie, d'après M. G. Bertrand. (S. 1882).
2660. — Une lithographie :
Portrait de M. Mounet-Sully, rôle d'Hamlet, d'après M. J.-P Laurens.
2661. — Une lithographie :
Paysage, d'après M. Vallée.

MILIUS (Félix A.), né à Marseille, élève de Gleyre, de Hédouin et de M. Waltner. — Méd. 3ᵉ cl. 1878. — A Auteuil, rue Corot, 6.

2662. — Une gravure (eau-forte) :
Autour d'une partition, pour la « Société des Amis des Arts » (S. 1888).

MONGIN (Augustin), né à Paris, élève de Gaucherel. — Méd. 3ᵉ cl. 1876, 2ᵉ cl. 1885. — A Paris, rue de Mézières. 15.

2663. — Une gravure (eau-forte) :
L'ordonnance, d'après M. Meissonier.
2664. — Une gravure (eau-forte) :
Une lecture chez Diderot, d'après M. Meissonier.
2665. — Une gravure (eau-forte) :
Un schisme, d'après M. Vibert.
2666. — Une gravure (eau forte) :
Le repos du peintre, d'après M. Vibert.
2667. — Une gravure (eau-forte) :
Une chanson, d'après M. Meissonier.
2668. — Une gravure (eau-forte) :
« The old story » d'après M. P. Tarraut.
2669. — Trois gravures (eaux-fortes) :
1. Portrait d'Edmond About, d'après Baudry. — 2 Portrait, d'après Orchardson. — 3. Le portrait du sergent, d'après M. Meissonier.

MONTET (Désiré C.), né à Baudoncourt (Haute-Saône), élève de M. Gusman. — A Paris, rue Chappe, 14.

2670. — Une gravure sur bois :
La cabane du bûcheron, aux Vaux-de-Cernay, d'après M. Dameron. (S. 1888).

MONZIÉS (J. Louis), né à Montauban, élève de Pils et de Gaucherel. — Méd. 3ᵉ cl. 1876, 2ᵉ cl. 1880. — A Paris, boulevard Malesherbes, 158.

2671. — Une gravure (eau-forte) :
Une lecture chez Diderot, d'après M. Meissonier. (S. 1885).
2672. — Une gravure (eau-forte) :
Portrait de M. Meissonier fils, en costume Louis XIII, d'après M. Meissonier. (S. 1885).

MORDANT (Daniel), né à Quimper, élève de Gaucherel, de Le Rat et de MM. Carolus Duran et Waltner. — Méd. 3ᵉ cl. 1883. — A Paris, rue de la Grande-Chaumière, 3.

2673. — Une gravure (eau forte) :
Le doreur, d'après Rembrandt.   (S. 1885).
2674. — Trois gravures (eaux-fortes) :
1. Sous le Directoire, d'après M. Edelfelt.—2. Portrait d'un savant, d'après Rubens. — 3. Intérieur, d'après P. de Hooch.
2675. — Un cadre vignettes :
1. Pour les *Nouvelles* d'Alfred de Musset, d'après M. P. Flameng. — 2. Le sultan Acmeth, d'après M. Berton.— 3. Mort de Mᵐᵉ Bovary, d'après M. Fourié.

MORSE (Auguste), né à Paris, élève de Margeot. — Méd. 1867, 1ʳᵉ cl. 1874. — A Paris, rue de Berlin, 16.

2676. — Une gravure (burin) :
La Vierge au donataire, d'après Memling.
                                        (App. à la Société Française de gravure. - S. 1881).
2677. — Une gravure (burin) :
Le Benedicite, d'après Maës.   (Pour la Chalcographie du Louvre. - S. 1879).

MULLER (Louis J.), né à Paris, élève de MM. Lalauze et Boilvin. — A Paris, rue de l'Estrapade, 15.

2678. — Trois gravures (eaux-fortes) :
D'après MM. Guillaumet et Boutet de Monvel.   (S 1888;

MUZELLE (Raphaël), né à Paris, élève de MM. E. et P. Farin. — Méd. 3ᵉ cl. 1885. — A Paris, rue Linné, 29.

2679. — Une gravure (burin) :
Le miroir aux alouettes, d'après M. J. Aubert.   (S. 1885).
2680. — Une gravure (burin) :
Les fiancés, d'après Mlle Rougier.   (S. 1886).

NOEL-MASSON (Ch. E.), né à Paris, élève de Lalanne. — A Bois-Colombe, rue de la Procession, 20.

2681. — Une gravure (eau-forte) :
Poëte florentin.   (M. I. P. et B. A.)

OURY (Ch), né à Paris, élève de A. Gelée. — A Paris, avenue des Ternes, 44.

2682. — Six gravures (burin):
Pour le Dictionnaire de l'Académie des Beaux-Arts.
2683. — Une gravure (burin) :
Pour le Dictionnaire de l'Académie des Beaux-Arts.

PAILLARD (P. Henri). né à Paris, élève de M. Burn-Smeeton. — A Paris, rue Lepic, 100.

2684. — Une gravure sur bois :
L'attente ; — pêcheurs de Berck (composition du graveur)   (S. 1888).

PANNEMACKER (Stéphane), né à Bruxelles, naturalisé français, élève de son père. — Méd. 3ᵉ cl. 1874, 2ᵉ cl. 1876, méd. 1ʳᵉ cl. 1879, ✿ 1881.. — A Clamart (Seine), villa Plaisant.

2685. — Une gravure sur bois :
Souvenir, d'après M. Chaplin.   (S. 1887).
2686. — Une gravure sur bois :
La femme aux cerises, d'après M. Edelfelt.   (S. 1888),
2687. — Une gravure sur bois :
Mort de Marceau, d'après M. J.-P. Laurens.   (S. 1881).
2688. — Une gravure sur bois :
Jeune fille, d'après M. Jacquet.   (S. 1881).
2689. — Une gravure sur bois :
Portrait de Mlle Sabine, d'après M. Carolus-Duran.   (S. 1879)

PENEL (Jules), né à Paris, élève de M. E. Ollivier, à Paris, rue du Cherche-Midi, 30.

2690. — Une gravure (eau-forte) :
Boiserie dans la chapelle de l'abbaye de Mont-Benoit (Doubs). (S. 1887).

PENET (Lucien C.), né à Paris, élève de son père et de MM. Gérôme et Le Rat. — A Paris, boulevard du Montparnasse, 25.

2691. — Une gravure (eau-forte) :
Portrait d'un mathématicien, d'après M. F. Bol. (S. 1887).

PENET (Lucien F.), né à Thiennes (Nord). — Méd. 3e cl. 1886. — A Paris, rue Campagne-Première, 13 bis.

2692. — Deux gravures (eaux-fortes) :
Fleurs de printemps et fleurs d'été, d'après M. Sinibaldi. (S. 1885).

PFNOR (Rodolphe), né à Darmstadt, naturalisé français, élève de M. Gaucherel. Méd. 3e cl. 1881. — A Paris, chez M. Dangleterre, rue de Seine, 42.

2693. — Une gravure :
La salle du Trône; — Palais de Fontainebleau.
2694. — Une gravure :
Intérieur ; — Palais de Fontainebleau.
2695. — Huit gravures :
Palais de Fontainebleau.

PIRODON (L. Eugène). né à Grenoble, élève de MM. Hébert et Jadin. — Médaille 3e cl. 1885. — A Paris, rue de la Tour-d'Auvergne, 50.

2696. — Une lithographie :
La noce juive, d'après E. Delacroix. (S 1885)

POYNOT (Mlle Gabrielle), né à Montreuil-Bellay (Maine-et-Loire). élève de M. Waltner. — A Paris, rue Mayet, 6.

2697. — Une gravure (eau-forte) :
La créole, d'après M. Henner (pour le *Port-Folio*). (S. 1888).

PUYPLAT (J. J.), né à Cusset (Allier). — A Paris, rue Humboldt, 25.

– Une gravure sur bois :
Portrait, d'après Vélasquez (pour l'*Art*).

QUARANTE (Lucien N.), né à Metz, élève de Cabanel et de MM. Henriquel-Dupont et Laguillermie, — A Paris, rue des Acacias.

2699. — Une gravure :
Portrait de Van Beereysten, d'après Franz Hals (S. 1887).

QUESNEL (Mathieu D.), né à Paris, élève de MM. Carbonneau et Regnier, — A Paris, boulevard du Montparnasse, 74.

2700. — Une gravure sur bois :
Allégorie, d'après M. D. Vierge. (S. 1882).

RAPINE (Maximilien H. F.), né à Beaune-la-Rolande (Loiret), élève de M. E. Salle. — A Boulogne (Seine) rue de la Plaine, 166.

2701. — Une gravure (eau-forte) :
La planète Vénus, d'après M. Faléro. (S. 1887).
2702. — Une gravure (eau-forte) :
La vague, d'après M. P. Dupuis (S. 1888).

ROBERT (Ch. Jules), né à Chartres, élève de M. Chapon. — Méd. 3ᵉ cl. 1873,
2ᵉ cl. 1880, ✿ 1882. — A Paris, rue Dancourt, 4.

2703. — Deux gravures sur bois :
Recto et verso du billet de cent francs de la Banque de France, d'après P. Baudry.

2704. — Une gravure sur bois :
Le frère Philippe, d'après H. Vernet.

2705. — Une gravure sur bois :
La France.   (S. 1884).

2706. — Une gravure sur bois :
Saint Jean-Baptiste, d'après M. Henner.   (S. 1879).

2707. — Une gravure sur bois :
Types cophtes.   (S. 1880).

2708. — Une gravure sur bois :
Portrait de Mᵐᵉ Boucicaut, d'après M. Vuillier.   (S. 1887).

2709. — Gravures sur bois :
Tête de Mercure et tête de la France (dessin du graveur). — Quatre têtes (fond
du billet de cent francs de la Banque de France). — Mercure et la Force (fond du
billet de cinq cents francs de la Banque de France, dessins de M. Daniel Dupuis).

2710. — Gravures sur bois :
Recto et verso du billet de cinquante francs de la Banque de France (dessins de
MM Daniel Dupuis et G. Duval).

ROCH (Paul E.), né à Paris, élève de MM. Perrichon et Paillard. — A Paris, rue
Chappe, 23.

2711. — Une gravure sur bois.
Une rue à Alger (dessin de M. Paillard).   (S. 1888).

ROUSSEAU (Léon), né à Tours, élève de Quartley. — Méd. 3ᵉ cl. 1880, 2ᵉ cl.
1882. — A Paris, rue du Montparnasse, 42.

2712. — Une gravure sur bois :
L'Amour endormi, d'après M. Perrault.   (S. 1881).

2713. — Une gravure sur bois :
Sur les galets, d'après M. Aublet.

2714. — Une gravure sur bois :
Diane, d'après M. Delannoy.

RUDAUX (Edmond-A), né à Verdun, élève de Lavieille et de Boulanger. — A
Donville, par Granville (Manche).

2715. — Gravures (eaux-fortes) :
Pour une illustration de *La Mare au Diable.*

RUET (Louis V.), né à Paris, élève de MM. Muzelle et Le Rat. — A Paris, rue
Cujas, 21.

2716. — Une gravure (eau-forte) :
L'atelier du peintre, d'après M. M. Leloir.   (S. 1885).

2717. — Une gravure (eau-forte) :
Marguerite, d'après L. Leloir.   (S 1888).

RUFFE (Léon-H.), né à Paris, élève de M. Baude. — A Paris, rue de Rennes, 127.

2718. — Gravures sur bois :
Dessins de MM. Jeanniot, Aublet, Vogel, Béraud et Repine, pour la *Revue
Illustrée.*

SALMON (L. Adolphe), né à Paris, élève d'Ingres et de M. Henriquel-Dupont. —
Prix de Rome 1834, méd. 2ᵉ cl. 1853, rapp. 1857, 1859 et 1863, méd. 2ᵉ cl. 1867 (E. U.),
✿ 1867. — A Neuilly (Seine), avenue du Roule, 79.

2719. — Trois gravures (burin) :
La Source, d'après Ingres. — Œdipe, d'après Ingres. — Portrait de M. Thomas,
d'après Cot.

SALMON (Emile F.), né à Paris, élève de Gaucherel et de Hédouin. — Méd. 3e cl. 1885. — A Paris, boulevard Raspail, 140.

2720. — Une gravure (eau-forte) :
Cerf sous bois, d'après Mlle Rosa Bonheur. (S. 1886).

SARGENT (Alfred), né à Paris. — A Paris, avenue de Montenotte, 22.

2721. — Six gravures sur bois :
D'après Constable, Mouilleron, M. Grandsire et M. Bayard.

SCHIFF (Mlle Jeanne), née à Paris, élève de M. Trichon. — A Paris, quai des Orfévres, 54.

2722. — Une gravure sur bois.

SEVRETTE (Jules), né à Clermont (Oise), élève de M. Courtry. — A Paris, rue du Sommerard, 35.

2723. — Une gravure (eau-forte) :
Un pêcheur à la ligne, d'après M. Gilbert, pour l'*Album des aqua-fortistes*.
2724. — Une gravure (eau-forte) :
La passerelle, d'après M. Damiron, pour l'*Album des aqua-fortistes*.

SIROUY (Achille), né à Beauvais, élève de E. Lassalle. — Méd. 3e cl. 1859, rapp. 1861 et 1863, ✳ 1869. — A Paris, rue d'Assas, 68.

2725. — Une lithographie :
Apollon vainqueur du serpent Python, d'après Eug. Delacroix. (S. 1879).
2726. — Une lithographie :
Jésus endormi dans la barque, d'après Eug. Delacroix. (S. 1881).
2727. — Une lithographie :
Boissy d'Anglas, d'après Eug. Delacroix. (S. 1884).
2728. — Une lithographie :
Les deux Foscari, d'après Eug. Delacroix. (S. 1886).
2729. — Une lithographie :
Tête de vieille religieuse, d'après Eug. Delacroix. (S. 1886).
2730. — Une lithographie :
Portrait d'Eugène Delacroix. (S. 1881).
2731. — Une lithographie :
Le sphinx, d'après un tableau de l'auteur. (S. 1883).
2732. — Trois lithographies :
1. Mme Anthony et ses enfants, d'après Prudhon , —
2. Portrait de Marie ; — 3. Portrait de Mme G... (S. 1884).

SOUDAIN (M.-Alexandre), né à Paris, élève de M. E. Olivier. — Méd. 3e cl. 1861, rap. 1863. — A Sèvres (S.-et-O.), Grande-Rue, 3.

2733. — Une gravure :
Les thermes de Dioclétien à Rome, d'après M. Paulin. (M. I. P. et B. A.)

SULPIS (J.-Joseph), né à Paris, élève de MM. Traversier et Bury. — Méd. 3e cl. 1873. — A Paris, rue Denfert-Rochereau, 17.

2734. — Une gravure :
Monument d'Henri Regnault, à l'Ecole des Beaux-Arts.

TEYSSONNIÈRES (Mlle Mathilde C.), née à Toulouse, élève de son père. — A Paris, rue Laferrière, 4.

2735. — Une gravure (eau-forte) :
Rêverie, d'après Feyen-Perrin. (S. 1888).

TEYSSONNIÈRES (Pierre S. F.), né à Albi, élève de F. Teyssonnières. — Méd. 3e cl. 1878. — A Paris, rue Laferrière, 4.

2736. — Trois gravures (eaux-fortes) :
1. Fileuse, d'après Millet. — 2. L'alcool, d'après de Beaulieu. — 3 Tricoteuse, d'après Millet. (S. 1883).

THÉVENIN (G. Auguste), né à Paris, élève de M. Robert. — A Paris, rue Houdon, 19.

2737. — Une gravure sur bois :
Tête de vieillard, d'après M. Valadon. (S. 1887).

THIBAULT (Charles-E.), né à Paris, élève de Gleyre et de Martinet. — Méd. 3ᵉ cl. 1880. — A Paris, rue Monsieur-le-Prince, 49.

2738. — Une gravure :
A la source, d'après M. J. Aubert. (S. 1880).
2739. — Une gravure :
Les oiseaux de passage, d'après M. J. Aubert. (S. 1885).

THOMAS (Emile), né à Vittel (Vosges), élève de M. Gusman. — Méd. 3ᵉ cl. 1886.— A Paris, rue des Plantes, 4.

2740. — Quatre gravures sur bois :
Composition de M. Toudouze, pour une édition des *Chroniques de Charles IX*.

THORNLEY (Georges-William), né à Paris, élève de MM. Cicéri et Sirouy. — Méd. 3ᵉ cl. 1888. — A Paris, rue Bayen, 27 bis.

2741. — Une lithographie :
La Guerre, d'après M. Puvis de Chavannes. (S. 1888).
2742. — Quatre lithographies :
Vie de Sainte-Geneviève, d'après M. Puvis de Chavannes. (E. N. 1888)
.... — Une lithographie :
Plafond de M. Gervex à la mairie du XIXᵉ arrondissement
(Exp. spéciale de la ville de Paris).

TILLY (Auguste), né à Toul, élève de MM. Cosson et Smeeton. — A Paris, rue de l'Abbé-Grégoire, 15.

2743. — Une gravure sur bois :
L'hiver à Barcelone d'après M. Massiera. (S. 1888).

TILLY (P. Emile), né à Toul, élève de son père et de MM. Cosson et Smeeton. — A Paris, rue de l'Abbé-Grégoire, 15.

2744 — Une gravure sur bois :
Lion et tigre.

TONNET-CONTOUR (Mme Lucy de), née à Paris, élève de MM. L.-O. Merson et A. Didier. — Méd. 3ᵉ cl. 1882. — Au Palais, à Saint-Cloud (S.-et-O.).

2745. — Une gravure (burin) :
La grand'mère, d'après M. Renard, pour l'*Art*. (S. 1882).

TOUSSAINT (Ch. Henri), né à Paris, élève de Gaucherel, de MM. Brunet-Debaines et Waltner. — Méd. 3ᵉ cl. 1884. — A Paris, boulevard Raspail, 92.

2746. — Cinq gravures (eaux-fortes) :
1. Les premières fleurs, d'après M. Chaplin. — 2. La romance, d'après M. Kœmmerer. — 3. La famille en voyage. d'après Fromentin.— 4. Le lac de Côme, d'après Corot. — 5. D'après un dessin de M. L.-O. Merson, pour une édition des Œuvres de Boileau

TRICHON (Auguste), né à Paris, élève de H. Brown. — A Paris, quai des Orfèvres, 54.

2747. — Quatre gravures sur bois.

TRINQUIER (Mme Lucie, née Bailly), née à Paris, élève de MM. Trichon et Barbant. — A Paris, rue Fondary, 55.

2748. — Une gravure sur bois :
L'étang de l'Ilette, le matin, d'après M. Nozal. (S. 1888).

VALMON (Mlle Léonie), née à Paris, élève de M. Chauvel. — Méd. 3ᵉ cl. 1883, 2ᵉ cl. 1886. — A Paris, rue de l'Arc-de-Triomphe, 9.

2749. — Une gravure (eau-forte) :
Le port Saint-Nicolas, d'après M. Lapostolet.　　(S. 1884).
2750. — Une gravure (eau-forte) :
Dordrecht, d'après J. Weebb.　　(S. 1886).
2751. — Une gravure (eau-forte) :
Les pêcheurs, d'après M Sadée.

VARIN (Eugène N.), né à Epernay (Marne), élève de M. A. Varin. — Méd. 1865, 2ᵉ cl. 1879. — A Paris, rue Pontoise, 14.

2752. — Une gravure (burin) :
« Seuls ! » d'après M. Tafano.　　(S. 1881).
2753. — Une gravure (burin) :
L'orage, d'après Cot.　　(S. 1883)
2754. — Une gravure (burin) :
Le Bon Pasteur, d'après N. Patton.　　(S. 1881).
2755. — Une gravure (burin) :
Pélerinage à Naples, d'après Dalbone.　　(S. 1879)

VAUCANU (Emile J. I.), à Bernay (Eure), élève de MM. Henriquel, Dupont, Bouguereau et T. Robert-Fleury. — A Paris, rue du Cherche-Midi, 30.

2756. — Onze gravures :　　(S. 1887).
Archéologie.

VERGNE (Camille V.), né à Paris. élève de L. Cogniet, de Lassalle, de Roberts et de M. Chauvel. — Méd. 3ᵉ cl. 1884, 2ᵉ cl. 1887. — A Paris, avenue des Tilleuls, 11.

2757. — Une lithographie :
Esope, d'après Velasquez.　　(S. 1882).
2758. — Une lithographie :
Ménippe, d'après Vélasquez.　　(E. N. 1883).
2759. — Une lithographie :
Portrait de M, Joseph Blanc, d'après M. Boulard.　　(S. 1887).

VILLEMSENS (J.-François), né à Paris, élève de M. Pagnon.— Aux Casseaux, par Palaiseau (S.-et-O.).

2760. — Quatre gravures sur bois :　　(S. 1882).
1. Les trois destinées, dessin de M. Albey. — 2. Etudiants de New-York. — 3. Ruines d'une ancienne abbaye. — 4. Quacker se rendant à la chapelle.

VINKIN (Jules), né à Asnières, rue Nouvelle, 3.

2761. — Une gravure (eau-forte) :
Taureau dans la campagne de Rome.

VINTRAUT (G. Frédéric), né au Havre, élève de Tauxier. — A Paris, rue de Longchamps, 78.

2762. — Une gravure sur bois :　　(S. 1887).
L'homme à la ceinture de cuir, d'après Courbet.
2763. — Une gravure sur bois :
Vaine attente, d'après R. Cogghe.

VION (Henri), né à Paris, élève de MM. Gérôme et Henriquel-Dupont. — Méd. 3ᵉ cl. 1880, 2ᵉ cl. 1884. — A Paris, rue de la Pompe, 9.

2764. — Une gravure : (eau-forte).
1. La Chanson, d'après M. Meissonier.
2765. — Une gravure (eau-forte) :　　(S. 1884).
La Confidence, d'après M. Meissonier.
2766. — Une gravure (eau-forte) :
Les Amateurs de peinture, d'après M. Meissonier.

VOISIN (Henri L. A.), né à Saint-Mandé (Seine), élève de Gérôme, Courtry et Henriquel-Dupont. — A Saint-Mandé (Seine), avenue de la Tourelle, 9 bis.

2767. — Une gravure (eau-forte) :
    Ruth et Booz, d'après M. Gourdet.   (S. 1888).

WALTNER (Charles A.), ne à Paris, élève de Martinet et de MM. Henriquel-Dupont et Gérôme. — Prix de Rome 1868, méd. 1870, 2ᵉ cl. 1874, 3ᵉ cl. 1878 (E. U.), 1ʳᵉ cl. 1880, méd. d'hon. 1882, chev. ✳ 1882. — A Paris, avenue de Breteuil, 16.

2768. — Une gravure (eau-forte) :
    « La ronde de nuit », d'après Rembrandt.
2769. — Une gravure (eau forte) :
    « Le chasseur », d'après Herman-Léon,
2770. — Une gravure (eau-forte) :
    « Master Lambton », d'après T. Lawrence.
2771. — Une gravure (eau-forte) :
    « Harmony », d'après F. Dicksee.
2772. — Une gravure (eau-forte) :
    « Portrait de Rembrandt », d'après Rembrandt.
2773. — Une gravure (eau-forte) :
    « Le Doreur », d'après Rembrandt.
2774. — Une gravure (eau-forte) :
    « L'Angelus », d'après Millet.
2775. Une gravure (eau-forte) :
    « Lady Mulgrave », d'après Gainsborourgh.
2776. — Une gravure (eau-forte) :
    « La Femme du Joueur. »
2777. — Une gravure (eau-forte) :
    « Le Christ devant Pilate », d'après M Munkacsy

ALGÉRIE.

Esplanade (Pavillon de l'Algérie).

CLASSE 1.

Peintures à l'huile.

BIDERMANN. — A Paris, rue de Cléry, 32.
1. — Ancienne Mosquée (hôpital-militaire) de Coléa.
2. — Vue de la rue des Zouaves, à Coléa.

(Voir Dessins).

BOUCHER (J. Félix). — A Mustapha (Alger).
3. — Le port d'Alger.

BOUSSAC (Gaston). — A Alger, rue Bab-el-Oued, 16.
4. — Une rue de la Casbah, à Alger.

CHABASSIÈRE (J. Antoine). — A El-Guerrah (Constantine).
5. — Mosaïques romaines trouvées à l'Oued-Athménia et à Tébessa.

CHAPE (Joseph). — A Oran, boulevard du Lycée.
6. — Vue d'Oran.
7. — Vue de Tlemcen.

GEILLE DE SAINT-LÉGER (Léon). — A Alger, rue de la Liberté, 4.
8. — Marabout de la Bouzaréa.
9. — La Casbah, le matin.
10. — Retour du marché.
11. — Intérieur de mosquée.
12. — Israélite d'Alger.

GILSOË (Mme Marie). — A St-Eugène (Alger).
13. — Fantaisie ; — fleurs et accessoires.

(Voir Dessins).

GUÉRIN (Edouard). — A Tlemcen (Oran).
14. — Le mirage de Sfissifa.
15. — La mer d'Alfa.

JAMMES (Jules). — A l'Agha (Alger).
16. — Portrait arabe.
17. — Sujet arabe.

LANDELLE (Charles). — A Paris, quai Voltaire, 21.
18. — Types indigènes de Boghar et de Tlemcen.

LANDELLE (Georges). — A Paris, quai Voltaire. 21.
19. — Tête d'arabe.
20. — Etude de paysage ; — environs d'Alger.

LESTRADE (Augustin). — A Médéah (Alger).
21. — Deux paysages d'Algérie.

(Voir Dessins).

MARZOCCHI. — A Alger.
22. — L'Oued-el-Kébir.
23. — Passage du gué.
24. — Une rue de la Casbah, à Alger.
25. — Tipaza.
26. — Campement indigène.
27. — Rivière de Bousâada.

MUNOZ (Francisca). — A El-Guerrah (Constantine).
28. — Tableaux représentant deux salles romaines découvertes à l'Oued-Athménia et à Tébessa

OTT (Gustave). — A Mouzaïaville (Alger).
29. — Fleurs.
30. — Fruits.
31. — Paysage.

REYNAUD (Marius). — A Alger, rue Michelet, 53.
32. — L'Amirauté, à Alger.

SINTÈS (Joseph). — A Alger, place Duquesne, 26
33. — Femme de Bousâada.
(Voir DESSINS).

SINTÈS (Mlle Marie). — A Alger, place Duquesne, 26.
34. — Nature morte.

VOISIN (Mlle Pauline). — A Alger, rue Michelet, 16.
35. — Femme kabyle.

CLASSE 2.

Peintures diverses et Dessins.

BIDERMANN. — A Paris, rue de Cléry, 32.
36. — Rue Maraboutine, à Coléa.
37. — Etude.
38. — Nouvelle mosquée, à Coléa.
(Voir PEINTURE).

BOURELY (Mlle Marguerite). — A Tlemcen (Oran)
39. — Peinture sur porcelaine.

CHIPOT (Claudius). — A Constantine.
40. — Peintures diverses et photominiatures ; — paysages algériens.

GEILLE DE SAINT-LÉGER (Léon). — A Alger, rue de la Liberté, 4.
41. — En Algérie
(Voir PEINTURE).

GILSOË (Mme Marie). — A St-Eugène (Alger).
42. — Faïences :
Une rue à Bousâada ; — types algériens.
Voir PEINTURE).

LESTRADE (Augustin). — A Médéah (Alger).
43. — Vues d'Algérie et sujets de genre ; — fusains.
(Voir PEINTURE).

SINTÈS (Joseph). — A Alger, place Duquesne, 26.
44. — Vue d'Alger.
45. — Tlemcen.

(Voir PEINTURE).

CLASSE 3.

Sculptures et Gravures en médailles.

BERTRAND & Cie. — A Dra-el-Mizan (Alger).
46. — Porte mauresque.

CLARO (Antoine). — A Oran.
47. — Bustes divers.

FOURQUET (Léon). — A Alger-Agha, rue de la Liberté, 10.
48. — Bustes.
49. — Médaillon.
50. — Statuettes.

MAILLOT (Mme). — A Paris, rue du Vieux-Colombier, 21.
51. — Docteur Maillot ; — buste, bronze.

VAGUÉ (Joseph). — A Constantine, boulevard Victor Hugo.
52. — Femme kabyle portant son enfant.

VARNIER (Mme France). — A Oran, rue de la Mina, 2.
53. — Bustes ; — plâtre.

VARNIER (Henri). — A Oran, rue de la Mina, 2.
54. — Statue ; — lâtre.

CLASSE 4.

Dessins et modèles d'architecture.

CHAMPIGNEUL. — A Oran.
55. — Moulages en plâtre (fragments d'architecture mauresque).

GAVAULT (P. André). — A Alger, boulevard de la République, 5.
56. — Maisons mauresques d'Alger.
57. — Monuments anciens de la province d'Alger.

MARTIN (François). — A Oran, rue Bugeaud.
58. — Fragments de sculpture.

PIERLOT (André). — A Constantine.
59. — Hôtel de ville de Souk-Ahras.
60. — Hôpital de Souk-Ahras.
61. — Nouvelle façade du palais de la division à Constantine.
62. — Hôtel-de-Ville ; — style arabe.

TARRY (Harold). — A Alger, rue Clauzel, 6.
63. — Fouilles de Sédrata et d'autres villes berbères.
64. — Spécimens de sculpture, d'architecture berbère provenant de ces fouilles
65. — Notices sur ces fouilles.

COLONIES.

Esplanade (pavillon des Colonies).

CLASSE 1.

Peintures à l'huile.

VINSON (Alfred). — A Saint-Denis (Réunion).

1. — Passage du Mont-Saint-Bernard par Napoléon Ier.

CLASSE 2.

Peintures diverses et Dessins.

Exposition permanente des Colonies. — A Paris.

2. — Aquarelles représentant le drame de Sarangadaram, le Joseph indien ,   Inde.

LOMBARD, vétérinaire. — A Bouloupari (Nouvelle-Calédonie)

3. — Croquis de Stockman à cheval.

CLASSE 3.

Sculptures et Gravures en médailles.

DINTROUX. — A l'île Nou (Nouvelle-Calédonie).

4. — Victor Hugo ; — buste.

PAYS ÉTRANGERS.

ALLEMAGNE.

Palais du Champ de Mars (galerie des Beaux-Arts).

CLASSE 1.

Peintures à l'huile.

ALBERTS (Jacob). — A Paris, rue d'Enghien, 15.
1. — Fileuse du Schleswig.

BEGAS-PARMENTIER (Mad.). — A Berlin, Genthinerstrasse, 13.
2. — Pergola ; — Capri.

BOCHMANN (Gregor von). — A Dusseldorf.
3. — Le vieux marché aux poissons, à Réval.
4. — La plage de Scheveningue.

FIRLÉ (Walther). — A Munich, Findlingstrasse, 28.
5. — A la maison mortuaire.

FLAD. — A Munich, Heustrasse, 11.
6. — Paysage.

GLEICHEN-RUSSWURM (Ludwig, baron de). — A Weimar.
7. — Au printemps.

HEFFNER (Karl). — A Londres, chez MM. Wallis et Fils, Pall Mall, 120.
8. — Le matin ; — Italie méridionale.
9. — Via Appia ; — Italie.
10. — Printemps ; — Italie.

HOECKER (Paul). — A Munich, Nymphenburgerstrasse, 24.
11. — Intérieur hollandais.
12. — A bord d'un vaisseau de guerre.

KALCKREUTH (Léopold, comte de). — A Weimar.
13. — Portrait de Mᵐᵉ la comtesse de K...

KELLER (Albert). — A Munich, Maximilianstrasse, 8
14. — Portrait de Mᵐᵉ A. K...
15. — Etude de nu.

KUEHL (Gotthardt). — Méd. 3ᵉ cl. 1888. — A Paris, rue de La Rochefoucauld, 64, et à la Galerie des Artistes modernes, rue de la Paix, 5.

16. — Les joueurs de cartes.
17. — Avant la fête.
18. — Orphelines.
19. — Voiliers.
20. — Le maître de chapelle.
21. — Tête-à-tête.

LEIBL (Wilhelm). — Méd. 1870. — A Aihling, près Rosenheim (Bavière).

22. — Femmes de Dachau (Bavière).
23. — Vieux paysan de Dachau et jeune fille.
24. — Paysanne du Vorarlberg et enfant.
25. — Portrait de M. von P...
26. — Portrait de M. T...
27. — Paysage avec chasseurs ; — (portraits de l'artiste et de M. S...)
(Voir AQUARELLES et DESSINS).

LIEBERMANN (Max). — A Berlin, Kœnigin-Augustastrasse, 19.

28. — Femmes raccommodant les filets ; — à Katwyck (Hollande).
29. — Cour de la maison des Invalides à Amsterdam.
30. — Vieille femme auprès d'une fenêtre.
31. — Echoppe de savetier hollandais.
32. — Cour de la maison des orphelines à Amsterdam.
33. — Rue de village en Hollande.

LINDENSCHMIT (Wilhelm). — A Munich, Schillerstrasse, 29.

34. — Vénus et Adonis.

MEYER (Claus). — A Munich, Georgenstrasse.

35. — Le fumeur.
36. — Le conte mystérieux.
37. — Les époux.

MEYERHEIM (Paul). — A Berlin, Matthæikirchstrasse, 3.

38. — La lionne amoureuse.
39. — Après le déjeuner.
40. — Corwatsch, près Saint-Maurice (Engadin).
41. — Portraits de chiens.   (App. à la princesse Fürstenberg .

MUELLER (Peter Paul). — A Sababurg (Hofgeismar, près Cassel).

42. — Forêt de hêtres.

OLDE (Hans). — A Seekamp (Friedrichsort, Schleswig-Holstein).

43. — Allant à l'église.
44. — Le matin.

SCHLITTGEN (Hermann). — A Munich, Maximiliansplatz, Fliegende Bl.

45. — Les souffleurs de verre.

SPERL. — A Munich, Schillerstrasse, 29.

46. — Jardinage.

SPRING (Alph.). — A Munich, Nymphenburgerstrasse, 24.

47. — Intérieur de pêcheur.

STAUFFER (Karl). — A Rome, via Margutta, 54.

48. — Portrait de M. Klein, sculpteur.

STETTEN (Karl von). — Méd. 3ᵉ cl. 1884. — A Neuilly (Seine), boulevard Bineau, 73.

49. — Italiens à Paris.
50. — Portrait de Mᵐᵉ C...
51. — Portrait de M. C...
52. — Le soir ; — étude de nu.

STREMEL (Max-Arthur). — A Dordrecht (Hollande), Wijnstraat, 98.

53. — La laveuse ; — intérieur hollandais.
54. — L'apprenti menuisier.

THÉDY (Max). — A Weimar, et à Paris, chez M. Sedelmeyer, rue de La Rochefoucauld, 6.

55. — Religieuses en prière.

TOURNIER-CUNO (Mme Pauline). — A Paris, chez M. Sedelmeyer, rue de La Rochefoucauld, 6.

56. — Fleurs et fruits.

TRUEBNER (Wilhelm). — A Munich, Kaulbachstrasse. 33.

57. — Au lac de Wessling.
58. — Etude de bouleaux.
59. — Etude de nu.

UHDE (Friedrich-Karl von). — Méd. 3ᵉ cl. 1885. — A Munich, Gabelsbergerstrasse, 75.

60. — La Cène.
61. — Une procession surprise par la pluie.
62. — La petite Emilie.

URY (L.). — A Berlin, Hornstrasse, 21.

63. — Effet de soleil.

(Voir AQUARELLES et DESSINS).

ZUEGEL (Heinrich). — A Munich, Nymphenburgerstrasse, 24.

64. — Moutons au pâturage.

CLASSE 2.

Peintures diverses et Dessins.

HERRMANN (Hans). — A Berlin, Steglitzerstrasse, 22.

65. — La halle à la viande à Middelburg (Hollande) ; — gouache.
66. — Le marché au lait à Amsterdam ; — gouache.

HERTEL (Albert). — A Berlin, Bismarckstrasse, 2.

67. — Entrée du bourg de Hof-Gastein ; — aquarelle.

HITZ (Mlle Dora). — A Paris, impasse Hélène, 15.

68. — L'attente anxieuse (Pierre Loti : *Pêcheurs d'Islande*) ; — gouache.

LEIBL (Wilhelm). — Méd. 1870. — A Aibling, près Rosenheim (Bavière).

69. — Portrait ; — dessin à la plume
70. — Portrait ; — dessin à la plume.
71. — Etude de mains ; — dessin à la plume.
72. — Jeune paysan (Haute-Bavière) ; — dessin à la plume.

(Voir PEINTURE).

Groupe I.   10

MENZEL (Ad.). — Méd. 3ᵉ cl. 1867 (E. U.), ✻ 1867. — A Berlin, Sigismundstrasse.

73. — Diplôme d'honneur, offert à M. Schwabe par la Ville de Hambourg ; — gouache.
74. — Maître-autel dans l'église d'Innsbruck ; — gouache.
75. — Le moine quêteur ; — gouache.
76. — Chanoines à l'église ; — gouache.
77. — A l'Exposition japonaise ; — gouache.
78. — A l'Exposition japonaise ; — gouache.

OBERLAENDER. — A Munich, Maximiliansplatz, 9.

79. — Dessins. pour les *Fliegende Blætter* ; — sept cadres.

PETERSEN (Walther). — A Dusseldorf.

80. — Un enterrement ; — gouache.

SKARBINA (Franz). — A Berlin, Leipzigerplatz, 3.

81. — Au Théâtre-Français (Chamillac) ; — gouache.
82. — La place de la Concorde (Paris) ; — gouache.
83. — Le matin à l'Opéra (les danseuses dans leur loge) ; — gouache.

STUCK (Franz). — A Munich, Theresienstrasse, 148.

84. — Dessins à la plume ; — trois cadres.

URY (L.). — A Berlin, Hornstrasse, 21.

85. — Dessins au lavis ; — deux cadres.
86. — Dessins à la gouache ; — deux cadres.

(Voir PEINTURE).

VOGEL (Herrmann). — A Paris, rue d'Alésia, 153.

87. — Dessins à la plume (illustrations) ; — trois cadres.
88. — Dessins au lavis (illustrations pour le *Grillon du Foyer*, de Ch. Dickens) ; — quatre cadres.

CLASSE 3.

Sculptures et Gravures en médailles.

HAYN (Ernst von). — A Stuttgard, Archivstrasse, 12.

89. — Taureau ; — plâtre.
90. — Bœuf ; — plâtre.

MARCINKOWSKI (Ladislas). — A Paris, impasse du Maine, 11.

91. — Bergère ; — statuette, bronze.

WAEGENER (Ernst). — A Berlin, Brückenallee, 36.

92. — Jeune homme ; — buste, plâtre.

CLASSE 5.

Gravures et Lithographies.

GEYGER (Ernst Moritz). — A Berlin.

93. — Eaux-fortes originales ; — animaux.

KOEPPING (Karl). — Méd. 3ᵉ cl. 1883, 2ᵉ cl. 1887. — A Paris, impasse Helène, 15.

94. — Une gravure (eau-forte) :
Les Syndics des Drapiers, d'après Rembrandt.
95. — Une gravure (eau-forte) :
Portrait de vieillard, d'après Rembrandt.
96. — Une gravure (eau-forte) :
Le Christ au Calvaire, d'après M. de Munkacsy.
97. — Une gravure (eau-forte) :
Froufrou, d'après M. G. Clairin.

KRAUSKOPF (Wilhelm). — A Munich, Georgenstrasse.

98. — Une gravure (eau-forte) :
Tête de jeune garçon, d'après Frans Hals.
99. — Une gravure (eau-forte) :
Tête de jeune garçon, d'après Frans Hals.

RAAB (J. L.). — Méd. 1866. — A Munich, Akademiestrasse.

100. — Une gravure (eau-forte) :
Mère et enfant, d'après M. F. A. de Kaulbach.
01. — Une gravure (taille-douce) :
Henriette, reine d'Angleterre, d'après Van Dyck.

AUTRICHE-HONGRIE.

CLASSE 1.

Peintures à l'huile.

ÁBRÁNYI (Louis), né à Budapest (Hongrie), élève de M. Bonnat. — A Budapest, Palais de l'Académie Hongroise.

1. — Portrait de M. François de Pulszky.

AGGHÁZY (Jules), né à Dombovar (Hongrie). — A Budapest, Epreskert-utca, 16.

2. — Une question ; — scène de la vie populaire en Hongrie.

AXENTOWICZ (Théodore), né à Brasso'(Kronstadt, Hongrie). — A Paris, rue Saint-Marc, 30.

3. — Portrait.

BASCH (Jules), né à Budapest. — A Budapest, VI, Vœrœsmarty-utca, 34.

4. — Portrait de M. ***

BERNATZIK (Guillaume). — A Vienne, VIII, Frankenberggasse, 3.

5. — L'automne.

BLAU (Mme Tina), née à Vienne. — A Munich, Schillerstrasse, 28.

6. — Une grandeur déchue ; — paysage.
7. — Rothenburg-an-der-Tauber ; — paysage.

BLITZ (Joseph), né à Kremsier (Autriche),élève de l'école des Beaux-Arts de Vienne. — A Paris, rue St-Didier, 43.

8. — Lecture interrompue.

BRAUNEROVA (Mlle Zdenka), née à Prague (Bohême), élève de MM. Blanc, Collin et Rixens. — A Paris, rue de Fleurus, 27.

9. — Paysage.

BROZIK (Vacslav), né à Pilsen (Bohême). — Méd. 2ᵉ cl. 1878, ✿ 1884. — A Paris, rue Labruyère, 18.

10. — La Défenestration de Prague :
> « L'empereur Mathias ayant violé les privilèges des protestants, les mécontents des
> » Etats de Bohême guidés par le comte de Thurn, se représentèrent en armes au
> » château du Hradschine à Prague, résidence des conseillers impériaux Martinitz et
> » Slawata. Ces derniers, ayant refusé de souscrire à leurs demandes, furent précipités
> » par la fenêtre avec leur secretaire. Ces actes de violence furent le signal de la Guerre
> » de Trente ans (23 mai 1618). »

11. — La gardeuse d'oies.
12. — Le Mousquetaire.
13. — Le retour des champs.
14. — Jeune femme ; — étude

BRUCK-LAJOS, né à Papa (Hongrie). — A Londres, Alexander road, 192, St John's Wood.

15. — Le Quatuor ; — portraits de MM. Joachim, Riess, Strauss, Piatti.

BUKOVAC (Blaise), né à Raguse (Dalmatie). — A Paris, rue de la Barre, 40.

16. — Portrait de M. F..., médecin principal.
17. — Le printemps de la vie.
18. — Souvenir de Fontainebleau.
19. — Portrait de mon père.
20. — La Nymphe des bois.
21. — Paysanne dalmate.

CHARLEMONT (Edouard), né à Vienne. — Méd. 3e cl. 1885. — A Paris, avenue de Villiers, 55.

22. — Les pages.
23. — Hollandaise.
24. — Enfant et bateaux.
25. — Jeu d'échecs.
26. — Danseuse.
27. — Portrait de M. de M....
28. — Portrait de M. de Munkacsy.
29. — Portrait de Mlle de M...
30. — Un gardien du sérail.
31. — Marabout.
32. — Hollandaise épluchant des pommes de terre.
33. — Petite Arabe.
34. — La rue Tabanine, à Tunis.

CSOK (Etienne), né à Puszta-Egres (Hongrie). — A Paris, rue Jacob, 17.

35. — Jeunes filles épluchant des pommes de terre.

DULEMBA (Mlle Marie), née à Cracovie. — A Varsovie, Aleje Ierozolinske, 31.

36. — En pénitence.

EBNER (Louis), né à Budapest. — A Budapest, Andrassy-utca, 102.

37. — Une noce en Hongrie.

ERNST (Rodolphe), né à Vienne. — A Paris, rue Humboldt, 25.

38. — Un gardien au Caire.
39. — Portrait de M. C. B..., aide-de-camp et garde du corps de S. M. l'Empereur des Ottomans.

FERRARIS (Arthur), né à Vienne. — A Paris, boulevard de Clichy, 75.

40. — Portrait de Mlle Nina Pack.

GOLZ (Alexandre), né à Püspoek-Ladany (Hongrie). — A Vienne, IV, Starhemberggasse, 24.

41. — « Bocaccio ».

GUYOT-KAUFMANN (I. L.), né à Vienne. — A Paris, rue Rochechouart, 79.

42. — Moutons en repos.

HIRSCHEL (Adolphe). — A Vienne, VII, Mariahilferstr., 114.

43. — Ahasvérus ; — la Rédemption.
44. — La peste à Rome (590 après J.-C.).

HOERMANN (Théodore de), né à Imst (Tyrol). — A Paris, boulevard du Montparnasse, 25, et à Samois (Seine-et-Marne).

45. — L'incendie au village.
46. — Clair de lune.

HOFER (Gottfried), né à Bozen (Tyrol). — A Munich, Georgenstr, 1ᵉ.

47. — Pêcheurs dans les lagunes de Venise.

HOFFMANN (Joseph), né à Vienne. — A Paris, chez M. Spitzer, rue Condorcet, 52.

48. — Paysage.

HYNAIS (Albert), né à Vienne. — A Paris, place Pigalle, 11.

49. — La Poésie.
50. — La Musique.
51. - La Paix.
52. — Projet de rideau pour le Théâtre national tchèque, à Prague ; — au 5ᵉ d'exécution.
53. — Projet de décoration pour les voussures du plafond du Hofburgtheâter, à Vienne (auteurs dramatiques de l'antiquité et des temps modernes) ; — au 5ᵉ d'exécution.
54. — Portrait de Mlle H...
55. — Portrait de Mᵐᵉ L...

(Voir DESSINS).

VANOVITS (Svetislav). - A Paris, rue Daunou, 1.

56. — Tableau de genre ; — type oriental.

JETTEL (Eugène), né à Janovitz (Moravie). — A Paris, boulevard de Clichy, 11.

57. — Vue en Hollande.
58. — La route de Cayeux.
59. — Troupeau de moutons.
60. — Pâturage.
61. — La Chaumière.
62. — La route de la Meulière ; — Cayeux.

KNÜPFER (Benesch), né à Sichrov (Bohême). — A Rome, Palazzo di Venezia.

63. — Sur les écueils de Charybde.

KOROKNYAI (Othon), né à Budapest (Hongrie). — A Paris, avenue de Villiers, 45.

64. — Portrait de M. de L...
65. — Portrait d'homme.   (App. à M. Charles Monot).

KUNZ (Adam), né à Vienne. -- A Paris, rue de Larochefoucauld, 6.

66. — Fleurs et frᵛ

LERCH (Léon), né à Prague. — A Prague Smichow.

67. — Le réveil.
68. — Etude de vieille femme.

LETSCH (Louis), né à Wolfurt, près Bregenz (Tyrol). — A Mulhouse, rue Galfingen, 10.

69. — Le petit curieux.

LONZA (Anselmo), né à Trieste. — A Trieste, Circolo Artistico.

70. — Les jongleurs de couteaux.

MAKART (Hans), né à Vienne. — ✻ 1888.

71. — Une Walkyrie et le Héros mourant.   (App. à Mme la comtesse de Casa-Miranda).

MARGITAY (Tihamér de), né à Ungvar (Hongrie).—A Budapest, Ulloi utca,

72. — La lune de miel.

MATEJKO (Ian), ne à Cracovie. — Méd. 1865, 1ʳᵉ cl. 1867 (E. U.), ✻ 1870, méd. d'honn. 1878 (E. U.). — A Cracovie.

73. — Kosciusko après la bataille de Raclavice.

MELNIK (Camillo), né à Mlada-Boleslav (Bohême), élève de Bonnat. — A Paris, rue Newton, 8.

74. — Portraits des enfants de Mme S....
75. — Portrait des deux enfants de Mme la baronne de H...

(Voir DESSINS)

MUNKACSY (Michel de). — Méd. 1870, 2e cl. 1874, ✻ 1877, méd. d'hon. 1878 (E. U.), O ✻ 1878. — A Paris, avenue de Villiers, 53.

76. — Le Christ devant Pilate.   (App. à M. John Wanamaker, General-Postmaster,
77. — Le Christ au Calvaire.   à Washington).
78. — Projet de plafond pour le grand escalier du Musée de l'Histoire de l'Art à Vienne.

OBERMULLNER (Adolphe). — A Vienne, VII, Neubaugasse, 36.

79. — Vue prise à Dachau ; — Bavière.
80. — Vue prise à Chiemsee ; — Bavière.

PAYER (Jules de), né à Teplitz (Bohême). — Médaille de 3e classe 1887.— A Paris rue de Larochefoucauld, 6.

Perte de l'expédition Franklin au pôle Nord :
81. — Mort de John Franklin à bord de son bateau. le 11 juin 1847.
82. — La baie de la Mort où les derniers hommes de l'équipage succombèrent de froid et de faim.

PETTENKOFEN (Auguste de), né à Vienne, mort à Vienne, en 1889.—S'adresser à M. Sedelmayer, à Paris, rue de la Rochefoucauld, 6.

83. — La marchande de volailles.
84. — Le marché aux chevaux ; — Hongrie.
85. — Marché à Szolnok ; — Hongrie.
86. — Chevaux à l'abreuvoir.

PIDOLL (Charles de), né à Vienne.— A Paris, rue du Faubourg-Saint-Honoré, 233.

87. — Portrait d'une famille.
88. — Portrait du Grand-Maître de l'ordre de Malte

REJCHAN (Stanislas), né à Lemberg. — A Paris, rue des Beaux-Arts, 10.

89. — Portrait de Mme d'O...

RÉVÉSZ (Emeric), né à S. A. Ujhely (Hongrie). — A Paris, rue de Larochefoucauld, 6.

90. — En fuite.
Après la bataille de Vilagos, en 1849, les soldats de l'armée hongroise, les « Honveds » sont forcés de s'enfuir. Cachés et secourus par les paysans, la plupart parvinrent à gagner l'étranger.

RIBARZ (Rodolphe), né à Vienne. — A Paris, boulevard Rochechouart, 84.

91. — Thiers (Auvergne) en septembre.
92. — Cour en Auvergne.
93. — Le crépuscule à Cayeux ; — Picardie.
94. — Environs de Cayeux.
95. — Cour de ferme ; — Picardie.
96. — Le jardin du concierge.
97. — Overschie ; — Hollande.
98. — Une cour à Dordrecht ; — Hollande.
99. — Souvenirs des bords de la mer ; — panneau décoratif.
100. — La pêche des anguilles en Hollande ; — panneau décoratif.

RIPPEL-RONAI (Jozsi), né à Kaposvar (Hongrie). — A Paris, rue Aumont-Thiéville, 4.

101. — La lecture ; — intérieur d'un salon.
102. — Etude ; — intérieur.

ROTA (Giovanni), né à Trieste. — A Paris, boulevard de Clichy, 75.

103. — Une transtéverine.

RUSS (François), né à Vienne. — A Paris, rue Duperré, 9.

104. — Haute école par Mlle Lenka.

(Voir Dessins)

SCHLOMKA (Alfred), né à Budapest, élève de M. Duez. — A Paris, rue Aumont-Thiéville, 2.

105. — La veuve du pêcheur.

SOCHOR (Vacslav), né à Vobora Bohême). — A Paris, rue Léon-Cogniet, 13.

106. — Procession de la Fête-Dieu en Bohême.
107. — Portrait de M. le lieutenant-colonel Dally.

SCHMIDT (Mathias), né à See (Tyrol). — A Munich, Nymphenburgerstrasse, 34.

108. — Un acte de complaisance (*Ein Liebes dienst*).

SPANYI BÉLA (de), né à Budapest. — A Munich, Theresienstrasse, 148.

109. — Les adieux des cigognes.
110. — Les deux dernières cigognes.

THOREN (Othon de), né à Vienne. — Méd. 1865, 2e cl. 1884, ✳ 1884. — A Paris rue Blanche, 96.

Sept études d'après nature :

111. — Le labour.
112. — Pendant le grain.
113. — La herse.
114. — Cour de ferme.
115. — Le père Nicole et sa vache.
116. — Le soir.
117. — Le matin ; — en septembre.

UNTERBERGER (F. R.), né en Tyrol. — A Bruxelles, rue du Commerce, 34.

118. — Route de Monreale à Palerme.

WEISSE (Rodolphe), né à Aussig (Bohême). — A Paris, boulevard Arago, 65.

119. — Après la guerre ; — scène orientale.
120. — Portrait de femme.

WERTHEIMER (Gustave), né à Vienne. — A Paris, boulevard de Clichy, 75.

121. — La chasse infernale.
122. — La mort de César.
123. — Persépolis.
124. — Le baiser de la Vague.

CLASSE 2.

Peintures diverses et dessins.

AXENTOVICZ (Théodore), né à Brasso (Krondstadt, Hongrie). — A Paris, rue de Larochefoucauld, 64.

125. — Portrait de femme ; — pastel.
126. — Portrait d'homme , — pastel.

HYNAIS (Albert), né à Vienne. — A Paris, place Pigalle, 11.

127. — Dix-huit frises d'enfants pour les loges du Hofburgtheater, à Vienne.
128. — Portrait ; — pastel.
129. — Portrait ; — pastel.

(Voir PEINTURE).

JETTEL (Eugène). — A Paris, boulevard de Clichy, 11.

130. — Un champ d'oignons ; — gouache.

(Voir PEINTURE).

MELNIK (Camillo), à Paris, rue Newton, 8.

131. — Sainte-Elisabeth ; — pastel.

(Voir PEINTURE).

REJCHAN (Stanislas). — A Paris, rue des Beaux-Arts, 10.

132. — La Mi-Carême ; — dessin.

(App. à M. Goupil).
(Voir PEINTURE).

REJZNER (Miecislav), né à Lemberg. — A Paris, rue Notre-Dame-des-Champs, 70 bis.

133. — Le Matin ; — pastel.
134. — Le Midi ; — pastel.
135. — Le Soir ; — pastel.

RUSS (François), né à Vienne. — A Paris, rue Duperré, 9.

136. — Tête de femme ; — pastel.
137. — Tête de femme ; — pastel.
138. — Etudes ; — gouaches.

(Voir PEINTURE).

WEBER (Paris), né à Mezzotedesco (Tyrol). — A Paris, rue Violet, 21.

139. — Le peintre sur la montagne ; — fusain.

CLASSE 3.

Sculptures et gravures en médailles.

BEER (Frédéric), né à Brünn (Moravie). — A Paris, avenue de Villiers, 147.

140. — M. Frédéric Spitzer ; — buste, marbre.
141. — Mᵐᵉ Braun-Potter : — buste, terre cuite.
142. — Deux groupes d'enfants ; — portraits bronze, cire-perdue.
143. — Tête d'étude ; — bronze, cire-perdue.
144. — Albert Dürer enfant ; — en beerit

ENGEL (Joseph), né à S.-A. Ujhely (Hongrie). — Goldmann et Engel, à Budapest, Karlsring, 11.

145. — La naissance d'Eve.
146. — L'Innocence ; — chasseresse.
147. — L'Innocence perdue ; — chasseresse.
148. — La Nymphe et l'Amour.
149. — L'Amour enchaîné par Psyché.

KALLOS (Edmond), né à Holdmezoe-Vasarhely (Hongrie). — A Paris, rue Lafayette, 119.

150. — Buste ; — plâtre.

PELCZARSKI (Ladislas), né à Rymanow (Galicie), élève des Ecoles des Beaux-Arts de Vienne et de Rome. — A Paris, rue Chevert, 2.

151. — Jeanne-d'Arc ; — buste, plâtre.
152. — Portrait de M. Zdzitowiecki ; — buste, plâtre.
153. — Portrait de M. Duch ; — buste, terre cuite.

STROBEL (Alois), né à Lipto-Ujvar (Hongrie). — A Budapest, Var-Bazar.

154. — Portrait de M. François de Pulszky, inspecteur général des musées et des bibliothèques royales de la Hongrie ; — buste, bronze.

SZARNOWSKI (François), né à Budapest. — A Paris, rue Jacob, 17.

155. — Portrait de Mᵐᵉ ··· ; — buste, plâtre.

WAGNER (Antoine). — A Vienne, III, Hainburgerstr, 32.

156. — La Musique religieuse ; — esquisse, plâtre.
157. — La Musique mondaine ; — esquisse, plâtre.

CLASSE 5.

Gravures et lithographies.

MORELLI (Gustave), né à Budapest. — A Budapest, VI, Eotvoes-utca, 9.

158. — Gravures sur bois.
159. — Gravures sur bois.

OUVRAGES D'ART.

MANKIEVITZ (Mme Henriette).

Six tableaux brodés sur soie :

1. — Le Lac.
2. — Le Temps.
3. — La Mer.
4. — La Cascade.
5. — La Baie.
6. — Le Ruisseau.

BELGIQUE.

Palais du Champ de Mars (galerie des Beaux-Arts)

(Voir son Catalogue spécial).

DANEMARK.

Palais du Champ de Mars (galerie des Beaux-Arts).

CLASSE 1.

Peintures à l'huile.

ACHEN (Georg-Nicolaï). — A Copenhague.

1. — * Malades attendant la guérison, couchés auprès du tombeau de Sainte-Hélène ; — Juin 1887.

ANCHER (Mme Anna). — A Skagen (Danemark).

2. — Femme aveugle.   (App. à M. A. Bramsen).
3. — La Cuisinière.   Id.
4. — Vieille femme.   (App. à M. H. Hirschsprung).
5. — Un pêcheur et sa femme plumant des mouettes.   (App. à M. Chr. Zacho).

ANCHER (Michael). — A Skagen (Danemark).

6. — * Vieillard devant sa maison.
7. — « Se tirera-t-il d'affaire ? »
8. — Le Rieur.
9. — « Portrait de ma femme. »
10. — La Malade.   (App. à M. B. D. Adler).
11. — Le berceau.   (App. à M. A. Benzon).
12. — Les deux Amis.   (App. à M. A. Bramsen).
13. — Portrait de M. S...

BACHE (Otto). — A Copenhague.

14. — Chevaux de labour.   (App. à M. Glückstadt).
15. — Portrait de M. C. Peters, statuaire.

BISSEN (Rudolph). — A Copenhague.

16. — * Côte orientale de Jutlande ; — Danemark.
17. — * Paysage près Meilgaard ; — Jutlande.

BLACHE (Christian). — A Copenhague.

18. — Port intérieur de Copenhague.
19. — * Mer calme.

BLOCH (Carl). — Méd. 1re cl. 1878 (E. U.), ✻ 1878. — A Copenhague.

20. — * Martyre de Saint-Étienne.
21. — La Lettre.
22. — * La Poissonnière.
23. — * Un Juif.
24. — Portrait de Mlle B...   (App. à Mme V. Hage).

BRASEN (Hans Ole). — A Copenhague.

25. — Vent.   (App. à M. C. Möllmann).

BRENDEKILDE (Hans Andersen). — A Copenhague.

26. — * « Au secours ! »
27. — A la campagne.   (App. à M. W. Larsen).
28. — Les deux voisins.   (App. à M. B. D. Adler).
29. — La Visite.   (App. à M. Moresco).

CARSTENSEN (Andreas Christian RIIS-). — A Copenhague.

30. — Vue d'Elseneur, en hiver ; — Danemark.

CHRISTIANSEN (Rasmus). — A Copenhague.

31. — « Le train approche. »   App. à M. A. Bramsen¹.

CLAUSEN (Christian). — A Copenhague.

32. — Jeune fille.
33. — Intérieur.   (App. à M. A. Bramsen).

DOHLMANN (Mlle Augusta). — A Copenhague.

34. — * Lilas.
35. — * Pensées.

EILERSEN (Eiler Rasmussen). — A Copenhague.

36. — * Soir d'été ; — environs de Copenhague.

ENGELSTED (Malte Odin). — A Copenhague.

37. — Jésus-Christ et Nicodème   (App. à M. P. Köbke).
38. — L'Hombre.   (App. à M. A. Gamèl).
39. — Joueurs de domino.   (App. à M. P. Krohn).

FRIIS (Hans). — A Copenhague.

40. — Printemps.   (App. au musée de Copenhague).

FRITZ (Andréas). — A Aarhus (Danemark).

41. — * Octobre.
42. — Ruisseau.   (App. à M. Ch. Dyrlund).

FRÖLICH (Lorenz). — A Copenhague.

43. — L'œil de Dieu et Caïn ; — La Conscience (Victor Hugo : *La Légende des Siècles*).

HAMMERSHÖJ (Vilhelm). — A Copenhague.

44. — * Etude.
45. — Vieille femme.   (App. à M. H. Hirschsprung).
46. — Jeune fille.   (App. à M. A. Bramsen).
47. — Job.   ·(App. à M. K. Madsen).

HANSEN (Adolph Heinrich). — A Copenhague.

48. — * Intérieur du château de Fredensborg ;— Danemark.

HANSEN (Carl SUNDT-). — A Copenhague.

49. — * Dimanche à la campagne ; — Norvège.

HANSEN (Hans-Nicolai). — A Copenhague.

50. — * Malades auprès du tombeau de la Sainte-Hélène ; — Danemark.
51. — Cimetière.   (App. à M. Carl Jacobsen).

HANSEN (Joseph Theodor). — A Copenhague

52. — * La grande galerie du château de Stockholm.
53. — * Le baptistère de San-Marco, à Venise.

HASLUND (Otto). — A Copenhague.

54. — Concert.
55. — Portrait d'enfant.
56. — Portrait d'enfant.
57. — Plage, près Hornbäk.
58. — * Paysage ; — Hornbäk, Danemark.

(App. au musée de Copenhague).

(App. à M. A. Haslund).

HELSTED (Axel). — A Copenhague.

59. — Le Penseur.
60. — Père et fils.
61. — Mademoiselle Bébé et ses poupées.

(App. au musée de Copenhague).
" "

HENNINGSEN (Erik). — A Copenhague.

62. — La parade.
63. — « Summum jus, summa injuria. »

(App. au musée de Copenhague).
(App. à M. H. Hirschsprung).

HOLSÖE (Karl). — A Copenhague.

64. — Intérieur de salon.
65. — Un coin de cuisine.

(App. à M. O. Wandel).
(App. à M. A. Bramsen).

ILSTED (Peter). — A Copenhague.

66. — Intérieur.
67. — Une brouillerie.

(App. à M. S. Hertz).
(App. à M. Kyhn).

IRMINGER (Valdemar). — A Copenhague.

68. — Enfants malades à l'hôpital de Refnäs ; — Danemark. (App. à M. van der Aa Kyhle).

IENSEN (Iens Thomsen). — A Skanderborg (Danemark).

69. — * Ravin.

JENSEN (Karl). — A Copenhague.

70. — Galerie du château de Rosenborg ; — Copenhague.

JERNDORFF (August). — A Copenhague.

71. — Portrait de M. le conseiller d'État, L. Müller.
72. — Portrait de Mme de S...
73. — Portrait de Mlle Th. I...
74. — Portrait de Mme E. de S...

(App. à M. P. Müller).

(App. à M. Carl Jacobsen).

JOHANSEN (Viggo). — A Copenhague.

75. — La Cuisinière.
76. — Intérieur de cuisine.
77. — « Chez moi. »
78. — Après le dîner.
79. — « Bébé fait sa sieste. »
80. — * Grand nettoyage.

(App. à M. Chr. Munck).
(App. à M. le baron Rosenörn-Lehn).
(App. au musée de Copenhague).
(App. à M. Simmelkjär).
(App. à Mme I. Adler).

(Voir DESSINS).

KORNERUP (Valdemar). — A Copenhague.

81. — La Noce.

(App. à M. H. Hirschsprung).

KRÖYER (Peter Severin). — Méd. 3e cl. 1881, 2e cl. 1884, ✻ 1888. — A Copenhague.

82. — Le chapelier de village.
(App. à Mme I. Adler).
83. — Portrait de M. F. Meldahl, Directeur de l'Académie des Beaux-Arts de Copenhague.
84. — Sur la plage.
(App. au musée de Copenhague).
85. — Le départ des pêcheurs,
(App. à M. Besnard).
86. — « Hip, hip, hip, hurra, hurra, hurra ! »
(App. à M. Fürstenberg).
87. — La Frescita.
(App. à M. B. Hirschsprung).
88. — Le Comité de l'Exposition Française à Copenhague en 1888.
(App. à M. Carl Jacobsen).
(Voir DESSINS).

LOCHER (Carl). — A Hornbäk (Danemark¹.

89. — * Janvier ; — marine.
90. — * Sur la mer Atlantique.
91. — Plage, près Hornbäk ; — Danemark.

LUND (Sören). — A Copenhague.

92. — * Chevaux.

MIDDELBOE (Bernhar). — A Flundrarp (Suède).

93. — Portrait de Mme la baronne E. G...

MÖLLER (Harald SLOTT-). — A Copenhague.

94. — « Portrait de ma femme. »

MÖLLER (Schönheyder). — A Copenhague.

95. — * Soir.

MOLS (Niels PETERSEN-). — A Copenhague.

96. — Attelage de bœufs.   (App. au musée de Copenhague).
97. — * Veaux.
98. — Jument et poulain.   (App. à M. le baron de Beck-Fries).
99. — Paysage.   (App. à M. Schoning).
100. — * « Il pleut. »

MÖNSTED (Peter). — A Copenhague.

101. — * Ruisseau.

MUNDT (Mlle Emilie). — A Copenhague.

102. — * Un asile.

NISS (Thorvald). — A Copenhague.

103. — Marine.   (App. à M. H. Hirschsprung).
104. — * Paysage.
105. — * La Baie-des-Horreurs ; — Jutlande, Danemark.
106. — Au bord de la forêt.   (App. au musée de Copenhague).
107. — * La chute des feuilles.

PAULSEN (Julius). — A Copenhague.

108. — * Le repos dans l'atelier.
109. — * La Sainte Vierge et l'Enfant.
110. — Portrait de Mme É. W....   (App. à M. O. Wandel).
111. — * L'Orage ; — soir d'automne.
112. — Coucher de soleil.   (App. à M. A. Bramsen).
113. — Jour d'été.   (App. à M. H. Simmelkjœr).
114. — Paysage; — près Själso, Danemark.   (App. à M. O. Wandel).
115. — Intérieur.   (App. à M. H. Hirschsprung).
116. — Nuit d'été.   (App. à M. H. Hirschsprung).

EDERSEN (Ole). — A Copenhague.

117. — * En septembre.
118. — * Intérieur d'écurie.
119. — La Blanchisseuse.   App. à M. O. Wandel).
120. — Paysage.   (App. à Mlle Thomsen).
121. — Portrait.   (App. à M. H. Hirschsprung).
122. — Portrait.   (App. à M. H. Hirschsprung).

PEDERSEN (Thorolf). — A Copenhague.

123. — * Retour de la pêche.
124. — * Frégate cuirassée russe dans le Sund ; — Danemark.

PEDERSEN (Viggo). — A Copenhague.

125. — * Clair de lune dans le bois.
126. — * Après-midi d'été.
127. — * Vent.
128. — * Dans le marais.
129. — * Clair de lune.
130. — Soleil de printemps ; — Sora, Italie.   (App. à M. P. S. Kröyer).
131. — * Retour du pâturage ; — Sora, Italie.
132. — * La mère heureuse ; — effet de soleil.

PETERSEN (Tom). — A Copenhague.

133. — Le Sund de Svendborg ; — Danemark.   (App. à M. H. Schmidt).

PHILIPSEN (Theodor). — A Copenhague.

134. — Vaches ruminant.   (App. à M. Schumacher).
135. — Vaches au pâturage.   (App. à M. Dall).
136. — Veaux.   App. à M. V. Johansen).
137. — Bétail sur la plage.   (App. à M. S. Hertz).
138. — Chemin dans la forêt.   (App. à M. O. Wandel.
139. — Chemin dans la forêt.   (App. à M. A. Bramsen).
140. — Une écurie d'ânes à Tunis.

RING (Lauritz-Andersen). — A Copenhague.

141. — Dans le village.   (App. à M. V. Johansen)
142. — * Laboureurs.
143. — Village.
144. — Paysage.

SCHMIDT-PHISELDECK (Carl). — A Hilleröd.

145. — Jour d'été.
146. — * Couchant de soleil.

SELIGMANN (Gustaf). — A Copenhague.

147. — * Le dimanche au Musée Thorwaldsen, à Copenhague.
148. — * Chez le curé.

SKOVGAARD (Joachim-Frederik). — A Copenhague.

149. — Marché à Sora ; — Italie.   (App. à M. V. Gätje).
150. — La Tonte.   App. à M. Aggersborg).
151. — La route de Civita d'Antino.   (App. à M. Lange).
152. — L'abside de Sta-Pudentiana ; — Rome.
153. — Partie du Parthénon ; — Athènes.
154. — Portrait.

SKOVGAARD (Niels Kristian). — A Copenhague.

155. — Paysage, ; — côte occidentale de Jutlande, Danemark.   (App. à M. de Jermiin).
156. — * Soir d'automne.

THERKILDSEN (Michael). — A Copenhague.

157. — L'Abreuvoir.
158. — La Halte.
159. — Veaux.   (App. à M. H. Hirschsprung).
160. — L'intérieur d'une étable.

THOMSEN (Carl). — A Copenhague.

161. — Un Dîner au presbytère en l'honneur de l'Évêque.
                                              (App. au musée de Copenhague).
162. — Mal-à-propos.   (App. à M. Ph. W. Heymann).
163. — * La visite à l'atelier.

                                                          (Voir DESSINS).

THOREN FELD (Anton). — A Copenhague.
164. — * Jour d'été ; — Danemark.

THORNAM (Mlle Emmy). — A Copenhague.
165. — * Lilas.

TUXEN (L.). — A Copenhague.
166. — * Rentrée des pêcheurs, au crépuscule ; — Pas-de-Calais.
167. — * Italienne sortant du bain.
168. — Portrait de Mme O. Jacobsen.　　　　　(App. à M. Carl Jacobsen).
169. — Portrait de Mme de B....
170. — Vénus triomphante. (Esquisse d'un plafond exécuté pour le château de Frederiksborg).
　　　　　　　　　　　　　　　　　　　　(App. à M. Carl Jacobsen).

OLSEN-VENTEGODT (Peter). — A Copenhague.
171. — * La veille de Noël chez le grand-père.

WANG (Albert). — A Horsens (Danemark).
72. — * Jour d'automne.

WEGMANN (Mlle Bertha). — A Copenhague.
173. — Portrait de Mme S...　　　　　　(App. à M. Seekamp).
174. — Portrait de M. M...　　　　　　(App. à Mlle Melchior).
175. — Portrait de Mlle I. B...　　　　　　(App. à Mme Ruben).
176. — Portrait de M. T...　　　　　　(App. à M. Melchior).

WENTORF (Carl). — A Copenhague.
177. — Portrait de M. C. F Aagaard, peintre danois.

WILDENRADT (Johan Peter). — A Copenhague.
178. — * Vieux chênes ; — Jutlande (Danemark).
179. — * Ruisseau d'Inferret ; — Provence.

WILLUMSEN (Iens Ferdinand). — A Copenhague.
180. — Chez le boucher.
181. — Dans le moulin ; — après-midi.　　　　(App. à M. Th. Niss).
182. — Intérieur de ferme à Refsnás (Danemark)

ZACHO (Christian). — A Copenhague.
183. — Ruisseau sous bois.　　　(App. à S A. R. le prince Valdemar).
184. — * Effet d'hiver ; — environs de Copenhague
185. — * Oliviers à Menton.
186. — * Sous les vieux chênes.
187. — * L'hiver.

ZAHRTMANN (Kristian). — A Copenhague.
188. — La mort de la reine Sophie-Amélie.　　(App. au musée de Copenhague).
189. — Léonora-Christina Ulfeld en prison.　　(App. à M. H. Hirschsprung).
190. — Trois filles de Sora ; — Italie.　　(App. à M. H. Hirschsprung).

CLASSE 2.

Peintures diverses et dessins.

JENSEN (Carl SOYA). — A Copenhague.
191. — Vieille cour à Copenhague ; — aquarelle.

JOHANSEN (Viggo). — A Copenhague.
192. — La vieille bonne ; — dessin.
　　　　　　　　　　　　　　　(Voir PEINTURE).

Groupe 1.　　　　　　　　　　　　　　**11**

KRÖYER (Peter-Severin). — A Copenhague.

193. — Souvenirs d'un voyage en Italie ; — aquarelle.   (App. à M. H. Hirschsprung).
194. — Souvenirs d'un voyage en Espagne ; — aquarelle   (App. à M. H. Hirschsprung).
195. — Tête de femme ; — pastel.   (App. à M. Antonin Proust).
                                                          (Voir PEINTURE).

TEGNER (Hans). — A Copenhague.

196. — Série de dessins dont les sujets sont empruntés aux Comédies de Ludv. Holberg.
       L'œuvre entière contient 250 dessins.   (App. à M. Ernst Bójesen, éditeur).

THOMSEN (Carl). — A Copenhague.

197. — Scènes de la vie dans un presbytère danois ; — dessins. (App. à M. H. Hirschprung)
                                                                (Voir PEINTURE).

WANDEL (Mme Elisabeth). — A Copenhague.

198. — * Jeune femme ; — pastel.

WILDE (Alexander). — A Copenhague.

199. — Intérieur ; — pastel.

CLASSE 3.

Sculptures et gravure en médailles.

AARSLEFF (Carl). — A Copenhague.

200. — * Jeune homme ; — statuette, plâtre.
201. — Jeunes géants ricanant.
       Fragment d'une frise dont le sujet est emprunté de la Mythologie Scandinave ; — avec
       le dessin de la frise entière.

BISSEN (Vilhelm). — A Copenhague.

202. — * Peintre de vases ; — statue, marbre.
203. — * La Filandière ; — statue, plâtre.
204. — Portrait de Mᵐᵉ B... ; — buste, terre cuite.

BRANDSTRUP (Ludvig). — A Copenhague.

205. — Portrait de mon père ; — buste, plâtre.

BRODERSEN (Mlle Anne-Marie). — A Copenhague.

206. — * Un Veau ; — bronze.
207. — Un Veau ; — bronze.   (App. à M. A Bramsen).

DIDERICHSEN (Mlle Henny). — A Copenhague.

208. — * Le premier bain ; — groupe, marbre.

HÖGH (Niels). — A Paris.

209. — * Le Réveil ; — statuette, terre cuite.
210. — Mlle Bergliot-Björnson ; — buste, terre cuite.

PEDERSEN-DAN (Hans). — A Copenhague.

211. — * Ismaël ; — statue, bronze.

SAABYE (Auguste-Wilhelm). — A Copenhague.

212. — * Suzanne devant le tribunal ; — statue, marbre.
213. — Portrait de Mᵐᵉ H... ; — buste, plâtre.
214. — Portrait de Mlle O.. ; — buste, plâtre.

SCHULTZ (Julius). — A Copenhague.

215. — * Adam et Eve ; — groupe, plâtre.

SMITH (Carl). — A New-York.

216. — * Portrait de M. Henry George, auteur américain ; — buste, plâtre.

CLASSE 4.

Dessins et modèles d'architecture.

Académie des Beaux-Arts de Copenhague.

Relevés d'anciens édifices danois.
L'œuvre est exécutée par des architectes danois sous la direction de M. Hans Iörgen Holm, professeur à l'Académie des Beaux-Arts de Copenhague.

217. — Détails du château de Kronborg, 1585, relevés par MM. Martin Borch, H. Kampmann, A. Krog et M. Nyrop
218. — Château de Rygaard, 1593, relevé par M. O. Koch.
219. — » de Egeskov, 1554, »
220. — » de Borreby, 1556, »
221. — » de Breininggaard, 1595,, relevé par MM. V. Mörk Hausen et E.   rgensen.
222. — » de Hesselagergaard, 1538, relevé par MM. F. Koch et H. Garde.

FENGER (Ludvig). — A Copenhague.

223. — Architecture dorique polychrôme (lith. par MM. Hoffensberg et Trap, à Copenhague)

SOCIÉTÉ D'ORNEMENTATION.

FRÖLICH (Lorenz). — A Copenhague.

224. — Fragment de l'esquisse d'une frise au musée de Frederiksborg : La conquête de l'Angleterre par les Danois au Xe siècle ; — aquarelle.
225. — Esquisse d'une autre partie de la même frise. — Dessin représentant une armoire. — Eau-forte représentant un écusson de porte.
226. — La Valkyrie excitant le Viking à faire une descente sur les côtes étrangères. Peinture imitant la tapisserie.

BINDESBÖLL (Thorvald). — A Copenhague.

227. — Cruche en terre émaillée ; — dessin.
228. — Même sujet.
229. — Même sujet.
230. — Même sujet.

CONSTANTIN-HANSEN (Mlle Elise). — A Copenhague.

231. — Morues ; — imitation de tapisserie.
232. — Mouettes ; — esquisse, imitation de tapisserie.
233. — Poissons dorés ; — imitation de tapisserie.
234. — Pies de mer ; — dessin d'une décoration en terre émaillée.

JERNDORFF (A.) & BINDESBÖLL (Th.). — A Copenhague.

235. — Billet de 10 couronnes ; — dessins.

JERNDORFF (August). — A Copenhague.

236. — Diane au bain ; — dessin d'un plat en terre émaillée.

SKOVGAARD (Niels Kristian). — A Copenhague.

237. — Trois plats en terre émaillés. — Œdipe et le Sphinx — La Sirène entourée des vaisseaux d'Ulysse. — Un coq de bruyère ; — dessins.

SKOVGAARD (J. F.) et BINDESBÖLL (Th.). — A Copenhague

238. — Esquisse d'un diplôme ; — aquarelle.
239. — Cruche en terre émaillée, avec des bras de poulpe ; — dessin.
240. — Dessin représentant un autel, à exécuter en terre émaillée

SKOVGAARD (Joachim-Frederik). — A Copenhague.

241. — Plat en terre émaillée. — St-Michel et le Dragon ; — dessin.
242. — Plat en terre émaillée. — Eve et le Serpent ; — dessin.
243. — Cruche en terre émaillée. — Couleuvre et amadouviers ; — dessin.
244. — Cruche en terre émaillée. —Méduses ; — dessin.

CLASSE 5

Gravures et lithographies.

LARSEN (Ferdinand). — A Copenhague.

245. — Chiens de quête ; — lithographie d'après le tableau de M. O Bache.
246. — La mère de Rembrandt ; — lithographie d'après le tableau appartenant à M le comte de Moltke, à Copenhague.

LOCHER (Carl). — A Hornbäk (Danemark).

247. — Clair de lune ; — eau-forte.

PAULSEN (Carl). — A Copenhague.

248. — Trois gravures sur bois.

ESPAGNE.

Palais du Champ de Mars (galerie des Beaux-Arts).

CLASSE 1.

Peintures à l'huile.

AGRASOT (Joaquin). — A Valence, et, à Paris, rue de l'Université, 195.
1. — Bergère de la province de Léon (Espagne).

ALVAREZ (Luis). — A Rome, via San Martino, 9, et. à Paris, rue de Bassano, 48.
2. — La chaise de Philippe II ; — Escorial (1597).

ARANDA (Jose Jimenez). — Méd. 3ᵉ cl. 1882. — A Paris, boulevard de Port-Royal, 31.
3. — Christ.
4. — Partie perdue.
5. — Partie d'échecs.
6. — Les politiciens.
7. — Rêverie.

(Voir Dessins).

ARAUJO (Joaquin), né à Madrid. — A Madrid, et, à Paris, rue de l'Université, 195.
8. — Mauvaise affaire.

AYRTON DE LOS RIOS (Mme). — A Paris, rue de Châteaudun, 46.
9. — Retour de chasse.
10. — La place est prise.
11. — Nature morte.

(Voir Dessins).

BAÑUELOS THORNDIKE (Mlle Antonia). — A Paris, rue de Constantine, 11 bis.
12. — Enfant endormi.

BENLLIURE Y GIL (José). — A Rome, et, à Paris, rue de l'Université, 195.
13. — Un sermon en Espagne.

BILBAO Y MARTINEZ (Gonzalo de). — A Séville, et, à Paris, rue de l'Université, 195.
14. — Esclaves sur une terrasse.
15. — L'Hamacha saint.

CARBONELL SELVA (Miguel). — A Madrid, et, à Paris, rue de l'Université, 195.
16. — « Pauvre mère ! »
17. — Cimetière.
18. — Gamin de la haute montagne de Catalogne.

CASADO DEL ALISAL (José), né à Palencia. — A Paris, rue de l'Université, 195.

19. — La cloche de Huesca.

CASANOVA Y ESTORACH (Antonio). — A Paris, rue Greuze, 22.

20. — Arrivée de l'empereur Charles-Quint au monastère de Saint-Just.

CHECA (Ulpiano). — A Paris, rue du Faubourg Saint-Honoré, 235.

21. — Dans l'église.

DOMINGO MARQUES (Francisco), né à Valence, élève des Académies de Valence et de Madrid. — A Paris, boulevard Binau, 94.

22. — Fernando. (App. à Mᵐᵉ Domingo).
23. — Le préféré. (App. à M. Carlos J. de Alvear).
24. — L'instinct.
25. — La promenade. (App. à M. E. Gambart).
26. — La vie de cabaret. (App. à M. Gambart).
27. — Portrait.
28. — « Mon docteur ». (App. au Dʳ E. Betancés).
(Voir DESSINS).

FALERO. — A Londres, Fellows road, 100, South Hampstead.

29. — La double étoile.
30. — Un cauchemar.

FRANCÉS Y ARRIBAS (Mlle Fernanda). — A Madrid, et, à Paris, rue de l'Université, 195.

31. — « Lo de San-Anton ».
32. — Nature morte.

GÁNDARA (Antonio de la). — A Paris, rue Monsieur-le-Prince, 22.

33. — Portrait de Mᵐᵉ de la Gàndara.

GARCIA Y RODRIGUEZ (Manuel). — A Séville, et, à Paris, rue de l'Université, 195.

34. — Un jardin potager des environs de Séville.

GESSA (Sebastian), né à Chielana.—A Madrid, et, à Paris, rue de l'Université, 195.

35. — De mon pays ; — nature morte.

GISBERT (Antonio). — Med. 1865, 3ᵉ cl. 1878 (E. U.), O. ✿ 1870. — A Paris, rue de la Bruyère, 3 bis.

36. — Exécution des Torrijos et de leurs compagnons ; — Malaga (1831).

GRANER (Luis). — A Barcelone, et, à Paris, rue de l'Université, 195.

37. — Retour du travail ; — paysage.

GUASCH Y HOMS. — A Rome, et, à Paris, rue de l'Université, 195.

38. — Au bord du lac.

HERREROS DE TEJADA (Luis). — A Rome.

39. — Alphonse XI installe l'Hôtel-de-Ville de Madrid ; — 6 Janvier 1346.

HIDALGO (Félix-Resureccion), né aux Iles Philippines. — A Paris, boulevard Arago, 65.

40. — L'Enfer du Dante.
41. — Rêverie.

JIMENEZ (Luis), né à Séville. — Méd. 3ᵉ cl. 1887. — A Paris, rue Boissonade, 6.

42. — Une salle d'hôpital; — la visite.

JIMENEZ PRIETO (Manuel). — A Paris, rue Boissonade, 6.

43. — Après le repas.

LEON Y ESCOSURA (Ignacio). — A Paris, rue de la Faisanderie, 21.

44. — Les amis du peintre.
45. — L'allée des amoureux.
46. — La cueillette des roses.
47. — Le drapeau de l'ennemi.

LLANECES (José), né à Madrid. — A Paris, rue de Saint-Pétersbourg, 32.

48. — L'Ivrogne.

LUNA (Juan), né aux Iles Philippines. — Méd. 3ᵉ cl. 1886. — A Paris, boulevard Péreire, 175.

49. — « Hymen, oh Hyménée ! »
50. — Portrait de M. P. y L...
51. — Bacchante.
52. — Le modèle.
53. — Paysage.

MADRAZO (Raimundo de). — Méd. 1ʳᵉ cl. 1878 (E. U.), ✱ 1878. — A Paris, rue de Beaujon, 32.

54. — Portrait de la duchesse d'Albe.
55. — Portrait de Mᵐᵉ la marquise de Castrillo.
56. — Portrait de la duchesse de Lécera.   (App. à Mᵐᵉ la Mˢᵉ de Manzanedo).
57. — Portrait de la comtesse de Crecente.   (App. a Mᵐᵉ la Mˢᵉ de Manzanedo).
58. — Portrait de Mᵐᵉ Saly Stern.
59. — Portrait de la marquise d'Hervey de Saint-Denis.
60. — Portrait de Mlle Munroe.
61. — Portrait de Mᵐᵉ A. M....

MADRAZO (Ricardo de), né à Madrid. — A Madrid, et, à Paris, rue de Beaujon, 32.

62. — Le dernier tableau de Fortuny.

MASO (Felipe), élève de M. Bonnat. — A Paris, chez M. Troisgros, rue de Laval, 35

63. — L'enterrement.
64. -- Parc de Monceau.

MASRIÉRA (Francisco), né à Barcelone. — A Barcelone, calle de Fernando, 35

65. — Portrait.
66. — Odalisque.
67. — « Ex-voto. »

MASRIERA (José), né à Barcelone. — A Barcelone, calle de Fernando, 35.

68. — Paysage.
69. — Paysage.
70. — Paysage.

MEIFREN (Eliseo). — A Barcelone, et à Paris, rue de l'Université, 195.

71. — Port de Barcelone.

MÉLIDA (Enrique). — Méd. 3e cl. 1886. — A Paris, rue de Bassano, 48.

72. — Une scène de carnaval, à Rome.
73. — Après le Boléro.
74. — Une « Maja ».
75. — Premières feuilles d'automne.
76. — Portrait de Mme la comtesse de F... (App. à Mme Journault).
77. — Manola. (App. à Mme Journault).
78. — Etude.
79. — Etude.
80. — Etude.
81. — Etude.

MENDEZ (Manuel), né aux Iles Canaries. — A Paris, boulevard de Clichy, 75.

82. — Intérieur breton.

MORENO CARBONERO (José), né à Malaga. — A Madrid, et, à Paris, rue de l'Université, 195.

83. — La conversion du duc de Gandia.

MUÑOZ-DEGRAIN, né à Valence. — A Madrid, et, à Paris, rue de l'Université, 195.

84. — La conversion de Rekarède.

OCHOA (Rafael de). — A Paris, rue de La Pérouse, 26.

85. — Portrait de Mme C. D...
86. — Vue de la Seine.

(Voir DESSINS).

OLARRIA (Federico), né à Valence, élève de M. Domingo. — A Paris, avenue Hoche, 36.

87. — Fleurs.
88. — Fleurs.

(Voir DESSINS).

ORTIZ (Argentino). — A Paris, rue de l'Université, 195.

89. — Type espagnol.

PANDO (José del). — A Paris, rue Boissonade, 6.

90. — Sortie de la première communion dans un village de Picardie.

PRADILLA (Francisco), né à Saragosse. — Méd. d'honneur 1878 (E. U.), ✻ 1878 — A Madrid, et, à Paris, rue de l'Université, 195.

91. — Reddition de Grenade.

PUJOL DE GUASTAVINO (Clémente). — A Paris, rue Boissonade, 11.

92. — Rapt et vol.
93. — Danse mauresque.

RAMIREZ IBAÑEZ (Manuel). — A Madrid, et, à Paris, rue de l'Université 195.

94. — Le héros du soir ; — foire de Séville.

RAMOS ARTAL (Manuel). — A Saint-Sébastien, et, à Paris, rue de l'Université, 195.

95. — Environs de Pau.
96. — Paysage.

RICO (Martin). — Méd. 3ᵉ cl. 1878 (E. U.), ✳ 1878. — A Paris, rue Bastiat, 6.

97. — Vue du Palais Ducal ; — Venise.   (App. au marquis de Casa Riera).
98. — Vue de Venise.   (App. au marquis de Casa Riera).
99. — Vue de Paris, prise du Trocadéro.   (App. à la marquise de Manzanedo).
100. — Une villa à Tivoli.
101. — S. Toma ; — Venise.
102. — Canet.
103. — Cannes.

RIVA (Mlle Luisa de la). — A Paris, boulevard Rochechouart, 35, chez M. Munoz.

104. — Raisins d'Espagne.

RUMOROSO (Enrique). — A Madrid, et. à Paris, rue de l'Université, 195.

105. — Raisins.
106. — Raisins.
107. — Raisins.
108. — Raisins.

RUSIÑOL (Santiago). — A Barcelone, et, à Paris, rue de l'Université, 195.

109. — « Paysage de mon pays. »

SALA Y FRANCÉS (Emilio). — A Paris, rue Rochechouart, 42.

110. — Expulsion des juifs d'Espagne.
111. — Etude de fruits.

SANCHEZ PERRIER (Emilio). — A Paris, boulevard de Port-Royal, 31.

112. — « Guadaira ».

SEIQUER (Antonio). — A Saint-Leu (Seine-et-Oise). hôtel de la Croix-Blanche.

113. — La demoiselle agaçante.
114. — Réunion de minets.

VASCANO (Antonio). — A Madrid, et, à Paris, rue de l'Université, 195.

115. — Marine au crépuscule.

VILLODAS (Ricardo de). — A Rome, et, à Paris, rue de l'Université, 195.

116. — « Victoribus gloria » ; — naumachie, au temps d'Auguste.

CLASSE 2.

Peintures diverses et dessins.

ARANDA JIMENEZ (José), né à Séville. — Méd. 3ᵉ cl. Salon 1882. — A Paris, boulevard de Port-Royal, 31.

117. — La vision de Fray-Martin ; — aquarelle.
118. — Dernières retouches ; — gouache.
119. — Un compilateur ; — gouache
120. — Un atelier à bon marché ; — gouache.
121. — Etude ; — gouache.
122. — Au bord de la mer ; — gouache.
123. — Le vieil arbre ; — gouache.

(Voir Peinture).

ATALAYA (Enrique), né à Murcie. — A Paris, rue Bellini, 20.

124. — Le premier chapitre de Don Quichotte ; — cinq dessins.

AYRTON DE LOS RIOS (Mme). — A Paris. rue de Châteaudun, 46.

125. — Liseuse ; — pastel.

CRUSET (Sebastian), élève de M. Galland. — A Paris, rue Rollin, 12.

126. — Art mauresque ; — aquarelle.

DOMINGO MARQUÉS (Francisco), né à Valence, élève des académies de Valence et de Madrid. — A Paris, boulevard Binaut, 94.

127. — Portrait de S. A. R. l'infante Marie-Thérèse ; — pastel.	(App. à Mme Domingo).	
128. — Robert ; — pastel.	(App. à Mme Domingo).	
129. — Campagne ; — pastel.	(App. à Mme Domingo)	
130. — Etude ; — pastel.		

FLOREZ (Eduardo). — A Paris, rue St-Dominique, 53.

131. — Cascade (Asturies) ; — aquarelle.
132. — Hameau (Asturies) ; — aquarelle.

GANDARA (Antonio de la). — A Paris, rue Monsieur-le-Prince, 22.

133. — « Pensée » (portrait de jeune femme) ; — pastel.

GARCIA HISPALETO (Manuel). — A Madrid, et, à Paris, rue de l'Université, 195.

134. — Lecture de la lettre ; — aquarelle.
135. — Dans la botilleria ; — aquarelle.

OCHOA (Rafael). — A Paris, rue de la Pérouse, 26.

136. — Portrait de Mlle de V... ; — pastel.
137. — Portrait de Mlle F... ; — pastel.
138. — Portrait de Mlle B... ; — pastel.

OLARRIA (Federico), né à Valence, élève de M. Domingo. — A Paris, avenue Hoche, 36.

139. — « Mon fils rendu à la vie par le docteur Mugnier » ; — pastel.

PELLICER (Luis). — A Barcelone, et, à Paris, rue de l'Universite, 195.

140. — Dessins pour diverses illustrations.
141. — Crépuscule.

PESCADOR-SALDAÑA (Félix), né à Saragosse, élève de M. Bonnat. — A Paris, rue du Faubourg-Saint-Honoré, 64.

142. — Portrait ; — pastel.

ROCA (Leopoldo). — A Barcelone, et, à Paris, rue de l'Université, 195.

143. — Portrait ; — aquarelle.

TAPIRO (José), né à Reus. — A Tanger (Maroc).

144. — Fatima ; — aquarelle.
145. — Salem ; — aquarelle.
146. — Les brigands du Sus ; — aquarelle.

URRABIETA VIERGE (Daniel). — A Paris, rue d'Alesia, 115.

147. — Berger en Espagne.
148. — Misère à Londres.
149. — Le viatique à Madrid.
150. — Courses de taureaux, à Pinto (Espagne).
151. — Dix-huit dessins pour l'illustration de *Pablo de Segovia.*
152. — Dix-huit dessins   id   id
153. — Trois dessins pour l'illustration de *Gil Blas.*
154. — Deux dessins : Joueurs de boule à Paris et en Algérie
155. — Les vieilles à la Salpétrière.
156. — Les joueurs de palets à Salamanque.

CLASSE 3.

Sculptures et gravures en médailles.

GINES Y ORTIZ (Adela). — A Madrid.

157. — Un coq mort ; — terre cuite.

NOGUÈS (Anselmo), élève de MM. Cavelier et Chapu. — A Paris, passage de la Vierge, 5.

158. — Type catalan.

OBIOLS (Gustavo). — A Paris, rue Denfert-Rochereau, 39.

159. — Cigale.
160. — Imperia.
161. — Portrait ; — bas-relief.

PARDO DE TAVERA. — A Paris, avenue de Wagram, 14.

162. — Sebastian Eleano ; — buste.
163. — Mlle Thérésa.

SUSILLO-SEVILLA. — A Paris, rue de l'Université, 195.

164. — Bacchanale ; — bas-relief, terre cuite.

CLASSE 4.

Dessins et modèles d'architecture.

AMADOR DE LOS RIOS (Ramiro). — A Madrid, et, à Paris, rue de l'Université, 195.

165. — Dessins d'architecture ; — huit cadres.

CLASSE 5.

Gravures et lithographies.

MAURA MONTANER (Bartolomé), né à Palma de Mayorque (Baléares), élève de l'Ecole des Beaux-Arts de Madrid. — A Madrid, et, à Paris, rue de l'Université, 195.

166. — Portrait de S. M. la Reine-Régente d'Espagne Marie-Christine ; — eau-forte.

PARIS (Marcelo), à Paris, avenue d'Orléans, 79.

167. — Une gravure sur bois :
     J u du « Tejo » (province de Salamanque), d'après Vierge.

PEREZ MARTINEZ (Manuel Pantaléon). — A Paris, rue Fauvet, 17.

168. — Une gravure sur bois :
     Portrait d'Innocent X, d'après Vélasquez.
169. — Une gravure sur bois :
     St-Procope, d'après Ribeira.

RICARDO DE LOS RIOS. — Méd. 3ᵉ cl. 1888. — A Paris, rue de Châteaudun, 46.

170. — Une gravure ; — eau-forte :
    Curiosité.
171. — Une gravure ; — eau-forte :
    Récolte de pommes de terre, d'après M. Lerolle.
172. — Une gravure ; — eau-forte :
    Pêcheuse, d'après M. Pearce.
173. — Une gravure ; — eau-forte :
    La prière, d'après M. Pearce.
174. — Gravures ; — eaux-fortes :
    La dame aux Camélias, d'après M. Besnard.
174. — Trois gravures ; — eaux-fortes :
    D'après Fortuny et Gomez
175. — Gravures ; — eaux-fortes :
    Don Quichotte, d'après M. Worms.
176. — Gravures ; — eaux-fortes :
    Jocelyn, d'après M. Besnard.
177. — Huit gravures ; — eaux-fortes :
    Pour les œuvres de Victor Hugo, dessins de M. Flameng.

TORNER (José). — A Barcelone, et, à Paris, rue de l'Université, 195.

178. — « A 60 ans » ; — eau-forte d'après M. F. Masriera.
179. — Andalouse ; — eau-forte d'après M. F. Masriera.

ETATS-UNIS.

Palais du Champ de Mars (galerie des Beaux-Arts).

CLASSE 1.

Peintures à l'huile.

ALLEN (Thomas), né à Saint-Louis (Mo. E. U. A.).
1. — Bétail.

ALLEN (William S.), né à New-York (N. Y.), élève de MM. Bouguereau, J. Lefebvre et Claude Monet.
2. — Le soir, sur le bord du lac.

ANDERSON (A. Archibald), né à New-York (E. U. A.), élève de MM. Bonnat, Cormon et Collin.
3. — Portrait du Très-Révérend A. C. Coxe, évêque de l'ouest de l'État de New-York.

BACHER (Otto H.), né à Cleveland (Ohio), élève de Boulanger et de MM. J. Lefebvre et Carolus-Duran.
4. — « Richfield Center », dans l'Ohio.

BACON (Henry), né à Boston (Mass., E. U. A.), élève de Cabanel.
5. — Egarée.

BAIRD (Wm.).
6. — En famille.

BARNARD (Edward H.), né à Belmont (Mass., E. U. A.), élève de Boulanger et de MM. J. Lefebvre, Collin, et Otto Grundman.
7. — Un passe-temps au moyen-âge.

BEAUX (Mlle).
8. — Portrait.

BECKWITH (J. Carroll), né à Hannibal (Mo.), élève de M. Carolus-Duran.
9. — Une dame californienne.
10. — Portrait de William Walton.
11. — Portrait d'un enfant.   (App. à M. H. W. Poor, de New-York).

BELL (Edward A.), né à New-York (N. Y., E. U. A.), élève de Edw. A. Bell.
12. — Portrait.

BENSON (Frank W.), né à Salem (Massachussetts). élève de Boulanger et de M. J. Lefebvre.

13. — En été.

BIRNEY (William Verplanck), né à Cincinnati (Ohio), élève de MM. J. Benzur et W. Lindenschurst.

14. — « Dolce far niente » ; — un jeune domestique de couleur, du Sud, prenant ses aises pendant les heures de travail.
15. — La question du travail dans le Sud ; — un jeune garçon de couleur, nettoyant de l'argenterie, sur une terrasse.

BISBING (Henry S.), né à Philadelphie (Penn., E. U. A.), élève de M. F. de Vuillefroy.

16. — La sieste sur la plage.

BLACKSTONE (Mme Sadie), née à Halifax (Nova-Scotia), élève de MM. Simabildi et de Montaland.

17. — Senlisse ; — vallée de Chevreuse.

BLASHFIELD (Edwin Howland), né à New-York (N. Y.), élève de M. Bonnat.

18. — Inspiration.   (App. au colonel H M. Boies)
19. — Portrait.   (App. à C. E.~Wilbur).

BLUM (Robert F.), né à Cincinnati (Ohio).

20. — Dentellières vénitiennes.

BOGGS (Frank M.), né à New-York (E. U. A.), élève de M. Gérôme.

21. — St-Germain-des-Prés.   (App. à M. Diot).
22. — Vue de Dordrecht.   (App. à M. Diot).
23. — Place de la Bastille ; — Paris.   (App. à l'Etat).

BOYDEN (D. Frederick), né à Boston (Mass , E. U. A.), élève de Boulanger et de M. J. Lefebvre.

24. — Pâturages au Cap Ann, U. S. A.

BRANDEGEE (Robert B.), né à Berlin (Connecticut), élève de M Jacquesson de la Chevreuse.

25. — Portrait.

BRECK (John L.).

26. — L'automne.
27. — La première née.

BRICHER (Alfred T.), né à Portsmouth (New-Hampshire).

28. — Sur la côte, bordée de rochers, de Massachussetts.

BRIDGMAN (Frédéric Arthur), né à Tuskegee (Alabama, E. U. A.), élève de M. Gérôme. — Méd. 3e cl. 1887, 2e cl. 1878 (E. U.), ✿ 1878.

29. — Le pirate d'amour.
30. — Fête du Prophète à Oued-el-Kebir (Blidah).
31. — Fête nègre à Blidah.
32. — Marché aux chevaux au Caire.
33. — Portrait de Mme B...
34. — Sur les terrasses ; — Alger.

BRISTOL (John Bunyan), né à Hillsdale (N. Y.), élève de Henry Ary, à Hudson (N. Y.).

35. — La fenaison, près de Middlebury (Vermont).

BROOKS (Mlle Maria), née en Angleterre, élève de l'Ecole d'Art de South Kensington et des Ecoles de l'Académie royale, Londres (Angleterre).

36. — Prête pour une partie de cerceau.

BROWN (J. G.), né en Ecosse.

37. — Le repos du portefaix, à midi.   (App. à M. T. Evans).
38. — Musique des rues, à New-York.
39. — Journaux du matin.

BROWNE (Charles Francis), né à Waltham (Mass., E. U. A.), élève de Boulanger et de MM. J. Lefebvre et Gérôme.

40. — Paysage.

BUTLER (Howard Russell), né à New-York (N. Y.) élève de MM. Dagnan-Bouveret, Roll, Gervex et Beckwith.

41. — Récolte d'algues marines.
42. — Marée basse, à Saint-Yves (Cornouailles, Angleterre).
43. — Campagnards passant le Yantepec à gué.

BUTLER (George B.), né à New-York (N. Y.).

44. — Portrait de Mrs Stimson.
45. — Joueurs de tambourin.

CARR (Lyell).

46. — Bonne chance.

CAULDWELL (Leslie Giffen), né à New-York (E. U. A.), élève de Boulanger et de MM. Lefebvre et Carolus-Duran.

47. — Portrait de mon maître d'armes, M. Rougé.

CHAPMAN (Carlton T.), né à New-London (Ohio), élève de l'Académie nationale de Dessin et de la Ligue des Étudiants de l'Art, à New-York.

48. — Le matin, de bonne heure, dans un port.

CHASE (William M.)

49. — Un parc de ville.
50. — La Paix.
51. — Un aperçu de Long-Island.
52. — Chantier de pierres.
53. — Baie de Gowanus.
54. — Portraits : La mère et l'enfant
55. — Portrait de Mrs C.
56. — Portrait de Miss Gill.

COFFIN (William Anderson), né à Allegheny-City (Pennsylvanie), élève de M. Bonnat.

57. — Clair de lune ; — la moisson en Pennsylvanie.
58. — Septembre.
59. — Le lever de la lune.
60. — Après l'orage.

COLE (J. Foxcroft), né à Jay (Maine), élève de M. Charles Jacques.

61. — Rivière Abbajoua, dans le Massachussetts.

COPELAND (Alfred B.)

62. — Salle François Ier au musée de Cluny.
63. — Étude d'intérieur.

COX (Kenyon), né à Warren (Ohio), élève de MM. Gérôme et Carolus Duran.

64. — La Peinture et la Poésie.
65. — Jacob luttant avec l'ange.
66. — Portrait de Augustus Saint-Gaudens.　　　　(App. à A. Saint-Gaudens).
67. — Ombres fuyantes.

CURTIS (Ralph).
68. — Vue à Venise.

DANA (Wm. P. W.), né à Boston (Mass., E. U. A.), élève de Eug. Le Poittevin — Méd. 3ᵉ cl. 1878 (E. U.)

69. — Le Christ marchant sur les eaux.
70. — Bateaux de foin sur la Tamise.
71. — Une soirée calme sur la Tamise.
72. — Une bonne brise ; — effet de clair de lune.

DANNAT (William T.), élève de M. Munkacsy. — Méd. 3ᵉ cl. 1883.

73. — Un quatuor.
74. — Une sacristie en Aragon.
75. — Portrait de Mlle H.
76. — Mariposa.
77. — Un profil blond ; — étude en rouge.
78. — Une Saducéenne.

DARLING (Wilder M.), né à Sandusky (Ohio, E. U. A.) élève de MM. Cormon et H. Mosler.

79. — La première visite de la grand'mère.

DAVIS (Charles H.), né à Amesbury (Mass., E. U. A.) élève de Boulanger et de M. J. Lefebvre.

80. — Une soirée d'hiver.
81. — La vallée ; — le soir.
82. — Le versant de la colline.
83. — Le soir après l'orage.

DELACHAUX (Léon D.)
84. — Portrait de Mlle H.
85. — Comme on engageait les servantes au temps passé.

DENMAN (H.), né à Brooklyn (N. Y.) élève de M. Carolus-Duran.
86. — Offrande à Aphrodite.　　　　(App. à Mʳˢ Wallace.)

DEWING (Thos W.), né à Boston (Massachussetts), élève de Boulanger et de M. J. Lefebvre.
87. — Femme en jaune.　　　　(App. à Mʳˢ J. Gardner.)

DODGE (William L.), né en Virginie (E. U. A.) élève de MM. Gérôme, Collin et Courtois.
88. — David.

DODSON (Sarah-P.-B.)
89. — Les étoiles du matin.
90. — La méditation de la Sainte Vierge.

DOLPH (John. H.), né à Fort-Ann (New-York), élève de M. Van Kuyck.
91. — « Le Rat qui s'est retiré du monde. »

DONOHO (G. Ruger), né à Churchill (Mississipi), élève de Boulanger et de MM. J. Lefebvre, Bouguereau et T. Robert-Fleury.

92. — La Marcellerie.
93. — Bord de forêt.

DOW (Arthur W.) né à Ipswich (Mass, E. U, A.) élève de Boulanger et de MM. Lefebvre, Doucet et P. Delance.

94. — Au soir.

DYER (Charles Gifford).

95. — Sur la Riva ; — Venise
96. — San Giorgio, vu de la Giudecca ; — Venise.

EAKINS (Thomas).

97. — Portrait du professeur Geo. H. Barker.
98. — La leçon de danse.
99. — Le Vétéran ; — portrait de Geo. Reynolds.

EATON (C. Harry), né à Akron (Ohio).

100. — Paysage.   (App. à W. T. Evans)

EATON (Wyatt), né au Canada, élève de M. Gérôme.

101. — Portrait de Miss M. G. R...   (App. à Mrs S. Reed)
102. — Portrait de Mrs R. W. G...   (App. à R. W. Gilder).
103. — Un homme et son violon.   (App. à T. Cole).
104. — Ariane.   (App. à W. T. Evans).

EMMETT (Rosina).

104ᵇ. — Portrait.

FARNY (Henry F.), né à Cincinnati (Ohio).

105. — Le danger.   (App. à A. Howard Hinkle.)

FISHER (Mark),

106. — Chère d'hiver.
107. — Un gué ; — vallée de la Teste.

FOR ES (Chas. F.)

108. — Portrait.
109. — Portrait de Mlle F. F...

FOWLER (Frank), né à Brooklyn (N. Y.), élève de Cabanel et de M. Carolus-Duran

110. — Au piano.

FREER (Frederick W.), né à Chicago (Ill.), élève de l'Académie royale des Beaux-Arts de Munich.

111. — Etude de nu.

FULLER (Feu Geo.).

112. — La quarteronne.   (App. à Mme S. D. Warren.)

GARDNER (Mme Elizabeth Jane), née à Exeter (New-Hampshire, E. U. A.), élève de MM. Bouguereau et J. Lefebvre. — Méd. 3e cl. 1886.

113. — Trop imprudent.
114. — La fille du fermier.

GAUL (Gilbert), né à Jersey-City (New-Jersey).

115. — Chargeant la batterie.   (App. à W. T. Evans).
116. — L'officier blessé.

Groupe 1.   12

GAY (Edward), né en Irlande, élève de Jos. M. Hart et de Geo. H. Boughton.

117. — La vieille ligne de frontière.

GAY (Walter), né à Boston (Mass.), élève de Bonnat. — Méd. 3ᵉ cl. 1888.

118. — La charité.
119. — Le benedicite.   (M. I. P. et B.-A.).
120. — La tisseuse.
121. — Les fileuses.
122. — Le bibliophile.
123. — Un dominicain.

GIFFORD (Robert Swain), né à Naushon-Island (Massachussetts), élève de M. Albert Van Beest.

124. — Commencement de l'été.   (App. à Jérôme B. Wheeler).
125. — Près de la côte.   (App. au musée métropolitain de New-York).
126. — Un « ranch » au Kansas.

GILL (Mlle Rosalie Lorraine), née à Baltimore (Md., E. U. A.), élève de Wᵐ. M. Chase et Alfred Stevens.

127. — Orchidée.

GRAVES (Abbott), né à Weymouth (Mass., E. U. A.), élève de M. Cormon.

128. — Pivoines.
129. — Panier de fleurs.

GREATOREX (Mlle Eleanor-Elizabeth), née à New-York (N. Y., E. U. A.), élève de M. Henner.

130. — Roses thé.

GROSS (Peter Alfred), né à Allentown (Penn., E. U. A.), élève de MM. Yon et Petitjean.

131. — Chemin de la source ; — Liverdun.
132. — Vue de la Moselle ; — Liverdun.

GUISE (Marie), nee à New-York (N. Y.), élève de M. Schenck.

133. — La fenaison, à Ecouen.

GUTHERZ (Carl), né en Suisse, élève de G. Boulanger et de M. Jules Lefebvre.

134. — « Lux incarnationis. »
135. — « Memorialis. »

HAAS (Maurits F. H. de), né à Rotterdam (Hollande), élève de Louis Meyer.

136. — A la pêcherie.

HAMILTON (E. W. D.).

137. — Prairies sablonneuses au cap Ann.

HAMILTON (Hamilton).

138. — Journée de septembre.

HARRISON (Alexander), né à Philadelphie (Penn., E. U. A.), élève de Bastien-Lepage et de M. Gérôme.

139. — Châteaux en Espagne.   (App. à M. J. G. Johnson).
140. — Les amateurs.   (App. à l'Institut de l'Art, à Chicago).
141. — Crépuscule.   (App. au Musée des Beaux-Arts à St-Louis).
142. — La vague.
143. — En Arcadie.
144. — Le soir.

HARRISON (Birge), né à Philadelphie (E. U. A).

145. — Novembre.   (App. au gouvernement français).

HARRISON (Butler), né à Philadelphie (Penn., E. U. A.), élève de M. L.-O. Merson.

146. — Paysage.

HART (Jas. M.), né à Kilmarnock (Ecosse), élève de MM. W. Hart et J. W. Shirm.

147. — « La pluie a cessé ».
148. — Dans les bois en automne.

HASSAM (Childe), né à Boston (Mass., E. U. A.)

149. — Le crépuscule.
150. — La rue Lafayette, un soir d'hiver.
151. — Après déjeûner.
152. — Lettre d'Amérique.

HAYDEN (Charles-Henry), né à Plymouth (Mass., E. U. A.), élève de Boulanger et de MM. Lefebvre et R. Collin.

153. — Matin en plaine.

HEALY (George Peter Alexander), né à Boston (Mass., E. U. A.), élève de Gros et de Couture. — Méd. 3e cl. 1840, 2e cl. 1855 (E. U).

154. — Portrait de M. C. Bigot.
155. — Lord Lytton.
156. — Le Roi de Roumanie.
157. — Etude à la harpe.
158. — Stanley.
159. — Portrait de M. Brownson.

HENNESSY (William J.), né en Irlande.

160. — Les pêcheurs de crevettes en Normandie.
161. — Pélerinage d'expiation, Calvados

HENRY (Edward L.), né à Charleston (Caroline du Sud), élève de M. Weber.

162. — Il y a cent ans.
163. — Le dernier scandale de village.

HINCKLEY (Robert), né à Boston (Mass.) élève de M. Carolus-Duran.

164. — Portrait de M. Clifford Richardson.

HITCHCOCK (George), né à Providence (R.-I., E. U. A.) élève de Boulanger et de MM. J. Lefebvre et Mesdag.

165. — La culture des Tulipes.   (App. à W. H. Tailer).
166. — L'Annonciation.
167. — Maternité.

HOVENDEN (Thomas), né en Irlande, élève de Cabanel.

168. — John Brown quittant la prison, le matin de son exécution.
                                                   (App. à M. Robbins Battell).

HOWE (William H.), né à Ravenna (Ohio, E. U. A.), élève de MM. de Thoven et de Vuillefroy. — Méd. 3e cl. 1888.

169. — Le repos ; — septembre en Normandie.
170. — La rentrée des vaches ; — le soir en Normandie.
171. — Le départ pour le marché ; — souvenir de Hollande.

HOWLAND (Alfred C.), né à Walpole (New-Hampshire), élève de MM. Flamm et Lambinet.

172. — Une journée de juin.

HUNTINGTON (Daniel), né à New-York (N. Y.), élève de MM. Morse et G. F. Ferrero.

173. — Un bourgmestre de New-Amsterdam.

(New-Amsterdam était le nom donné originairement à New-York)

HYDE (W. H).

174. — « Son premier roman ».

INNES (George).

175. — Un raccourci.   (App. à « American Art Association »)

IRWIN (Benoni).

176. — Un fanatique de l'art.

ISHAM (Samuel), né à New-York (N. Y.), élève de Boulanger et de MM. Jacquesson de la Chevreuse et J. Lefebvre.

177. — Etude pour un portrait.

JOHNSON (Eastman), né dans le Maine (Etats-Unis).

178. — Deux hommes.

JONES (H. Bolton).

179. — Le vieux pâturage

KAVANAGH (John), né à Cleveland (Ohio, E. U. A.), élève de Loefftz, de Boulanger et de M. Cormon.

180. — Laveuses.
181. — Femme de Scheveningen.
182. — Berger.

KELLOGG (Mlle Alice D.), née à Chicago (Ill, E. U. A.), élève de Boulanger et de MM. Lefebvre et Courtois.

183 — Portrait de Mlle G. E. K...

KING (Mlle Louise Howland), née à San-Francisco (Californie), élève de l'Académie de dessin et de la Ligue des étudiants de l'Art.

184. — Les mangeurs de lotus.

KLUMPKE (Mlle Anna E.), née à San-Francisco(Cal., E. U. A.), élève de MM. T. Robert-Fleury, Bouguereau et de Vuillefroy.

185. — Portrait.

KLYN (Charles F. de), né à Tarrytown (N. Y., E. U. A.), élève de Boulanger et de MM. J. Lefebvre et Cormon.

186. — Femmes causant.
187. — Un rayon de soleil.

KNIGHT (Daniel Ridgway), né à Philadelphie (Penn., E. U. A.), élève de Gleyre et de M. Meissonnier. — Méd. 3ᵉ cl. 1888.

188. — Un deuil.
189. — L'appel au passeur.
190. — La rencontre.

KOEHLER (Robert), né à Hambourg, élève de MM. Defregger et Loefftz.

191. — La grève.

LA CHAISE (Eugène A.), né à New-York (N. Y., E. U. A.), élève de G. Boulanger et de M. Lefebvre.

192. — Souvenirs du Japon.

LASAR (Charles), né à Johnstown (Penn., E. U. A.), élève de M. Gérôme.

193. — Sur la côte de Bretagne.

LASH (Lee), né à San-Francisco (Californie, E. U. A.), élève de Boulanger et M. J. Lefebvre.

194. — La veillée auprès du mort.

LOCKWOOD (Robert W.), né à Wilton (Conn., E. U. A.), élève de MM. Schenek et Lafarge.

195. — Portrait de M. C.

LOOMIS (Eurilda Q.), née à Pittsburg (Pensylvanie), élève de Boulanger et de M. J. Lefebvre.

196. — Vie rustique ; — en Picardie.

LORING (Francis William), né à Boston (Mass., E. U. A.).

197. — Automne dans la vallée de l'Arno.

LYMAN (Joseph), né à Ravenna (Ohio)

198. — Sur la plage ; — à Percé (Canada).

MAC ENTEE (Jervis), né à Rondout (New-York).

199. — Nuages.
200. — Une rivière de Kaatskill.
201. — Ombres d'automne

(App. à J. C. Cornell).
(App. à W. P. Eno).

MAC-EWEN (Walter), né à Chicago (Ills., E. U. A.)

202. — Revenant du travail.
203. — Une histoire de revenant.
204. — Stad Herberg ; — New-Amsterdam (New-York, 1650).

MACY (William S.), né à New-Bedford (Massachussets).

205. — Le rivage du lac Meacham.

MATHEWS (Arthur F.), né en Californie (Cal., E. U. A.), élève de Boulanger et de M. J. Lefebvre.

206. — Pandore.

MELCHERS (J. Gari), né à Detroit (Mich., E. U. A.), élève de Boulanger et de M. J. Lefebvre. — Méd. 3e cl. 1888.

207. — La communion.
208. — Le prêche.
209. — Les pilotes.
210. — Bergère.

MEZA (Wilson De), né à Tarrytown-sur-l'Hudson (New-York), élève de Boulanger et de M. J. Lefebvre.

211. — Portrait de Mme ***

MILLET (F. D.), né dans le Massachussets.

212. — Une servante. (App. à Geo. T. Seney).
213. — Un duo difficile. (App. à MM. Raymond).

MILLER (Charles Henry), né à New-York (N. Y.), élève de l'Académie nationale de dessin de New-York et de l'Académie royale de Bavière.

214. — Un bouquet de chênes, près de Jamaica ; — Long-Island (N. Y.).

MINOR (Robert C.).

215. — Chute du jour. (App. à W. T. Evans).

MOELLER (L.).

216. — Un placement douteux.

MONKS (Robert Hatton), né à Boston (Mass., E. U. A.), élève de MM. Bouguereau et T. Robert-Fleury.

217. — Un temps gris.

MOORE (H. Humphrey).

218. — Vues japonaises.
219. — Vues japonaises.
220. — Vues japonaises.

MORAN (Edward), né à Bolton (Angleterre), élève de MM. J. Hamilton et P. Weber.

221. — New-York ; — vue prise du chenal.

MOSLER (Henry), né à New-York (E. U. A.), élève de M. Hébert. — Méd. 3e cl. 1888.

222. — Les derniers sacrements. (App. à l'Ass. Polytechnique de Louisville).
223. — La fête de la moisson. (App. à Mme Haydock).
224. — Les derniers moments.
225. — La leçon de biniou. (App. à M. O. J. Wilson).
226. — Le matin. (App. à M. Ph. D. Armour, de Chicago).
... — Le retour. (Musée du Luxembourg).

NETTLETON (Walter E.).

227. — Champ de vannage ; — Finistère.

NEWMAN (Carl), né à Philadelphie (Penn., E. U. A.).

228. — Portrait de Mme ***

NICOLL (James Craig), né à New-York (N. Y.), élève de M. de Haas.

229. — Soleil sur la mer.

O'HALLORAN (Mlle A.).

230. — Étude.
231. — Une chaumière sur les dunes hollandaises.

PARKER (Stephen Hills), né à New-York (E. U. A.).

232. — Père Gaspard.

PARTON (Arthur), né à Hudson (New-York).

233. — Pendant le mois de mai. (App. à W. T. Evans).
234. — L'hiver sur l'Hudson. (App. à l'Association américaine de l'Art).

PATRICK (J. Douglas).
235. — Brutalité.

PEARCE (Charles Sprague), né à Boston (Mass., E. U. A.), élève de M. Bonnat. — Méd. 3ᵉ cl. 1883.
236. — La bergère.
237. — Le soir.
238. — Portrait de Mᵐᵉ P...
239. — La mélancolie.

PEARCE (Louise-Catherine), née à Paris, élève de Charles Sprague Pearce.
240. — Bibelots japonais.

PERRY (E. Wood) Jeune, né à Boston (Mass.), élève de T. Couture.
241. — Mère et enfant.

PETERS (Clinton), né à Baltimore (Md., E. U. A.), élève de Boulanger et de MM. J. Lefebvre, Gérôme et Collin.
242. — Portrait du Docteur G. J. B...

PLUMB (Henry G.), né à Sherburne (New-York), élève de M. Gérôme.
243. — Les orphelins.

PORTER (Benjamin Curtis), né à Melrose (Massachussetts).
244. — Portrait de Mᵐᵉ ***   (App. à Mʳˢ Chas. Berryman).

POTTHAST (Edward), né à Cincinnati (Ohio, E. U. A.) élève de M. Cormon.
245. — Jeune fille bretonne ; — étude.

REID (Robert).
246. — Étude.

REINHART (Charles Stanley), né à Pittsburgh (Penn., E. U. A.)
247. — Une épave.
248. — L'attente des absents.
249. — La marée montante.
250. — Une vieille femme.
251. — La mer.
252. — Effet de brouillard.

REMINGTON (Frédéric), né à Canton (New-York).
253. — Un moment de répit pendant un combat à Llano Estacado, en 1861 ; — d'après le récit d'un guerrier Commanche qui y prit part.

RENOUF (A. Vincent), né à New-York (E. U. A.), élève de MM. Max Thedy et Frillhof Smith.
254. — Portrait.

RICE (William M. J.), né à Brooklyn (N. Y.) élève de M. Carolus-Duran et J. Carroll-Beckwith.
255. — Portrait.

RICHARDS (Samuel), né à Spencer, Owen-County (Indiana, E. U. A.) élève de MM. Straehuber, Benczur, Gysis et Loefftyz.
256. — Evangeline.

RICHARDS (William T.), né à Philadelphie.

257. — Après l'orage.

ROBBINS (Horace W.), né à Mobile (Alabama), élève de M. Hart.

258. — Une route dans la montagne.

ROBINSON (Théodore).

259. — La porteuse de pain.
260. — La forge.

RYDER (Platt P.), né à Brooklyn (N. Y.), élève de M. Bonnat.

261. — Jeu de billes.   (App. à W. T. Evans).

SARGENT (John S.), né à Florence (Italie), élève de M. Carolus Duran. — Méd. 2e cl. 1881.

262. — Portraits de Mlles B...
263. — Portrait de Mme W...
264. — Portrait de Mlles V...
265. — Portrait de Mme B...
266. — Portrait de Mme S...
267. — Portrait de Mme K...

SAWYER (R. D.), né à Watertown (New-York), élève de Boulanger et de M. J. Lefebvre.

268. — Idylle normande.

SHERWOOD (Rosina Emmet), née à New-York (N. Y.) élève de M. W. M Chase.

269. — Portrait.   (App. à J. N. A. Griswold).

SHIRLAW (Walter), né en Écosse.

270. — Rufina.

SIMMONS (Edward Emerson), né à Concord (Mass., E. U. A.), élève de Boulanger et de M. J. Lefebvre.

271. — La fermier.
272. — La nuit.
273. — Etude.

SMITH (de Cost), né à Skaneateles (New-York), élève de Boulanger et de M. Lefebvre et Beckwith.

274. — Croyances en conflit ; — Iroquois tenant un masque « shamanique, » symbole du paganisme, et un prêtre avec un chapelet, symbole du christianisme. (Époque des missions des Jésuites français au XVIIIe siècle).

SONNTAG (William L.), né à Cincinnati (Ohio).

275. — Torrent de montagne, vu du pied du Mont Carter (New-Hampshire).

STEWART (Julius L.), né à Philadelphie (Penn., E. U. A.) élève de MM. Zamacoïs, Gérôme, et R. de Madrazo.

276. — Une cour au Caire.
277. — La Berge à Bougival.
278. — « A hunt ball. »
279. — « A hunt supper. »
280. — Portrait de Mme la Baronne B. M...
281. — Portrait de Mme la Baronne de B...

STOKES (Frank Wilbert), né à Nashville (Tenn., E. U. A.) élève de Boulanger et de MM. Gérôme et J. Lefebvre.

282. — Les Orphelines.

283. — Un bon sermon.

STORY (Julian Russell), né à Walton-on-Thames (Angleterre).

284. — Le prince Noir trouvant le corps du roi de Bohême, après la bataille de Crécy (1346).

285. — Une dame ; — époque Louis XVI.

STORY (Julian Russell), né à Walton-on-Thames (Angleterre).

286. — Portrait de mon père.

STRICKLAND (Charles Hobart), né à New-York (E. U. A.), élève de MM. Bouguereau et T. Robert-Fleury.

287. — Portrait de Mlle ***

TARBELL (Edmund C.), né à West-Groton (Massachussetts), élève de Boulanger et de M. J. Lefebvre.

288. — Portrait de Mme T...   (App. à Mme T...)

THAYER (Abbott Henderson), né à Boston (Mass.), élève de M. Gérôme.

289. — Corps ailé.   (App. à A. A. Carey, de Boston).

THERIAT (Charles), né à New-York (N. Y., E. U. A.), élève de Boulanger et M. J. Lefebvre.

290. — Souvenir de Biskra.

THOMPSON (Wordsworth), né à Baltimore (Maryland), élève de Gleyre.

291. — Une ferme de New-England.

THROOP (Frances Hunt), née à New-York, élève de MM. J. Carroll-Beckwith et Stevens.

292. — Portrait de Miss C...

TIFFANY (Louis C.), né à New-York.

293. — Portant le bateau, à Seabright.

TOMPKINS (Frank H.), né à Hector (New-York).

294. — Souvenirs.

TRACY (John M.).

295. — Un chien de la baie de Chesapeake rapportant une oie blessée.

TRUESDELL (G. S.)

296. — Le berger et son troupeau.

TURNER (Charles Y.), né à Baltimore (Maryland), élève de MM. J.-P. Laurens, Munkacsy et Bonnat.

297. — Les jours qui ne sont plus.

TYLER (James G.), né à Oswego (New-York), élève de M. A. Cary Smith.

298. — En vue du cap Ann.

ULRICH (Charles F.)

299. — Dans la terre promise.   (App. à W. T. Evans).

VAIL (Eugène L.), né à Saint-Malo (France), élève de Cabanel et de MM. Collin, Dagnan-Bouveret. — Méd. 3ᵉ cl. 1888.

300. — « Pare à virer ! »
301. — Port de pêche ; — Concarneau.
302. — La veuve.
303. — Sur la Tamise.

VAN BOSKERCK (Robert W.), né dans le New-Jersey, élève de A. H. Wyant et de R. S. Gifford.

304. — Une rivière de Rhode-Island.

VEDDER (Elihu), né à New-York (E. U. A.)

305. — Les Parques se rassemblant dans les étoiles.
306. — Le dernier homme.
307. — La coupe mortelle.
308. — L'Amour toujours présent

VOLK (Douglas).

309. — Les captifs Puritains.
310. — Après la réception.

VONNOH (Robert William), né à Hartford (Conn., E. U. A.), élève de Boulanger et Lefebvre. — Méd. d'or pour portraits au « Mechanic's Institute, » Mass.

311. — Camarade d'atelier.
312. — Rêverie.

WALDEN (Lionel), né à Norwich (Conn., E. U. A.), élève de Carolus Duran.

313. — Le vapeur le « Shah » descendant la Tamise.
314. — Brouillard sur la Tamise.

WALKER (Horatio).

315. — Étable à cochons.

WARD (Edgar M.), né dans l'Ohio.

316. — Les cloutiers.
317. — Le repos.

WEBB (J. Louis), né à Washington, élève de W. M. Chase.

318. — Coin d'atelier.

WEEKS (E. L.), né à Boston (Mass., U. A.), élève de M. Bonnat.

319. — Le dernier voyage ; — souvenir du Gange.
320. — Un mariage hindou ; — Ahmedabad.
321. — Un Rajah de Jodhpore.
322. — Le Lac sacré ; — étude.
323. — La mosquée de Vazin Khan, à Lahore ; — étude.

WEIR (J. Alden), né à West-Point (New-York), élève de M. Gérôme.

324. — Préparatifs pour la Noël.
325. — Ombres grandissantes.   (App. à W. T. Evans.)
326. — Portrait de l'enfant d'un artiste.

WHITEMAN (Samuel Edwin), né à Philadelphie (Penn., E. U. A.), élève de Boulanger et de M. J. Lefebvre.

327. — Le lever de la lune.

WHITTREDGE (Worthington), né dans l'Ohio.

328. — Le vieux chemin conduisant à la mer.   (App. à MM. Pettus et Curtis).
329. — Ruisseau dans les bois.

WICKENDEN (Robert John), né à Rochester (Angleterre), élève de MM. Carroll, Beckwith, Chase, Hébert et Merson.

330. — Midi.

WIGHT (Moses), né à Boston (Mass., E. U. A.) élève de MM. Hébert et Bonnat.

331. — Portrait de Mme W...

WILES (Irving R.), né à Utica (New-York), élève de M. Carolus Duran.

332. — Portrait de Mme ...

WITT (J. H.)

333. — Complot rustique. « Lors de la récolte des pommes, les jeunes gens et les jeunes filles se réunissent, le soir, et passent la veillée à couper des pommes. »

WOOD (Ogden), né à New-York (N. Y., E. U. A.) élève de l'école des Beaux-Arts et de M. Van Marcke.

334. — Pâturage au bord de la mer.

WOOD (Thomas Waterman), né à Montpellier (Vermont).

335. — Un texte difficile. (App. à T. N. Vail).

WYANT (Alexander H.), né dans l'Ohio, élève de Gude.

336. — Paysage. (App. à C. H. de Silver).

CLASSE 2.

Peintures diverses et dessins.

ABBEY (Edward A.) né à Philadelphie.

337. — Chant d'amour.
338. — Chant d'amour.
339. — Chant d'amour.
340. — Chant d'amour.
341. — Chant d'amour.
342. — Chant d'amour.
343. — « Pourquoi ne peux-tu pas faire comme les autres ? »
344. — Avec jockey à la foire.
345. — Avec jockey à la foire.
346. — Fête de la moisson.
347. — Fête de la moisson.
348. — Phillada.
349. — Phillada.
350. — « Sally in our Alley. »
351. — « Sally in our Alley. »
352. — « Je ne t'ai jamais aimée davantage. »

BLASHFIELD (Edwin Howland), né à New-York (N. Y.) élève de M. Bonnat.

353. — Chevalerie. (App. à Century Co).
354. — Gladiateurs. (App. à Century Co).
355. — La veillée d'armes. (App. à Scribner's Magazine).
356. — Les Anges dans les Mystères. (App. à Scribner's Magazine).

BLUM (Robert F.) né à Cincinnati (Ohio).

357. — L'aquafortiste moderne.
358. — Danseuses.
359. — Table d'hôte.
360. — Partie d'une vieille histoire. (App. à Century Co.)

COX (Kenyon), né à Warren (Ohio), élève de MM. Gérôme et Carolus-Duran.

361. — Buste de J. A. Weir.
362. — Portrait en buste.
363. — Disciple de Saint Joseph.
364. — Lecture dans la salle du chapitre.
365. — A la forge.
366. — Au travail.

COXE (Reginald Cleveland), né à Baltimore (Maryland), élève de M. Bonnat.

367. — Port de Gloucester.
368. — Un grain qui passe.
369. — Retour de la flotte.
370. — Dans les Etroits.

DRAKE (William Henry), né à New-York. élève de la Ligue des Etudiants de l'Art. à New-York.

371. — Rides sur l'eau ; — un cours d'eau dans la forêt.
372. — En excursion.   (App. à Century Co).
373. — Les deux amis.   (App. à Century Co).
374. — Une partie de pêche.   (App. à Century Co).
375. — Washington échappe au danger.   (App. à Century Co).

FARRER (Henry).

376. — Lever de la lune.

FOOTE (Mary Hallock), née à New-York.

377. — Serrant la sangle.   (App. à Century Co).
378. — A la recherche d'un camp.   (App. à Century Co).

GIBSON (M. Hamilton).

379. — Scène pastorale, l'après-midi.
380. — Un petit ravin de plateau.
381. — « Mon oasis dans la cour de derrière ».
382. — Une primevère du soir.
383. — Le pénitent.

GREATOREX (Mlle Eliza), née en Irlande (Angleterre).

384. — St-Malo. — Crypte du Mont St-Michel. — Marano, Florence.

GREATOREX (Mlle Kathleen H.), née à New-York (N. Y., E. U. A.), élève de M. Henner.

385. — Fleurs.

HASKELL (Ida C.), née en Californie (E. U. A.), élève de Boulanger et de M. Courtois.

386. — Portrait de M⁽ᵐᵉ⁾ H...

HOMER (Winslow).

387. — Regardant par dessus la falaise.

INNES (Geo) Cadet.

388. — « Mon atelier ».
389. — Tallyho.
390. — Sur la piste.

KLUMPKE (Mlle Anna E.), née à San-Francisco (Cal., E. U. A.), élève de MM T. Robert Fleury, Bouguereau et de Vuillefroy.

391. — Marguerite au rouet.

LOW (William H.).

392. — Ode et sonnets.
393. — Ode à la Mélancolie.
394. — Ode à Psyché.
395. — Ode sur une urne grecque.
396. — Bardes.
397. — Séparé du monde affairé des plus incrédules.
398. — La nymphe gardée.
399. — Dans un coin vert du bois.
400. — Près d'un étang clair.
401. — « Elle se baigne inaperçue. »
402. — La fuite de Lamia.
403. — Dernier sonnet de Keats.

MORAN (Thomas), né à Bolton (Angleterre).

404. — Mont de la Croix-Sacrée.

NICOLL (James Craig), né à New-York, élève de M. F. H. de Haas

405. — La Nuit.

PENNELL (Joseph).

406. — Porte de l'église du Christ, à Canterbury.
407. — Porte de l'Échiquier ; — cathédrale de Lincoln.
408. — Cathédrale de Lincoln.

PLATT (C. A.)

409. — Quai à Honfleur.

REDWOOD (A. C.).

410. — Ligne de bataille, à Malvern Hill.
411. — Artillerie de Washington.

REINHART (Chas. S.), né à Pittsburgh, Penn.

412. — Flirtation.
413. — Berger au bord de la mer.
414. — « Ils ont l'air riche. »
415. — Le peintre absorbé dans son art.
416. — Endormie.
417. — Le vieux pêcheur.
418. — La lunette d'approche.
419. — Pêcheuse de crevettes.
420. — L'anglais au parapluie.
421. — Trois vieilles dames.
422. — « En bouclant ma valise ».
423. — Le 1er garçon nègre.
424. — Le coup de vent.
425. — Portrait de Charles Dudley Warner.
426. — « A Fortress Monroe ».
427. — L'homme et son chien.
428. — « Quel temps fera-t-il ?
429. — Surprise de l'électricité.
430. — Entre deux barrières.
431. — Le « five o'clock tea. »
432. — Le Reichstag ; — croquis en groupe.

REMINGTON (Frederic), né à Canton (New-York).

433. — Un épisode ; — ouvrant un pays d'élevage de bestiaux.
434. — Un gué profond.
435. — Poursuivant un bouvillon.
436. — Chevaux et loups sauvages.

RICHARDS (William T.), né à Philadelphie.

437. — Promontoires ; — dans la baie Narragansett.

ROLSHOVEN (Julius).

438. — Portrait de Mlle R...
439. — Une bonne cigarette.
440. — Un porteur d'eau à Venise.

SHERWOOD (Rosina Emmet), née à New-York, élève de M. W. M. Chase.

441. — Septembre.
442. — Phylis.

SMITH (F. Hopkinson).

443. — Proches voisins : — à Ulm.
444. — Un canal ; — en Hollande.

STEWART (Julius L.), né à Philadelphie (Penn., E. U. A.), élève de MM. Zamacoïs, Gérôme et de R. de Madrazo.

445. — Portrait de Mme B...
446. — Portrait de Miss S...

WICKENDEN (Robert John), né à Rochester (Angleterre), élève de MM. Carroll. Beckwith, Chase, Hébert et Merson.

447. — Côtes Fleuries ; — Ile de Jersey.

WEIR (J. Alden), né à West-Point (New-York), élève de M. Gérôme.

448. — Consolation.
449. — Nature morte.   (App. à H. C. Howells)

WHITTEMORE (William J.), né à New-York.

450. — Octobre.

WILES (Irving R.), né à Utica (New-York), élève de Carolus-Duran.

451. — Classe de couture.
452. — Classe de modelage.
453. — Classe de retouchage d'épreuves négatives.

CLASSE 3.

Sculptures et gravures en médailles.

ADAMS (Samuel Herbert), né à West-Concord (V^t, E. U. A.), élève de M. A Mercié.

454. — Jeune fille; — buste, plâtre.

BARTLETT (Paul Wayland), né à New-Haven (Conn., E. U. A.), élève de MM. Fremiet, Cavelier et Gaudez.

455. — Bohémien ; — bronze.

FRENCH (Daniel C.).

456. — Ralph Waldo Emerson ; — buste, bronze.

HELD (Charles), né dans le canton de Genève (Suisse), élève de Charles Held.

457. — Dans un seul cadre :
M. le Président Carnot. — Une Actrice. — Egyptienne. — Paysage d'Auvergne. — Chiens de chasse. — Fleurs Renaissance.

KITSON (H. H.), né à Huddersfield, élève de M. Bonnassieux.

458. — Mayor Doyle ; — statue, plâtre
459. — Mlle R... ; — buste, marbre.

MAC MONNIES (Frederick), né à Brooklyn (N. Y.), élève de MM. Saint-Gaudras, Falguière et Mercié.

460. — Médaillons ; — plâtre.

RUGGLES (Mlle Theo A.), née à Brookline (Mass., E. U. A.).

461. — Buste d'enfant ; — bronze.
462. — Bords de l'Oise ; — plâtre.

STORY (Waldo), né à Paris.

463. — L'Ange déchu ; — groupe, marbre.

STORY (Wm W.), né à Salem (Massachussetts, E. U. A.).

464. — Salomé ; — marbre, statue.

WARNER (Olin L.), né à Suffield (Connecticut), élève de Jouffroy.

465. — J. Allen Weir ; — buste, bronze.
466. — M. Daniel Cottier ; — buste, bronze.
467. — La petite Rosalie Warner ; — buste, marbre.
468. — Trois portraits ; — médaillons, bronze.

WUERTZ (Emile), né à New-York (E. U. A.), élève de MM. A. Mercié et A. Rodin.

469. — Médaillon ; — plâtre.

CLASSE 4.

Dessins et modèles d'architecture.

MACKIM, MEAD & WHITE, à New-York, (N. Y.). Broadway, 57

470. — Perspective de la salle Bates (salle de lecture), dans la nouvelle bibliothèque publique, à Boston (Massachussets).

CLASSE 5.

Gravures et lithographies.

———

ÉCOLE AMÉRICAINE DE GRAVURES SUR BOIS
(Exposition collective).

AIKMAN (W. M). — A New-York.

471. — Moutons.
472. — Paysage, par Parsons.

BERNSTROM (Victor). — A New-York.

473. — Port-Neuf.
474. — Les dépouilles.
575. — Le Matador mort.
476. — La chasse à loutre.
477. — Réunion musicale.
478. — Rétribution.
479. — Le mystère de la vie.

CLOSSON (W. B.). — A Boston.

480. — Baguette d'or.
481. — Paolo et Francesca.
482. — Etude de tête, d'après Fuller.
483. — Sujet, par Marie Hallock Foote.
484. — Nature morte, d'après L. Bouvier.
485. — Les écouteurs.
486. — La quarteronne.

COLE (F.). — A New-York.

487. — Ange du tombeau de Morgan.
488. — La sépulture.

DAVIDSON (H.). — A New-York.

489. — « Aus der Ohe ».
490. — Un après-midi à la ferme.
491. — La cathédrale de Canterbury.
492. — Israël.

DAVIS (Jno P.). — A New-York.

493. — Une pointe au lac placide
494. — « How Sol came through. »
495. — Joe Jefferson dans le rôle de « Bob Acres
496. — Parmi les anciens poètes.
497. — Les savetiers.

FRENCH (Frank). — A New-York

498. — Une négresse d'Alger.
499. — Sous le gui.
500. — Veillée de Noël.
501. — Un parc-aux-cerfs anglais.
502. — Une Algérienne.
503. — Laçant la sandale.
504. — Paysage.
505. — Au pays de l'ennemi.

JOHNSON (T.). — A New-York.

506. — Portrait d'un enfant.
507. — Alphonse Daudet.
508. — Tête d'un homme, d'après Rembrandt
509. — Lord Alfred Tennyson.
510. — Aesop, d'après Velasquez.
511. — Pasteur et sa petite-fille.

KING (F. S).

512. — « La connaissance, c'est la force »
513. — Une différence.
514. — La Sybille.

KINGSLEY (Elbridge). — A New-York.

515. — Des bouleaux.
516. — Paysage, d'après Diaz.
517. — Milieu de l'été, d'après Daubigny
518. — Le matin.
519. — « The flying Dutchman. »

KRUELL (G.). — A New-York.

520. — Un juif russe.
521. — Un paysan russe.
522. — Amadouant le chef.
523. — Un drame de l'âme.
524. — Darwin.
525. — Lincoln.
526. — Le jour du terme.
527. — Un portrait.

LINDSY (Albert M.). — A Philadelphie.

528. — Voisins sur la terrasse.
529. — Don d'un cirque à une ville espagnole.
530. — Découverte de l'or en Australie.

MULLER (R. A.). — A New-York.

531. — L'Adoration des Mages.
532. — Saint-Vincent-de-Paul.
533. — La Vierge d'Orléans ; — à Chantilly.
534. — La sainte Cène.
535. — Parfait bonheur.

POWELL (Caroline A,). — A New-York.

536. — Les trois Maries.
537. — Dame et cheval.
538. — Station du chemin de fer souterrain à Londres
539. — Un sectateur de Saint-Joseph.
540. — Poste de courrier en Russie.
541. — La rose.

PUTNAM (S. G.). — A New-York.

542. — Identité.
543. — Une chute d'eau au clair de la lune.
544. — Un pâturage à moutons.
545. — Boucaniers s'emparant d'un navire.
546. — Trois enfants.

SMITHWECH (J. G.). — A New-York.

547. — Hiver.
548. — Pâturage à chèvres.

Groupe 1.

13.

STANDENBAUER (R.). — A New-York.

549. — Le général Grant.
550. — Le général Lew Wallace.
551. — Chauncy M. Depew.
552. — Le docteur Taylor.

TINKEY (J.). — A New-York

553. — Confidences réciproques.
554. — Dans la nouvelle forêt.
555. — Une digue de castor.
556. — « Sleeping poppies. »
557. — « Springhaven. »

VARLEY (Robert). — A New-York,

558. — Les cloches de Sainte-Anne.
559. — La répétition.
560. — Le cimetière.

WELLINGTON (F.). — A New-York

561. — Un jour en juin.
562. — La prise de Grenade.
563. — Amélie Rives.
564. — Une idylle d'un jour de mai.
565. — Des œillets, d'après L. Bouvier.
566. — Nature morte, d'après L. Bouvier
567. — Le défi de Miles Standish.

WOLF (Henry). — A New-York.

568. — David.
569. — Hibou attrapant une souris.
570. — Sous bois.
571. — Le long de la route.
572. — Un colporteur de la Nouvelle Angleterre.

FINLANDE.

Palais du Champ de Mars (galerie des Beaux-Arts).

CLASSE 1.

Peintures à l'huile.

AHLSTEDT (Fr.). — A Helsingfors.
1. — Pendant la moisson.
2. — Patineurs.
3. — La petite boudeuse.
4. — Jour d'Eté.

ARHENBERG (Mme W.). — A Helsingfors.
5. — Portrait.

BECKER (A. de). — A Helsingfors.
6. — Après la séance.
7. — « Pour le chat ».
8. — Avant la chasse.
9. — Pêcheur dans sa cabane.
10. — Paysan d'Ostrobothnie.
11. — Départ pour l'école.
12. — Une après-midi à la campagne.

BERNDTSON (G.). — A Helsingfors
13. — Halte pendant le voyage.
14. — « Qui vive ! »
15. — Portrait.

DANIELSON (Mlle E.). — A Paris.
16ª. — Portrait.

DE COCK-STIGZELIUS (Mme E.). — A Gand.
16ᵇ. — Paysage.

EDELFELT (A.). — Méd. 3ᵉ cl. 1880, 2ᵉ cl. 1882, ✸ 1888. — A Paris.
17. — Devant l'église.
18. — Paysanne finlandaise.
19. — Portrait de la mère de l'artiste.
20. — Portrait du poète Topelius.
21. — Portrait de Mᵐᵉ S...
22. — Portrait de M. E. Blasco.
22ᵇ — Portrait de M. Pasteur.
23. — Portrait de M. le baron Portalis.
24. — Au piano.
25. — La Vierge et l'Enfant.
26. — « Scherzando ».

GALLÉN (A.). — A Paris.

27. — La vieille et le chat.
28. — Intérieur de paysan ; — Finlande.
29. — Portrait de Mᵐᵉ B. R...
30. — Portrait de M. H.de V...

JARNEFELT (E.). — A Helsingfors.

31. — Chez le fermier.
32. — Débarquement.

KEINANEN (S.). — A Helsingfors.

33. — Au bord d'une rivière.

KLEINEZ (O.). — A Helsingfors.

34. — Le soir ; — côtes de Norvège.
35. — Dans les environs d'Helsingfors.

LILJELUND (A.). — A Dusseldorf.

36. — Achat de costumes nationaux.
37. — A l'atelier.
38. — Chasseur de phoques.

LINDHOLM (B.). — A Gothembourg.

39. — Dans le bois ; — Suède.
40. — Journée d'hiver aux environs de Gothembourg.
41. — Le lac Lavéne en Suède.
42. — Intérieur de jardin.
43. — Même sujet.
44. — Vue prise dans l'île de Hisingen.

MUNSTERHJELM (H.). — A Helsingfors.

45. — Clair de lune.
46. — Le soir.

MUNKKA (E.), à Wasa.

47. — Paysage.

SCHJERFBECK (Mlle H.). — A Paris.

48. — Le convalescent.

UOTILA (A.). — (décédé en 1886).

49. — L'ancien marché, à Nice.
50. — Clair de lune.

WESTERHOLM (V.). — A Abo.

51. — Paysage d'automne à l'île d'Alande.
52. — Paysage d'hiver.
53. — Le journal.

WESTERMARK (Mlle H.). — A Helsingfors.

54. — Les repasseuses.

WRIGHT (F. de). — A Kuopio.

55. — Combat de coqs de bruyère.
56. — L'aigle.

CLASSE 2.

Peintures diverses et dessins.

AHRENBERG (J.). — A Helsingfors.
57. — Nature morte ; — aquarelle.

EDELFELT (A.). — Méd. 3e cl. 1880, 2e cl. 1882, ✻ 1888. — A Paris.
58. — La sérénade; — aquarelle.

CLASSE 3.

Sculptures et Gravures en médailles

HALTIA (K.-F.). — A Paris.
59. — M. G...; — buste.

RUNEBERG (W.). — A Paris.
60. — Pehr Brahe ; — statue.
61. — L'Empereur Alexandre II ; — statue.
62. — Au bord de la mer ; — statue.
63. — M. Jonas Lie ; — buste.
64. — M. Anders Fryxell ; — buste.
65. — Le poète J. L. Runeberg ; — buste.
66. — M. Bjornstjerne-Bjornson ; — buste.
67. — Mlle E. de la Ch...; — buste.
68. — Mlle X...; — buste.

TAKANEN (O.). — (décédé en 1885).
69. — Rebecca ; — statue.

VALLGREN (V.). — A Paris.
70. — « Mariatta » ; — statue.
71. — L'Echo ; — statue.
72. — M. Edelfelt; — buste.
73. — Mme Vallgren ; — buste.
74. —. Christ ; — haut-relief.
75. — Ophélie ; — bas-relief.

CLASSE 5.

Gravures et Lithographies.

VALLGREN (Mme A.). — à Paris.
76. — Gravures sur bois.
77. — Gravures sur bois.

GRANDE-BRETAGNE.

Palais du Champ-de-Mars (galerie des Beaux-Arts).

CLASSE 1.

Peintures à l'huile.

ALLAN (R. W.). — A Londres, Spencer street, 2.

1. — Une averse.

(Voir AQUARELLES).

ALMA TADEMA (L.), membre de l'Académie Royale, membre correspondant de l'Institut de France, méd. 1864, 2ᵉ cl. 1867 (E. U.), ✲ 1873, méd. 1ʳᵉ cl. 1878 (E. U.), O. ✲ 1878. — A Londres, Grove End road, 17.

2. — Les femmes d'Amphissa.

(*Daniel Deronda*, par George Eliot. Livre II. Chap. XVII).

« Alors se présenta à son esprit la belle histoire des femmes de Delphes, dont Plutarque « parle quelque part : Lorsque les Ménades, fatiguées de leurs courses errantes aux flam- « beaux, se couchèrent pour se reposer sur la place du marché, les matrones vinrent et se « tinrent silencieuses autour d'elles surveillant leur sommeil. A leur réveil, elles les comblèrent « de soins et les reconduisirent sans encombre, jusqu'à leurs pénates ».

(App. à Mᵐᵉ Thwaites).

3. — L'attente.

(App. à Sir Julian Goldsmid Barᵗ. M. P.). (Voir AQUARELLES).

ALMA TADEMA (Mrs. L.). — A Londres, Grove End road, 17.

4. — « Aide-toi toi même ».

(App. à la « Fine Art Society »).

AUMONIER (J.). — A Londres, Charlotte street, 64, Fitzroy square.

5. — La Tamise à Cookham.

(App. à M. C. Mitchell). (Voir AQUARELLES).

BARCLAY (Edgar). — A Londres, Wychcombe studios.

6. — « Chut ! ».

(Voir GRAVURE).

BARTLETT (W. H.). — A Londres, Church street, 114, Chelsea.

7. — Le retour de la foire.

(App. à M. W. S. Hoare).

BATES (David), Sydenham villa, Great Malvern.

8. — Un chemin difficile.

(App. à M. E. Archer)

BAYLISS (Wyke). — A Londres, North End, 7, Clapham.

9. — La Dame blanche de Nuremberg.

(App. à la Corporation de Liverpool).

BEADLE (J. P.). — A Londres, Eldon road, 17 B, Kensington.

10. — Les Gardes du corps de la Reine.

(App. à Mᵐᵉ Charles Waring).

BELGRAVE (Percy). — A Londres, Percy street, 8, N.W
11. — La rivière Artro.

BIGLAND (Percy). — A Londres, Wychcombe studios, 4.
12. — Portrait de Lady Cairns.   (App. à Lord Cairns).

BROWN (F.). — A Londres, Victoria Grove, 9, Fulham.
13. — Chômage.   (App. à la Corporation de Liverpool).

BROWNING (R. B.). — A Londres, De Vere gardens, 29.
14. — A Venise.
15. — Au bord de la rivière.
                                        (Voir SCULPTURE).

BURGESS (J.-B.), membre de l'Académie Royale. — A Londres, Finchley road, 60.
16. — Une fabrique de cigarettes à Séville.   (App. à M. J. Pulley M. P.).

BURNE-JONES (E.), associé de l'Académie Royale. — A Londres, The Grange
North End.
17. — Le roi Cophetua.

CALDERON (P. H.), membre de l'Académie Royale. — Méd. 1re cl. 1867 (E. U.),
rap. 1878 (E. U.), ✿ 1878. — A Londres, Burlington House.
18. — Aphrodite.   (App. à Sir B. Samuelson).

CARTER (W.). — A Londres, King's road, 296, Chelsea.
19. — Portrait de Lady Millbank.   (App. à Sir F. Millbank, Bart.).

CHARLES (J.). — A Harling, Petersfield.
20. — Le Baptême.   (App. à M. J. Maddocks).

CHARLTON (John). — A Londres, Grove End road, 11.
21. — Mauvaises nouvelles de l'avant-garde ; — épisode de la guerre du Soudan.
                                        (App. à M. E. Schumacher).
                                        (Voir DESSINS).

CLARK (Joseph). — A Hazlebury, Crewkerne, Somerset.
22. — « Bonsoir, père ! ».   (App. à M. J. Fielden).
23. — Trois petits chats.   (App. à Mme J. de Costa Andrade).

CLARK (James C.). — A Londres, Ash Cottage, Quill Lane, Putney.
24. — La pièce d'argent perdue.

CLAUSEN (G.). — A Cookham Dean, Berks.
25. — Tête de jeune fille.   (App. à M. W. Sedgefield).
26. — Un jeune laboureur.   (App. à M. A. Young).
27. — Ramasseuse de pierres.   (App. a M. J. S. Forbes).
                                        (Voir AQUARELLES).

COLE (V.), associé de l'Académie Royale de Londres. — A Londres, Little Campden
House, Kensington.
28. — Pangbourne ; — sur la Tamise.   (App. à M. R. Orr).
29. — Feuilles d'automne.   (App. à M. S. G. Holland).

COLLIER (John), ✿ 1878. — A Londres, Malborough place, 4.
30. — Ménades.

CORBETT (M. R.). — A Londres, Tite street, 33.
31. — L'Aurore.   (App. à Sir Horace Davey).

COTMAN (F. G.). — A Londres, Boscobel place, 10.

32. — Pêcheurs de moules.   (App. à Mme L. Stevens).
                                                   (Voir AQUARELLES).

CRANE (Walter). — A Londres, Beaumont Lodge, Shepherd's Bush.

33. — La belle dame sans merci.
                                      (Voir AQUARELLES et DESSINS).

CROFTS (E.), associé de l'Académie Royale. — A Londres, Westminster Chambers, 4.

34. — Malborough ; — après la bataille de Ramillies.   (App. à M. J. Corbett. M. P.).

CROWE (E.), associé de l'Académie Royale de Londres. — A Londres, Reform Club.

35. — Forçats construisant une caserne à Portsmouth.

DILLON (F.). — A Londres, Upper Phillimore gardens, 13.

36. — Le temple de Luxor ; — Thèbes.   (App. à Miss Harris).
                                                  (Voir AQUARELLES).

EAST (Alfred). — A Londres, Adamson road, 14.

37. — Entre les lacs ; — Écosse.   (App. à M. J. Polson).
                                                  (Voir AQUARELLES)

EMSLIE (A. E.). — A Londres, North Audley street, 17.

38. — « Et il grandissait en âge et en sagesse. »
                                                  (Voir AQUARELLES).

FAED (Thomas), membre de l'Académie Royale de Londres (hors concours). — A Londres, Cavendish road, 24 A, St-John's Wood.

39. — « Partis. »
40. — « Pendant que les enfants dorment. »   (App. à la Corporation de Liverpool).

FAHEY (E. H.). — A Londres, Dawson place, 28.

41. — Brume de mer ; — Oulton.
                                                  (Voir AQUARELLES).

FARQUHARSON (D.). — A Londres, Wychcombe studios, 5.

42. — Lochnagar ; — Écosse.   (App. à M. W. A. Duncan).

FILDES (Luke), membre de l'Académie Royale de Londres. — A Londres, Melbury road, 11.

43. — Portrait de Mme Luke Fildes.
44. — Retour de la pénitente.   (App. à M. Holbrook Gaskell).
45. — Vénitiennes.   (App. à la Corporation de Manchester).

FISHER (Mark). — A Longstock, Stockbridge, Hampshire.

46. — Soirée de novembre.   (App. à M. W. A. Duncan).

FORBES (Stanhope A.). — A Londres, Elgin avenue, 11.

47. — Une société philharmonique de village.   (App. à la Corporation de Birmingham).
48. — Une famille de nomades.

GOODALL (F.), membre de l'Académie Royale. — A Londres, Avenue road, 62.
◧49. — Memphis.

GOODALL (T. F.). — A Londres, Elms road, Dulwich.

50. — La fin de la journée.   (App. à Miss M. E. Richardson).

GOW (Andrew C.), associé de l'Académie Royale. — A Londres, The studios, 4, Holland Park road.

51. — La garnison défilant avec les honneurs de la guerre ; — Lille 1708.
(App. à M. S. G. Holland).
(Voir AQUARELLES).

GRACE (J. E.). — A Milford, Godalming, Surrey.

52. — L'Automne.   (App. à M. Lawrence B. Baker).

GRÉGORY (E. J.), associé de l'Académie Royale. — A Cookham Dean, Berkshire.

53. — Portrait de miss Maud Galloway.   (App. à M. C. J. Galloway).
54. — Portrait de miss Mabel Galloway   (App. à M. C. J. Galloway).
55. — Les cygnes de la Tamise.   (App. à M. J. Baillie).
56. — Venise.   (App. à M. C. J. Galloway).
57. — En Ecosse.   (App. à M. C. J. Galloway).
(Voir AQUARELLES).

HACKER (Arthur). — A Londres, Fellows road, 74.

58. — Sainte-Pélagie et Philammon. (Hypatia, par Canon Kingsley).
(App. à la Corporation de Liverpool)

HAGUE (J. Anderson). — A Tywyn Conway, North Wales.

59. — Jeunes pêcheurs à la ligne.   (App. au Dr Hecksher)
(Voir AQUARELLES).

HALSWELLE (Keely). — A Londres, Albemarle street, 4.

60. — L'Automne.

HARDY (Heywood). — A Londres, Abbey road, 10.

61. — Portrait équestre.

HAVERS (Miss A.). — A Londres, Upper Wimpole street, 7.

62. — L'agneau.

HAYES (Claude). — A Milford, Surrey.

63. — Le bois désert.

HAYES (Edwin). — A Londres, Briscoe House, Steelès road.

64. — Bateaux de pêcheurs; — Granton, Écosse.
(Voir AQUARELLES).

HEMY (C.-N.). — A Churchfield, Falmouth.

65. — Oporto.   (App. au colonel Sanderman).

HERKOMER (H.), associé de l'Académie Royale. — Méd. d'honneur 1878 (E. U). — A Dyreham, Bushey, Herts.

66. — Extase.
67. — Miss Catherine Grant.
(Voir GRAVURE).

HOLL (Frank), décedé. — (Membre de l'Académie Royale).

68. — Portrait de Sir H. Rawlinson.   (App. à Sir Rawlinson).

HOLLOWAY (C.-E.). — A Londres, Soho square, 24.

69. — L'embouchure de l'Yare.   (App. à la « Fine Art Society »).
(Voir AQUARELLES et EAUX-FORTES).

HOOD (G.-P.-Jacomb). — A Londres, Wentworth studios, 3, Chelsea.

70. — La cocarde tricolore.   (App. à M. W. L. Christie).
71. — Portrait de ma sœur.
                                                               (Voir GRAVURE).

HOOK (J.-C), membre de l'Académie Royale. — A Silverbeck, Churt-Farnham.

72. — Le départ pour le phare.   (App. à M. A. Wood).
73. — « A quelque chose malheur est bon. »   (App. à M. Ch. Neck).
74. — A la tombée du jour.

HUNTER (Colin), associé de l'Académie Royale. — A Londres, Melbury road, 14.

75. — Leur part du travail.   (App. à M. J. D. Fletcher).

JOHNSON (C.-E.). — A Londres, Morven House, Steelès road.

76. — Pasyage en Écosse.   (App. à M. A. Anderson)

JOPLING-ROWE (Mrs). — A Londres, Cranley place, 8.

77. — La belle Rosamonde.

KENNINGTON (T.-B.). — A Londres, Victoria road, 8.

78. — La bataille de la vie.   (App. à M. G. R. Burnett).

KING (Yeend). — A Londres, Marlborough Hill, 36.

79. — Vieux pont à Newbury.
                                                               (Voir AQUARELLES).

KNIGHT (Joseph). — A Londres, Cheyne Walk, 121.

80. — La brume s'élève.   (App. à la Corporation de Manchester).
                                                   (Voir AQUARELLES et GRAVURE).

KNIGHT (J.-Buxton). — A Londres, Bridge street, 6, Westminster.

81. — Bêcheurs de tourbe.

LAVERY (J.). — Médaille de 3ᵉ cl. 1888. — A Glasgow, West George street, 248.

82. — Le pont de Gretz.

LEADER (B.-W), associé de l'Académie Royale. — The Lodge-Whittington, Worcester.

83. — « Sur le soir il y aura de la lumière .»   (App. à Sir John Pender).

LEHMANN (R.). — Méd. 3ᵉ cl. 1843, méd. 2ᵉ cl. 1845 et 1848. — A Londres, Abercorn Place, 28.

84. — Portrait de Sir Spencer Wells, Barᵗ.   (App. à Sir Spencer Wells, Barᵗ.).

LEIGHTON (Sir Frédéric), Bart., Président de l'Académie Royale, membre correspondant de l'Institut de France. — Méd. 1859, méd. 2ᵉ cl. 1878, O. ✳ 1878. — A Londres, Holland Park road.

85. — Andromaque captive.   (App. à la Corporation de Manchester).
86. — Simœtha, la sorcière.   (App. à Mʳˢ. Bloomfield Moore).
87. — Portrait de Lady Coleridge.   (App. à Lord Chief Justice Coleridge).
                                                   (Voir SCULPTURE).

LESLIE (G.-D.), membre de l'Académie Royale.— A Riverside, Wallingford, Berkshire.

88. — Sur les bords de la Tamise.   (App. à Miss Mackie).
89. — Le dernier jour des vacances.   (App. à M. J. H. Ismay).

LINDNER (M.-P.). — A Londres, Bedford gardens, 57.

90. — Lune d'automne.   (App. à M. F. W. Lindner).

LINTON (Sir James D.), président de l'Institut Royal des Aquarellistes. — A Londres, Ettrick House, Steelès road.

91. — La bénédiction.   (App. à M. C. Jacoby).
                                                    (Voir AQUARELLES).

LINTZ (E.). — A Londres, New Bond street, 175.

92. — Misère.

LOGSDAIL (W.). — A Londres, Primrose Hill studios, 4.

93. — Préparations pour la Festa di San-Giovanni-Batista.

LORIMER (J.-H.). — A Londres, Arts club, Hanover square.

94. — Les amis.   (App. à M. A. Mackay).

MACBETH (R.-W.), associé de l'Académie Royale. — A Londres, Carlton Hill, 1.

95. — Marécages.   (App. à M. H. Harker).

MAC WHIRTER (J.), associé de l'Académie Royale. — A Londres, Abbey road, 1.

96. — Loch Hourn ; — Écosse.   (App. à M. Agnew).
97. — Edimbourg, vu des Salisbury Crags.   (App. à M. G. W. Parker).

MATTHEWES (Miss Blanche). — A Sutton, Surrey.

98. — 'Un coin en Picardie.

MERRITT (Mrs. Anna Lea). — A Londres, Tite street, Chelsea.

99. — Camille.   (App. à M. Warren de la Rue).

MILLAIS (Sir John-Everett, Bart), Hors concours, membre de l'Académie Royale. — Méd. 2ᵉ cl. 1855, méd. d'honn. 1878 (E. U.), O. ✳ 1878. — A Londres, Palace-Gate, 2, Kensington.

100. — Le Très-Honorable W. E. Gladstone, M. P.   (App. à Sir Charles Tennant).
101. — M. J. C. Hook, membre de l'Académie Royale (App. à M. J. C. Hook).
102. — Les cerises.   (App. à M. C. Wertheimer).
103. — Bulles de savon.   (App. à MM. Pears et Co).
104. — La dernière rose de l'été.
105. — Cendrillon.   (App. à M. C. Wertheimer).

MILLET (F.-D). — A Broadway, Worcestershire.

106. — En temps de paix.   (App. à M. E. M. Crosse).

MONTALBA (Miss Clara). — A Londres, The studios, Campden House road Mews.

107. — L'Église de Saint-Marc, Venise ; — la Piazza inondée.
                                                    (Voir AQUARELLES).

MOORE (Henry), associé à l'Académie Royale. — A Londres, Maresfield Gardens, 39, Hampstead.

108. — « Après la pluie, le beau temps. »   (App. à M. Louis Huth).
109. — La Malle de Newhaven.   (App. à la Corporation de Birmingham).
                                                    (Voir AQUARELLES).

MORRIS (P.-R), associé de l'Académie Royale. — A Londres, Saint-John's Wood road, 33.

110. — Fiancées et épouses.

MURRAY (D.). — A Londres, Langham Chambers, 1.

111. — Le « Britannia » à l'ancre.   (App. à la Corporation de Manchester).
112. — Dans le Devonshire.

NOBLE (R.). — A Edimbourg, Picardy place, 16.

113. — La fête des fleurs.

ORCHARDSON (W.-Q), membre de l'Académie Royale. — Méd. 3° cl. 1867 (E. U.) et 1878 (E. U.). — A Londres, Portland Place, 13.

114. — Tout seul.   (App. à M. J. M. Keiller).
115. — Sa première danse.   (App. à M. Henry Tate).
116. — Maître Bébe.

OULESS (W.-W.), membre de l'Académie Royale. — Méd. 2° cl. 1878. — A Londres, Bryanston square, 12.

117. — Portrait du Cardinal Manning.
118. — Portrait de feu Samuel Morley, M. P.   (App. à M. T. Hope Morley, M. P.).

OVEREND (W. H.) & SMYTHE (L. P.).

119. — Le jeu du Foot-Ball ; — Anglais contre Écossais.

PAGET (H. M.). — A Londres, The Orchard, 1, Bedford park.

120. — Le professeur Gudbrand Vigfusson.

PARSONS (Alfred). — A Londres, Bedford gardens, 54.

121. — Aux bords du Shannon.   (App. à M. W. A. Duncan)
122. — Etude d'hiver.

                                                  (Voir AQUARELLES et DESSINS).

PARTON (E.). — A Londres, Acacia road, 36.

123. — Crépuscule.   (App. à M. Walter Towne).

PEPPERCORN (A. D.). — A West Horsley, Leatherhead.

124. — L'étang.

PERUGINI (Mrs Kate). — A Londres, Warwick street, 141.

125. — La petite Peggy.   (App. à M. E. Knowles;.

PETTIE (John), membre de l'Académie Royale. — A Londres, The Lothians, Fitzjohn's avenue.

126. — Le musicien.
127. — Monmouth et Jacques II.   (App. à MM. Agnew).

PICKERING (J. L.). — A Londres, Newman street, 22.

128. — Nuit de Noël.   (App. à M. N. Sherwood).

PRINSEP (V. C.), associé de l'Académie Royale. — A Londres, Holland Park road, 1.

129. — « Kali Moli » (perle noire).
130. — La Porte d'Or.   (App. à la corporation de Manchester).

RAE (Miss Henrietta). — A Londres, Holland Park road

131. — Eurydice.

RATTRAY (Wellwood). — A Glasgow, West George street, 247.

132. — Une rivière en Écosse.   (App. à M. J. Williamson).
133. — Le bac ; — loch Ranza, île d'Arran, Écosse. (App. à M. G. Hutson).

REID (John R.). — A Londres, Park road, 62, Haverssock Hill.

134. — Rivalité entre grands-pères.   (App. à la Corporation de Liverpool).
135. — Sans toit.   (App. à M. E. Priestman)

RIVIÈRE (Briton), membre de l'Académie Royale. — A Londres, Finchley road, 82.

136. — « N'éveillez pas le chien qui dort. »   (App. à Miss E. Von Mumm).
137. — Chez le magicien.   (App. à M. W. C. Quilter, M. P.).

SANT (James), membre de l'Académie Royale. — A Londres, Lancaster gate, 43.

138. — Une épine parmi les roses.   (App. à la Corporation de Manchester).
139. — Le réveil d'une âme.

SCHMALZ (H.). — A Londres, The studios, Holland Park road.

140. — Les Voix.   (App. à M. S. H. Beddington).

SHANNON (J. J.). — A Londres, Alexander studio, Alfred place.

141. — Portrait de M. Henry Vigne.   (App. à M. Henry Vigne).

SICKERT (Walter). — A Londres, Broadhurst gardens, 54, N. W.

142. — Le soleil d'octobre.

SMYTHE (Lionel P.). — A Londres, Gloucester Crescent, 36.

143. — L'heure qui précède l'aube.

SOLOMON (S. J.). — A Londres, Holland Park road, 18.

144. — Samson.   (App. à la Corporation de Liverpool).

STARR (Sidney). — A Londres, Abercorn place, 33.

145. — La station de Paddington.

STEER (P. Wilson). — A Londres, Maclise mansions, Addison broad.

146. — Les bavardes.

STOKES (Adrian). — A Lelant, Cornouailles.

147. — Sur les dunes en Cornouailles.   (App. à M. W. A. Duncan).

STONE (Marcus), membre de l'Académie Royale. — A Londres, Melbury road, 8.

148. — La femme du joueur.   (App. à M. C. E. Barton).

STOREY (G. A.), associé de l'Académie Royale. — A Londres, Broadhurst gardens, 39, Hampstead.

149. — Le Padre.
« Ayez pitié, Senorita, d'un pauvre padre qui, hélas ! n'a pas de femme pour l'aider dans ses petites difficultés. »

STOTT (William), of Oldham. — A Paris, passage Dulac, 4.

150. — La Nymphe.

STRUDWICK (J. M.), à Londres, Edith Villas, 14.

151. — Circé et Scylla.

SWAN (John M.), à Londres, Acacia road, 3.

152. — Lionne défendant ses petits.   (App. à M. E J. Van Wisselingh).

TAYLER (A. Chevalier), à Londres, Great James street, 27, W. C.

153. — La dernière nouveauté de Londres.

WALKER (J. Hanson), à Londres, Kensington, Park road, 88.

154. — Portrait de Mᵐᵉ Edward Majolier.

WATERHOUSE (J. W.), associé de l'Académie Royale. — A Londres, Primrose Hill studios, 6.

155. — Marianne.   (App. à M. W. C. Quilter, M. P.).

WATSON (J. D.). — A Londres, The villas, Eaton terrace, 3, N. W.

156. — Portrait de M. E. Seton, en costume de cavalier.   (App. à M. E. Seton).

WATTS (G. F.), membre de l'Académie Royale, — A Londres, Little Holland House.

157. — Diane et Endymion.   (App. à sir Charles Tennant, Bar¹. M. P.).
158. — Le jugement de Pâris.   (App. à M. W. R. Moss).
159. — L'Amour et la Vie.   (App. à M. Albert Wood).
160. — Portrait de M. C. A. Ionides.   (App. à M. C. A. Ionides).
161. — Uldra.
162. — Portrait de Sir F. Leighton, Bar¹, président de l'Académie Royale.
163. — « Hope ! »
164. — Mammon.

WHISTLER (J. Mc Neil). — A Londres, Tower Hour , Tite street.

165. — Portrait de Lady Archibald Campbell ; — arrangement en noir n° 7.
166. — Le Balcon ; — harmonie couleur chair et couleur verte.

(Voir GRAVURE).

WHITE (John). — A Branscombe, Sidmouth, Devonshire.

167. — Le ramoneur.   (Appartient à M. J. Maddocks).

WOODS (Henry), associé de l'Académie Royale. — A Londres, Melbury road, 11.

168. — Boutique à Venise.   (App. à M. Holbrook Gaskell).

WYLLIE (Chas. W.). — A Londres, Melina place, 11, .N W.

169. — Littlehampton.   (App. à M. J. C. Hook).
170. — La fin d'un jour d'été.   (App. à M. W. J. Stacey).
(Voir AQUARELLES).

WYLLIE (W. L.), associé de l'Académie Royale. — Hoo Lodge, Rochester.

171. — Les sables de Goodwin.   (App. à M. G. S. Gabriel).
172. — Travail et richesses sur un flot étincelant.   (App. à M. J. Pulley, M. P.)
(Voir AQUARELLES, DESSINS et GRAVURE).

CLASSE 2.

Peintures diverses et Dessins.

I. — AQUARELLES.

ALLAN (R. W.), associé de la Société Royale des Aquarellistes.— A Londres, Spencer street, 2.

173. — Bateaux de pêche de Honfleur.   (App. à M. P. Ness¹.
(Voir PEINTURE).

ALMA TADEMA (L.), membre de l'Académie Royale, membre de la Société Royale des Aquarellistes. — A Londres, Grove End road, 17.

174. — Le suppliant.   (App. à M. E. Gambart).
175. — Musique.   (App. à M. C. Wertheimer).
(Voir PEINTURE).

ALMA TADEMA (Miss Anna). — A Londres, Grove End road, 17.

176. — La chapelle d'Eton.	(App. à E. M. D. Crosse).
177. — Le salon : Holland Park, 1A.	(App. à M. C. A. Ionides).
178. — Le salon : Townshend house.	(App. à M. T. Pollack).
	(Voir PEINTURE).

ARMSTRONG (Miss E. A.). — Cliff Castle Cottage Paul, Penzance.

179. — « Un, deux, trois..., en avant ! » ; — pastel.　　(App. à M. J. L. Duforest)
　　　　　　　　　　　　　　　　　　　　　　　　　　　　　　(Voir GRAVURE).

AUMONIER (J.), membre de l'Institut Royal des Aquarellistes.— A Londres, Charlotte street, Fitzroy square, 9.

180. — Sous les dunes.　　　　　　　　　　(App. à la Corporation d'Oldham).
181. — La Tamise, vue de Hedsor Hill, près de Cookham.　(App. à M. C. Mitchell).
　　　　　　　　　　　　　　　　　　　　　　　　　　　　　　(Voir PEINTURES).

BALL (Wilfrid). — A Londres, Old Bond street, 39A.

182. — Venise.　　　　　　　　　　　　　　　(App. à M. L. Harrison).
183. — Venise.　　　　　　　　　　　　　　　(App. à M. L. Harrison).

BARNES (R.), associé de la Société Royale des Aquarellistes. — A Elmside, Redhill (Surrey).

184. — Nouvelle arrivée.　　　　　　　　　　　(App. à M. W, A. Duncan).
185. — Premier amour.　　　　　　　　　　　　(App. à M. W. Klein).
　　　　　　　　　　　　　　　　　　　　　　　　　　　　　(Voir DESSINS).

BEAVIS (R.), associé de la Société Royale des Aquarellistes. — A Londres, Fitzroy square, 38.

186. — Déchargement d'une tartane ; — Bouches-du-Rhône.　　(App. à Mʳˢ Grice).

BOYCE (G. P.), membre de la Société Royale des Aquarellistes. — A Londres, Glebe place, 33, Chelsea.

187. — La porte neuve à Vézelay (Bourgogne), vue en dehors des murs.
　　　　　　　　　　　　　　　　　　　　　　　(App. à M. W. Debenham).
188. — Château de Brougham ; — Cumberland.　　　(App. à Mᵐᵉ W. Dobson).

BREWTNALL (E. F.), membre de la Société Royale des Aquarellistes. — A Orchard House, Westcott, Dorking.

189. — Les trois corbeaux.　　　　　　　　　　(App. à M. R. H. Edmondson).

BUCKMAN (E.), associé de le Société Royale des Aquarellistes. — A Londres, c/o Miss Smith, Alexander square, 4.

190. — Terrassement.

CALLOW (W.), membre de la Société Royale des Aquarellistes. — The Firs, Great Missenden, Bucks.

191. — Entrée du port de Marseille.

CARTER (Hugh), membre de l'Institut Royal des Aquarellistes. — A Londres, Clarendon road, 12.

192. — Étude.　　　　　　　　　　　　　　　(App. à M. F. W. Fletcher).
193. — Escalier dans Holland House.

CHASE (Miss Marian), membre de l'Institut Royal des Aquarellistes. — A Londres, Christchurch road, 18, N. W.

194. — Orchis.　　　　　　　　　　　　　　　(App. à Miss Roddam).

CLAUSEN (G.), associé de la Société Royale des Aquarellistes. — A Cookham Dean, Berks.

195. — Le berger.   (App. àM. Sharpley Bainbridge).
196. — Laboureurs.   (App. à M. J. S. Hill).
                                               (Voir PEINTURE).

COLLIER (Thomas), membre de l'Institut Royal des Aquarellistes, ✳ 1878. — A Londres, Etheron, Hampstead Hill gardens.

197. — La nouvelle Forêt ; — vue près de Lymington.   (App. à M. J. Orrock).
198. — Marais près de Moel Snibod, North Wales.   (App. à M. W. J. Hastings).

COOPER (Byron). — A Bowdon, près Manchester.

199. — Grange Fell ; — Lancashire.   (App. à M. W. D Howarth)

COTMAN (F. G.), membre de l'Institut Royal des Aquarellistes. — A Londres, Boscobel place, 18, N. W.

200. — Cley ; — près de la mer, le soir.   (App. à M. L. Stevens).
201. — Eglise de Cley.   (App. à M. L. Stevens).
202. — Eglise de Pinner ; — l'hiver.   (App. à M. J. S. Forbes).
                                                   (Voir PEINTURE).

CRANE (Walter), membre de l'Institut Royal des Aquarellistes. — A Londres, Beaumont Lodge, Shepherd's Bush.

203. — Un plongeur.
                                   (Voir PEINTURE et DESSINS).

DAWSON (Nelson). — A Londres, Wentworth studios.

204. — Jours d'été à la hauteur du cap Flamborough.

DILLON (F.), membre de l'Institut Royal des Aquarellistes. — A Londres, Upper Phillimore gardens.

205. — Le temple de Gertasse ; — Nubie.
                                   (Voir PEINTURE).

DUDLEY (R.). — A Londres, Lansdowne road, 31.

206. — La fontaine de Charles V, à Grenade.   (App. à M. J. Rohde.

EARLE (C.), membre de l'Institut Royal des Aquarellistes. — A Londres, Duke street, 9, Portland place.

207. — « La via delle mare » ; — Rome.
208. — « Calla San Remo. »

EAST (Alfred), membre de l'Institut Royal des Aquarellistes. — A Londres, Adamson road, 14.

209. — Un nouveau quartier à Londres.   (App. à M. W. Spindler).
                                                      (Voir PEINTURE).

EDEN (W.). — A Londres, Hill road, 10, N. W.

210. — Église à Sutton-Courtnay.
211. — Le port de Whitby.

EMSLIE (A. E.), membre de l'Institut Royal des Aquarellistes — A Londres, North Audley street, 17.

212. — « Paix sur la terre aux hommes de bonne volonté ».
                                   (Voir PEINTURE).

FAHEY (E. H.), membre de l'Institut Royal des Aquarellistes.— A Londres, Dawson place, 28.

213. — Coucher du soleil ; — Martham Broad.   (App. à M. J. Carbery Evans).
                                                      (Voir PEINTURE).

FULLEYLOVE (J.), membre de l'Institut Royal des Aquarellistes. — A Londres, Mecklembourg square, 52.

214. — Palais de Hampton-Court.   (App. à M. J. Carbery Evans).
215. — Tour et pont de « Magdalene » ; — Oxford.   (App. à M. Gaspard Farrer).

GOODALL (E. A.), membre de l'Institut Royal des Aquarellistes. — A Londres, Fitzroy road, 57, N. W.

216. — La Tamise près du pont de Southend.   (App. à Son Honneur le juge Bacon).
217. — Bab Zooagleh : une des portes du Caire.

GOW (A. C.), associé de l'Académie Royale, membre de l'Institut Royal des Aquarellistes. — A Londres, The studios, Holland Park.

218. — Montrose à Kilsythe.   (App. à MM. Vokins).
219. — L'histoire du Spahi.   (App. à M. N. L. Cohen).
                                                     (Voir PEINTURE).

GREEN (C.), membre de l'Institut Royal des Aquarellistes. — A Londres, Charlecote Hampstead Hill gardens.

220. — Une erreur quelque part.   (App. à M. J Orrock).

GREGORY (E. J.), associé de l'Académie Royale, membre de l'Institut Royal des Aquarellistes. — A Cookham Dean, Quarry Edge, Berks.

221. — Un coin de la Tamise.   (App. à M. Henry Tate).
222. — Portrait de l'artiste.   (App. à M. C. J. Galloway).
223. — La dernière touche.   (App. à M. C. J. Galloway).
224. — Ouvertures de paix.   (App. à M. C. J. Galloway).
                                                     (Voir PEINTURE).

HAAG (Carl), membre de la Société Royale des Aquarellistes, ✳ 1878. — A Londres, Syndhurst road, 7. N. W.

225. — Éliézer revenant de sa mission.   (App. à Sir Julian Goldsmid, Bar^t, M. P.).

HAGUE (Anderson), membre de l'Institut Royal des Aquarellistes. — A Tywyn Conway.

226. — Les foins.   (App. à M. C. J. Galloway).
                                                     (Voir PEINTURE).

HARDWICK (J. Jessop), associé de la Société Royale des Aquarellistes. — The Hollies, Thames Ditton.

227. — Dans les bois ; — au commencement du printemps.

HARGITT (E.), membre de l'Institut Royal des Aquarellistes. — A Broadwater, Worthing.

228. — Dans l'île de Wight.

HARRISON (Miss Maria), associée de la Société Royale des Aquarellistes. — A Londres, Well Walk, 4, Hampstead.

229. — Œillets.

HARTLEY (A.). — A Londres, Wentworth studios, 6.

230. — A la fin du jour ; — pastel.

HATHERELL (W.), membre de l'Institut Royal des Aquarellistes. — A Londres. Elm Grave, Cricklewood, 11.

231. — Croquis pris sur le vapeur « Valetta ».
232. — Une calme après-midi, à bord.

HAYES (Edwin), membre de l'Institut Royal des Aquarellistes. — A Londres, Steelès road.

233. — Navires hollandais, près de l'île de Dalky.
                                                     (Voir PEINTURE).

HENSHALL (T. H.), associé de la Société Royale des Aquarellistes.— A Londres Campden Hill gardens, 28.

234. — La sérénade. (App. à M. J. Feis).

HINE (Harry), membre de l'Institut Royal des Aquarellistes. — A Saint-Albans, Herts.

235. — Crépuscule.
236. — Durham.

HINE (H. G.), membre de l'Institut Royal des Aquarellistes. — A Londres, Eland House, Rosslyn Hill.

237. — Vue de « Mount Harry », près de Lewes.
238. — Durlstone Head ; — Dorsetshire. (App. à M. J. King).

HODSON (S. J.), associé de la Société Royale des Aquarellistes. — A Londres, Hillmarton road, 7, N. W.

239. — L'église Saint-Paul, à Anvers ; — vue de l'intérieur.
240. — Les Shambles ; — York.

HOLLOWAY (C. E.), membre de l'Institut Royal des Aquarellistes. — A Londres, Soho square, 24

241. — Saint-Yves ; — Huntingdon. (App. à M. J. Douglas-Fletcher).
(Voir PEINTURE et GRAVURE).

HOPKINS (A.), membre de la Société Royale des Aquarellistes. — A Londres, Finchley road, 80.

242. — L'heure d'or.
243. — Tout le monde au cabestan.

HUNT (A. W.), vice-président de la Société Royale des Aquarellistes. — A Londres, tor Villa, 1, Campden Hill.

244. — Champ de blé ; — dans le Northumberland.

KING (Yeend), membre de l'Institut Royal des Aquarellistes. — A Londres, Marlborough Hill, 36.

245. — Abingdon.
246. — Lambourne.
(Voir PEINTURE).

KNIGHT (Joseph), membre de l'Institut Royal des Aquarellistes. — A Londres, Cheyne Walk, 121, Chelsea.

247. — Le soir.
(Voir PEINTURE et GRAVURE).

LANGLEY (Walter), membre de l'Institut Royal des Aquarellistes. — Holbein House, Penzance.

248. — Parmi les manquants. (App. à M. H. H. Bolton)
249. — Départ des bateaux de pêche pour le Nord. (App. à M. G. Frank).
250. — « Car l'homme doit travailler et la femme pleurer. » (App. à M. C. H. Brunning).
251. — Une histoire intéressante.

LEWIS (C. J.). — A Londres, Cheyne Walk, 122, Chelsea.

252. — Wimille ; — Artois.

LINTON (Sir James D.), président de l'Institut Royal des Aquarellistes. — A Londres, Ettrick House, Steeles road.

253. — Marguerite. (App. à M. James Orrock).
254. — Giroflées. (App. à M. James Orrock).
255. — La Mandoline. (App. à M. James Orrock).
(Voir PEINTURE).

MACQUOID (Thos. R.), membre de l'Institut Royal des Aquarellistes.—The Edge, Tooting common.

256. — Près de la Meuse ; — Dinant.

MARSH (A. H.), associé de la Société Royale des Aquarellistes. — A Alnmouth, Northumberland.

257. — « L'homme doit travailler et la femme pleurer ». (App. à M. Geo-Bullock).

MARSHALL (Herbert), membre de la Société Royale des Aquarellistes. — A Londres, Victoria mansions. 1.

258. — Le portail de feu de l'Orient. (App. à Lord Herschell).
259. — Westminster. (App. à M. S. Page).

MONTALBA (Miss Clara), associée de la Société Royale des Aquarellistes. — A Londres, the Studios, Campden Hill Mews.

260. — Sur la Riva degli Schiavone ; — Venise.
261. — Une forteresse suédoise.
262. — La Tamise à Chelsea. (Voir PEINTURE).

MOORE (H.), associé de l'Académie Royale, membre de la Société Royale des Aquarellistes. — A Londres, Maresfield gardens.

263. — L'étang.

(Voir PEINTURE).

MOTTRAM (C. S.). — A Londres, Hillcote Cricklewood lane, N. W.

264. — Le cap Finistère ; — Cornouaille.

NASH (J.), membre de l'Institut Royal des Aquarellistes.—A Londres, The avenue,36, Bedford Park.

265. — Fin de l'avare. (App. à M. E. Spindler).

NORTH (J. W.), membre de la Société Royale des Aquarellistes. — A Washford, Taunton.

266. — Pays marécageux. (App. à Miss Holland).
267. — La haie de mon jardin. (App. à M. C. Mitchell).
268. — Sir Bevis et la bûcheronne ;— sujet tiré du livre de Richard Jeffreys « Wood Magic ». (App. à M. P. Brotherhood).

ORROCK (James), membre de l'Institut Royal des Aquarellistes. — A Londres, Bedford square, 48.

269. — Lochar Moss, près de Dumfries.

PARSONS (Alfred), membre de l'Institut Royal des Aquarellistes. — A Londres, Bedford gardens, 54.

270. — Asphodèles. (App. à M. R. Harrisson).
271. — Vieilles épines. (App. à M. J. F. Hall).
(Voir PEINTURE et DESSINS).

PHILLOT (Miss Constance), associée de la Société Royale des Aquarellistes.— A Londres, Stanhope street, N. W., 259.

272. — « Phyllis. » (App. à M. Alfred W. Dunn).

PILLEAU (H.), membre de l'Institut Royal des Aquarellistes. — A Londres, Elm Park road, 74.

273. — Étude d'oliviers. (App. à M. W. Swinden Barber).

PYNE (Thos), membre de l'Institut Royal des Aquarellistes. — A Londres, Upper Park road, 44.

274. — Un village sur la côte de Norfolk. (App. à M. J. Carbery Evans).

RADFORD (E.), membre de la Société Royale des Aquarellistes. — A Londres, Percy road, Shepherd's Bush, 154.

275. — Grenades. (App. à M. C. H. Crompton Roberts).

RIGBY (Cuthbert), associé de la Société Royale des Aquarellistes. — A Hollin-head, Eskdale, viâ Carnforth.

276. — Scawfell; — en hiver.   (App. à M. Russell Rea).

SEVERN (Arthur), membre de l'Institut Royal des Aquarellistes. — A Londres, Herne Hill.

277. — Pêcheurs de moules surpris par la marée.

SMYTHE (Lionel P.), membre de l'Institut Royal des Aquarellistes.— A Londres, Gloucester crescent, 36.

278. — « Il y a danger ! »   (App. à M. C. W. Wyllie).
279. — Printemps.   (App. à M. W. B. Mc Grath).
280. — Vacances d'été.   (App. à M. F. L. Hall-Watt).
                    (Voir PEINTURE et GRAVURE).

SQUIRE (Miss Alice). — A Londres, Tavistock road, 28, Westbourne Park.

281. — Paysage ; —comté de Surrey.

STEER (H. R.), membre de l'Institut Royal des Aquarellistes.

282. — Trésors.

WALTON (F.), vice-président de l'Institut Royal des Aquarellistes. — Holmbury St-Mary, Dorking.

283. — Le rocher noir; —Widemouth.
284. — Limites de terre et de mer.

WHAITE (H. Clarence), membre de la Société Royale des Aquarellistes, Président de l'Académic Royale du Pays de Galles. — A Londres, Douro place, 16.

285. — Le château légendaire d'Arran.

WAITE (R. Thorne), membre de la Société Royale des Aquarellistes. — A Londres, Maitland Park villas, 7.

286. — Le port de Chichester.
287. — Séparant le troupeau.

WALKER (W. Eyre). — A Londres, Bloomsburg street, 21.

288. — Crépuscule sur les montagnes du Yorkshire.   (App. à M. J. Mitchell).
289. — Automne.   (App. à M. D. Johnson).

WEEDON (A. W.). — A Londres, Warwick road, N. W.

290. — Arundel; —Sussex.

WIMPERIS (E. M.), membre de l'Institut Royal des Aquarellistes. — A Londres, Gower street, 137.

291. — « Inveroykel moor. »   (App. à Lord Egerton of Tatton).

WOLLEN (W. B.). — A Londres, Woodstock road, 9, Bedford Park.

292. — « Peut-être pour des années, peut-être pour toujours. »

WYLLIE (C. W.). — A Londres, Melina place, 11.

293. — Retour des gardes de la Reine.   (App. à M. J. W. Adamson),
                    (Voir PEINTURE).

WYLLIE (W. L.), associé de l'Académie Royale, membre de l'Institut Royal des Aquarellistes. —Hoo Lodge, Rochester.

294. — Le vapeur « Ormuz », de la compagnie « Orient », près d'Eddystone.
                    (App. à la compagnie dite « Orient »).
295. — Le bateau-école « Exmowth ».   (App. à M. W. G. Baker)
                    (Voir PEINTURE, GRAVURE et DESSINS).

YOUNGMAN (Miss A. M.), membre de l'Institut Royal des Aquarellistes. — A Grenwich, King George's street, 77.

296. — Pivoines.

II. — DESSINS (1).

BARNES (R.), membre de la Société Royale des Aquarellistes. — Elmside, Redhill.
336. — Un terrain public à Londres. (App. à M. J. Mac Andrew).
(Voir AQUARELLES).

CHARLTON (J.). — A Londres, Grove End road, 12.
337. — « Il gagnera s'il est solide. » (App. au « Graphic »).
338. — Loi et ordre. (App. au « Graphic »).

CRANE (W.). — A Londres, Beaumont Lodge, Shepherd's Bush.
339. — Dessins pour le livre de Grimm.
340. — Dessins pour livre.
341. — Dessins. (Voir PEINTURE et AQUARELLES).

KEENE (Charles). — A Londres, King's road, Chelsea, 241.
342. à **365.** — Dessins pour « Punch ».

ROUSSEL (Sh.). — A Londres, Boltons studios.
366. — Pierrot ; — pastel. (App. à Sir D. Cooper).

PARSONS (Alfred), membre de l'Institut Royal des Aquarellistes. — A Londres, Bedford Gardens, 54.
367. — Cypripediuns.
368. — Le pêcheur à la ligne. (App à Mme Marcus Stone).
369. — Jardin de « cottage ». (App. à M. J. Mc Whirte, associé de l'Académie Royale).
(Voir PEINTURE et AQUARELLES).

GREENAWAY (Kate). — A Londres, Frognal, 50, Hampstead
370. — Dessins pour l'Almanach de 1884.
371. — Dessins pour le « Marygold Garden ».
372. — Dessins pour le « Marygold Garden ».
373. — Dessins pour le « Marygold Garden ».
374. — Dessins pour le « Marygold Garden ».
375. — Dessins pour « The language of Flowers ».
376. — Dessins pour « The language of Flowers ».
377. — Dessins pour « The language of Flowers ».
378. — Dessins pour « The language of Flowers ».
379. — Dessins pour « Little-Ann ».
380. — Dessins pour « Little-Ann ».
381. — Dessins pour « Little-Ann ».
382. — Dessins pour « Little-Ann ».

SAMBOURNE (Linley). — A Londres, Strafford terrace, Kensington, 18.
383. — Dessin pour le diplôme de l'Exposition des Pêcheries.
384. — Spécimen d'illustration de livre.
385. — Dessins pour « Punch. »

WYLLIE (W. L.), associé de l'Académie Royale, membre de l'Institut Royal des Aquarellistes. — Hoo Lodge, Rochester.
386. — Maraudeurs.
387. — La jetée de Southend.
(Voir PEINTURE, AQUARELLES et GRAVURE).

(1) Nous avons dû respecter le numerotage adopté par la section de la Grande-Bretagne, et indiqué dans le catalogue publié en anglais antérieurement à l'impression du *Catalogue officiel.*

CLASSE 3.

Sculptures et gravures en médailles.

BIRCH (C. B.), associé de l'Académie Royale. — A Londres, The studios, Chelsea, Bridge road.

297. — Le dernier appel.   (App. au colonel Molyneux).

BROCK (T.), associé de l'Académie Royale. — A Londres, Osnaburgh street, 30.

298. — Un moment dangereux.
299. — Professeur John Marshall, F. R. S.

BROWNING (R. B.). — A Londres, De Vere gardens.

300. — Dryope.
301. — L'Éspérance.   (Voir PEINTURE)..

CALDECOTT (R.), décédé.

302. — Les veaux.
303. — « Les Trois joyeux Chasseurs. »
304. — « La fille que j'ai quittée. »
305. — Voiture de brasserie.
306. — Le marché aux chevaux.

FORD (E. Onslow), associé de l'Académie Royale. — A Londres, Acacia road, 62

307. — La paix.
308. — « Ma mère. »
309. — Une étude.
310. — Le très honorable James Whitehead, Lord-Maire de Londres.

GILBERT (A.), associé de l'Académie Royale. — A Londres, Fulham road, 76.

311. — Icare.   (App. à Sir F. Leighton).
312. — Persée.   (App. à M. J. P. Heseltine).
313. — Une offrande à Vénus.   (App. à M. J. P. Heseltine).
314. — Tête de vieillard.   (App. à M. J. P. Heseltine).
315. — Tête de jeune fille.   (App. à M. L. Fildes).

HÉBERT (P.). — A Paris, impasse du Maine, 9.

316. — Une famille d'Abénaquis ; — la halte dans la forêt.

JEFFREYS (Miss Edith Gwyn). — A Paris, rue Bréa, 25.

317. — Médée fascinant le dragon.

JOY (A. Bruce). — A Londres, Beaumont road, West Kensington.

318. — M. W. G. Ferguson.
319. — Miss Mary Anderson.
320. — Le marquis de Salisbury.

LEE (T. Stirling). — A Londres, Merton Villa studios, Manresa road.

321. — Jeunesse.
322. — Caïn.
323. — Un bas-relief.
324. — Un bas-relief.

LEIGHTON (Sir Frederick, Bart), président de l'Académie Royale, membre étranger de l'Institut de France.— Méd. 1859; méd. 1878, E. U. ; O✳ 1878.—A Londres, Holland Park road, 2.

325. — Réveil.
326. — Fausse alarme.   (App. à Sir John Everett Millais).
                              (Voir PEINTURE).

MAC LEAN (T. Nelson). — A Londres, Bruton street, 13.

327. — Fête de printemps.

MULLINS (E. Roscoe). — A Londres, Greville road, 24.

328. — Conquérants.
329. — Souvenir.

PEGRAM (H.). — A Londres, Stanhope yard, Delancey street, 1.

330. — La Mort et le prisonnier.

SIMONDS (G.). — A Londres, The Priory, North Bank.

331. — Méduse.

SWAN (J. M.). — A Londres. Acacia road.

332. — Jeune tigre de l'Himalaya.

(Voir PEINTURE).

THORNYCROFT (Hamo), membre de l'Académie Royale. — A Londres, Melbury road, 2.

333. — Teucer.
334. — Médée.
335. — Le faucheur.

CLASSE 5.

Gravures, eaux-fortes.

APPLETON (T. G.). — A The Elms, Shalford, Surrey.

388. — Fanny Kemble, d'après Sir Thomas Lawrence.

ARMSTRONG (Miss E. A.). — A Cliff Castle Cottage, Paul, Penzance.

389. — Pointes sèches.

(Voir AQUARELLES).

ATKINSON (T. L.). — A Londres, Hamilton gardens, 6, N. W.

390. — La Dame du Lac ; — d'après une peinture de S. E. Waller.

BARCLAY (E.). — A Londres, Wychcombe studios, N. W.

391. — « Chut !»

(Voir PEINTURE).

BARLOW (T. O.), membre de l'Académie Royale. — A Londres, Victoria road, 38A, Kensington.

392. — W. E. Gladstone, d'après une peinture de Sir J. E. Millais, Bar¹, membre de l'Academie royale.
393. — Lord Salisbury, d'après une peinture de Sir J. E. Millais, Bar¹, membre de l'Académie Royale.
394. — Cardinal Newman, d'après une peinture de Sir J. E. Millais, Bar¹, membre de l'Académie Royale.

BATLEY (H. W.). — A Londres, Briarbank, Oak Hill road, Putney.

395. — Fin de moisson ; — d'après une peinture de G. F. Wetherbee.

BERKELEY (Edith). — A Ham Common, Surrey.

396. — « Je t'aime ! »

BERKELEY (Stanley). — A Ham Common, Surrey.

397. — Château d'Algerran, pays de Galles ; — au clair de lune.

DICKSEE (H.). — A Londres, Canfield gardens, 36, Hampstead.

398. — Tête de lion.

FARRER (T. C.). — A Londres, King Henry's road, 35.

399. — Oxford ; — vue prise de la rivière.

FINNIE (J). — A Liverpool, Huskisson street, 20.

400. — Inondation.

GARDNER (W. B.). — A Thirlstane, Dorking.

401. — Etude de tête, d'après sir F. Leighton, président de l'Académie Royale.
402. — Etude de tête, d'après E. Burne Jones, associé de l'Académie Royale.
403. — Retour de la Fête-Dieu, d'après P. R. Morris, associé de l'Académie Royale.
404. — Occupation, d'après Mme L. Alma Tadema.

HADEN (F. Seymour). — A Woodcote Manor, Alresford, Hants.

405. — Démolition du navire de guerre « Agamennon ».
406. — Une rivière du Lancashire.
407. — Greenwich.
408. — Windmill Hill.
409. — Coudray.
410. — Pool Dormie.
411. — Le gué.
412. — Longharish sur la Teste.
413. — Un ruisseau.
414. — Pâturage.
415. — Une ferme en Essex.
416. — Sapins.

HAIG (A. H.). — A Londres, Randolph gardens, 32, Kilburn.

417. — Tour du chœur ; — cathédrale de Chartres.
418. — Escalier mauresque ; — Tolède.

HERKOMER (H.). — A Dyreham, Bushey, Herts.

419. — Miss Grant.
420. — Extase.

(Voir Peinture).

HOLE (W.), R. S. A. — A Edimbourg, Saxe-Coburg place, 39.

421. — Moulin sur l'Yare ; — d'après J. Crome.
422. — « Si tu avais su ! »

HOOD (G. P. Jacomb). — A Londres, Wentworth studios, Manresa road.

423. — Eaux-fortes.

(Voir Peinture).

KNIGHT (Joseph), membre de l'Institut Royal des Aquarellistes. — A Londres, Cheyne Walk, 121, Chelsea.

424. — Le matin.   (App. à M. Dunthorne).
425. — Un ciel nuageux.

(Voir Peinture et Aquarelles).

LAW (David). — A Londres, Regent's Park terrace, 8.

426. — Le pélerinage de Childe Harold, ; — d'après Turner.

LOWENSTAM (L.), à Londres, Wells road, 4, Regent's Park.

427. — Après le bain ; — d'après L. Alma Tadema, membre de l'Académie Royale.
428. — « On vient » ; — d'après L. Alma Tadema, membre de l'Académie Royale.
429. — L'attente ; — d'après L. Alma Tadema, membre de l'Académie Royale.

MACBETH (R. W.), associé de l'Académie Royale. — A Londres, Carlton Hill 1A. N. W.

430. — Lune d'automne ; — d'après G. Mason.
431. — La charrue ; — d'après F. Walker.
432. — Les baigneurs ; — d'après F. Walker.
433. — La boutique d'un marchand de poissons ; — d'après F. Walker.
434. — Le bac de Marlow ; — d'après F. Walker.
435. — Alonso Cano ; — d'après Vélasquez.

(Voir PEINTURE).

MACBETH-RAEBURN (H.). — A Londres, Melina place, 6. N. W.

436. — « Hé ! le bac ! » ; — d'après T. Lloyd.
437. — « Ho, ho, ho, le vieux Olivier » ; — d'après J. Pettie, membre de l'Académie Royale.

MAC-CULLOCH (G.). — A Londres, Kingdon road, 32, West Hampstead.

438. — Éclosion de fleurs.

MENPES (Mortimer). — A Londres, Osborn Lodge, Fulham.

439. — Banquet d'officiers des archers de Saint-Adrien (pointe sèche) ; — d'après Frans Hals.

MURRAY (C. O.). — A Londres, The Grove-Hammersmith, 41.

440. — Le préféré ; — d'après F. Morgan.

RICHETON (L.). — A Londres, Linver street, 38, Fulham.

441. — Agacé ; — d'après E. Nicol, associé de l'Académie Royale.

SHORT (Frank). — A Londres, Wentworth studios, 5, Chelsea.

442. — Gravure en manière noire ; — d'après Alfred East.
443. — Orphée et Eurydice ; — d'après G. F. Watts. R. A.
444. — Le couvre-feu.

SLOCOMBE (F.). — A Fair View, Holders Hill Hendon.

445. — « Où les branches se joignent. »

SMYTHE (Lionel), membre de l'Institut Royal des Aquarellistes.

446. — Phillis.
447. — Pêcheurs de crevettes.

(Voir PEINTURE et AQUARELLES).

SPREAD (W.). — A Londres, Pembridge Crescent, 27.

448. — En Normandie.
449. — Une vieille boutique à Vitré.

STRANG (W). — A Londres, Saint-George square, 17.

450. — La Mort et le Laboureur.
451. — Portraits.

THOMAS (P.). — A Londres, Great Tichfield street, 155 A.

452. — Tabard Inn ; — Southwark.
453. — White Hart Inn ; — Southwark.

TOOVEY (R.). — A Lanscape villa, Leamington.

454. — Boutique de poissons ; — Coventry.
455. — Confiserie.

WYLLIE (W. L.), associé de l'Académie Royale, membre de l'Institut Royal des Aquarellistes. — Hoo Lodge, Rochester.

456. — Le grand chemin des Nations.

(Voir PEINTURE, AQUARELLES et DESSINS).

WATSON (Chas-J.). — A Londres, Dover street, 36.

457. — Campden ; — Gloucestershire.

458. — Garlick Hill ; — Londres.

WHISTLER (J. Mac Neil). — A Londres, Tower House Tite street, Chelsea.

459. — Eaux-fortes.

(Voir PEINTURE),

CLASSE 4.

Dessins et modèles d'architecture.

ADAMS (M. B.), membre de l'Institut Royal des architectes britanniques. — A Londres, Kirkcote, Bedford Park, Chiswick, W.

460. — Maison près de Sydney ; — Australie.

AITCHISON (G.), associé de l'Académie Royale, membre de l'Institut Royal des architectes britanniques. — A Londres, Harley street, 150, W.

461. — Compagnie d'assurance du « Royal Exchange », 29, Pall Mall.

462. — Bureau central d'assurances du « Royal Exchange ».

ANDERSON (R. R.), L. L. D. membre de l'Institut Royal des architectes britanniques. — A Edimbourg, St-Andrew's square, 19.

463. — L'église catholique apostolique d'Edimbourg ; — vue de l'intérieur du côté Est.

464. — Agrandissements de l'Université d'Edimbourg : nouvelles écoles de médecine.

ARCHER (T.) & GREEN (A.), membre de l'Institut Royal des architectes britanniques. — A Londres, Buckingham street, 19, Strand, W. C.

465. — Cour de Whitehall, en face le quai de la Tamise ; — Londres.

BARE (H. B.), associé de l'Institut Royal des architectes britanniques.— A Liverpool, Central Buildings, North John street.

466. — Décoration d'un « Hall » à Woolton, près Liverpool.

BASSETT-SMITH (W.), associé de l'Institut Royal des architectes britanniques. — A Londres, John street, 10, Adelphi.

467. — Nouvel autel pour l'église de Great-Yarmouth (Norfolk).

BATTERBURY (T.) & HUXLEY, membre de l'Institut Royal des architectes britanniques. — A Londres, John street, 29, Bedford Row.

468. — Façade en terre cuite, Oxford street, 17, Londres, W. C.

BELCHER (J.), membre de l'Institut Royal des architectes britanniques.—A Londres, Adelaïde place, 5, E. C.

469. — Maden Grange.

BINYON (B.), associé de l'Institut Royal des architectes britanniques. — A Ipswich, Suffolk, Princess street, 2.

470. — Nouveaux bâtiments municipaux ; — Sunderland.

BIRCH (G. H.), F. S. A., associé de l'Institut Royal des architectes britanniques. — A Londres, Devereux Chambers Temple.

471. — Croquis original pour le « vieux Londres » de l'Exposition de santé.

LANC (H. J.), à Edimbourg (Ecosse), George street, 73.

472. — Eglise commémorative de Coates ; — Paisley (Écosse).

BLOMFIELD (R. T.), associé de l'Institut Royal des architectes britanniques. — A Londres, Woburn square, 39, W. C.

473. — Nouveau bâtiment pour le collège de Haileybury.

BROOKS (J.), membre de l'Institut Royal des architectes britanniques.— A Londres, Wellington street, 35, Strand, W. C.

474. — Nouvelles écuries ; — Brick street. Londres W.
475. — Eglise paroissiale de Ste-Mary ; — Hornsey.

BRYCE (J.), membre de l'Institut Royal des architectes britanniques.—A Edimbourg, George street, 131.

476. — Château de Balliknirian ; — Sterlingshire (Écosse).

BRYDON (J. M.), membre de l'Institut Royal des architectes britanniques. — A Londres, Cambridge place, 5, Regent's Park, N. W.

477. — Hôtel-de-Ville de Chelsea. Londres ; — vues de l'intérieur.
478. — L'Hôpital de St-Pierre ; — Covent-Garden, Londres.

BURGESS (E.). — A Londres, South square, 6, Gray's Inn. N. W.

479. — Café Victoria ; — Leicester.

BURNETT (J.) Fils & CAMPBELL, membre de l'Académie Royale des architectes britanniques. — A Glasgow, Vincent street, 167.

480. — Etablissement de bains érigés à Edimbourg, pour la « Drumsheugh Bath Company ».
481. — Dessins en perspective de bâtiments érigés dans Robertson street, Glasgow, pour les « Clyde Navigation trustees ».

CAMPBELL, DOUGLAS & SELLARS. — A Glasgow, Saint-Vincent street, 266.

482. — Nouveau Club ; — Glasgow.

CARPENTER (R. H.) & INGELOW (B.), F. S. A., membres de l'Institut Royal des architectes britanniques. — A Londres, Carlton Chambers, 4, Regent street, 4, W.

483. — Sloughton Grange ; — Leicestershire.

CHAMPNEYS (B.). — A Londres, Buckingham street, 19, W. C.

484. — Park Mansions ; — vue du Sud-Ouest.

CHRISTIAN (E.), membre de l'Institut Royal des architectes britanniques. — A Londres, Whitehall place, 8 A, S. W.

485. — La banque de MM. Cox et Greenway ; — Charing cross.

CHRISTOPHER (J. T.) et WHITE (E. E.), membre de l'Institut Royal des architectes britanniques. — A Londres, Bloomsbury square, 16. W C.

486. — Café Monico; — Piccadilly, W.

CLAREK (T. C.), et Fils, membre de l'Institut Royal des architectes britanniques. A Londres, Bishopsgate street Within, 63.

487. — Nouveaux bâtiments sur le terrain du duc de Westminster, Oxford street, 385 à 397.

CLARKE (S.) et MICKLETHWAITE F. S. A. — A Londres, Deans Yard, 15, S. W.

488. — Eglise de St-John ; — Ganisborough, côté sud.

COLCUTT (T. E.), membre de l'Institut Royal des architectes britanniques. — — A Londres, Lancaster place, 5. W. C.

489. — L'institut impérial du Royaume-Uni, des Colonies et de l'Inde.

CUTLER (T. W.), membre de l'Institut Royal des architectes britanniques. — A Londres, Queen's square, 5. W. C.

490. — Intérieur d'une salle de billard; — St-John's Wood.

DAVIS (H. D.). et EMMANUEL, membre de l'Institut Royal des architectes britanniques.

491. — École de la ville de Londres ; — quai Victoria.

DAVISON (T. R.). — A Londres, Bedford street, 22, Strand. W. C.

492. — Ecole de Quinta ; — Salop

DOUGLAS & FORDHAM. — A Chester, Abbey square, 6.

493. — Abbeystead, Wyresdale, Lancashire, pour Lord Sefton.

EDIS (R. W.), F. S. A., membre de l'Institut Royal des architectes britanniques. — A Londres, Fitzroy square, 14.

494. — Constitutional Club ; — Northumberland avenue, Londres.
495. — Constitutional Club ; — entrée principale.

EMERSON (W.), membre de l'Institut Royal des architectes britanniques. — A Londres, The Sanctuary, 8, Westminster. S. W.

496. — Collége de Muir ; — Allahabad (Inde)

FREEMAN (K.), membre de l'Institut Royal des architectes britanniques: — A Manchester et Bolton.

497. — Église St-Marc, Worsley ;— agrandissement du sanctuaire, etc., pour le Rev. the Earl of Mulgrave.
498. — Graythwaik Hall, Windemere, pour le lieutenant-colonel J. Myles Sandys. M. P.

GEORGE (E.), & PETO, membre de l'Institut Royal des architectes britanniques. — A Londres, Maddock street, 18, W.

499. — Colline de Buchan, Sussex, pour M. R. Gaillard.

GODDARD (J.), & PAGET (A. H.), membre de l'Institut Royal des architectes britanniques. — A Leicester, Market street, 6.

500. — Maison d'architecte.

GRIBBLE (H. A.), associé de l'Institut Royal des architectes britanniques. — A Londres, Sydney street, 10, Fulham Row, S. W.

501. — L' « Oratoire » : — église nouvelle, l'autel dans la chapelle de St-Philippe de Néri
502. — L' « Oratoire » ; — vue générale de l'intérieur.

HAYWARD (C. F.), F. S. A., membre de l'Institut Royal des architectes britanniques. — A Londres, Museum street, 47, Bloomsbury. W. C.

503. — Tour d'horloge commémorative d'Errington, Colchester.

HEMINGS (F.). associé de l'Institut Royal des architectes britanniques. — A Londres, Fenchurch House, Fenchurch street, E. C.

504. — Nouvelles maisons ; — Cheyne Walk, Chelsea.

ISAACS (L. H.) & FLORENCE (H. L.), membres de l'Institut Royal des architectes britanniques. — A Londres, Verulam Buildings, 3. Grays Inn.

505. — Hôtel Victoria ; — Northumberland avenue, Londres.

KIDNER (W.), membre de l'Institut Royal des architectes britanniques. — A Londres, Old Broad street, E. C.

506. — Un « Cottage » à Eastbourne.
507. — Banque commerciale d'affrètements pour Londres, l'Inde et la Chine.

KIRBY (E.), membre de l'Institut Royal des architectes britanniques.—A Liverpool. Cook street, 5.

508. — Vues intérieures de châteaux anglais modernes près de Liverpool.

LYNN (W. H.). R. H. A., membre de l'Institut Royal des architectes britanniques. — A Belfast.

509. — Les « George A. Clark Halls »; — Paisley, en face la rivière.

MACARTNEY (M.), associé de l'Institut Royal des architectes britanniques. — A Londres, Berkley square, 52. W.

510. — Speldhurst Lodge, Tunbridge Wells.

MACPHERSON (A.). — A Edimbourg, George street, 37.

511. — Collége de St-Aloysius ; — Glasgow.

MAY (E. J.), membre de l'Institut Royal des architectes britanniques. — A Londres, Hart street, 21, Bloomsbury, W. C.

512. — Maison à Cromer.
513. — Photographies de travaux terminés.

MILNE (W. O.), associé de l'Institut Royal des architectes britanniques. — A Londres, Great Marlborough street, 44. W.

514. — La Maison de Walsingham : — Piccadilly, London, W.

MITCHELL (S.). — A Edimbourgh. Young street, 13.

515. — Rosebery Midlothians pour le très honorable Earl of Rosebery.

MOUNTFORD (E. W.), associé de l'Institut Royal des architectes britanniques. — A Londres, Buckingham street, 22. Strand, W. C.

516. — Nouvelle bibliothèque publique ; — Battersea.

MURRAY (A.), associé de l'Institut Royal des architectes britanniques. — A Londres, Guildhall, E. C.

517. — Les nouvelles cours de la ville de Londres ; — Guildhall.

NEALE (J.), F. S. A., membre de l'Institut Royal des architectes britanniques. — A Londres, Bloomsbury square, 10, W. C.

518. — Maison à Tunbridge Wells ; — Kent.
519. — Maisons sur la plage ; — Walmer. Kent.

NEVILL (R.), F. S. A., membre de l'Institut Royal des architectes britanniques. — A Londres, Chancery lane, 89, W. C.

520. — Le « Hall Snowdenham » ; — Surrey.
521. — id. id. ; — autre vue.

PALEY (E. G.) & AUSTIN (H. .), membre de l'Institut Royal des architectes britanniques. — A Lancaster.

522. — Eglise de « Lower Ince » ; — Wigan.

PLUMBE (R.), membre de l'Institut Royal des architectes britanniques. — A Londres, Fitzroy square, 13, W. C.

523. — Vue de face des changements et agrandissements, Woodlands Park, Stoke d'Abernon, Surrey.
524. — Vue de face des changements et agrandissements du jardin.

POWELL (W. H.), membre de l'Institut Royal des Architectes britanniques. — A Londres, Southampton street, 6, Bloomsbury, W. C.

525. — Entrée de la maison, 33, Grosvenor square.
526. — id. 34 id.

ROBINS (E. C.), F. S. A., membre de l'Institut Royal des architectes britanniques. — A Londres, Berners street, 46, W. C.

527. — Vue intérieure de la salle d'examen, école du commerce et des mines, Bristol.

ROBSON (E. R.), membre de l'Institut Royal des architectes britanniques. — Londres, Palace Chambers, Westminster, S. W.

528. — Façade des galeries d'art de Piccadilly.

ROYLE & BENNETT. — A Manchester, Cooper street, 17.

529. — Bureaux des écoles municipales de la ville de Manchester.

SCOTT (J. O.), F. S. A., membre de l'Institut Royal des architectes britanniques. — A Londres, Spring gardens, 31, S. W.

530. — Cathédrale de Lahore.

SEDDING (J. D.), membre de l'Institut Royal des architectes britanniques. — A Londres, Oxford street, 447, W.

531. — Eglise du Saint Rédempteur ; — Clerkenwell, E. C..

SEDDON (J. P.), membre de l'Institut Royal des architectes britanniques. — A Londres, Grosvenor road, 23.

532. — Intérieur de la nouvelle église de St-James ; — Great-Yarmouth.

SHAW (R. N.), membre de l'Académie Royale. — A Londres, Bloomsbury square, 29, W. C.

533. — Fragment de cheminée à Cragside, pour Lord Armstrong.
534. — Bureaux d'assurances de « l'Alliance », Pall Mall.

SIMPSON (F.-N). — A Londres, Deans Yard, 9, S. W.

535. — Maison à Godden Green, près de Sevenooks, côté du jardin.

SMITH (Prof. R.) & GALE, membre de l'Institut Royal des architectes britanniques. — A Londres, Temple Chambers, Blackfriars, E. C.

536. — Maison de M. Barclay Field ; — Atford, Kent.

SMITH (S.-R.-J.), associé de l'Institut Royal des architectes britanniques. — A Londres, York Buildings, Adelphi, 15, W. C

537. — Bibliothèque de Norwood (bâtie récemment).

SPIERS (R.P.), F. S. A., membre de l'Institut Royal des architectes britanniques — A Londres, Carlton Chambers, Regent street, 12, W.

538. — Hôtel construit pour Lord Monkswell, quai de Chelsea.

STOKES (L.), associé de l'Institut Royal des architectes britanniques. — A Londres, Spring gardens, 31, S. W.

539. — Extérieur et intérieur d'une nouvelle église catholique romaine ; — Folkestone.

STREET (A.-E.), M. A., membre de l'Institut Royal des architectes britanniques. — A Londres, Cavendish place, 14, W.

540. — Eglise américaine de la Sainte-Trinité.

TARVER (E.-J), F. S. A., membre de l'Institut Royal des architectes britanniques. — A Londres, Buckingham street, 12, Strand, W. C.

541. — La nouvelle annexe, Wadhurst Park, résidence de M. E. de Murietta.

TASHER (F.-W.), associé de l'Institut Royal des architectes britanniques. — A Londres, John street, 2, Bedford Row, W. C.

542. — Monastère sur la colline de Highgate, Londres.

TREE (P.-H.), associé de l'Institut Royal des architectes britanniques. — A Saint-Leonards'-on-sea.

543. — Jardins de Highland ; — Saint-Leonards'-on-sea.

VERITY (J.) & HUNT, membre de l'Institut Royal des architectes britanniques. — A Londres, Jermyn street, 11, W.

544. — Bureaux municipaux ; — Nottingham.

WATERHOUSE (A.), membre de l'Académie Royale, président de l'Institut Royal des architectes britanniques. — A Londres, New Cavendish street, 20.

545. — National Liberal Club, quai de la Tamise.

WATSON (T.-H.), membre de l'Institut Royal des architectes britanniques. — A Londres, Nottingham place, 9, W.

546. — Somer-Hill, Kent ; — résidence de sir Julian Goldsmid.

WATSON (T.-L.), membre de l'Institut Royal des architectes britanniques. — A Glasgow, West Regent street, 108.

547. — Bureaux du journal l'*Evening Citizen* ; — Glasgow.

WEATHERLY (W.-S.) & JONES (F.-E.), membre de l'Institut Royal des architectes britanniques. — A Londres, Cochspur street, 20, Pall Mall, W.

548. — Hôtel Hatchett et cave du « White Horse » ; — Piccadilly, Londres.

WEBB (A.), & BELL (I.), associés de l'Institut Royal des architectes britanniques. — A Londres, Queen Anne's Gate, 19, S. W.

549. — Cours de justice de Birmingham.

WEBB (G.-W.), associé de l'Institut Royal des architectes britanniques. — A Reading, Friar street, 14.

550. — L'hôtel Roebuck ; — Maple, Durham.

YOUNG (W.). — A Londres, Lancaster place, 4, Strand, W. C.

551. — Nouveaux bâtiments municipaux à Glasgow.
552. — Escalier ; — Gosford House.

GRÈCE.

Palais du champ de Mars (galerie des Beaux-Arts).

CLASSE 1.

Peintures à l'huile.

ANTONIADI (Alexandre), né à Constantinople. — A Paris, rue de Navarin, 14.
1. — Au Musée du Luxembourg.

BROUNZOS (A.), né à Lemnos. — A Paris, rue Martinval, 14, (Levallois–Perret).
2. — Le rêve.
3. — Octobre.
4. — La source.
5. — La toilette.
6. — Le nid.

GENNADIUS (Mlle Cléonice). — A Paris.
7. — Portrait de femme.

GEORGANTAS (D.). — A Athènes.
8. — Nature morte.
9. — Portrait.

GILLIERON (E.). — A Athènes. — Méd. 3e cl. 1878 (E. U.).
10. — Le Parthénon.
11. — Temple de Minerve au Sunium.
12. — Eglise de Daphnis.
13. — Le Phalère ; — paysage.

GYSIS (Nicolas), professeur à l'Académie des Beaux-Arts de Munich.— A Munich
14. — Sur le chemin du pélerinage.
15. — Nature morte.

JACOBIDÈS (G.). — A Munich.
16. — Une lecture agréable.

LAMBAKIS (E.). — A Athènes.
17. — Portrait.
18. — Nature morte.
19. — Conversation.

LYTRAS (N.). — A Athènes.
20. — Le petit-fils récalcitrant.
21. — Portrait.
22. — Après la piraterie.

RALLI (Théodore), né à Constantinople. — A Paris, rue Aumont-Thiéville, 6.

23. — Vestale chrétienne.
24. — Cérémonie religieuse.
25. — L'Iconographe ; — Mont Athos.
26. — La fièvre en Grèce.
27. — L'Eunuque.
28. — L'ennui au sérail.
29. — La prière.
30. — Portrait du Dr Zographos.
31. — Une vision ; — Mont Athos.
32. — Le réfectoire.

ROILOS. — A Athènes.

33. — Portrait.

SIGALAS. — A Athènes.

34. — Portrait.

TSIRIGOTIS (J.). — A Corfou.

35. — Le secret.
36. — « Toute pensive. »
37. — Un avis.

VOUROS (Antoine). — A Athènes.

38. — En plein air.
39. — Boudeuse.

XYDIAS (Nicolas). — A Paris, rue des Prêtres-St-Germain-l'Auxerrois, 49.

40. — Portrait de l'archevêque Antoine Cariatis.
41. — Portrait de feu Braïla.
42. — Portrait de M. ***
43. — Portrait de Mlle ***
44. — Les Océanides.
45. — Les Heures.

ZARA (H.). — A Paris.

46. — Quatre paysages.

CLASSE 2.

Peintures diverses et dessins.

COCCALA (Mme Marie). — A Athènes.

47. — Un four au village.

GENNADIUS (Mlle Cléonice). — A Paris.

48. — Portrait.

KESSISOGLU (Mlle Esther). — A Londres.

49. — Quatre peintures sur porcelaine.

LANTSAS (L.). — A Athènes.

50. — École polytechnique d'Athènes.

Groupe 1.   15

LIVA (Mme Athina). — A Athènes.

51. — Salle de palais, à Venise.
52. — La porte d'Adrien.

PHOCAS (Ulysse). — A Athènes.

53. — L'Acropole.
54. — La caverne de Pan.

PAPPASSIMOS (Eliane). — A Paris.

55. — La Jeunesse et l'Amour.
56. — Vieux slave.

CLASSE 3.

Sculptures et gravure en médaille.

BOUNANOS (G.). — A Athènes.

57. — Canaris ; — plâtre.
58. — Pâris ; — plâtre.
59. — Le Grec esclave ; — statue, plâtre.
60. — Buste ; — marbre.
61. — Buste ; — plâtre.

CASSARETTI-ZAMBACO (Mme).

62. — Tentation ; — statue, plâtre bronzé.
63. — Médailles.

GENNADIUS (Mlle Cléonice). — A Paris.

64. — Buste de Canning.

MARATOS (A.). — A Athènes.

65. — Buste, plâtre.

PLATIS (Jean).

66. — L'Annonciation ; — sculpture sur bois.
67. — La Mise en Croix ; — sculpture sur bois.

RIGHOS. — A Smyrne.

68. — Statuettes, terre cuite.

SOCHOS (Lazare). — A Paris, rue du faubourg Saint-Jacques, 72.

69. — Un vieux pope ; — buste, terre cuite.
70. — Buste d'enfant ; — marbre.
71. — Captive de Chio ; — statue, plâtre.
72. — Buste de Mme K... ; — terre cuite.
73. — Médaillon de M. Z...

VROUTOS (G.). — A Athènes.

74. — Quatre bas-reliefs ; — les Dieux de l'Olympe
75. — La Religion ; — statue, plâtre.
76. — La Science ; — statue, plâtre.

VITSARIS (J.). — A Athènes.

77. — L'Ange ; — statue, plâtre.
78. — La Morte ; — plâtre.
79. — Buste ; — plâtre.
80. — Buste ; — plâtre.

XÉNAKIS (G.). — A Athènes.

81. — Buste ; plâtre.

CLASSE 4.

Dessins et modèles d'architecture.

GELBERT (A.). — A Paris.
82. — Parthénon ; — restauration.
83. — Erechtheion ; — cariatide.
84. — L'intérieur d'un palais ; — photographie.

MOUSSIS (J.). — A Athènes.
85. — Projet de bibliothèque.
86. — Salle d'hôtel à Képhissia.

TROUMP (E.). — A Athènes.
87. — Avant-projet d'une école navale au Pirée.

CLASSE 5.

Gravures et lithographies.

SCLIVANIOTTI (Mme Petros). — A Paris.
88. — Portrait de M. J. Lefèvre.
89. — Portrait de M. Boulanger.
90. — Portrait de Mme Jane Hading.
91. — Portrait de M. Oxan Prat.

ITALIE.

CLASSE 1.

Peintures à l'huile.

AGAZZI (Rinaldo). — A Milan.
1. — Paysage.

ANCILLOTTI (Torello). — A Florence. — A Paris, rue Pigalle, 66.
2. — Environs de Rouen.
3. — Saint-Germain de Paris.
4. — Etude de Salon orientale.
5. — Rêverie.
6. — Forêt à Marlotte.
7. — Place du Carrousel, à Paris.
8. — Dans un seul cadre :
   Grand'route de la côte au Havre. — Pêche aux crabes. — Bas-Meudon. — Près du Havre.

ANDREUCCI (Alberto). — A Florence.
9. — Neige d'octobre.

ARMENISE (Raffaele). — A Milan.
10. — Sagra.

BARBAGLIA (Giuseppe). — A Milan.
11. — Jeu de tarocle.

BARZACCO (Leonardo). — A Milan.
12. — Chioggia.
13. — Couvent.

BELLONI. — A Milan.
14. — Le Jardin du couvent.

BERNARDELLI (Enrio). — A Rome.
15. — Le bandolero.

BERTOLOTTI. — A Milan.
16. — Récolte des olives.

BEZZI (Bartolomeo). — A Rome.

17. — Les bords d'une rivière.

BOLDINI (Jean). — A Ferrare. — A Paris, boulevard Berthier, 41.

18. — Chevaux de relai.
19. — Portrait.
20. — Portrait.
21. — Intérieur d'église.
22. — L'Eglise Saint-Marc, à Venise.

BOTTERO (Giuseppe). — A Turin.

23. — « Pauvre mère ! »

BORSA (Emilio). — A Milan.

24. — Bois du parc de Monza.

BOUVIER (Pietro). — A Milan.

25. — Cadeau artistique.

CALDERINI (Marco). — A Turin.

26. — A 1600 mètres.

CANNICCI (Nicolo). — A Florence.

27. — Vie tranquille.
28. — Retour de la fête.

CAPRILE. — A Naples.

29. — Maria-Rosa.

CARCANO (Filippo). — A Milan.

30. — Lac d'Iseo.
31. — Le coucher du soleil.
32. — La plaine lombarde.

CIARDI (Guglielmo). — A Venise.

33. — Torrent ; — vallée de Primiero.
34. — En chasse ; — lagune de Venise.
35. — Octobre.
36. — Etudes d'après nature.

CONCONI (Luigi). — A Milan.

37. — Sujet de moyen-âge.

CORELLI (Augusto). — A Rome.

38. — « Ave Maria ».

CORODI (Arnolfo). — A Rome.

39. — Le retour de la chasse.

CORODI (Erminio). — A Rome.

40. — Jérusalem.
41. — Cyprès.
42. — Capri.
43. — Etude.

CORTAZZO (Oreste), né à Rome. — A Neuilly-sur-Seine, boulevard Victor-Hugo, 39.

44. — Portrait de Mme O. A....
45. — Portrait de Mme P. V....
46. — La rue Denis-Papin, à Blois.
47. — L'escalier, dit de François Ier. au château de Blois.

COSOLA (Prof. **Demetrio).** — A Chivasso.

48. — La petite mère,

CREMONA (Tranquillo). — A Milan.

49. — Harmonie.
50. — Portrait.
51. — Portrait.
52. — Portrait.
53. — « Ecoutant »

DALL'OCA BIANCA (Angelo). — A Venise.

54. — Avant-gardes.

DA MOLIN (Oreste). — A Venise.

55. — Antiquité.

DELL'ORTO (Alberto). — A Milan.

56. — Les Alpes.

DETTI (Cesare), né à Rome. — A Paris, boulevard de Clichy, 75

57. — L'Aurore ; — plafond.
58. — Un mariage ; — époque Henri III.
59. — Trois bons amis.
60. — Temps heureux.

FACCIOLI (Raffaele). — A Bologne.

61. — Un tableau.

FALDI (Arturo). — A Florence.

62. — La Bergère.
63. — A la Madone de l'Impruneta.

FARINA (Isidoro). — A Milan.

64. — Gênes.

FATTORI (Giovanni). — A Florence.

65. — Repos.
66. — Le saut-de-mouton.
67. — Après la manœuvre.
68. — Le trompette.

FAUSTINI (Modesto). — A Rome.

99. — Portrait de femme.
70. — Trois études de peinture sacrée :
          La Visitation. — L'Annonciation. — Gloria.

FERRARINI (Giuseppe). — A Rome.

71. — Pontemolle.

FERRONI (Egisto). — A Florence.

72. — La mère.
73. — Le bûcheron.

FILIPPINI (Francesco). — A Milan.

74. — Retour du pâturage.

FONTANO (Roberto). — A Milan.

75. — Déjeûner de bébé.

FRAGIACOMO (Pietro). — A Venise.

76. — Le vent du midi.

GASTALDI (Comm. Andrea). — A Chieri.

77. — La baigneuse : — peinture à l'huile.
78. — Printemps : — peinture à la cire
79. — Portrait de l'auteur ; — peinture à la cire.
80. — Les amours célèbres ; — peinture à la cire.

GIGNONS (Eugenio). — A Milan.

81. — Automne.
82. — Lac Majeur.
83. — Promenade sur les coteaux.

GILLI (Comm. Alberto). — A Chieri.

84. — Entreprise militaire du XVIIIe siècle.

GIOLI (Francesco). — A Florence.

85. — Sur la plage.
86. — Jeune mère.
87. — Aux champs.

GIOLI (Luigi). — A Florence.

88. — Maremme Pisane.
89. — Retour du pâturage ; — campagne de Pise.

GIULIANO (Bartolomeo). — A Milan.

90. — Marine.

GORDIGIANI (Edoardo). — A Florence

91. — Portrait.

GORDIGIANI (M.). — A Florence.

92. — Portrait.

GOTA (Emilio). — A Milan.

93. — Portrait de Manzoni.
94. — Portrait du peintre Mariani.

INNOCENTI, né à Rome. — A Paris, boulevard Bineau.

95. — L'Union latine.
96. — Le joueur d'orgue.

LANCEROTTO (Egisto). — A Venise.

97. — Les pigeons de St-Marc.
98. — La rose.

LEGAT (Remigio). — A Bologne.

99. — La visite des autorités ; — retour d'Afrique.

LEGA (Silvestro). — A Florence.

100. — Paysage.
101. — Les Gabbrigiane.

LIARDO (Filippo). — A Asnières, rue des Couronnes, 4 bis.

102. — Portrait.
103. — Etude.

MARCHETTI (Lodovico), né à Rome. — A Paris, rue St-Didier, 50.

104. — Un Mariage au XVe siècle.
105. — Cour d'honneur du château de Blois.
106. — Colonnade Louis XII, au château de Blois.
107. — Arquebusier.
108. — L'exposition.

MARIANI (Pompeo). — A Milan.

109. — Printemps.

MARTINETTI (Maria). — A Rome.

110. — Malaria.

MILESI (Alessandro). — A Venise.

111. — A Venise.

MORBELLI (Angelo). — A Milan.

112. — Les derniers jours.

MULER (Terenzio), né à Milan. — A Paris, rue de Chabrol, 18.

113. — Portrait.

NOMELLINI (Plinio). — A Florence.

114. — Le foin.

NONO (Luigi). — A Venise.

115. — Fruitier.

NANI (Napoleone). — A Venise.

116. — Le Vice.

ORIGO (Clemente). — A Florence.

117. — Tête de cheval.
118. — En explorateur.

OLIVETTI (Salvatore). — A Paris, boulevard Beauséjour, 75.

119. — Coin de cuisine.
120. — Coin d'atelier.

PANERAI (Ruggero). — A Florence.

121. — Mazeppa.

PESENTI (Domenico). — A Florence.

122. — Chœur de S.-M.-Novelle, à Florence.

PILLINI (Margherita), née à Turin. — A Paris, rue de Clichy, 61.

123. — Autrefois et aujourd'hui.
124. — « Les voilà qui passent ! »

PISA (Alberto). — A Florence.

125. — Dans l'église.

PITTARA (Carlo), né à Turin. — A Paris, boulevard de Clichy, 82.

126. — Sur la Seine.
127. — Bateaux.
128. — L'Automne.
129. — La cathédrale de Poissy.
130. — En villégiature.

PREVIATI (Gaetano). — A Milan.

131. — Paolo et Francesca.

QUERCIA (Federico). — A Paris, rue du Faubourg-Saint-Honoré, 155.

132. — Souvenir des environs de Naples.

RAPETTI (Camillo). — A Milan.

133. — Portrait d'enfant.
134. — Portrait de M. Carlo Pozzi.

REY (Augusto). — A Florence.

135. — Septembre.

REYCEND (Enrico). — A Turin.

136. — Le *Lungo-Po*, à Turin.
137. — Le port de Gênes.

RIBUSTINI (Ulysse). — A Rome.

138. — Intérieur du Salon des audiences.
139. — Chapelle de Saint-Jean.

ROMANI. — A Paris, avenue Victor Hugo, 44.

140. — Etude.
141. — Etude.

ROSSANO (J.). — A Paris, avenue de Villiers, 140.

142. — Hiver.
143. — Environs de Soissons.
144. — Bords de l'Oise.
145. — Un coin du bois de Boulogne.
146. — Effet de neige.
147. — Environs de Naples.

ROSSI (Luigi). — A Milan.

148. — La polenta.
149. — Retour d'Amérique.

SARTORI. — A Milan.

150. — Sur les Zattere.

SARTORIO (G. Aristide). — A Rome.

151. — Les enfants de Caïn.
152. — Eglise byzantine.

SAVINI (Alfonso). — A Bologne.

153. — Quatre tableaux.

SEGANTINI (Giovanni). — A Milan.

154. — Chevaux.
155. — Vaches.
156. — Brebis.

SERENA (Luigi), à Venise.

157. — Écurie.

SERRA (Ernesto), né à Turin. — A Paris, rue du Cherche-Midi.

158. — « Maman s'amuse ».
159. — « Nedi ».

SIGNORINI (T.). — A Florence.

160. — Ile d'Elbe ; — vent du Midi.
161. — Soleil d'août.

SIMONI (Gustavo). — A Rome.

162. — Alexandre, à Persépolis.

SPIRIDON (L.). — A Paris, boulevard de Clichy, 75.

163. — Portrait de Mme Z...
164. — Portrait de Mlle Z...
165. — Portrait de S. E. C. Z...
166. — Troubadour vénitien.
167. — Le favori.

TALLONE. — A Milan.

168. — Portrait.

TARENGHI (Enrico). — A Rome.

169. — La religieuse.

TEDESCO (Michele). — A Naples.

170. — Les Pythagoriciens de Sibari.

TIRATELLI (Aurelio). — A Rome

171. — L'aube.
172. — Taureaux en bataille.

TIVOLI (Serafino de), né à Florence. — A Paris, rue de la Tour-d'Auvergne, 16.

173. — Laveuses de la Seine.
174. — Les bords de la Seine à Bougival.
175. — Un quai à Venise.

TOMASI (Angelo). — A Florence.

176. — Sur la mer.

TOMMASI (Adolfo). — A Florence.

177. — Bords de la mer ; — en Toscane, près de la Maremme
178. — Après la gelée.

TORCHI (Angelo). — A Florence.

179. — Le maraîcher.
180. — Sur l'Arno.
181. — Le Gabbro.

VEZZANI (Felice). — A Bologne.

182. — Un tableau.

VINETTI (A.), né à Brescia. — A Paris, boulevard Voltaire, 162.

183. — Portrait de S. M. don Pedro, empereur du Brésil.

ZANDOMENEGHI (Federico). — A Venise.

184. — Cinq tableaux.

ZANETTI (Giuseppe). — A Venise.

185. — Clair de lune.

ZEZZOS (Alexandre). — A Venise.

186. — Portrait de M. A. T. D...
187. — Une fille du peuple, à Venise.

ZONARO (Fausto). — A Venise.

188. — Les fruits des champs.

CLASSE 2.

Peintures diverses et Dessins.

ANCONA (Margherita d'). — A Paris, rue de Lisbonne, 58.

189. — Portrait de Mme A. T... ; — pastel.

BOLDINI (Jean), né à Ferrare. — A Paris, boulevard Berthier, 41.

190. — Portrait ; — pastel.
191. — Portrait ; — pastel.
192. — Portrait ; — pastel.
193. — Portrait de Mme Félix Vivante ; — pastel.
194. — Portrait ; — pastel.
195. — Portrait ; — pastel.
196. — Les amis ; — aquarelle.

BORZACCHINI (Augusto). — A Rome.

197. — Imitation de tapisserie.

CALDERINI (Marco). — A Turin.

198. — Matinée de mars.
199. — La statue du Printemps.

CASSELLARI, né à Venise. — A Paris, rue Picot.

200. — Portrait de Mme ··· ; — miniature.

COBIANCHI (Icinio), né à Rome. — A Paris, rue Bayen, 41.

201. — Marché de fruits à Venise ; — aquarelle.

CORELLI (Augusto). — A Rome.

202. — Tête d'homme du Lazio ; — aquarelle.
203. — Tête de femme du Lazio ; — aquarelle.

CORTAZZO (Oreste). — A Neuilly (Seine), boulevard Victor Hugo, 39.

204. — Portrait de Mlle S. V... ; — pastel.
205. — Portrait de Mlle Tyra Seillière ; — pastel.
206. — Portrait de Mme la comtesse **** ; — aquarelle.

DETTI (César), né à Rome. — A Paris, boulevard de Clichy, 75.

207. — L'orage ; — aquarelle.
208. — Un bal à bord ; — aquarelle.
209. — Le départ pour le tournoi ; — aquarelle.

GANDI (Cav. Giacomo). — A Savigliano (Piémont).

210. — Les paysannes ; — aquarelle.
211. — Le paysan ; — aquarelle.

MENTESSI. — A Milan.

212. — Projet Beltram ; — aquarelle.

PENNACCHINI (Domenico). — A Rome.

213. — La folle ; — aquarelle.

PICCOLI (Giulio). — A Rome.

214. — Deux miniatures.

PISA (Alberto). — A Florence.

215. — Étude ; — pastel.

PONTECORVO (Raimondo). — A Rome.

216. — La vague ; — aquarelle.
217. — Nuage ; — aquarelle.

RIETTI (Arturo). — A Milan.

218. — Jeune homme ; — pastel.
219. — Marquette ; — pastel.

SALVETTI. — A Milan.

220. — Étude d'après nature ; — pastel.

ZANDOMENEGHI (Federico). — A Venise.

221. — Trois pastels.

CLASSE 3.

Sculptures et Gravures en médailles.

ABATE (Carlo). — A Milan.

222. — Femelle.

ANCILLOTTI (Torello), né a Florence. — A Paris, rue Pigalle. 66.

223. — L'Amour blessant la Force ; — plâtre.
224. — Chef de bande : — statue, bronze.
225. — Soldat du XVIe siècle ; — buste, bronze.
226. — Spahi mourant ; — buste, terre cuite.
227. — Portrait de M. le marquis de Lauzières ; — plâtre

ANDREONI (Orazio). — A Rome.

228. — Baigneuse ; — statue, marbre.
229. — Victoria d'Angleterre ; — buste, marbre.
230. — Vase ; — marbre.
231. — Petit enfant voilé ; — marbre.

ARGENTI (Antonio). — A Milan.

232. — Enfant qui dort ; — marbre.
233. — La pluie ; — groupe, marbre.

ASTORRI, à Milan.

234. - - « Dalla padella alla bragia » ; — groupe, marbre.

AUTENZIO (Salvatore). — A Paris, rue Vandamme.

235. — Buste ; — plâtre.

BARBELLA (Costantin). — A Naples.

236. — Le chant d'Amour ; — bronze.
237. — Départ du conscrit ; — bronze.
238. — Retour du soldat ; — bronze.
239. — « Crois à moi » ; — bronze.
240. — Tout seuls ; — bronze.
241. — Les jeunes bergers ; — bronze.
242. — Idylle ; — bronze.
243. — Cantatrices ; — terre cuite.
244. — « Su ! Su ! » ; — bronze.
245. — Amoureux ; — bronze.
246. — L'épouse ; — terre cuite.

BARCAGLIA (Donato). — A Milan.

247. — Les joies du grand-père ; — groupe, marbre.

BAZZARO (Ernesto). — A Milan.

248. — La veuve ; — groupe, marbre.

BEATI. — A Milan.

249. — Les deux associés ; — groupe, marbre.

BELLIAZZI (Raffaele). — A Naples.

250. — L'approche de l'orage ; — groupe, bronze.
251. — Mars rigoureux ; — bronze.
252. — L'Hiver dans le bois ; — terre cuite.

BEZZOLA (Antonio). — A Milan.

253. — Repos.

BORDIGA (Aurelio). — A Novare.

254. — Le Génie de l'Électricité ; — statue, marbre.

BOTTINELLI (Antonio). — A Rome.

255. — L'esclave ; — statue, marbre.

BOTTINELLI. — A Milan.

256. — Les pigeons ; — groupe, marbre.

BRANCA. — A Milan.

257. — Rosmunda ; — statue, marbre.

CARONI (Emanuele). — A Florence.

258. — Benvenuto Cellini ; — statuette, marbre.
259. — Message d'amour ; — statuette, marbre.

CASINI (Amelia). — A Paris, rue de la Grande-Chaumière, 9.

260. — Buste ; — plâtre.
261. — La prière ; — statue, plâtre.
262. — Le bonnet du petit frère ; — terre cuite.

CECIONE (Adriano). — A Florence.

263. — Trois statuettes ; — terre cuite.

CERINI, à Turin.

264. — Portrait ; — marbre.

CINISELLI. — A Rome.

265. — Suzanne ; — statue, marbre.

COLAROSSI. — A Paris, avenue Victor Hugo, 47.

266. — La vengeance ; — buste, bronze.

CRESPI (Ferrucio). — A Milan.

267. — Vedette ; — bronze.
268. — Amazone ; — bronze.
269. — Abbeveraggio ; — bronze.

DANIELLI (Bassano). — A Milan.

270. — Le soleil couchant : — statue, marbre.

DIES (Emilio). — A Rome.

271. — Une femme de l'Ancien Testament ; — statue, marbre

FELICI (Augusto). — A Venise.

272. — Buste ; — piédestal en bronze.

FERRARI (Ettore). — A Rome.

273. — Ovidio ; — statue, plâtre.
274. — Giordano Bruno ; — statue, plâtre

FRANZONI (Francesco). — A Paris, rue Daru, 17.

275. — Portrait ; — buste, marbre.

GINOTTI. — A Rome.

276. — L'aveugle ; — statue, marbre.

GUNELLA. — A Milan

277. — La nourrice.

KRIEGER. — A Milan

278. — Statuette.

LAURENTI (Adolfo). — A Rome.

279. — Sénateur romain ; — buste, terre cuite.

LORENZETTI. — A Venise.

280. — Chioggiotto ; — bronze.

MACCAGNANI (Eugenio). — A Rome.

281. — Les Gladiateurs ; — groupe, plâtre
282. — Cinq bustes ; — bronze.

MALFATTI (Aud.). — A Milan.
283. — Déposition ; — groupe, plâtre.

MARSILI (Emilio). — A Venise.
284. — Premier essai ; — bronze.
285. — Musique ; — bronze.
286. — Le bain ; — bronze.

NONO (Urbano). — A Venise.
287. — Latro ; — plâtre.

NORFINI (Giuseppe). — A Florence.
288. — Gais moments ; — buste, bronze.

PAGANO (Domenico). — A Rome.
289. — Nègres ; — deux bustes, terre cuite.

PAGLIACCETTI (Raffaelo). — A Florence.
290. — Une Parisienne ; — buste, marbre.

PANDIANI. — A Milan.
291. — Une chèvre ; — bronze.
292. — Fontaine avec statue ; — marbre.

PEREDA (Raimondo). — A Milan.
293. — Fontaine ; — bronze.

PESSINA. — A Milan.
294. — La grappe de raisin.

QUADRELLI (Emilio). — A Milan.
295. — Jeune homme ; — bronze.
296. — L'endormi ; — bronze.

RAMAZZATTI. — A Paris, rue St-Ferdinand, 2.
297. — Buste ; — plâtre.

RAMAZZOTTI. — A Venise.
298. — Portrait ; — plâtre.
299. — Portrait ; — marbre.

RAPETTI (G.). — A Paris, impasse du Maine, 14
300. — Buste ; — plâtre.

RIPAMONTI. — A Milan.
301. — « Dies iræ ».
302. — Figurine ; — bronze.

ROMANELLI (R.). — A Florence.
303. — Le Génie de la Sculpture ; —statue, plâtre.
304. — Jacob et Rachel ; — groupe, marbre.

RONDONI (Alessandro). — A Rome.
305. — Sira ; — statue, marbre.

ROSSO (Medardo). — A Milan
306. Cinq bronzes.

RUTELLI (Ch. Mario). — A Palerme.

307. — Hamlet ; — statue, marbre.

SALVINI (Salvino). — A Bologne.

308. — Plusieurs œuvres de sculpture.

SODINI (Dante). — A Florence.

309. — Foi ; — statue, plâtre.

SPAGOLLA (Giuseppe). — A Crémone.

310. — Verdi ; — buste, marbre.

TRENTANOVE (G.). — A Florence.

311. — Victor Hugo ; — statue, plâtre.

TROILI (Ernesto), né à Rome. — A Paris, rue Bayen, 27 bis.

312. — Portrait de Mlle *** ; — buste, marbre.
313. — La petite fille et le perroquet.

TUA (Guiseppe). — A Paris, rue Renault, 3.

314. — Médaille en argent ; — imitation de l'antique.

VILLA (Q. F.). — A Milan.

315. — Matilda ; — statue, marbre.

VILLANI (Emanuele). — A Turin.

316. — La souricière ; — statue, plâtre.

VRONBETZKOY (Paolo). — A Milan.

317. — Petite tête ; — marbre.
318. — Portrait ; — plâtre.
319. — Chien ; — bronze.

CLASSE 4.

Dessins et modèles d'architecture.

CARDELLI (G.). — A Paris, rue des Petites-Écuries, 26

320. — Projets de plafonds ; — croquis.
321. — Projet de plafond.

FAZZINI (Luigi). — A Milan.

322. — Projet de maisons ouvrières à Milan.

MENTESI (Guiseppe). — A Milan.

323. — Projet de façade de la cathédrale de Milan.

NOGARO (G.). — A Paris, rue du Cherche-Midi, 102

324. — Projet de décoration.

CLASSE 5.

Gravures et Lithographies.

LIARDO (Filippo). — A Asnières, rue des Couronnes, 11 bis.
325. — Portraits ; — eaux-fortes.

SPINELLI (Raffaele). — A Paris, boulevard de Port-Royal, 105.
326. — Les loups de mer ; — eau-forte.

TURLETTI (Celestin). — A Turin.
327. — Essais de gravure ; — dix eaux-fortes.

NORVEGE.

CLASSE 1.

Peintures à l'huile.

ARBO (Peter Nicolai), né à Drammen (Norvège). — A Christiania.

1. — Chevaux libres sur le haut plateau de la Norvège.

BACKER (Mlle Harriet), née à Holmestrand (Norvège), élève de MM. Eilit Peterssen et Léon Bonnat. — A Christiania (Norvège).

2. — « Chez moi ».
3. — Intérieur d'Eggedal.

BARTH (Carl Wilhelm), né à Christiania (Norvège). — A Christiania, Incognitogaden, 14.

4. — Marine.

BERG (Mlle Betzy), née en Norvège. — A Scheveningen (Pays-Bas).

5. — Temps orageux.

BERG (Gunnar), né à Svolvaer (Norvège). — A Svolvaer.

6. — Port de Lofoten.
7. — Motif de Lofoten.

BLOCH (Andreas), né à Christiania. — A Christiania, Storthingsplads, 7.

8. — Portrait de M. Bjoern Bjoernson.

BOELLING (Mlle Sigrid), née à Christiania, élève de M. Jourdeuil. — A Paris, rue de Lafayette, 95.

9. — Intérieur d'atelier.
10. — En Bretagne.

BORGEN (Fredrik), né à Ullensaker (Norvège). — A Christiania, Markvejen, 48.

11. — Soir.

BRATLAND (Jacob), né à Bergen (Norvège), élève de MM. Bouguereau et T. Robert-Fleury. — A Bergen, Fortunen,

12. — Après une nuit d'angoisses.

COLLETT (Fr.), né en Norvège. — A Christiania.

13. — Temps neigeux.
14. — Une écluse.

DAHL (Hans), né à Hardanger (Norvège). — A Berlin (Allemagne), Kurfuerstenstrasze, 98.

15. — Arrivée à l'église d'Ullensvang ; — Hardanger ,Norvège'.
16. — Genre.
17. — Paysage.

DAHL (Mlle Ingerid), née à Christiania (Norvège). — A Trondhjem, Strandgaden, 17.

18. — Portrait.

DIESEN (A. E.), né à Modum (Norvège). — A Christiania.

19. — Iotunheimen.

DIRIKS (Edvard), né à Christiania. — A Christiania.

20. — Côte norvégienne.

EGGEN (Ch.), né à Trondhjem (Norvège). — A Christiania.

21. — Vieux pêcheur.

GLOERSEN (Jakob), né à Telemarken (Norvège). — A Christiania, Schives Gade, 5.

22. — Aux bois ; — mois de mai.

GRIMELUND (Johannes), né à Christiania, élève de M. Hans Gude. — Méd. 3e cl. 1888. — A Paris, rue Coustou, 8.

23. — Port d'Anvers.
24. — Dans le Kattendyck.
25. — A Fjellbacka ; — Bohuslen, Suède.
26. — Nuit d'été ; — fjord de Christiania, Norvège.

GROENNEBERG (Mme Hulda), née en Norvège. — A Christiania, Victoria Terrasse, 7.

27. — Paysage de Sanne, préfecture de Jarlsberg.

GROENVOLD (Bernt), né à Bergen (Norvège), élève de Boulanger et de M. J. Lefebvre. — A Paris, boulevard Raspail, 203.

28. — Sorcière de village.
29. — Crépuscule.

GUDE (Nils), né à Dusseldorf (Allemagne), de parents norvégiens. — A Berlin, Koeniginn Augusta Strasze, 51.

30. — Portrait.

HANSTEEN (Nils), né à Selbo (Norvège). — A Copenhague (Danemark), Gamle Kongevej, 136.

31. — « En passant » ; — marine.
32. — Pluie et calme ; — marine.
33. — Retour du bateau-pilote.

HEYERDAHL (Hans), né à Drammen (Norvège). — Méd. 3e cl. 1878 (E. U.). — A Christiania.

34. — L'ouvrier mourant.
35. — Soir d'été.
36. — Deux sœurs.

HJERLOW (Ragnvald Amandus), né à Christiania. — A Christiania, Karlsborgvejen, 1.

37. — Genre.
38. — Genre.

HIERSING (Arne), né à Asker (Norvège). — A Asker, près Christiania.

39. — Paysage d'automne au sud de la Norvège.

HOLMBOE (Thoralf), né à Christiania. — A Christiania, Gunnerusgade, 1.

40. — Paysage d'hiver.

JOERGENSEN (Sven), né à Drammen (Norvège). — A Drammen.

41. — Chômage.

JOHNSSEN (Hjalmar), né à Stavanger (Norvège). — A Christiania, Oscarsgade, 2.

42. — Après la pluie ; — port de Fredriksvaern.
43. — Paysage.

KAULUM (Haakon J.), né à Bergen (Norvège). — A Christiania, Storthingsplads, 7.

44. — Soir à l'époque de Saint-Jean.
45. — Etang dans les bois ; — soir (Norvège).

KIELLAND (Mlle Kitty), née à Stavanger (Norvège), élève de MM. H. Gude et Pelouse. — A Paris, rue de l'Université, 19.

46. — Nuit d'été.
47. — Après la pluie.
48. — Intérieur d'atelier.
49. — Après le coucher du soleil.

KITTELSEN (Theodor), né à Krageroe (Norvège). — A Skomvaer, Lofoten (Norvège).

50. — Echo.

KOLSTOE (Fredrik), né à Haugesund (Norvège). — A Bergen.

51. — Pêcheur norvégien.

KROHG (Christian), né à Christiania. — A Christiania.

52. — Trois générations.
53. — Genre.
54. — Genre.

LARSEN (Johan), né à Bergen (Norvège). — A Bergen.

55. — Port de pêche en Norvège.

LERCHE (Vincent St.), né à Tœnsberg (Norvège). — Dusseldorf (Allemagne), Alexanderstrasze, 3.

56. — Les hôtes du capitaine.

MEHL (Eilert), né en Norvege. — A Christiania.

57. — Lapins.

MUELLER (Johannes), né en Norvège.— A Christiania.

58. — Paysage d'hiver.

MUNCH (Edvard), ne à Christiania. — A Christiania, Schous Plads, 1.

59. — Matin.

MUNTHE (Gerhard), né à Elverum (Norvège). — A Sandviken, près Christiania.

60. — Paysage.
61. — Jour d'été.   (App. à la Galerie Nationale, à Christiania)
62. — Soir à Eggedal. Norvège.

NIELSEN (Amaldus), né à Mandal (Norvège).— A Christiania.

63. — Brise de soir.
64. — Cabanes de pêcheurs
65. — Nuit d'été.

NIELSEN Carl Adolf), né à Christiania. — A Christiania, Schweigaardsgade, 70.

66. — Odde à Hardanger

NOERREGAARD (Mlle Asta), né en Norvège. — A Rome (Italie).

67. — Nuit de Noël chez les sœurs de l'Assomption.
68. — En Normandie.
69. — Genre.

NORMANN (Adelsten), né à Bodoe (Norvège).—A Berlin, Kurfuerstenstrasze, 98.

70. — Port de pêcheurs ; — Lofoten (Norvège).
71. — Steene ; — Lofoten Norvège).
72. — Nuit d'été ; — Lofoten (Norvège).

OSA (Lars), né à Hardanger (Norvège).— A Christiania, Wergelandsallé, 5.

73. — Le père.

PETERSSEN (Eilif), né à Christiania.— Méd. 2ᵉ cl. 1878 (E. U.). — A Christiania.

74. — Attente du saumon.
75. — La mère Utne.
76. — Nuit d'été.

RASMUSSEN (A.), né à Stavanger (Norvège). — A Christiania.

77. — Paysage de Gudvangen (Norvège).

SCHJELDERUP (Mlle Leis), née en Norvège.

78. — Portrait.
79. — Portrait.

SCHULTZ (Hermann), né à Christiansand (Norvège), élève de MM. Bonnat et Roll. — A Paris, rue de Steinkerque, 6.

80. — Portrait de Mᵐᵉ Daniel P...
81. — Portrait de M. le professeur T....

SINDING (Otto), né à Kongsberg (Norvège). — A Berlin, Ritterstrasze, 50.

82. — Printemps ; — Hardanger (Norvège).
83. — Eté ; — Hardanger (Norvège).

SINGDAHLSEN (Andreas), né à Christiania. — A Christiania.

84. — Soir d'été en Norvège.
85. — Paysage.

SKRAMSTAD (Ludvig), né à Christiania. — A Christiania, Storthingsplads, 7.

86. — Hiver.
87. — Matin d'hiver.
88. — Soir de printemps en Norvège.

SKREDSVIG (Christian), né Modum (Norvège). — Méd. 3ᵉ cl.1881. — A Sandviken, près Christiania, Fleskum.

89. — Le soir de Saint-Jean en Norvège.　　　　(App. à l'État danois).
90. — Monte Aventino.　　　　(App. à S. M. le Roi Oscar II).
91. — Une ferme à Venoix.　　　　(App. à l'État français).

SMITH-HALD (Frithjof), né à Christiansand (Norvège). — A Paris, boulevard de Courcelles, 27.

92. — Soir.
93. — Solitude.

SOEMME (Jacob Kielland), né à Stavanger (Norvège), élève de MM. Dagnan-Bouveret et Courtois. — A Stavanger.

94. — Repos.
95. — Père et mère.

SOERENSEN (Joergen), né à Christiania. — A Christiania, Gjedemyrsvejen, 48.

96. — Jour d'hiver en Norvège.
97. — En novembre.
98. — Un vieux pavillon de jardin.

SOOT (Eyolf), né à Aremark (Norvège). — A Paris, avenue de la Grande-Armée, 7

99. — « La noce passe ».
100. — Bohémiens.
101. — Portrait de M. et Mᵐᵉ Jonas Lie.

STENERSEN (Gudmund), né à Christiania. — A Toensberg (Norvège).

102. — Coin d'un village norvégien.
103. — En octobre.

STEINEGER (Mlle Agnès), née à Bergen (Norvège), élève de MM. Vegman et Aimé Morot. — A Paris, impasse du Maine, 18.

104. — Violette.
105. — Portrait.

STROEM (Halfdan F.), né à Christiania. — A Christiania.

106. — Atelier de cordonnier.
107. — Genre.

STROEMDAL (Georg Nielsen), né en Norvège. — A Christiania, Christian Augusts Gade, 13.

108. — Matin de dimanche ; — paysage.

TANNAES (Mlle Marie), née à Odalen (Norvège). — A Christiania, Akersgaden, 56 B.

109. — Jour de printemps.
110. — Paysage.
111. — Paysage.

THAULOW (Fritz), né à Christiania. — A Christiania, Loeveapotheket.
112. — L'attente.
113. — Hiver en Norvège.
114. — Un dimanche ; — après le service.

TORGERSEN (Thorvald), né en Norvège. — A Christiania, Brinkens Gade, 55.
115. — Un mendiant.

WANG (Jens Waldemar), né à Moss (Norvège).— A Christiania.
116. — Derniers jours d'été.

WENTZEL (Nils Gustav), né à Christiania. — A Paris, rue Condamine, 62.
117. — Vieux paysans norvégiens.   (App. à la Galerie Nationale de Christiania).
118. — Festin de première communion.
119. — Matin.

WERENSKIOLD (Erik), né à Vinger (Norvège).— A Paris, avenue de la Grande-Armée, 5.
120. — Deux frères.
121. — Grande mère.
122. — Paysage.
123. — Enterrement à la campagne.   (App. à la Galerie Nationale de Christiania.)

WERGELAND (Oscar), né à Christiania. — A Munich (Bavière), Sandstrasze, 14.
124. — Pêcheurs en détresse.
125. — Pêcheurs de maquereau.

CLASSE 2.

Peintures diverses et dessins.

HEYERDAHL (Hans), né à Drammen (Norvège).— Méd. 3ᵉ cl. 1878 (E. U.). — A Christiania.
126. — La fille aux fraises ; — aquarelle.
127. — Pêcheurs aux homards ; — aquarelle.

NIELSEN (Eivind), né à Haugesund (Norvège). — A Haugesund.
128. — Dessin.

OLSEN (Mlle Valborg), née à Christiania, élève de MM. J. Lefebvre, Boulanger et T. Robert Fleury. — A Fredrikshald (Norvège).
129. — Portrait de l'auteur ; — pastel.

THAULOW (Fritz), né à Christiania. — A Christiania, Loeveapotheket.
130. — Marais ; — pastel.
131. — Le dégel ; — pastel.

CLASSE 3.

Sculptures et gravures en médailles.

BRUUN (Herman Rudolf), né en Norvège. — A Christiania, Kirkegaden, 13.
132. — Quatre camées.

HARMENS (Mlle Augusta), née à Bergen (Norvège), élève de M. A. Boucher — A Paris, avenue du Maine, 8.

133. — Portrait.
134. — Portrait.

HERTZBERG (Halfdan), né en Norvège. — A Christiania, Colbjoernsens Gade, 2.

135. — Un gamin ; — terre cuite.
136. — Un gamin ; — terre cuite.

KIELLAND (Valentin Axel), né à Stavanger (Norvège), élève MM. Skeibrok et Bonnat. — A Paris, rue de l'Université, 19.

137. — Portrait ; — buste.

SINDING (Stephan Abel), né à Trondhjem (Norvège). — A Copenhague (Danemark), Amalienborg.

138. — Mère captive.

SKEIBROK (Mathias), né à Lister (Norvège). — A Christiania.

139. — Hors la loi ; — plâtre.
140. — Buste ; — plâtre.

VISDAL (Jo.), né à Gudbrandsdalen (Norvège). — A Paris, rue La Condamine, 62.

141. — Buste.

CLASSE 5.

Gravures et lithographies.

MOELLER (Albert), né en Norvège. — A Paris, rue de Custine, 46

142. — Cinq gravures sur bois.

NORDHAGEN (Johan), né en Norvège. — A Christiania.

143. — Une lithographie :
Groupe de portraits des membres de la famille Bernadotte.

PAYS-BAS.

Palais du Champ de Mars (galerie des Beaux-Arts).

CLASSE 1.

Peintures à l'huile.

ABRAHAMS (Mlle Anna). — A La Haye, Koninginnegracht, 64.

1. — Rhododendrons.
2. — Pensées.

APOL (Louis), à Velp, près Arnhem (Hollande).

3. — Automne ; — coucher de soleil.
4. — Sous bois ; — effet de neige.
5. — Moulin à eau ; — effet de neige.

ARTZ (David-Adolphe-Constant). — A La Haye, Stationsweg, 113.

6. — Départ de la flotte.
7. — Consolation.
8. — Propos d'amour.

BAKHUYZEN VAN DE SANDE (Julius-Jacobus). — A La Haye, Nieuwe Haven, 142.

9. — Vaches à l'abreuvoir.
10. — Sous bois.
11. — Etang.

BAKHUYZEN VAN DE SANDE (Mlle Gérardine J.). — A La Haye, Nieuwe Haven, 142.

12. — Roses d'automne.
13. — Roses à la fontaine.

BASTERT (Nicolas), à Amsterdam, 1ste Parkstraat, 452.

14. — Automne
15. — Clair de lune.
16. — Dégel.

BERG (Joan), à Paris, rue Bréa, 7.

17. — Le lévrier.
18. — Une arrière-grand'tante.

BILDERS VAN BOSSE (Mme Marie). — A Oosterbeek, près Arnhem (Hollande).

19. — La mare.

BISSCHOP (Christofle).— Méd. 2ᵉ cl. 1878 (E. U.)— A La Haye, Van Stolkweg, 13.

20. — Portrait destiné à la galerie des offices, à Florence.
21. — Nature morte.   (App. à Mᵐᵉ Roëll de Beaufort)
22. — La coupeuse.   (App. à MM. Boussod, Valadon et Cⁱᵉ).

BLOMMERS (Bernardus Johannes). — A Scheveningue (Hollande), van Stolkweg, 17.

23. — Bon voyage.
24. — Les petites sœurs.
25. — Marée fraîche.

BOELEN (Mlle Aletta). — A Amsterdam, Prinsengracht, 693.

26. — Chinoiseries.

BOKS (Evert Jan). — A Anvers, Provinciestraat Zuid, 93.

27. — « Quand les chats sont absents, les souris dansent. »
28. — L'offensée.

BOMBLED (Charles), à Paris, boulevard de Clichy, 49.

29. — Tirailleurs.

BOMBLED (Louis-Charles). — A Paris, rue Cauchois, 15.

30. — Portrait du juge R...
31. — Bélisaire.
32. — Une grand'garde au moulin de Monicol ; — manœuvres.

BORSELEN (Jan Willem van). — A La Haye, Veenkade, 15.

33. — Paysage hollandais par un temps orageux.

BOSCH REITZ (Sigisbert). — A Amsterdam, Keizersgracht, 414.

34. — Départ pour la pêche au hareng.

BREITNER (Georges Hendrik). — A Amsterdam, 1ˢᵗᵉ Parkstraat, 438.

35. — Rencontre.
36. — Cheval blanc.
37. — Nègre.

CATE (Sybe Johannes ten). — A Paris, rue de Malte, 65.

38. — Le Havre.
39. — La route de la révolte.
40. — Windsor Castle.   (App. à M. Georges Thomas).

CHATTEL (Frederikus Jacobus du). — A La Haye, Huygensstraat, 20.

41. — Soleil couchant ; — effet de neige.
42. — Entrée d'un parc ; — effet de neige.

COMTE (Adolf LE). — A Delft (Hollande), Phoenixstraat.

43. — Vue de Delft.
44. — Au bord du Zuiderzée.

DEKKER (H. A. C.). — A Amsterdam, Stadhouderskade, 101.

45. — Un coin du village.

ESSEN (Johannes Cornelis van). — A Amsterdam, Tesselschade straat, 13.

46. — Tête de lion.
47. — Marabout.
48. — Dans les dunes.

FRANKFORT (Édouard). — A Amsterdam, Mauritsstraat, 15.

49. — Une leçon du Talmud. (App. à M. Polak, a Rotterdam).
50. — Talmud et Midrash.

GABRIEL (Paul-Joseph-Constantin). — A Scheveningue, Kanaalweg, 113.

51. — Dans les polders de Vreeland.
52. — Une tourbière en Overijssel.
53. — Les chaumières de Zuuk.

GREIVE (Johan Conrad). — A Amsterdam, Helmersstraat, 111.

54. — Port hollandais ; — Ile de Texel.
55. — Westerkerk à Amsterdam.

HAAS (Jean Hubert Léonard de). — A Bruxelles, place de Luxembourg, 9.

56. — Effet du matin en Hollande.
57. — En Campine.
58. — Approche d'un orage.

HART (Cornélie van der). — A La Haye, Batjanstraat, 13.

59. — Auprès du puits.
60. — Etude.

HENKES (Gerke). — A Voorburg, près La Haye.

61. — L'édition du matin.
62. — Le chroniqueur
63. — Cancans.

HEYL (Marinus). — A Amsterdam, Helmersstraat, 169.

64. — Vers le soir en Gueldre.

HOGENDORP-S'JACOB (Mme Adrienne van). — A La Haye, Koninginnegracht, 30.

65. — Chrysanthèmes.
66. — Roses.

HOORN (Mlle Cathelina Stephanie van). — A Amsterdam, Maurits straat, 6.

67. — Pivoines.

HOYNCK VAN PAPENDRECHT (Jan). — A Amsterdam, Jakob Van Lennepkade, 2.

68. — En route.

ISRAELS (Joseph). — Méd. 3e cl. 1867 (E. U.) ✻ 1867, méd. 1re cl. 1878 (E. U.) O. ✻ 1878. — A La Haye, Koninginnegracht, 2.

69. — Les travailleurs de la mer.
70. — Paysans à table.
71. — L'enfant qui dort.

JOSSELIN DE JONG (Pieter). — A La Haye, Celebesstraat, 54.

72. — Bulles de savon.

KAEMMERER (Frédéric-Henri). — Méd. 3e cl. 1874. — A Paris, rue de Vaugirard, 95.

73. — Calendrier républicain. (App. à MM. Boussod, Valadon et Cie).
74. — Le charlatan. (App. à MM. Boussod, Valadon et Cie).
75. — La romance. (App. à M. Knoedler).
76. — La marchande de plaisir. (App. à MM. Boussod, Valadon et Cie).
77. — La bouquetière.

KEVER (Jacob Simon Hendrik). — A Amsterdam, Ire Parkstraat, 448.

78. — L'enfant malade.

KLINKENBERG (Karel). — A La Haye, Stationsweg, 26.

79. — Vue de ville hollandaise.

KOLDEWEY (Bernard Marie). — A Dordrecht, Wijnstraat, 2.

80. — Le rameur sur la Meuse.   (App. à M. Brunard, à Bruxelles).

DE KUYPER (Pieter). — A Paris.

81. — Dans la vallée.

LOOY (Jacobus van). — A Nieuwer-Amstel (Amsterdam), Verwerstraat, 11.

82. — Petites juives.   (App. à M. H. Meckhoff J., à Amsterdam).

LUYTEN (Henry). — A Anvers, Klappijstraat, 10.

83. — Déjeuner d'ouvriers
84. — Une séance de « Si je puis ».

MAAREL (Marius van der). — A La Haye, Gedempte Raamstraat, 18.

85. — Repos.
86. — Pâtissier.

MAR (David de la). — A Amsterdam, Singel, 506.

87. — Cardeuse de laine.

MARIS (Jacob). — A La Haye, Laan Van Meerdervoort, 82.

88 — Le moulin.
89 — Souvenir d'Amsterdam.
90. — Au bord de la mer.
91. — Canal à Rotterdam.
92. — La vieille bonne.

MARIS (Willem). — A Rijswyk, près La Haye.

93. — Beau jour d'été.
94. — Bord de rivière.
95. — Canards.

MARTENS (Willem Johannes). — A Rome, via Sistina, 72.

96. — Un rêve d'amour.
97. — Portrait du peintre Cabianca.
98. — En mer ; — une sirène moderne.

MARTENS (Willy). — A Paris, rue du Faubourg-St-Honoré, 235.

99. — Portrait de Mme M...
100. — Portrait de M. W...
101. — Le déjeuner.   (App. à M. Patijn ex-bourgmestre de la Haye).
102 — Rêveuse.

MAUVE (Anton). — Méd. 3e cl. 1887. — Decédé à La Haye, le 5 février 1888.

103. — Paysage et vaches.
104. — Labourage.
105. — Bruyère.
106. — Bûcheron.
107. — Lisière de bois.

MELIS (Henri-Johannes). —.A Charlois, près Rotterdam.

108. — Anniversaire d'une tante riche.
109. — Les teilleurs.

MESDAG (Hendrik Willem). — Med. 1870, 3ᵉ cl. 1878 (E. U.) — A La Haye, Laan Van Meerdervoort, 9.

110. — A l'ancre.
111. — Marée montante.
112. — Nuit au bord de la mer, à Scheveningue.

MESDAG VAN HOUTEN (Mme Sientje). — A La Haye, Laan Van Meerdervoort, 9.

113. — Bruyère en Gueldre.
114. — Soir en Gueldre.
115. — Nature morte.

MESDAG (Taco). — A Scheveningue, Oude Scheveningscheweg, 19.

116. — La rentrée à la maison.
117. — Dans les bruyères.

MESDAG VAN CALCAR (Mme Geesje). — A Scheveningue, Oude Scheveningscheweg, 19.

118. — Fleurs d'automne.

MEULEN (François Pieter ter). — A La Haye, Kanaal, 29.

119. — L'attente du berger.
120. — Troupeau dans les dunes.
121. — Charrettes.

MOORMANS (Frans). — A Paris, rue Legendre, 191.

122. — Au cabaret.

NEUHUIJS (Albert), à Moll (Belgique)

123. — Le cordonnier du village.   (App. à M. H. W. Mesdag, à La Haye).
124. — La toilette de Bébé.   (App. à M. E. J. Van Wisselingh, à La Haye).
125. — Le Prétendant.
126. — Les habits de la poupée.   (App. à Mᵐᵉ Vve J. C. Jolles, à Amsterdam).
127. — Moments de peine.

OFFERMANS (Tony). — A La Haye, Alexanderplein, 27.

128. — Marché aux bestiaux à Leyde.

OLDEWELT (Ferdinand Gustaaf Willem). — A Amsterdam, Vondelkade, 204

129. — Sur le « Dam », à Amsterdam.

OPPENOORTH (Willem). — A La Haye, Oranjeplein, 67.

130. — Dans les bruyères.

OYENS (David). — A Bruxelles, chaussée d'Ixelles, 140.

131. — Le modèle italien.

OYENS (Pierre). — A Amsterdam, Plantage Parklaan, 10.

132. — Les collègues.

RAPPARD (Anton Gerhard Alexander van). — A Utrecht, Heerenstraat.

133. — Portrait.

REPELIUS (Mlle Johanna Elisabeth). — A Amsterdam, Houttuinen, 42.

134. — Le testament.

RIP (Willem Cornelis). — A Rotterdam-Feyenoord, Rosestraat, 19.

135. — Solitude; — matin.

ROELOFS (Willem). — A La Haye, Rijnstraat, 20.

36. — Après-midi en Hollande.
137. — Bords du Rhin en Hollande.
138. — Polder à Noorden en Hollande.

RONNER (Mme Henriette). — A Bruxelles, chaussée de Vleurgat, 51.

139. — Jeunesse entreprenante.

SADÉE (Philip). — A La Haye, Riemerstraat, 31.

140. — Un naufrage.
141. — Pêcheur de crevettes.

SCHENKEL (Jan Jacobus). — A Amsterdam, 3de Weteringdwarsstraat, 9.

142. — Hoog landsche kerk, à Leide.
143. — Broerekerk, à Bolsward.

SCHERMER (Cornelis Albertus Johannes). — A Bouvignes, près Dinant (Belgique), rue d'En-Bas, 10.

144. — La charrue.

SCHIPPERUS (Pieter Adrianus). — A Rotterdam, Goudsche straat, 16.

145. — Environs de Rotterdam ; — vue d'hiver.

SCHWARTZE (Mlle Thérèse). — A Amsterdam, Prinsengraeht, 1091.

146. — Portrait de M. G. van Tienhoven, bourgmestre d'Amsterdam.
147. — Portrait de l'artiste.   (App. au Musée des Fizzi, à Florence).
148. — Pensive.

STORM VAN S'GRAVESANDE (Charles). — A Bruxelles, rue du Trône, 188.

149. — Bords de l'Escaut.
150. — Dans les dunes ; — à Katwick.
151. — Dordrecht.

STORTENBEKER (Pieter). — A La Haye, Spui, 242.

152. — En Hollande.
153. — Sur la digue.

THOLEN (Willem Bastiaan). — A La Haye, Hugo de.Grootstrat, 28.

154. — Les petits bois à Scheveningue.
155. — Une rue à la Haye.

VALKENBURG (Hendrik). — A Amsterdam, 1ste Parkstraat, 432.

156. — La bienvenue.

VAN DER VELDEN (Pieter). — A Noordwyk binnen.

157. — Église de Noordwyk ; — effet de lune.

VAN DER WEELE (Herman-Jan). — A La Haye, Koningin Emma kade, 5.

158. — Dans les bruyères.   (App. à MM. Boussod, Valadon et Cie).

VERSCHUUR (Wouter). — A Paris, avenue de Malakoff, 38.

159: — L'abreuvoir de Marly.

VERVEER (Elchanon).— A La Haye, Zeestraat, 52.

160. — « Les voilà ! »
161. — Vaine attente.
162. — Entre camarades.

VETH (Jan). — A Bussum, près d'Amsterdam.

163. — Portrait.
164. — Portrait de Mlle Cornélie Veth.   (App. à Mme J. C. Jolles.)
165. — Portrait de Mlle Clara Veth.

VOS (Hubert). — Méd. 3e cl., 1886. — A Londres, Grosvenor Studio, Vauxhall-
Bridge, S. W.

166. — Au réfectoire de l'Hospice des vieillards, à Bruxelles.
167. — Portrait de S. E. Mr de Staal, ambassadeur de Russie à Londres.

VROLYK (Jan). — A La Haye, Noord einde, 103.

168. — Soir d'été.
169. — Vaches à l'abreuvoir.

WOLBERS (Hermanus-Gerhardus). — A La Haye, Praktizijnshoek.

170. — Pâturage.

ZILCKEN (Charles-Louis-Philippe).--A La Haye, Kleine Loo, Bezuidenhout.

171. — Hiver.
172. — Au bord de l'eau.

ZWART (Wilhelmus-Hendrikus de). — A La Haye, Loosduinscheweg.

173. — Nature morte.
174. — Nature morte.

CLASSE 2.

Peintures diverses et dessins.

ARTZ (David-Adolphe-Constant). — A la Haye, Stationsweg, 113.

175. — Femme de pêcheur ; — aquarelle.   (Coll. de M. Taco Mesdag, à Scheveningue).

BISSCHOP (Christofle). — A la Haye, van Stolkweg, 13.

176. — « Il dort » ; — aquarelle.

BLOMMERS (Bernadus-Johannes). — A Scheveningue,van Stolkweg, 17.

177. — Tête d'enfant ; — aquarelle.   (Collection H. W. Mesdag, La Haye).

BOCK (Théophile de). — A la Haye, Bilderdykstraat.

178. — Effet de lune; — aquarelle.

BOMBLED (Charles). — A Paris, boulevard de Clichy, 49.

179. — Maurice de Saxe et ses houlans ; — aquarelle.

BOSBOOM (Johannes), — A la Haye, Toussaint Kade.

180. — Eglise à Hoorn ; — aquarelle.
181. — Eglise à Hoorn ; — aquarelle.   (Coll. de M. Taco Mesdag, à Scheveningue.)
182. — Intérieur de ferme ; — aquarelle
183. — Grande Eglise de la Haye ; — étude, aquarelle.
                        (Coll. de M. Taco Mesdag, à Scheveningue)
184. — Vieille Porte ; — aquarelle.

CATE (Sybe Johannes ten), A Paris, rue de Malte, 65.
185. — Vues de Paris. (App. à MM. Lion et Thomas).
186. — Pastels et gouache.
    (App. à Mlle de Macédo. M. Arhbeck, M. Gaston Tillois, et M. George Thomas).
187. — Vues de Lyon ; — gouaches. (App. à M. George Thomas)
188. — Effet de neige (environs de Paris) : — pastel. (App. à M. Gaston Tillois).
199. — Vue de Paris (Trocadéro) ; — gouache. (App. à M. Michy).

CHATTEL (Fredericus Jacobus du). — A la Haye, Huygenstraat, 20.
190. — L'Étang ; — aquarelle.

GABRIEL (Paul-Joseph-Constantin). — A Scheveningue, Kanaalweg, 113.
191. — Moulin ; — aquarelle. (Coll. de M. Taco Mesdag, à Scheveningue).

GREIVE (Johan Coenraad). — A Amsterdam, Helmersstraat, III.
192. — Vue d'Oudeschans avec la Tour de Montalban, à Amsterdam ; — aquarelle.

ISRAELS (Jozef). — A la Haye. Koninginnegracht, 2.
193. — Le pauvre Jean ; — aquarelle. (Coll. de M. Taco Mesdag, à Scheveningue).

MARTENS (Mme Hilda). — A Paris, rue Faubourg-Saint-Honoré, 235.
194. — Batterie de cuisine ; — aquarelle.

MARTENS (Willy). — A Paris, rue du Faubourg St-Honoré, 235.
195. — Étude ; — pastel.
196. — Étude ; — pastel.

MAUVE (Anton). — Med. 3ᵉ classe. — Décédé à La Haye, le 5 février 1888.
197. — Vaches dans enclos ; — aquarelle.
198. — Vente de bois ; — aquarelle.
199. — Moutons sous des arbres ; — aquarelle.

MEER (E. Van der), né à La Haye.
200. — Paysage avec pièce d'eau ; — aquarelle. (Coll. de M. Taco Mesdag, à Scheveningue).

MESDAG (Hendrik-Willem). — Méd. 1870, 3ᵉ cl. 1878 (E. U.). — A La Haye, Laan van Meerdervoort, 9.
201. — Marine ; — aquarelle.

MESDAG (Mme). — A La Haye, Laan Van Meerdervoort, 9.
202. — Nature morte ; — aquarelle.

NEUHUYS (Albert). — A Moll (Belgique).
203. — Intérieur ; — aquarelle.

POGGENBEEK (George), — A Amsterdam, Ruysdaelkade, 41.
204. — Canards ; — aquarelle.

ROCHUSSEN (Charles), — A Rotterdam, Kruiskade.
205. — Hans Sachs ; — aquarelle. (Coll. Taco Mesdag, à Scheveningue.)
206. — Cavalerie dans les dunes ; — aquarelle. (Coll. H. W. Mesdag, à La Haye.)

ROELOFS (Willem). — A La Haye, Rynstraat, 20.
207. — Paysage en Hollande ; — aquarelle.

SCHWARTZE (Mlle Thérèse). — A Amsterdam, Prinsengracht, 1091.
208. — Portrait de dame ; — pastel.

STOLK (Mlle Alida). — A Paris, rue Chambige, 4.
209. — Chrysanthèmes ; — deux études, aquarelles.
210. — Primevères et anémones ; — deux aquarelles.
211. — Fleurs ; — éventail, sur vélin.

VOS (Hubert). — Méd. 3e cl. 1886. — A Londres, Grosvenor Studio Vauxhall-Bridge, S. W.
212. — Home rulers ; — pastel.
213. — Tête d'étude ; — pastel.
214. — Un invalide anglais ; — aquarelle.

WEISSENBRUCH (Hendrik J.). — A La Haye, Kazernstraat, 11.
215. — Moulin ; — aquarelle.   (Coll. de M. Taco Mesdag, à Scheveningue).
216. — Canal (effet de lune) ; — aquarelle.   (Coll. de M. H. W. Mesdag, à La Haye.)

ZWART (Wilhelmus Hendrikus de). — A La Haye, Loosduinscheweg.
217. — Halte de voitures ; — aquarelle.

CLASSE 3.

Sculptures et gravures en médailles.

LEENHOFF (Ferdinand). — Méd. 1869. 2e cl. 1872, ✳ 1872. — A La Haye, Balistraat, 94.
218. — Echo.

VAN HOVE (Bart). — Méd. 3e cl. 1878. (E. U.).— A Amsterdam, Manixstraat, 425.
219. — Portrait du poète W.-J.Hofdyk ; — buste, marbre.

CLASSE 4.

Dessins et modèles d'architecture.

BERLAGE-NZN (Hendrik-Petrus), né à Amsterdam, élève diplômé de l'École polytechnique à Zürich. — A Amsterdam.
220. — Projet de la façade du dôme à Milan pour le concours international ; — 1887.
221. — Plan d'un mausolée ; — 1889.

BLEYS (Adrianus-Cyrianus), né à Hoorn, élève de l'Académie royale des Beaux-Arts, à Anvers, et de M. P. Dens. — A Amsterdam.
222. — Dessins pour la façade et l'intérieur de l'église Nicolaas à Amsterdam, 1886-87.
223. — Façade de la maison de retraite Sainte-Elisabeth, à Amsterdam (exécutée).

BOERBOOMS (Johannus-Wilhelmus), né à Arnhem, élève de P.-J.-U. Cuypers, architecte. — A Arnhem.
224. — Projets :
D'une église catholique à Velp (près Arnhem), 1884.
D'une école à Arnhem, 1885.

EVERS (Henri), né à Ellecom, élève de l'Académie de La Haye et de celle d'Anvers. — A Rotterdam.
225. — Dessins pour le concours international du dôme de Milan.
226. — Projet d'un hôtel privé.
227. — Trois villas, dont deux sont exécutées à Ellecom et à Apeldoorn.
228. — Trois projets pour le concours d'un monument à la mémoire de M. Vogel.

FREEM (Arie-Reinier), à Arnhem, élève de C. Muysken. — A Arnhem.

229. — Projets :
D'une façade, 1er prix d'un concours 1886.
D'une boutique, non exécutée, 1889.
D'un château, non exécuté, 1889.

FROWEIN (J. F. L.), né à Amsterdam, élève de P. J. Cuypers, à Amsterdam, et L. Blomme, à Anvers. — A La Haye.

230. — Projets :
D'une nouvelle Bourse à Amsterdam, 1884.
D'une gare non exécutée, 1881.

GOSSCHALK (Izak), né à Amsterdam. — A Amsterdam.

231. — Projets exécutés :
Trois maisons particulières, maison de santé, panorama, musée, etc., à Amsterdam.
Villa à Dordrecht.
Mairie à Heusden.
Perspective vue à vol d'oiseau d'une usine à gaz également exécutée à Amsterdam.

GROLL (Jan-Frederik), né à Sœrabaya (Indes Néerlandaises), élève de E. Gugel. — A Londres.

232. — Projet du restaurant de l'hôtel Cups, Colchester, 1885.
233. — Projet du restaurant Falstaff, London, 1885.

HEZEMANS (Lambert-Christian), né à Bois-le-Duc, élève de l'Académie royale de Bois-le-Duc et de Louis Venema. — A Bois-le-Duc.

234. — Plans de la restauration de l'église St-Jean à Bois-le-Duc, exécutée de 1884 à 1888.

HUURMAN (Pieter-Marinus-Arnoldus), né à Delft, élève de E. Gugel et de l'Ecole polytechnique de Delft. — A Groningue.

235. — Villa à Zuidhoorn, non exécutée.
236. — Maison à Groningue, non exécutée.
237. — Décoration intérieure, non exécutée.
238. — Trois villas réunies à Groningue, exécutées en 1888-89.

KLINKHAMER (Jacob-F.), né à Amsterdam, élève de l'Ecole polytechnique et de E. Gugel. — A Amsterdam.

239. — Projet d'une villa à Amsterdam, 1881.

LELIMAN (Johannes-Hermanus), né à Amsterdam, élève de la Société Arte Sacrum à Rotterdam et de Henri Labrouste, à Paris. — A Amsterdam.

240. — Deux feuilles d'études :
Villas et façades, maisons bourgeoises.

MARGRY (Everardus-Joannes), né à Harderwyk, élève de P. J. U. Cuypers, architecte. — A Rotterdam.

241. — Projets :
De l'église St-Monica, à Utrecht.
De l'église St-Ignatius, à Nymegen, non exécutée
Des églises à Leidschendam, Loosduinen, Kralingen, Raamsdonk, etc
De l'église de St-Joseph, à La Haye et celle de Haarlem
De l'église St-Bavo, à Berkenrade.

STAAL & HAALMEYER, nés à Amsterdam, élèves de l'Académie des Beaux-Arts, à Amsterdam. — A Amsterdam.

242. — Dessins et projets :
Maison bourgeoise. Écurie. Orangerie. Maison de jardinier avec annexe dans le Hydepark à Doorn, 1886-88.

VAN ARKEL (Gerrit), né à Lœnen aan de Vecht, élève de la pratique. — A Amsterdam.

243. — Projets de plusieurs maisons à Amsterdam.
244. — Dessins et croquis d'après des monuments anciens.

VAN FULDER (Henri-Jacques), né à Tilburg, élève de l'Académie royale d'Anvers. — A Tilburg.

245. — Projets :
De la façade avec deux tours de l'église Saint-Joseph à Tilburg, 1889.
De l'église catholique à Raamsdonk, non exécutée.
De l'église catholique à Geldrop.

VERHEUL DZN (Jan), né à Rotterdam, élève de E. Gugel, à Delft.— A Rotterdam.

246. — Projet du théâtre de l'Opéra à Rotterdam, exécuté en 1885-87.
247. — Salle de billard d'un café à Rotterdam, exécutée en 1886.
248. — Maison particulière à Rotterdam, exécutée 1887.
249. — Bureau de commerce, à Rotterdam, exécuté en 1888.

WOLBERS (Johannes), né à Heemstede, élève de l'Académie des Beaux-Arts, à La Haye. — A Haarlem.

250. — Projets :
D'un rendez-vous de chasse (petit château).
Maison particulière à Amsterdam, 1887.
Maison particulière à Harlem, 1887.

CLASSE 5.

Gravures et lithographies.

ARENDZEN (P. Johannes). — A Amsterdam, Parkweg, 11, Nieuwer Amstel.

251. — Portrait, d'après Rembrandt ; — eau-forte. (Collection Six, à Amsterdam).
252. — Portrait, d'après Rembrandt ; — eau-forte. (Collection Six, à Amsterdam).
253. — Portrait, d'après Rembrandt ; — eau-forte. (Musée d'Amsterdam).

BROEK D'OBRENAN (Mme John VAN DEN). — A Paris, rue de Chaillot, 75.

254. — Portrait ; — eau-forte.
255. — Portraits ; — eau-forte.

DAKE (Carel Lodewyk). — A Bruxelles, rue des Eburons, 6.

256. — La leçon d'anatomie, d'après Rembrandt ; — eau-forte.
(Musée du Mauritshuis, La Haye)
257. — Garde nationale, d'après Frans Hals ; — eau-forte. (Musée de Harlem).
258. — Siméon au Temple ; — eau-forte.
(Musée de la Haye, éditeur François Buffa et Fils, à Amsterdam).

HOUTEN (Mlle Barbara Elisabeth Van). — A La Haye, Riouwstraat, 8.

259. — D'après M. J. Dupré ; — eau-forte.
260. — D'après Millet ; — eau-forte.
261. — D'après Daubigny : — eau-forte.
262. — Eaux-fortes originales.

KOSTER (Anton Louis). — A Rijswijk, près La Haye.

263. — La carrière, d'après Begein ; — eau-forte.
(App. au musée du Mauritshuis, à La Haye).
264. — Paysage avec blanchisseuse, d'après Hobbema ; — eau-forte.
(App. à la collection Philips, à Maestricht).
265. — Sous bois, près des dunes ; — eau-forte.
266. — Viaduc dans les Pyrénées ; — eau-forte.
267. — Château et effet de lune dans les Pyrénées ; — eau-forte.

STORM VAN S' GRAVESANDE (Charles). — A Bruxelles, rue du Trône, 188.

268. — Effet de lune ; — eau-forte
269. — Arrivée de bateaux de pêche ; — eau-forte   (App. à Mr F. Keppel, New-York).
270. — Marée haute ; — eau-forte.   (App. à Mr H. Wunderlick)
271. — Dordrecht ; — eau-forte.   (App. à Mr F. Keppel, New-York)
272. — Port, à Dordrecht ; — eau-forte.

VETH (Jan). — A Bussum, près d'Amsterdam.

273. — Navires échoués ; — effet du soir, eau-forte.
274. — Route de village ; — effet de pluie, eau-forte.
275. — Pont-levis ; — eau-forte.
276. — Portrait de Coenraad Busken Huet ; — eau-forte.
277. — Etude ; — eau-forte.

WEELE (H. J. Van der). — A La Haye, Koningin Emma Kade, 5.

278. — Retour du troupeau ; — eau-forte d'après A. Mauve.

WITSEN (Willem), à Londres.

279. — Travailleurs de la terre ; — eau-forte.
280. — Eaux-fortes.
281. — Eaux-fortes.
282. — Eaux-fortes.
283. — Eaux-fortes.

ZILCKEN (Charles-Louis Philippe). — A La Haye, Kleine Loo, Bezuidenhout,

284. — Un pont, d'après J. Maris ; — eau-forte   (App. à M. E. J. Van Wisselingh)
285. — Baptême à Fribourg, d'après M. Maris ; — eau-forte.
   (App. à M. E. J Van Wisselingh)
286. — La bête à bon Dieu, d'après A. Stevens ; — eau-forte.
287. — D'après J. Maris ; — eau-forte.
288. — Paysage, d'après M. Maris ; — eau-forte.

ROUMANIE.

Palais du Champ de Mars (galerie des Beaux-Arts).

CLASSE 1.

Peintures à l'huile.

GHICA (Eugene-Nicolas), né à Iassy (Roumanie), élève de M. Luminais.
1. — * Chasseresse.
2. — * Paysage roumain.

GRIGORESCO (Nicolas), né à Bucharest.
3. — Une foire en Moldavie. (App. à M. Jean Lahovary).
4. — La reine Elisabeth de Roumanie. (App. à M. le colonel J. Lahovary).
5. — Convoi de prisonniers. (App. à M. le colonel J. Lahovary).
6. — Jeunes filles conduisant des moutons. (App. à M. Goodwin).
7. — Femme tricotant ; — Vitré (Bretagne). (App. à M. Goodwin).
8. — Bohémienne de Roumanie. (App. à M. Goodwin,.
9. — Rêveuse. (App. à M. Goodwin).
10. — Nymphe dormant. (App. à M. Goodwin).
11. — Blanchisseuses. (App. à M. le Dr Kalindéro).
12. — Chariot et bœufs. (App. à M. le Dr Kalindéro).
13. — Jeune fille conduisant des veaux. (App. à M. C. Boeresco).
14. — Vaisselle et legumes. (App. à M. Gr.-Gr. Cantacuzène).
15. — Vue de Câmpu Lung. (App. à M. Gr.-Gr. Cantacuzène).
16. — Raisins et pomme. (App. à M. Gr.-Gr. Cantacuzène).
17. — Fileuse et chat. (App. à M. G. Filiti).
18. — La Sentinelle. (App. à M. N. Blaramberg).
19. — Vedettes en reconnaissance. (App. à M. N. Blaramberg).
20. — L'Espion. (App. au Ministère de la guerre).
21. — Le Clairon. (App. au Ministère de la guerre).

MIREA (Georges-Demetre), né à Câmpu-Lung (Roumanie), élève de M. Carolus-Duran.
22. — ‹ Mort d'amour › ou ‹ le Désir du Pâtre ›, légende roumaine.(App. à M. Blaramberg).
23. — Portrait de Mme Bl... (App. à M. Blaramberg).
24. — Portrait de Mme Alexandresco. (App. à Mme Alexandresco).
25. — Portrait de Mlle Baliano. (App. à M. Em. Baliano).
26. — Portraits des enfants de M. Goodwin. (App. à M. Goodwin).
27. — Portrait de M. Halfon. (App. à M. Moïse Halfon).
28. — Tête de femme. (App. à M. Al. Ciurco).

OBEDEANO (Oscar), né à Bucharest, élève de M. Th. Aman.
29. — Charge de cavalerie. 'App. à M. Dem. Cesiano).
30. — Vedettes (App. à M. C. C. Arion).

PASCALI (Constantin), né à Tourno-Magourélé (Roumanie), élève de M. L. Loeffts.

31. — * Vieillard ; — étude.
32. — Portrait de Mme Candiano-Popesco.   (App. à Mme Candiano-Popesco)

POPOVICI (Georges), né à Iassy (Roumanie), élève de M. G. Panaïtéano.
33. — Pâtre italien.

TATARESCO (Georges M.), né à Bouzéo (Roumanie), élève du chev. Carta.
34. — Portrait de M. Al. Pencovitz.   (App. à M. Al. Pencovitz).

VOINESCO (Eugène), né à Iassy (Roumanie), élève de G. Courbet et de M. Aïwasowsky.
35. — * Une tourmente sur la mer Noire.

CLASSE 2.

Peintures diverses et dessins.

GEORGESCO (Jean), néà Bucharest,élève de l'école des Beaux-Arts de Bucharest.
36. — Tête de turc ; — aquarelle.   (App. à Mme Simka-Lahovary).
37. — Tête de turc ; — aquarelle.   (App. à M. C. Essarco).

GHIKA (Eugène N.). — A Iassy (Roumanie).
38. — Dessins à la plume et au crayon pour l'illustration du poème épique *Dumbrava Rosie*.

STANCESCO (Mme Zéphirine), née à Falciu (Roumanie), élève de M. Roth.
39. — * Vieille femme lisant ; — dessin.

CLASSE 3.

Sculptures et gravures en médailles.

GEORGESCO (Jean), né à Bucharest, élève de Dumont et de M. Delaplanche.
40. — Portrait de Mme B... ; — buste, marbre.   (App. à M. N. Blaramberg).
41. — Portrait de M. B... ; — buste, marbre.   (App. à M. N. Blaramberg).
42. — Portrait de Mme C... ; — buste, terre cuite.   (App. à Mme P.-P. Carp).
43. — Portrait de Mme K... ; — buste, terre cuite.   (App. à Mme Kalindéro).
44. — * Portrait de l'acteur Pascali ; — buste, bronze.
45. — Portrait de M. B. Alexandri ; — buste, bronze.
46. — Portrait de M. Miréa, artiste peintre ; — buste, terre cuite.   (App. à M. Miréa).
47. — Portrait de Mlle Hajdeu ; — buste, marbre.   (App. à M. Hajdeu).
48. — * Le général Davila ; — buste, marbre.
49. — Jeune homme à la lance ; — bronze.   (App. à M. N. Cerkez).

STORK (Carol), né à Bucharest, élève de A. Rivalta.
50. — * Le Génie du Progrès ; — plâtre.
51. — * Une Bohémienne ; — buste, plâtre.
52. — * Le Métropolitain de Roumanie ; — buste, marbre.

VALBUDÉA (Stéphan-Jonesco), né à Bucharest, élève de MM. Falguière et Frémiet.
53. — * Michel-le-Fou ; — plâtre.
54. — Le Vainqueur ; — plâtre.   (App. à l'Athénée roumain).
55. — Garçon au repos ; — plâtre.   (App. à l'Athénée roumain).

CLASSE 4.

EMILIAN (Stefan). — A Iassy (Roumanie).

56. — Une église à Iassy : intérieur, face longitudinale de l'entrée et de l'ico ostase ; — plans et vues perspectives.

GALLERON.

57. — Plans de l'Athénée roumain de Bucharest.

GOTTEREAU.

58. — Vues de l'installation intérieure du Palais-Royal de Bucharest.

RAINIKE-CHETTNER (Juliu). — A Iassy (Roumanie

59. — Plans divers.

RUSSIE.

CLASSE 1.

Peintures à l'huile.

AIVASOWSKI (Jean). — Méd. 3e cl. 1843, ✳ 1857. — A Saint-Pétersbourg.
1. — Une épave.
2. — Calme plat.

ALCHIMOWICZ (Casimir). — A Paris, avenue des Ternes, 55.
3. — Les funérailles de Gedimin, grand duc de Lithuanie.

ASKNASI (Jacques). — A Saint-Pétersbourg.
4. — La veille du Sabbat.

BACHKIRTZEFF (Feu **Mlle Marie**). — A Paris, chez Mme Bachkirtzeff, rue Prony, 63.
5. — Portrait.
6. — Sous le parapluie.
7. — La lecture.
8. — Etude de paysage.
9. — Pierre et Jacques.
10. — Le rire.
11. — Un atelier de peinture.
12. — Le matin.
13. — Etude.
14. — Portrait.   (Tous ces tableaux app. à Mme Bachkirtzeff).

BICADOROFF. — A Paris, rue Aumont-Thiéville, 24.
15. — Troubadour soudanais.

BOURTZEFF (Mlle Nathalie), à Bruxelles, rue de la Charité, 31.
16. — En carême ; — nature morte.
17. — Portrait.

BOURTZEFF (Mlle Sophie). — A Bruxelles, rue de la Charité, 31.
18. — Une pintade ; — nature morte.
19. — Un coq ; — nature morte.

CHELMONSKI (Joseph). — A Paris, rue des Beaux-Arts .
20. — Marché aux chevaux.
21. — Un dimanche en Pologne.
22. — Les connaisseurs.
23. — Retour de la messe ; — Pologne.

CHEREMETEFF. — A Paris, rue de la Faisanderie, 71.
24. — Départ pour la chasse.
25. — Chemin difficile.

COURIARD (Mme Pélagie). — A Saint-Pétersbourg, Nicolaewskaïa, 21.
26. — Une vue de Saint-Pétersbourg.

DULEMBA (Mlle Marie). — A Varsovie, rue Jerusalimska, 31.
27. — Les orphelins.

ENDOGOUROFF (Jean). — A Saint-Pétersbourg.
28. — Une nuit d'hiver en Petite-Russie.
29. — L'automne en Crimée.
30. — Le soir.

FEDDERS (Jules). — A Saint-Pétersbourg.
31. — Sépulture d'un suicidé.

FIELITZ (Mlle Ida). — A Paris, boulevard du Montparnasse, 81.
32. — Un boyard roumain ; — portrait.

GEDROYTZ (Victor). — A Paris, rue de Puteaux, 12.
33. — Vue générale de Biarritz ; — mer basse.
34. — Vue du phare de Biarritz.
35. — Vue de Biarritz ; — casino.
36. — Une plage près Odessa.

GERSON (Adalbert). — A Varsovie, rue Obozna, 5.
37. — Le roi de Pologne Casimir-le-Juste, entouré de sa cour (1178).

GOLYNSKI. — A Paris, chez M. Braun, avenue de l'Opéra.
38. — Idylle champêtre.

GRITZENKO. — A Paris, boulevard de Clichy, 73.
39. — Cuirassé russe « Amiral Korniloff » à Saint-Nazaire.

HARLAMOFF (Alexis). — Méd. 2e cl. 1878 (E. U.). - A Paris, place Pigalle, 11
40. — « Comment on fait un bouquet ».
41. — Interieur normand.
42. — Portrait de Mlle L....
43. — Nature morte.
44. — Tête d'enfant.
45. — Tête d enfant.
46. — Tête d'enfant.
47. — Tête d'enfant.
48. — Tête d'enfant.
49. — Tête d'enfant.
50. — Tête d'enfant.

HIRSZENBERG (Samuel). — A Paris, rue Dauphine, 47.
51. — Jesryboth.

HOFFMANN (Oscar). — A Saint-Pétersbourg.
52. — Le matin.

KAZANTZEFF (Vladimir). — A Saint-Pétersbourg.
53. — Soir d'hiver.
54. — Pommiers en fleurs.

KHOLODOWSKI (Michel). — A Saint-Pétersbourg.

55. — Les horizons lointains.
56. — Une rue de village ; — Petite-Russie.
57. — Au bord du chemin ; — Petite-Russie.
58. — Nuit d'été.

KIRÉEVSKY (Mlle). — A Paris, avenue Marceau, 65.

59. — Troika.

KLEVER (Jules). — A Saint-Pétersbourg.

60. — Automne.
61. — Soir d'hiver.
62. — Uu parc abandonné.
63. — A travers le bois ; — automne.

KNOOP (Auguste). — A Paris, rue Saussure, 111.

64. — Un fumeur.
65. — Une musicienne.

KOCHELEFF (Nicolas). — A Saint-Pétersbourg.

66. — L'innocent.
67. — Le matin.

KORZOUKHINE (Alexis). — A Saint-Pétersbourg.

68. — L'importun.

KOUDACHEFF (Serge). — A Paris, rue Aumont-Thiéville, 4.

69. — Portrait de M....
70. — Portrait de Mme la baronne d'A...

KOUZNETZOFF. — A Odessa.

71. — Devant l'autorité.

KOWALEWSKI (Paul). — Méd. 2ᵉ cl. 1878 (E. U.). — A Saint-Pétersbourg.

72. — Sous la pluie.

KRAMSKOI (Feu Jean). — Méd. 3ᵉ cl. 1878 (E. U.).

73. — Portrait de M. W...   (App. à M. Wargounine).
74. — Portrait du baron de G...   (App. au baron de Gunzbourg).
75. — Les Enfants du baron de G... (App. au baron de Gunzbourg).
76. — La Lecture.   (App. au baron de Gunzbourg).

KRIJITZKI (Constantin). — A Saint-Pétersbourg.

77. — Dans un parc.
78. — Effet de neige.
79. — Après la pluie.

LAGORIO (Léon). — A Saint-Pétersbourg.

80. — Goursouff en Crimée.
81. — En Petite-Russie.

LEHMANN (Georges). — A Paris, rue Duperré, 9.

82. — Dame ; — sous le Directoire.   (App. à M. Alexandre Dumas).
83. — Une Parisienne.
84. — En villégiature.
85. — Portrait de Mlle L...
86. — Portrait du Dʳ J...
87. — Portrait de M. D..

LOEVY (Edouard). — A Paris, rue Blainville, 9.
88. — Portrait de M. P...

LYSENKO (Cosme). — A Saint-Pétersbourg.
89. — Calme plat ; — golfe de Finlande.
90. — Avant l'orage ; — golfe de Finlande.

MAKOWSKI (Constantin). — A Paris, boulevard de Clichy, 62.
91. — Jugement de Pâris.
92. — Mort de Ivan-le-Terrible.
93. — « Le Démon », poème de Lermontoff.   (App. à M. Kouznetzoff).
94. — Campement de Tziganes.
95. — Portrait de M. Weimarn.   (App. à la seconde Société d'assurances Russes).

MAKOWSKI (Wladimir). — A Moscou, Académie des Beaux-Arts.
96. — Conversation intéressante.

MALICHEFF (Nicolas). — A Paris, rue Victor Massé, 39.
97. — A la mode d'autrefois.
98. — Une odalisque.

MANKOWSKI (Constantin). — A Cracovie, rue Kopernik. 18.
99. — Auprès d'un berceau.

MESTCHERSKI (Arsène). — A Saint-Pétersbourg.
100. — Les bords du Rion ; — Caucase.

MYRTON-MICHALSKI (Valentin), élève de M. Carolus-Duran.—A Paris, rue des Poitevins, 3.
101. — Les enfants de M. K....

NAOUMOFF (Alexis). — A Saint-Pétersbourg.
102. — Belinski malade.

PANKIEWICZ (Joseph). — A Paris, rue Vernique, 41.
103. — Marché aux légumes ; — Varsovie.

PASS. — A Paris, boulevard de Clichy, 73.
104. — Portrait de M. P....
105. — Etude.

PAWLISZAK (Vinceslas). — A Varsovie.
106. — Fantasia de cosaques de l'Ukraine.

PIECHOWSKI (Adalbert). — A Plock, Mlava (Russie).
107. — Le Calvaire.

POPIEL (Thadée). — A Brody.
108. — Retour de Moïse du Mont-Sinaï.

POSPOLITAKI. — A Paris, rue Fontaine, 47.
109. — Sommet de l'Elbrouss; — Caucase.

PRANISHNIKOFF (Ivan), élève de l'Académie de Saint-Luc à Rome et de Gleyre. — A Paris, avenue de Villiers, 37.

110. — Chevaux cosaques.
111. — En Camargue.
112. — « Lou pin forca ».
113. — Un gardien de la Camargue.　　　　(App. à Mme la Princesse Gortchakoff).
114. — « Cow-boys » ; — Texas (E.-U).　　　　(App. à M. Popoff).
115. — La digue à la mer; — Camargue.
116. — Etudes de chevaux.
117. — Etudes de paysage; — Camargue.
118. — Etudes de paysage; — Camargue.

PRZEPIORSKI (Lucien). — A Paris, rue de Seine, 9.

119. — Nature morte.
120. — Nature morte.
121. — Violoniste.

ROHMANN (Robert). — A Paris, rue Fontaine, 30.

122. — Auvers-sur-Oise.
123. — Une plage normande.
124. — La maree basse à Veules.
125. — Portrait de Me P....　　　　(App. à Me P.).
126. — Pivoines.
127. — Un coin de serre ; — chrysanthèmes.

ROSEN (Jean). — A Varsovie, rue Rymarska, 6.

128. — Revue de cavalerie polonaise passée par le Grand-Duc Constantin (1824).

RUBIS (Mlle Ella). — A Versailles, boulevard de la Reine, 21.

129. — Nature morte.

SCHREIDER. — A Paris, rue Fontaine, 21.

130. — Un chasse-neige.

SERGUÉIEFF (Nicolas). — A Saint-Pétersbourg.

131. — Un village Petit-Russien.

SOCHACZEWSKI (Antoine). — A Munich.

132. — Portrait de l'auteur.

SWIEDOMSKI. — A Kieff, Wladimirski Sobor.

133. — Épisode de la Terreur.

SZYMANOWSKI (Vinceslas). — A Munich, Findling strasse, 28.

134. — Rixe de montagnards polonais dans un cabaret.

SZYNDLER (Pantaléon). — A Varsovie, rue Jerozolimska, 49.

135. — Jeune fille au bain.
136. — La tentation d'Eve.

TCHOUMAKOFF. — A Paris, boulevard Haussmann, 137.

137. — Une bonne vieille.
138. — Un profil.

TOVSTOLOUJESKI (Jean). — A Paris, rue de Bruxelles, 38. ·

139. — Un moulin ; — à Veules.
140. — Dans la cressonnière ; — à Veules.

TREMBACZ. — A Paris, rue Notre-Dame-des-Champs, 86.
141. — Le bon Samaritain.
142. — Une convalescente.

WADZINOWSKI (Vincent). — A Cracovie.
143. — Scène campagnarde.

WIESIOLOWSKI.
144. — « La dispensa dei Cappuccini. »

ZAREMBSKI (Marie). — A Munich.
145. — Avant la semaille.

ZELECHOWSKI (Gaspard). — A Cracovie, à l'Académie des Beaux-Arts.
146. — Une Expropriation en Galicie.

CLASSE 2.

Peintures diverses et Dessins.

BACHKIRTZEFF (Feu Mlle Marie).
147. — Portrait ; — pastel.   (App. à Mme Bachkirtzeff, rue Prony, 63).

CHELMONSKI (Joseph). — A Paris, rue des Beaux-Arts, 10.
148. — Types russes ; — dessin.

GERSON (Adalbert). — A Varsovie, rue Obozna, 5.
149. — La propagande du Christianisme en Lithuanie ; — carton.

GRITZENKO. — A Paris, boulevard de Clichy, 73.
150. — Une roue de moulin ; — étude à l'encre de Chine.

MYSZKOW (Mlle). — A Paris, avenue Duquesne, 1.
151. — Portrait ; — pastel.

PRANISHNIKOFF (Ivan), élève de l'Académie de Saint-Luc de Rome et de
    Gleyre. — A Paris, avenue de Villiers 37.
152. — Dans la steppe des Kalmouks ; — feuillets d'album de voyage, aquarelle.
153. — Types Kalmouks ; — feuillets d'album de voyage, aquarelle.
154. — Au camp de Krasnoïe-Selo, Saint-Pétersbourg ; — feuillets d'album, aquarelle.
155. — Sur les bords du Vaccares (Camargue) ; — dessin.
156. — Le 14 Juillet en Provence ; — entree d'une course aux Saintes-Maries-en-Camargue, —
    dessin.
157. — Sur le chemin du marché S. Antonio (Texas) ; — dessin.
158. — « La place est prise, » (Caroline du Sud. E. U.) ; — dessin.

PRIMAZZI. — A Saint-Pétersbourg, Grafski, 3.
159. — Le château de la Reine Tamara (Caucase) ; — aquarelle.
160. — Palais du G. D. Michel à Borjom, (Caucase) ; — aquarelle.
161. — Fontaine des Larmes, Palais des Khans de Crimée ; — aquarelle.

REUZNER (Miecislas). — A Paris, rue Notre-Dame-des-Champs, 70 bis.
162. — Bacchante ; — pastel.
163. — Le Printemps ; — pastel.

SAMOKICH (Nicolas). — A Saint-Pétersbourg.

164. — Au tournant ; — dessin à la plume.

SEITHOFF (Pierre). — A Saint-Pétersbourg.

165. — Soir ; — aquarelle.
166. — Ruines dans le Harz ; — aquarelle.
167. — Paysage ; — aquarelle.
168. — Auberge dans le Harz ; — aquarelle.

SOKOLOFF (Pierre). — A Saint-Pétersbourg.

169. — Marché aux chevaux.

TÉTARD (Mme).

170. — Portrait ; — fusain.

CLASSE 3.

Sculptures et Gravures en médailles.

ADAMSON. — A Paris, rue Aumont-Thiéville, 6.

171. — Portrait de S. S. Léon XIII ; — bas-relief, bois.
172. — Portrait de M. Koeler ; — bas-relief, bois.
173. — La première pipe ; — statuette, bois.
174. — Promenade de Neptune ; — groupe, bois.
175. — La Vague ; — statue, plâtre.

BACHKIRTZEFF (Feu **Mlle Marie**).

176. — Jeune fille ; — statuette, bronze. (App. à Mme Bachkirtzeff, rue Prony, 63.)

BERNSTAMM. — A Paris, rue Blanche, 42.

177. — Au pilori ; — statue, plâtre.
178. — Bourreau de Saint-Jean-Baptiste ; — statue, plâtre.
179. — Chevreul ; — buste, plâtre.
180. — Mlle Maria Legault ; — buste, marbre.
181. — Tête de jeune fille ; — buste, marbre.
182. — Mme Adam ; — buste, bronze.
183. — Eiffel ; — buste, bronze.
184. — Albert Wolf ; — buste, bronze.
185. — Carolus-Duran ; — buste, bronze.
186. — M. Bogoluboff ; — buste, bronze.
187. — Sivori ; — buste, bronze.
188. — Renan ; — buste, marbre.

GIEDROYC (Romuald).

189. — ✲ Portrait de Me G. ; — buste, marbre.
190. — Tête de jeune femme ; — buste, marbre.

KAFKA. — A Moscou.

191. — Ermak, le conquérant de la Sibérie ; — statue, plâtre.

TOURGUÉNEFF (Pierre), élève de M. Frémiet.

192. — Pastour de la Steppe ; — statue, plâtre.
193. — Fille d'Eve ; — statue, marbre.
194. — La Nuit ; — statue, plâtre.
195. — Franc-Archer ; — statuette, bronze.
196. — Veneur (moyen-âge) ; — statuette, bronze

WEIZEMBERG. — A Rome, via Margutta.

197. — Eve ; — statue, marbre.
198. — Agrippine rapportant les cendres de Germanicus ; — statue, marbre.
199. — « Reale » ; — buste, marbre.
200. — « Idéale » ; — buste, marbre.
201. — Marousia ; — buste, marbre.

ZABELLO (Parménion). — A Paris, chez M. Pranishnikoff, avenue de Villiers, 37

202. — Baigneuse ; — statuette, marbre.

CLASSE 5.

Gravures et Lithographies.

MATÉ (Basile). — A Saint-Pétersbourg.

203. — Saint Jean-Baptiste ; — gravure sur bois, d'après Ivanoff
204. — La boyarine Morozoff ; — gravure sur bois, d'après Sourikoff.

MOULTANOWSKI. — A Paris, avenue d'Orléans, 26.

205. — Gravure sur bois, d'après Rembrandt.   (Musée de l'Ermitage).

SERBIE.

Palais du Champ de Mars (galerie des Beaux-Arts).

CLASSE 1.

Peintures à l'huile.

FENKOWITCH (Miloch). — A Belgrade (Serbie).

1. — Portrait d'homme.
2. — Portrait d'homme.

FODOROVITCH (Stephan). — A Belgrade (Serbie).

3. — Portrait d'homme.
4. — Portrait de femme.

KRSTITCH (Georg.) — A Belgrade (Serbie).

5. — Mort de l'empereur Lazar à Kossowo.
6. — Rougier Boscovitch, astronome, dans son cabinet de travail.
7. — Saint-Nicolas.
8. — A la Source.
9. — Sous le pommier.
10. — Un anatomiste.

OUROCH PREDITCH. — A Belgrade (Serbie).

11. — L'orphelin.
12. — Les Gaillards.
13. — « Il y aura un malheur. »
14. — Voyageur et jeune fille à la source.
15. — Le petit philosophe.
16. — Sous le mûrier.
17. — Le petit bibliothécaire.
18. — Les émigrants de Bosnie.

SFREAD WLAHOVITCH (Mme Ana). — A Belgrade (Serbie).

19. — Le retour après la guerre.
20. — Intérieur de harem.

CLASSE 3.

Sculptures et Gravures en médailles.

IOWANOVITCH (Georg.). — A Belgrade (Serbie).

21. — Le Guslare ; — musicien jouant de l'instrument national serbe.
22. — M. Marinovicth, ministre de Serbie à Paris ; — buste.
23. — Jeune Monténégrin ; — buste.

OUBAWKITCH (Pierre). — A Belgrade (Serbie).

24. — Bayadère.
25. — Capucin.
26. — Vouk, Steph. Karadjitch (écrivain serbe ; — buste).

SUEDE.

CLASSE 1.

Peintures à l'huile.

ANKARCRONA (Gustaf), né à Jönköping (Suède), élève de M. Paul Meyerheim. — A Paris, boulevard Haussmann, 46, chez M. Graf.

1. — Débarquement de briques.

ARSÉNIUS (George), né à Orebro (Suède), élève de l'École des Beaux-Arts de Stockholm et de M. J. P. Laurens. — A Chantilly (Oise).

2. — Retour de Lonchamps.
3. — Le marché aux chevaux à Upsala ; — Suède.
4. — Vues prises à Chantilly ; — études.
5. — Etude.
6. — Soleil d'automne.

BECK (Mlle Julia), née à Stockholm (Suède), élève de MM. Bonnat et A. Stevens. — A Vaucresson (Seine-et-Oise),« à la Vaucressonière ».

7. — La mare des saules, crépuscule d'hiver. ; — Normandie.
8. — Soirée d'été à Flamanville ; — Normandie.

BEHM (Wilhelm), élève de l'École des Beaux-Arts de Stockholm. — A Gnesta (Suède).

9. — Cabanes en Suède.

BERGH (Richard), né à Stockholm, élève de M. J. P. Laurens. — Méd. 3ᵐᵉ cl. 1883. — A Paris, rue Campagne-Première, 15.

10. — « Ma femme. »   (App. au Musée de Gothembourg).
11. — Portrait de M. Nils Kreuger.   (App. au musée national de Copenhague).
12. — Portrait de Mlle B....   (App. à Mlle B.).
13. — A la tombée du soir.   (App. à M. Fürstenberg).
14. — Paysages.

BIRGER (Hugo), né à Stockholm, élève de l'École des Beaux-Arts de Stockholm. — A Paris, rue Campagne-Première, 15, chez M. R. Bergh.

15. — La Toilette.   (App. à M. J. F. Dickson, Göteborg).
16. — Retour de la chasse.   (App. à M. Wilson, Göteborg).
17. — Les cerises.   (App. à M. J. Rubenson, Göteborg).
18. — Rue Gabrielle.   (App. à M. P. Fürstenberg, Göteborg).

BJÖRCK (Oscar), né à Stockholm, élève de l'École des Beaux-Arts de Stockholm. — A Stockholm, 18, Hamngatan.

19. — Portrait de M. le ministre G. Wennerberg.
20. — Portrait de ma femme.

BONNIER (Mlle Eva), née à Stockholm, élève de l'École des Beaux-Arts de Stockholm et de MM. Collin et Courtois. — A Paris, rue Campagne-Première, 8 bis.

21. — Reflet en bleu.
22. — Portrait d'une vieille dame.
23. — Musique.

BREDBERG (Mme Mina), née à Stockholm. élève de M. J. Lefebvre et Boulanger, — A Paris, du Bac, 1.

24. — Portrait.

EKSTRÖM (Pierre), né à Oland (Suède), élève de l'Académie des Beaux-Arts de Stockholm. — A Paris, rue Lécluse, 6.

25. — Effet de soleil sur la Seine.
26. — Coucher desoleil.
27. — Lever de soleil.
28. — Inondation.   (App. au docteur Anthell).
29. — Soir.
30. — Soleil brumeux.
31. — Soir.   (App. à Mme Olga Faahreus).
32. — Effet de soleil sur l'eau.   (App. au prince Eugène de Suède).

FÉRON (William), né à Stockholm, élève de lÉ'cole des Beaux-Arts de Stockholm. — A Stockholm, Drottninggatan, 14.

33. — « Dans le jardin. •

FORSBERG (Nils), né à Riseberga (Suède), élève de M. Bonnat. — Méd., 1ʳᵉ cl. 1888. — A Paris, rue Cauchois, 15.

34. — La fin d'un Héros;— souvenir de 1870-71.

GRAF (Paul), né à Stockholm, élève de M. Bonnat. — A Paris, boulevard Haussmann, 46.

35. — Matin.

HAGBORG (Auguste), né à Gothembourg (Suède). — Méd. 3ᵐᵉ cl. 1879. — A Paris, boulevard Berthier, 43

36. — Cimetière de Tourville.   (App. au musée de Gothembourg).
37. — Lavoir — Dalarö, Suède.
38. — Retour des bateaux de pêche; — Cayeux.
39. — Laveuses ; — Gif (Seine-et-Oise).
40. — Matin à Baskemolla; — Suède.
41. — Esquisse pour la récolte des pommes de terre.   (App. à M. Joseph Poulla).
42. — « Seule. »   (App. à M. Levisson à Gothembourg).
43. — Grande marée.   (App. au musée de Luxembourg).

HALL (Richard), né en Angleterre, élève de l'École des Beaux-Arts de Stockholm et de M. J. P. Laurens. — A Pouldu, par Moélan (Finistère).

44. — Bretonne.

HERMELIN (Olof), né en Suède. — A Osterby-Eskilstuna (Suède), et chez MM. Troisgros frères, rue de Laval, 35.

45. — La fin de l'hiver.

JERNBERG (Auguste), né en Suède, élève de T. Couture. — A Düsseldolrf Duisburgerstrasse, 62.

46. — L'assidue.

JOHANSON (Carl), né à Hernösand, élève de M. E. Perséus, et de l'école des Beaux-Arts de Stockholm. — A Stockholm, Bergsgatan, 17.

47. — Un jour d'hiver en Suède.

JOSEPHSON (Ernst), né à Stockholm, élève de l'École des Beaux-Arts de Stockholm. — A Paris, rue Campagne-Première, 15, chez M. R. Bergh.

48. — Portrait de M. R...	'(App. à M. R...).
49. — Portrait de Mᵐᵉ M...	(App. à Mᵐᵉ M...).
50. — Danseuse espagnole.	(App. à M. Fürstenberg).
51. — Soleil d'automne.	
52. — Paysage.	
53. — Portrait de Mᵐᵉ S...	
54. — Le 14 Juillet.	

KEYSER (Mlle Elisabeth), née à Stockholm, élève de MM. Bonnat et Courtois. — A Paris, boulevard des Batignolles, 29.

55. — Paysanne suédoise.
56. — Portrait de ma mère.
57. — Dans les champs.

KREUGER (Nils), né à Kalmar, élève de M. Perséus. — A Paris, passage Caroline, 4, boulevard des Batignolles.

58. — Le labour.	(App. à M. Pontus Fürstenberg).
59. — Effet d'hiver.	(App. à M. A. Lenoir).
60. — Crépuscule.	
61. — Soir d'hiver	(App. à M. Sundberg).
62. — En passant.	
63. — Hiver.	
64. — A cinq heures du soir.	
65. — Esquisses.	

KROUTHÉN (Johan), né à Linköping (Suède), élève de M. Perséus. — A Linköping.

66. — Printemps.

LARSSON (Carl), né à Stockholm, élève de l'École des Beaux-Arts de Stockholm.— Méd. 3ᵐᵉ cl. 1883. — A Paris, boulevard Arago, 65.

67. — Triptyque : La Renaissance ; le XVIIIᵉ siècle ; l'Art moderne.—Panneaux décoratifs pour la galerie de M. Fürstenberg, à Gothembourg.

LEMCHEN (Mlle Lisen), née en Suède. — A Stockholm, Klara Södra Kyrkogata, 12.

68. — Lilas.
69. — Pavots.

LILJEFORS (Bruno), né à Upsala (Suède), élève de l'école des Beaux-Arts de Stockholm. — A Upsala.

70. — Chant des Coqs de bruyère; — forêt en Suède.
71. — Chasse aux canards
72. — Chasse finie.
73. — Etude de Chat.

LINDSTRÖM (A. M.), né en Suède. — A Engelsberg (Suède).

74. — Paysage d'automne.
75. — Matin.

LINDHOLM (Berndt Adolf), né en Finlande, élève de MM. Gude et Bonnat — Gothembourg (Suède).

76. — Écueils de granit près la côte de Suède ; — vue de la mer Kattegat.

LINDMAN (Axel), né en Suède, élève de l'école des Beaux-Arts de Stockholm. —A Stockholm, Tunnelgatan, 25.

77. — L'entrée du port de Stockholm.

LÖWSTÆDT-CHADWICK (Mme Emma), née à Stockholm, élève de l'école des Beaux-Arts de Stockholm, et de MM. T. Robert-Fleury et Cazin. — A Paris, rue Scribe, 7,

78. — Gardeuse de moutons.

MONTAN (A.), né à Malmö (Suède), élève des Académies des Beaux-Arts de Copenhague et de Stockholm. — A Düsseldorf, Duisburgerstrasse, 144.

79. — La forge.

MUNTHE-NORSTEDT (Mme Anna), née à Stockholm, élève de MM. Winge Salmson et Alfred-Stevens. — A Stockholm, Tunnelgatan, 25.

80. — Nature morte.

NORDSTRÖM (Karl), né à Tjörn (Suède).—A Stockholm, Skansen, Djurgaaden, et à Paris, rue Campagne-Première, 15, chez M. Bergh.

81. — Paysage.   (App. à M. Wœrn-Gothembourg.)
82. — Vers le soir, à Eknö ; — environs de Stockholm.
83. — Effet de neige ; — mois de mars.
84. — L'Hiver.
85. — Sur la côte suédoise.   (App. à M. R. Bergh).
86. — Effet de neige.
87. — Effet d'hiver.

ÖSTERLIND (Allan), né à Stockholm. — A Paris, rue de Batignolles, 10 bis.

88. — Le Baptême.
89. — Idylle.

PAULI (Georg), né à Stockholm, élève de l'École des Beaux-Arts de Stockholm. — A Stockholm, Fjellgatan, 11.

90. — Lecture du soir.
91. — La Toilette.
92. — Chez le menuisier.

PAULI-HIRSCH (Mme Hanna), née à Stockholm, élève de l'École des Beaux-Arts de Stockholm et de MM. Dagnan-Bouveret et R. Collin. — A Stockholm, Fjellgatan, 11.

93. — Portrait de Mlle V. S....
94. — L'heure du déjeûner.
95. — A la campagne.

PERSÉUS (Edvard), né en Scanie (Suède), élève de MM. Boklund et Piloty. — A Stockholm, Gustaf-Adolfs torg, 8.

96. — Portrait de M. le professeur K...   (App. à M. W. Aabom).
97. — Portrait de M. H. W...   (App. à la Société d'Idun).

ROSENBERG (Edouard), né à Stockholm, élève de MM. Holm et Perséus. — A Sôdertelje (Suède), Tvetaberg.

98. — Paysage.

RYDBERG (Gustaf), né en Scanie (Suède), élève de M. H. Gude.— A Stockholm Ostermalmsgatan, 2 B.

99. — Brouillard d'hiver en Suède.

RYBERG (Mlle Hulda), née à Cimbrishamn (Suède). — A Paris, rue de Courcelles, 192.

100. — Portrait de M** V...

SÆÆF (Erik), né en Ostergothie, élève de l'École des Beaux-Arts de Stockholm. — A Stockholm, Sundbyberg.

101. — Paysage suédois.

SALMSON (Hugo), né à Stockholm, élève de M. C. Comte et de l'Académie des Beaux-Arts de Stockholm. — Méd. 3ᵉ cl. 1879, ✠. — A Paris, rue du Faubourg-Saint-Honoré, 235.

102. — Les glaneuses.	(App. à M. E. Levisson).
103. — Fileuse.	(App. à M. Furstemberg).
104. — Fleurs de printemps.	
105. — Une arrestation ; — Picardie.	(App. au Musée de Luxembourg).
106. — A la barrière ; — Suède.	(App. au Musée de Luxembourg).

SALOMAN (Geskel), né en Danemark, élève de Eckersberg et de Couture. — A Stockholm, Linnégatan, 7.

107. — Le nouveau modèle.

SCHULTZBERG (Anshelm), né à Stockholm (Suède), élève de l'École des Beaux-Arts de Stockholm. — A Stockholm, Jakobsgatan, 20, et à Paris, chez M. Edmond Chalot, rue des Trois-Bornes, 27.

108. — Paysage (effet d'hiver); —en Dalécarlie (Suède).
109. — Jour d'hiver en Suède.
110. — Paysage (effet d'hiver) ; — en Suède.

SILLÉN (Herman de), né en Suède, élève de MM. Gude et Smith-Hald. — A Stockholm, Drottninggaten, 63.

111. — Mer houleuse.

SKAANBERG (Carl), né à Stockholm, élève de l'École des Beaux-Arts de Stockholm. — A Paris, rue Campagne-Première, 15. chez M. R. Bergh.

112. — « Canale grande ; — Venise.	(App. au Musée national de Suède).
113. — A Venise ; —effet du soir.	
114. — A Venise.	
115. — Bateau de pêche ;— Venise.	
116. — Vue de la villa Volkonsky; — Rome.	
117. — Vue de Ponte-Molle; — Rome.	

SPARRE (P. Louis), né en Italie, élève de MM. J. Lefebvre et L. Doucet. — A Paris, rue de la Tour-d'Auvergne, 22.

118. — Étude.

SPARRE (Mme Emma de), née à Stockholm, élève de M. Courtois.—A Paris, rue d'Amsterdam, 77.

119. — Intérieur du château de Gripsholm.

STJERNSTEDT (Mlle Sophie), née en Wermland (Suède), élève de MM. Rohde, Hans Gude, Dardoize et Simon. — A Copenhague, hôtel Bellevue.

120. — Vue prise sur les bords de la mer Baltique.

SUNDBERG (Mlle Christine), née à Kalmar, élève de l'École des Beaux-Arts de Stockholm et de MM. Courtois et Collin. — A Paris, quai des Grands Augustins, 37.

121. — La Toilette.

SVENSON (C. F.), né à Stockholm, élève de M. Sôrensen. — A Stockholm, Sôdra Blasieholmshamnen, 2.

122. — Abandonné ; — marine.

THEGERSTRÖM (Robert), né à Londres, de parents suédois, élève de l'École des Beaux-Arts de Stockholm et de MM. Lefebvre et Boulanger. — A Paris, rue Tourlaque, 7.

123. — Les tombeaux.
124. — Nuit.   (App. à Mlle Ingrid Lamm).
125. — Nuit dans le désert.

THORELL (Mme Hildegard), née à Stockholm, élève de MM. Bonnat et Courtois et de Mlle Wegmann. — A Stockholm, Thorells villa, Djurgaarden.

126. — Portrait de Mlle C. L....
127. — Portrait.
128. — Portrait.

TOLL (Mlle Emma), née en Suède, élève de l'École des Beaux-Arts de Stockholm.— A Stockholm, Brunkebergs hôtel.

129. — Méditation.

TRÆGAARDH (Carl L.), né à Christianstad (Suède), élève de M. Rafaël Collin. — A Paris, rue Turgot, 27.

130. — Paysage avec des vaches.

VON SCHULZENHEIM (Mlle Ida), née à Stockholm, élève de l'École des Beaux-Arts de Stockholm et de MM. Lefebvre et Julien Dupré.—A Paris, rue du Bac, 1.

131. — Un voleur.
132. — « Apporte !.»

WAHLBERG (Alfred), né à Stockholm, élève de l'Ecole des Beaux-Arts de Stockholm.—Méd. 1870, 2e cl. 1872, ✣ 1874, Méd. 1re cl. 1878, O. ✣ 1878 (E. U.). — A Paris, rue de Rome, 157.

133. — Vue de Stockholm en décembre 1887.
134. — Nuit d'été à Jemtland.   (App. à M. J. F. Dickson).
135. — Vue de Torreby à Bohuslân ; —Suède.
136. — Nuit orageuse.
137. — La lune de septembre à l'île de Vâderôn ; —Suède.
138. — Soir du mois d'août à Lysekil ; —Suède.
139. — La côte de Bohuslæn en Suède.
140. — Lever de lune; —paysage aux environs d'Haldarp (Suède).

WAHLSTRÖM (Mlle Charlotte), née à Nyköping (Suède), élève de l'École des Beaux-Arts de Stockholm. — A Stockholm, Hamngatan, 13.

141. — Intérieur de forêt.

WALLÉN (Gustaf Th.), né à Stockholm, élève de l'École des Beaux-Arts de Stockholm. — A Paris, rue Notre-Dame-des-Champs, 28.

142. — Après-midi sur la côte de Scanie.

WENNERBERG (G. Gson), né à Stockholm, élève de MM. Gervex et Humbert. — A Stockholm, chez M. le ministre G. Wennerberg.

143. — Fleurs.

WERNER (Gotthard), né en Suède, élève de l'École des Beaux-Arts de Stockholm. — Au Caire (Egypte) P. R.

144. — Prière au bord du Nil.

WESTMAN (Edouard), né à Stockholm, élève de MM. J. Lefebvre et Jourdain. — A Paris, rue de Laval, 32 bis.

145. — Le Quai d'Orsay, à Paris.
146. — Paysage.
147. — A Skagen; — Danemark.

ZORN (Anders), né à Mora (Suède), élève de l'Ecole des Beaux-Arts de Stockholm.
— A Paris, rue Daubigny, 11.

148. — Un pêcheur.   (App. au Musée du Luxembourg).
149. — Portrait de M. A. P....
150. — Portrait de M. C. C....

CLASSE 2.

Peintures diverses et dessins.

BERGH (Richard), né à Stockholm, élève de M. J. P. Laurens, — Méd. 3ᵉ cl. 1883.
— A Paris, rue Campagne-Première, 15.

151. — Matin ; — pastel.

BONNIER (Mlle Eva), née à Stockholm, élève de l'École des Beaux-Arts de
Stockholm et de MM. Collin et Courtois. — A Paris, rue Campagne-Première, 8 bis.

152. — Portrait ; — pastel.

EUGÈNE, né à Stockholm, élève de MM. Bonnat et Gervex. — A Paris, rue Bayen, 31.

153. — Etude ; — pastel.
154. — Etude ; — pastel.
155. — Paysage ; — pastel.

GARDELL-ERICSON (Mme Anna), née à l'île de Gothlande (Suède), élève
de M. Holm et de l'Ecole des Beaux-Arts de Stockholm. — A Göteborg (Suède), Pus-
terviksgatan, 15.

156. — Cascade et moulins à Ronneby ; — Suède.
157. — Colline boisée.

HÆGG (Axel Herman), né en Suède. — A Londres, N. W., Randolph garden,
32, Kilburn.

158. — Un coin de la cathédrale de Séville ; — aquarelle.

HOLCK (Mlle Hélène), née à Gothembourg, élève de MM. Höppner, Hörlin et Adler.
— A Göteborg (Suède), Magasinsgatan, 12.

159. — Légende de la porte de l'église de Rogslösa, en Ostergothie (Suède).

JOSEPHSON (Ernst), né à Stockholm, élève de l'École des Beaux-Arts de Stockholm. — A Stockholm, Sturegatan, 24, et à Paris, rue Campagne-Première, 15,
chez M. R. Bergh.

160. — Portrait de Mᵐᵉ ***

KEYSER (Mlle Elisabeth), née à Stockholm, élève de MM. Bonnat et Courtois.
— 2ᵉ médaille à Versailles. — A Paris, boulevard des Batignolles, 29.

161. — Portrait ; — pastel.

LARSSON (Carl), né à Stockholm, élève de l'École des Beaux-Arts de Stockholm.
— Méd. 3ᵉ cl. 1883. — A Paris, boulevard Arago, 65

162. — Le Vin.   (App. à M. H. Friedländer).
163. — Effet du soir.
164. — Jour d'automne.   (App. à M. H. Friedländer).

NORDGREN (Mlle Anna), née en Suède. — A Newlyn, Penzance (Angleterre).

165. — Pastel.

NORDSTRÖM (Karl), né en Suede. — A Paris, chez M. R. Bergh, 15, rue Campagne-Première.

166. — Paysage ; — pastel.

ÖSTERLIND (Allan), né à Stockholm, — A Paris, rue des Batignolles, 10 bis.

167. — Rêves de festin ; — aquarelle.
168. — Sous les genêts ; — aquarelle.
169. — Chaperon rouge ; — aquarelle.
170. — Portrait de Rodin ; — aquarelle.
171. — Le mal de dents ; — aquarelle.
172. — Laisser-aller ; — aquarelle.
173. — Fleuriste ; — aquarelle.

SPARRE (Louis), né en Italie, élève de MM. J. Lefebvre et L. Doucet. — A Paris, rue de la Tour-d'Auvergne, 22.

174. — « Il est parti » ; — pastel.   (App. à M. de Nauckhoff,.
175. — Une route, à Antony ; — aquarelle.
176. — Ecluse de moulin à Longjumeau ; — aquarelle.
177. — Portrait ; — pastel.

SUNDBERG (John). — A Stockholm, Grefturegatan, 24 c.

178. — Oiseaux de proie suédois et norvégiens ; — peinture à la détrempe.

THEGERSTRÖM (Robert), né à Londres de parents suédois, élève de l'École des Beaux-Arts de Stockholm et de MM. Lefebvre et Boulanger. — A Paris, rue Tourlaque, 7.

179. — Portrait ; — pastel.   (App. à M. Alb. Lamm).
180. — Le soir au village ; — pastel.   (App. à M. G. Lamm).

TIRÉN (Johan), né à Ostersund (Suède), élève de l'École des Beaux-Arts de Stockholm. — A Stockholm, Kungsgatan, 15 в.

181. — Troupeau de rennes ; — aquarelle.

WALLANDER (Alf.), né à Stockholm, élève de MM. Aimé Morot et Benjamin-Constant. — A Paris, rue Aumont-Thiéville, 4.

182. — Pauvreté ; — pastel.
183. — Intérieur d'un cabaret ; — pastel.
184. — Le recueillement ; — pastel.
185. — Un vieil orateur ; — pastel.
186. — Deux amis ; — pastel.

WESTFELT (Mlle Ingeborg), née en Suède, élève de l'École des Beaux-Arts de Stockholm. — A Paris, rue de la Grande-Chaumière, 8.

187. — Portrait de Mlle G... ; — pastel.
188. — Vincenza ; — pastel.

ZORN (Anders), né à Mora (Suède), élève de l'École des Beaux-Arts de Stockholm. — A Paris, rue Daubigny, 11.

189. — Portrait de Mlle Mi ; — aquarelle.
190. — Enfants ; — aquarelle.
191. — Portraits de Mlles S... ; — aquarelle.
192. — Une première ; — aquarelle.

CLASSE 3.

Sculptures et gravures en médailles.

AAKERMAN (Werner), né à Göteborg, élève de l'École des Beaux-Arts de Stockholm — A Paris, boulevard Arago, 65.

193. — Nuit de givre ; — statue, plâtre.

AHLBORN (Mlle Léa, née **Lundgren),** née en Suède. — A Stockholm, Kongl-Myntet.

194. — Médailles.
195. — Modèles pour médailles.
196. — Modèles pour médailles.

ARSÉNIUS (Georg), né à Orebro (Suède), élève de l'École des Beaux-Arts de Stockholm et de M. J. P. Laurens. — A Chantilly (Oise).

197. — « Demandez pardon à ce maître » ; — statue en plâtre.

AROSENIUS (Mlle Karin), née en Suède. — A Paris, rue de la Glacière, 62.

198. — Buste.
199. — Buste.
200. — Buste.
201. — Statuette.

ERICSON (Mme Ida), née à Stockholm, élève de l'École des Beaux-Arts Stockholm. — A Paris, rue du Moulin-de-Beurre, 12 et 14.

202. — Portrait de M. Arvesen ; — buste en plâtre.

ERIKSSON (Christian), né à Arvika, élève de M. Falguière. — Méd. 3e cl. 1888 — A Paris, rue de Vaugirard, 99.

203. — Martyr ; — statue, plâtre.
204. — Tegnér crée ses premiers vers, en enterrant un oison ; — statue, plâtre.
205. — Colin-Maillard ; — vase en plâtre.
206. — Charmeuse ; — vase en plâtre.
207. — Espagnole ; — buste en plâtre.

HASSELBERG (Pierre), né en Suède, élève de Jouffroy. — Méd. 3e cl. 1883. — A Paris, boulevard Arago, 65.

208. — Portrait de M. J... ; — buste, bronze.
209. — Aïeul ; — groupe, plâtre.
210. — Le Perce-Neige ; — statue, marbre.   (App. à M. Jacobsen).
211. — Attrait de la vague ; — statue, plâtre.
212. — La petite grenouille ; — plâtre.
213. — Souvenir de Ronneby ; — médaillons.
214. — Souvenir de Marstrand ; — médaillons.
215. — Le prince Eugène; —buste, bronze.

LINDBERG (Gustaf), né à Stockholm, élève de l'École des Beaux-Arts de Stockholm. — A Paris, rue Leclerc, 1.

216. — Le Brouillard ; — statue.
217. — La Coquille.
218. — La Vague.

LUNDBERG (Theodor), né à Stockholm, élève de l'École des Beaux-Arts de Stockholm. — A Stockholm, Drottinnggatan, 108.

219. — Frères d'armes ; — groupe, plâtre.   (App. au Musée national de Stockholm).

ROTHMAN (Erik), né en Suède. — A Paris, place Dancourt, 8.

220. — Un pêcheur ; — statue, plâtre.
221. — Médaillon ; — plâtre.

SALOMAN (Geskel), né en Danemark, élève de Eckersberg et de Couture. — A Stockholm, Linnégatan, 7.

222. — Restauration de la Vénus de Milo ; — plâtre, exécutée par le sculpteur Carl Andersson, sous la direction de M. Saloman.

CLASSE 4.

Dessins et modèles d'architecture.

LILLJEQVIST (Fredrik), né à Stockholm, élève de l'École des Beaux-Arts de Stockholm. — A Stockholm, Blasieholmstorg, 14.

223. — Projet de restauration du Château-Royal de Gripsholm (Sudermanie, Suède), fondé en 1586 par Gustaf Vasa.

VICKMAN (Gustaf), né en Suède, élève de l'École des Beaux-Arts de Stockholm. — A Stockholm, Brunkebergsgatan, 3, B.

224. — Projet d'un restaurant à Stockholm.

CLASSE 5.

Gravures et lithographies.

GUSTAFSSON (Gustaf), né à Stockholm, élève de M. C. Courtry. — A Paris, boulevard du Montparnasse, 105.

225. — Sommeil. d'après M. J. Henner ; — eau-forte.
226. — Idylle, d'après M. Raphaël Collin ; — eau-forte.

HÆGG (Axel Herman), né en Suède. — A Cilburn, London N. W , Randolph garden, 32.

227. — Eaux-fortes :
    La cathédrale de Tolède.
    Un marché flottant à Stockholm.
    « On sonne pour vêpres. »
    Chartres.
    Matin d'une fête en Flandre, vers 1550.

HAGLUND (Robert), né à Stockholm, élève de M. William Unger — A Stockholm, Observatoiregatan, 15.

228. — Eaux-fortes

SUISSE.

CLASSE 1.

Peintures à l'huile.

ANKER (Albert), né à Anet (Suisse). — Méd. 1866, ✳ 1878, — A Paris, rue de la Grande–Chaumière 3, et à Anet.

1. — Lavater.

BAUD-BOVY (Auguste), né à Genève, élève de M. Barthélémy Menn. — A Aeschi (canton de Berne), et à Paris, boulevard Raspail, 136.

2. — Bergers de l'Oberland s'exerçant au jeu de la lutte.   (App. au Musée de Genève).
3. — Lioba ; — berger de l'Oberland rappelant son troupeau
4. — Dans l'atelier ; — portrait de Valentin Baud-Bovy.
5. — Nature morte.   (App. à Mme B...).

BEAUMONT (Auguste de), né à Francfort-sur-le-Mein, de parents suisses, élève de MM. Etienne Duval et Ch. Humbert. — A Genève, rue Charles Bonnet, 2.

6. — Les rhododendrons ; — vallée de Chamonix.
7. — Coucher de soleil sur l'aiguille du Tour ; — vallée de Chamonix.

BEAUMONT (Gustave de), né à Genève, élève de MM. Menn et Gérôme, — A Paris, boulevard Pereire, 167.

8. — L'Offrande.
9. — La garde du drapeau; — peinture décorative.
10. — Portrait de Mme ***
     (Voir Dessins).

BIÉLER (Ernest), né à Rolle (Suisse), élève de Boulanger et de M. J. Lefebvre. — A Paris, rue Bara, 2, et à Lausanne (Suisse), avenue Agassiz, 3.

11. — Devant l'église à Savièse ; —Valais.
12. — Surprise.
13. — Portrait de M. E... V...

BOCION (François), né à Lausanne, élève de Gleyre. — A Ouchy, près Lausanne.

14. — Mouettes du Léman.
15. — Bords du Léman; — environs de Lutry.
16. — Vue de Venise.
17. — Embouchure de la Veveyse.

BRESLAU (Louise), née à Zürich élève de M. T. Robert-Fleury. — A Paris, rue Bayen, 27 bis.

18. — Portrait des amies.
19. — Portrait de Mlle Feurgard.
20. — Portrait du sculpteur Carriès.
21. — Contre-jour.
     (Voir Dessins).

BURNAND (Eugène), né à Moudon (Suisse), élève de MM. Menn et Gérôme. — Méd. 3ᵉ cl. 1882 (gravure), méd. 3ᵉ cl. 1883 (peinture). — A Paris, rue Pergolèse, 48, et à Moudon (Suisse).

22. — Ferme suisse.   (App. au Musée de Genève).
23. — Taureau dans les Alpes.   (App. au Musée de Lausanne)
24. — Changement de pâturage.   (App. au Musée de Berne).
25. — Portrait de Mᵐᵉ B...
                                             (Voir DESSINS et GRAVURE).

CASTAN (Gustave), né à Genève, élève de Calame. — A Genève, rue Charles Bonnet, 8.

26. — A Artemare (Ain).
27. — La première neige dans les bois.

CASTRES (Édouard), né à Genève, élève de Zamacoïs et de B. Menn. — Méd. 2ᵉ cl. 1872 et 1874. — A Genève, rue de l'Université, 3.

28. — Une ambulance suisse en 1871.
29. — Une messe militaire dans le canton de Fribourg.

DUFAUX (Frédéric), né à Genève, élève de M. Menn. — A Genève, route de Lausanne, 58.

30. — Pour le marché de Vevey ; — lac Léman.

DURAND (Simon), né à Genève, élève de M. Barthélemy Menn. — Méd. 3ᵉ cl. 1875, 3ᵉ cl. (E. U.). — A Genève, route de Frontenay, La Clairière.

31. — Fête enfantine à Genève.
32. — Un Conseil de famille.
33. — Un apprenti.   (App. au Musée de Genève).

DUVAL (Louis-Étienne), né à Genève, élève de Calame. — A Morillon, près Genève.

34. — Souvenir des bords de l'Adriatique.
35. — Polyphème.
36. — Le Djebel Seboua ; — Nubie.

FURET (Francis), né à Genève, élève de M. B. Menn. — A Genève, rue des Granges, 12.

37. — Les foins ; — Aeschi (canton de Berne).
38. — Chrysanthèmes.
39. — L'Aurore ; — panneau décoratif.

GAUD (Léon), né à Genève, élève de M. B. Menn. — A Genève, rue de l'Évêché, 7.

40. — Le dernier char de la moisson.   (App. à la ville de Genève).
41. — Le blé de la première gerbe.
42. — Aux Champs.
43. — Brûlage d'herbes.

GIRARDET (Eugène), né à Paris, de parents suisses, élève de M. Gérôme. — A Paris, rue Legendre, 4.

44. — Marchand de poules à Alger.
45. — L'atelier du graveur.

GIRARDET (Henri), né à Brientz (Suisse), élève de son père. — A Berne, et à Paris, chez MM. Boussod, Valadon et Cⁱᵉ, rue Chaptal, 9.

46. — La première pipe.

GIRARDET (Jules), né à Paris, de parents suisses, élève de M. Cabanel.— Méd. 3ᵉ cl. 1881. — A Paris, rue Pergolèse, 48.

47. — La déroute de Cholet.   (App. au musée de Genève).
48. — Le général de Lescure, blessé, passe la Loire avec son armée en déroute.
                                             (App. à M. G. Herring).
49. — Partie manquée.   (App. à Mᵐᵉ Aumont).
50. — Une arrestation sous la Terreur.   (App. à M. Mauger).
                                             (Voir DESSINS).

GIRON (Charles), né à Genève, élève de Cabanel. — Méd. 3ᵉ cl. 1879, 2ᵉ cl. 1883, ✻ 1888. — A Paris, avenue Kléber, 53.

51. — Les deux sœurs.
52. — Portrait de M. et Mᵐᵉ L. L...
53. — Portrait de Mᵐᵉ M. de B...
54. — Portrait de Mᵐᵉ M...

HODLER (Ferdinand), né à Berne, élève de M. Barthélemy Menn — A Genève, chez Odier et Novel, en l'Île.

55. — Cortège de lutteurs suisses.

KOLLER (Rodolphe), né à Zürich, élève de Ulrich. — Méd. 2ᵉ cl. 1878. (E U). — A Riesbach-Zürich, Austrasse, 1.

56. — A la campagne.
57. — Au printemps.
58. — Dans les Alpes.

LAURENT-GSELL (Lucien), né à Paris, de parents suisses, élève de Cabanel. — — A Paris, rue du Montparnasse, 23.

59. — La vaccination de la rage.

LUGARDON (Albert), né à Genève, élève de M. J. Léonard Lugardon. — A Genève.

60. — La Jungfrau ; — vue prise de la petite Scheidegg (Oberland bernois).

MONTEVERDE (Luigi), né à Lugano. — A Lugano (Suisse).

61. — « Che significa ? »

NICOLET (Gabriel), né à Pons (Charente-Inférieure), de parents suisses, élève de MM. Soubre, von Gebhardt et W. Sohn. — A Spa (Belgique), rue Brixhe.

62. — Un conte des Mille et une Nuits.

ODIER (Jacques-Louis), né à Genève, élève de M. Harpignies. — Méd. 3ᵉ cl. 1888. — A Paris, rue Daubigny, 7.

63. — Bords de la Loire, à Saint-Maurice (Loire).
64. — Gorges de Balledent (Haute-Vienne).

PALÉZIEUK (Edmond de), né à Vevey, élève de MM. T. Robert-Fleury et J.-P. Laurens. — A St-Martin-Vevey.

65. — Retour du marché.

PIGUET (Rodolphe), né à Genève, élève de M. Glardon. — A Paris, rue Nouvelle, 1, et à Genève. rue de l'Evêché, 1.

66. — Parisienne de 1884.

(Voir GRAVURE et DESSINS).

POTTER (Adolphe), né à Genève, élève de M. F. Daubigny. — A St-Raphael (Var).

67. — Baie de St-Raphael ; — crépuscule.

PURY (Charles-Edmond de), né à Neuchâtel, élève de M. Gleyre. — A Neuchâtel (Suisse), rue du Musée, 3.

68. — Portrait de Mᵐᵉ E. de P....
69. — Enfileuses de perles.

RAVEL (Edouard), né à Genève, élève de MM. Menn et Van Muyden. — A Genève, rue Verdaine, 9.

70. — Fête patronale dans le Val d'Hérens.
71. — Les premiers pas.
72. — Le sculpteur sur bois.
73. — Dans le chalet ; — Valaisanne.

RENEVIER (Julien), né à Lausanne, élève de Piloty. — A Lausanne, place Montbenon, 2.

74. — Convalescence.
75. — St-François et les oiseaux.

RŒDERSTEIN (Mlle O. V.), née à Zürich, élève de MM. Carolus-Duran et J. J. Henner. — A Paris, rue Notre-Dame-des-Champs, 54.

76. — Ismaël.
77. — Fin d'été.
78. — Portrait.

RÖTHLISBERGER (William), né à Walkringen (canton de Berne), élève de MM. Boulanger et Jules Lefebvre, à Paris. — A Thièle, près Neuchâtel (Suisse).

79. — Barquier déchargeant des pierres ; — lac de Neuchâtel.

SCHAEPPI (Sophie), née à Winterthur (Suisse), élève de Bastien-Lepage et de MM. T. Robert-Fleury, Bonnat et Gérôme. — A Paris, rue de la Néwa, 5.

80. — L'Automne ; — panneau décoratif.

SCHILLIG (Joséphine), née à Altdorf, élève de l'École des Beaux-Arts de Berne. — A Ebikon (canton de Lucerne).

81. — Nature morte.

STENGELIN (Alphonse), né à Lyon, de parents suisses, élève de M. Cabanel.— A Paris, rue des Martyrs., 29.

82. — Dunes en Hollande.
83. — Environs de Laaghalen ; — Hollande.

STÜCKELBERG (Ernest), né à Bâle (Suisse). — A Bâle, Petersgraben, 1.

84. — Portrait de la mère de l'artiste
85. — Roses sauvages d'Anticoli.
86. — Etudes pour la décoration de la chapelle de Guillaume Tell.
87. — Etudes pour la décoration de la chapelle de Guillaume Tell.

VALLOTTON (Félix-Edouard), né à Lausanne, élève de Boulanger et de M. J. Lefebvre. — A Paris, rue de Vaugirard, 32.

88. — Portrait de vieillard.
89. — Portrait de jeune homme.
90. — Portrait de jeune homme.

(Voir GRAVURE).

VEILLON (Auguste), né à Bex, canton de Vaud, élève de M. Diday. — A Genève, Florissant, 38.

91. — Matinée d'avril aux environs de Chexbres ; — lac de Genève.

VŒLLMY (Frédéric), né à Bâle élève de M. G. Schoenleber. — A Munich. Prielmeyerstrasse 8/IV.

92. — Un village en Belgique.

CLASSE 2.

Peintures diverses et dessins.

BEAUMONT (Gustave), né à Genève, élève de MM. Menn et Gérôme. — Paris, boulevard Pereire, 167.

93. — Les mouettes.
94. — Octobre.
95. — La herse.

(Voir PEINTURE).

BREITENSTEIN (Ernest), né à Bâle, élève de F., Schider. — A Bâle, rue de Horburg, 98

96. — « Portrait de ma mère. »

BRESLAU (Louise), née à Zürich, élève de M. T. Robert-Fleury. — — A Paris, rue Bayen, 27 bis.

97. — Jeune fille aux chrysanthèmes.
98. — Portrait de Mme C....
99. — Christine.

(App. à Mme Ochsé).
(Voir Peinture).

BURNAND (Eugène), né à Moudon (Suisse), élève de MM. Menn et Gérôme. — Méd. 3e cl. 1882 (gravure), méd. 3e cl. 1883 (peinture). — A Paris, rue Pergolèse, 48, et à Moudon (Suisse).

100. — Études et croquis pour diverses illustrations.

(Voir Peinture et Gravure).

CONVERT (Robert), né à Neuchâtel (Suisse), élève de M. Ginain. — A Vevye (Suisse), rue d'Italie, 21.

101. — Voyage en Italie ; — aquarelles.
102. —   id.   id.
103. —   id.   id.

CROSNIER (Jules), né à Nancy (Meurthe-et-Moselle), élève de M. Barthélemy Menn. — A Genève, rue Lefort, 4, et à Paris, chez MM. Mary et fils, rue Chaptal, 26.

104. — Paysages ; — aquarelles.
105. — Paysages ; — aquarelles.

GIRARDET (Jules), né à Paris de parents suisses, élève de Cabanel. — Méd. 3e cl. 1881. — A Paris, rue Pergolèse, 48.

106. — Portrait de Mme J. G....
107. — Portrait d'Yvonne.

(Voir Peinture).

GIRARDET (Léon), né à Paris de parents suisses, élève de Cabanel. — A Paris, avenue de Villiers, 123.

108. — L'Attaque.

HÉBERT (Juliette), née à Genève, élève de MM. J. Hébert et G. Lamunière. — A Genève, glacis de Plainpalais, 3.

109. — Portrait de Juste Olivier, poète vaudois ; — émail.
110. — Portrait de Gaspard Lamunière ; — émail.
111. — Trois émaux : 1. Tête de vieillard. — 2. Tête de jeune femme. — 3. Portrait de M. le pasteur Eberlin.

PIGUET (Rodolphe), né à Genève, élève de M. Glardon. — — A Paris, rue Nouvelle, 1 et à Genève, rue de l'Evêché, 1.

112. — Quatre paysages des environs de Paris ; — pastels.
113. — Le Stockhorn et le lac de Thoune ; — pastels.

(Voir Peinture et Gravure).

CLASSE 3.

Sculptures et gravures en médailles.

BOVY (Hugues), né à Genève, élève de MM. Barthélemy Menn et Antoine Bovy. — A Genève, rue Étienne-Dumont, 3.

114. — Médaillons et médailles.

IGUEL (Charles), né à Paris, citoyen suisse de Neuchâtel, élève de Rude. — Méd. 1864 et 1868. — A Genève, chemin Sautter, 10.

115. — Victoire de Morat ; — bas-relief en plâtre.
116. — Diète de Stantz ; — bas-relief en plâtre.
117. — Daniel-Jean Richard ; — statue, plâtre.

KISSLING (Richard), né à Soleure, élève de M. Schlöth, à Rome. — A Zürich, Stockerstrasse.

118. — Calla ; — statue en marbre.

LANDRY (Fritz), né au Locle, élève de M. Antoine Bovy. — A Neuchâtel, Terreaux, 7.

119. — Albert de Meuron ; — médaille bronze, face et revers.

LANZ (Alfred), né à La Chaux-de-Fonds, élève de M. Cavelier. — A Paris, rue des Plantes, 72 (Pavillon 9).

120. — Monument de Pestalozzi pour la ville d'Yverdon ; — modèle pour le bronze.

NIEDERHAUSERN (Auguste de), né à Genève. — A Paris, rue Jacob, 27.

121. — Deux médaillons bronze.

PEREDA (Raimondo), né à Lugano — A Milan, via Montebello.

122. — Prigioniera ; — statue, marbre.

REYMOND (J. Maurice), né à Genève, élève de M. H. Chapu. — A Paris, rue de Seine, 12.

123. — L'accalmie ; — statue, plâtre.
124. — E. Hennequin ; — buste, terre cuite.
125. — Médaillons.
126. — Ruth ; — médaillon, marbre.

SIEGWART (Hugo), né à Lucerne, élève de MM. Falguière et Chapu. — A Paris, rue Jacob, 17.

127. — Portrait de Mme F... ; — buste, plâtre.

TÖPFFER (Charles), né à Genève. — A Paris, rue du Jardinet, 3, cour de Rohan.

128. — Aïsha ; — buste, plâtre bronzé.
129. — P. S. de Brazza ; — buste, plâtre coloré.
130. — Baigneuse ; — marbre.
131. — Le Réveil ; — statuette, bronze.

WETHLI (John-Louis), né à Hottingen. — A Hottingen, canton de Zurich (Suisse).

132. — Bouquetière romaine ; — statue en marbre.

CLASSE 4.

Dessins et modèles d'architecture.

BOUVIER (Paul), né à Neuchâtel (Suisse). — Neuchâtel, Evole, 27.

133. — Fontaine monumentale pour la Place Neuve, à Genève.
134. — Fontaine monumentale pour la Place Neuve, à Genève.
135. — Monument à Naefels.

CHIODERA & TSCHUDY, élèves de MM. Semper, Gnauth et Mengoni. — A Zürich.

136. — Projet d'un théâtre, d'une salle de concert (Tonhalle) et d'un pavillon de musique pour la ville de Zürich.
137. — Synagogues de Zürich et de Saint-Gall, construites en 1882 et 1885.
138. — Villa Patumbah, à Zürich, construite en 1885.
139. — Projet pour une salle de l'Hôtel Suisse, à la chute du Rhin.

Groupe 1.

ERNST (Henri), né à Zürich, élève de M. Semper. — A Zürich.

140. — Système d'isolation des maisons du quartier Raemistrasse.
141. — Perspective du quartier Raemistrasse.
142. — Projet d'hôtel à pavillons pour Pegli ; — perspective.
143. — Projet d'hôtel à pavillons pour Pegli ; — plan.

FIVAZ (Charles-Henri), né à Lausanne, élève de M. Parent. — A Paris, place St-Ferdinand, 32.
144. — Projet d'une fontaine monumentale à Lausanne.
145. — Projet de reconstruction de la façade du dôme de Milan.
146. — Projet de reconstruction de la façade du dôme de Milan.
147. — Façade des groupes III, IV et V de la section Suisse à l'Exposition universelle.

WIRZ (Maurice), né à Vevey. — A Paris, rue Suger, 20.
148. — Peintures du XIIIe siécle; — cathédrale de Lausanne.

CLASSE 5.

Gravures et lithographies.

BAUR (Henri), né à Birmensdorf, canton de Zürich, élève de M. J. R. Müller — A Paris, rue de la Gaîté, 10 bis.
149. — Une gravure sur bois :
       Portrait de M. C. F. Meyer.
150. — Trois gravures sur bois :
       Paysages.

BURNAND (Eugène), né à Moudon (Suisse), élève de MM. Menn et Gérôme. — Méd. 3e cl. 1882 (gravure), méd. 3e cl. 1883 (peinture). — A Paris, rue Pergolèse, 48, et à Moudon (Suisse).
151. — Eaux-fortes :
       Pour une illustration de *Mireille*.
152. — Eaux-fortes :
       Pour une illustration de *Mireille*.
153. — Eaux-fortes :
       Pour une illustration de *Mireille*.
154. — Une gravure (eau-forte) :
       Portrait de Mme A W...

                        (Voir PEINTURE et DESSINS)

FOREL (Alexis), né à Morges. — A Paris, rue de Fürstemberg, 6.
155. — Une gravure (eau-forte originale) :
       Grand chêne à St-Saphorin.
156. — Une gravure (eau-forte originale) :
       Cathédrale de Lausanne.
157. — Une gravure (eau-forte originale) :
       Dans les champs.
158. — Quatre gravures (eaux-fortes originales) :
       Vue de Paris. — Un coup de vent. — Lever de lune. — Les petits champs d'orge.

GIRARDET (Paul), né à Neuchâtel, élève de son père. — Méd. 2e cl. 1849, rap. 1857, 1859, 1861, 1re cl. 1863, ✻ 1885, membre correspondant de l'Institut. — A Paris, rue Pergolèse, 48.
159. — Une gravure :
       Retour de la fête, d'après Adrien Moreau.
160. — Une gravure :
       L'amiral Drake attendant l'Armada, d'après Seymour Lucas.

GIRARDET (Théodore), né à Versailles de parents suisses, élève de Cabanel et de M. Froment. — A Paris, rue d'Assas, 104.

161. — Gravures sur bois :
Pour le *Tour du Monde.*

JEQUIER (Jules), né à Genève. — A Genève, quai Pierre Fatio, 4.

162. — Une gravure :
La pointe du Raz.

163. — Une gravure :
Première heure du soir.

164. — Une gravure :
Les bords de la Marne ; — la Mare-aux-Chênes.

MUYDEN (Evert Van), né à Rome, de parents suisses, élève de son père et de Gérôme. — A Paris, quai Voltaire, 9.

165. — Gravures (eaux-fortes).

166. — Gravures (eaux-fortes).

PIGUET (Rodolphe), né à Genève, élève de M. Glardon. — A Paris, rue Nouvelle, 1, et à Genève, rue de l'Evêché, 1.

167. — Trois gravures (pointe sèche) :
Portraits d'après nature.

(Voir PEINTURE et DESSINS).

VALLOTTON (Félix Edouard), né à Lausanne, élève de Boulanger et de M. J. Lefebvre. — A Paris, rue de Vaugirard, 32.

168. — Une gravure
Portrait de Rembrandt.

(Voir PEINTURE).

EXPOSITION INTERNATIONALE.

Palais du Champ de Mars (galerie des Beaux-Arts).

CLASSE 1.

Peintures à l'huile.

ALEXANDER (Charles), né au Canada. — A Paris, rue du Faubourg-Saint-Honoré, 233.

1. — Cueilleuse de prunes.

ANDRYCHEWICZ, né en Pologne.

2. — Portrait.

BERNARDELLI (Enrique), né au Brésil.

3. — Les explorateurs.

BILINSKA (Mlle Anna), née en Pologne, élève de MM. Bouguereau et T. Robert-Fleury. — Méd. 3e cl. 1887. — A Paris, rue de Fleurus, 27.

4. — Portrait de l'auteur.   (S. 1887).

BOGGIO (Emile), né à Caracas (Vénézuéla), élève de MM. J.-P. Laurens et H. Martin. — A Paris, rue de la Montagne-Sainte-Geneviève, 10.

5. — Lecture.   (S. 1888).
6. — Portrait de M. A.-L. Cann.

BRITO (Joseph de), né à Vianna-de-Castello (Portugal). — A Paris, rue Washington, 28.

7. — Portrait de M. le vicomte de Perno, attaché militaire du Portugal.

DARMESTETER (Mme H.).

8. — Nina.
9. — Portrait.

DAWSON-WATSON.

10. — Les gerbes de blé.

ELIAS (A.).

11. — La Fenaison.
12. — Les deux amis.

FOUJI (Gazoo), né à O-Ita (Japon), élève de M. R. Collier. — A Paris, rue Greuze, 40.

13. — « Envoie un baiser à grand'mère ! »

HARTOG,

14. — Portrait.
15. — Relieuse de livres.
16. — Portrait.

LOÉVY (Edward), né à Varsovie. — A Paris, rue Gager-Gabillot, 9.

17. — Portrait de M. Ch..

MICHELENA (Arturo), né à Valencia (Vénézuéla). — Méd. 2ᵉ cl. 1887. — A Paris, boulevard Raspail, 221,

18. — Charlotte Corday allant à l'échafaud.
19. — L'enfant malade.   (App. à M. Clicot. - S. 1888).
20. — La visite électorale.   (App. à M. Pineiro. - S. 1887).
21. — Tête de jeune garçon.
                                        (Voir Dessins).

PACK (Mlle Nina), née au Caire. — A Paris, rue Blanche, 75.

22. — Lili ; — tête d'étude.

PAPATIAN (Mme Virginie), née à Constantinople. — A Paris, rue Notre-Dame-des-Champs, 83.

23. — Portrait d'enfant.

RODRIGUEZ-ETCHART (S.), né à Buenos-Ayres.

24. — Le départ du conscrit.

SA (Francisco-Franco), né à Maragnan (Brésil), élève de M. Gérôme. — A Paris, avenue de Villiers, 71.

25. — Portrait de Mᵐᵉ ***.
26. — Portrait de M. V. M...

SCHENCK (Auguste F.-A.), né à Glückstadt (Allemagne). — Méd. 1865, ✶ 1885. — A Ecouen (Seine-et-Oise), et à Paris, chez MM. Howard et Cie, avenue de l'Opéra, 37.

27. — La lutte : — souvenir d'Auvergne.   (S. 1886).
28. — « Des oies » ; — souvenir d'Auvergne.   (S. 1881).
29. — L'orphelin ; — souvenir d'Auvergne.   (S. 1885).

SCHIAFFINO (Eduardo), né à Buenos-Ayres (République Argentine), élève de MM. Puvis de Chavannes et R. Collin. — A Paris, rue Campagne-Première, 15.

30. — Repos.

SIVORI (Edouard), né à Buenos-Ayres (République Argentine), élève de MM. J.-P. Laurens, Hanoteau et R. Collin. — A Paris, impasse du Maine, 18 bis.

31. — Une petite rentière.

SOUZA-PINTO (José-Julio de), né à l'Ile Terceira (Portugal). — A Paris, rue Cardinet, 18.

32. — La culotte déchirée.
33. — « Trempé jusqu'aux os. »
34. — Départ pour le travail.
                                        (Voir Dessins).

THOMPSON.

35. — Berger.
36. — Moutons.

VALENZUELA-PALMA (Alfredo), né à Valparaiso (Chili). — A Paris, boulevard Montparnasse, 135.

37. — Portrait de M. Blest-Gana, ancien ministre plénipotentiaire du Chili.
38. — En méditation.
39. — Arbres en fleurs au Chili.

ZAKARIAN (Zacharie), né à Constantinople. — Méd. 3ᵉ cl. 1886. — A Paris, rue de Douai, 22.

40. — Fromages et fruits.	(S. 1886)
41. — Une table de cuisine.	(S. 1886).
42. — Le jambon.	
43. — Un verre d'eau et des figues.	(S. 1888).
44. — Prunes et verres de vin.	
45. — Des bondons et des figues.	
46. — Un panier de prunes.	
47. — Un verre d'eau et des fruits.	(S. 1888).
48. — Prunes de « Monsieur ».	
49. — Figues et raisins.	(Musée de Luxembourg).

CLASSE 2.

Peintures diverses et Dessins.

BIELEWIECKI (Alexandre), né à Nancy, de parents polonais. — A Paris, quai du Louvre, 18.

50. — Sous bois ; — fusain.
51. — Portrait de M. Gustave B... ; — émail.
52. — Portrait de Mᵐᵉ ***.

BILINSKA (Mlle Anna), né en Pologne, élève de M. Bouguereau et T. Robert-Fleury. — Méd. 3ᵉ cl. 1887. — A Paris, rue de Fleurus, 27.

53. — Paysage ; — fusain.

DUPONT-ZIPCY (Mme Iphigénie), née à Smyrne. — A Paris, passage Stanislas, 9.

54. — Portrait de Mlle Y. L... — pastel.

HALIL-BEY, né à Constantinople. — A Paris, chez M. Mihran, rue des Petits-Carreaux, 7.

55. — Étude ; — pastel

MICHELENA (Arturo), né à Valencia (Vénézuéla). — Méd. 2ᵉ cl. 1887. — A Paris, boulevard Raspail, 211.

56. — Portrait de Mᵐᵉ D... ; — pastel.   (S. 1888).
                                              (Voir PEINTURE).

SOUZA-PINTO (José-Julio de), né à l'Ile Terceira (Portugal). — A Paris, rue Cardinet, 18.

57. — Tête de paysan ; — pastel.
                                              (Voir PEINTURE).

CLASSE 3.

Sculptures et Gravures en médailles.

ARACEJA-COSTA (Thomas d'), né à Oliveira d'Agenceis (Portugal), élève de M. Falguière. — A Paris, rue Denfert-Rochereau, 37.

58. — Danseur au tambourin ; — statue, plâtre.   (S. 1888).

ARIAS (Virginius), né à Concepcion (Chili), élève de Jouffroy et de MM. Falguière et J.-P. Laurens. — Méd. 3ᵉ cl 1887. — A Paris, rue du Cherche-Midi, 131.

59. — Descente de Croix ; — groupe, plâtre.
60. — Défenseur de la patrie ; — statue, plâtre.
61. — A l'église ; — bas-relief, terre cuite.

CASELLA (Mlle). — A Paris, chez Mᵐᵉ Charcot, boulevard Saint-Germain, 217.

62. — Buste ; — cire.

LUXEMBOURG.

Palais du Champs de Mars.

CLASSE 3.

Sculptures et Gravures en médailles.

FEDERSPIEL (Pierre), élève de M. Boucher. — A Paris, rue Toullier, 9.

1. — M. G. Capus ; — buste.
2. — M. Th. F... ; — buste.
3. — Buste de nègre.

PRINCIPAUTÉ DE MONACO.

Champ de Mars (Pavillon spécial).

CLASSE 1.

Peintures à l'huile.

NATUREL (Mme Fernande). — A Monte-Carlo.

1. — Vue d'intérieur.
2. — Intérieur.
3. — Vue d'intérieur.

POINSOT (M. Henri) — A Monaco.

4. — Entrée de la loge du Prince, au Casino-Théâtre de Monaco.
5. — Intérieur de moulin à huile.
6. — Vue de la rue du collège à Menton.

CLASSE 2.

Peintures diverses et Dessins.

JAUTY (Mlle Pauline). — A Monte-Carlo.

7. — Portrait d'homme ; — peinture sur porcelaine.

CLASSE 3.

Sculptures et Gravures en médailles.

CORDIER (Charles), à Monaco.

8. — Vierge du XIIe siècle destinée à la cathédrale de Monaco.

STECCHI (Fabio). — A Monaco.

9. — S. E. le gouverneur Général ; — buste, plâtre.
10. — Mme de X... ; — buste, marbre.
11. — « Mes enfants » ; — groupe, plâtre.

CLASSE 4.

Dessins et modèles d'architecture.

ROBELLAZ (E. Edouard), — A Monaco, rue Antoinette.

12. — Chapelle romane ; — plans, façade et coupes (deux cadres).

RÉPUBLIQUE DE SAINT-MARIN.

Palais du Champ de Mars.

CLASSE 2.

Peintures diverses et Dessins.

TONNINI (Commandeur Pietro). — A St-Marin.

1. — Vénus sortant du bain ; — miniature sur parchemin.

CLASSE 3.

Sculptures et Gravures en médailles.

FATTORI (Mlle Elena). — A St-Marin.

2. — Bas-relief en terre cuite.

CLASSE 4.

Dessins et modèles d'architecture.

AZZURRI (Commandeur Francesco). — A St-Marin.

3. — Nouveau palais du Conseil souverain de la République de St-Marin — dessins et plans.

HAWAI.

___

(Exposition spéciale du Gouvernement Hawaïen).

___

CLASSE 1.

Peintures à l'huile.

GOUVERNEMENT HAWAIEN.
1. — Peintures diverses.

CLASSE 5.

Gravures et Lithographies.

GOUVERNEMENT HAWAIEN.
2. — Gravures.

___

ÉTATS DE L'AMÉRIQUE CENTRALE ET MÉRIDIONALE

RÉPUBLIQUE ARGENTINE.

Champ de Mars (pavillon de la République Argentine).

CLASSE 3.

Sculptures et Gravures en médailles.

CUBELLI & Fils. — A Buenos–Ayres.
1. — Bas-relief en bronze.

GRANDE (Rosario). — A Buenos-Ayres.
2. — Médailles.

GUMA (Raphael). — A Rosario-de-Santa-Fé.
3. — Écusson en bois.

CLASSE 4.

Dessins et modèles d'architecture.

GISMANI (Raphaël). — A Santa–Fé.
4. — Dessin à la plume.

CLASSE 5.

Gravures et Lithographies.

BARELLI (Louis-O.). — A Rosario-de-Santa-Fé.
5. — Échantillons.

FERRAZINI (J.) & Cie. — A Rosario-de-Santa-Fé.
6. — Échantillons.

NOLTE (Ernest). — A Buenos–Ayres.
7. — Vue de Buenos-Ayres à vol d'oiseau.

BOLIVIE.

Champ de Mars (pavillon Bolivien).

CLASSE 1.

Peintures à l'huile.

GARCIA-MESA (José). — A Paris, rue de Chabrol, 16.

1. — Quatre peintures :
   a Vue générale de Sucre. — b L'Alameda de La Paz. — Le marché de Potosi. — d Fête populaire à Cochabamba (Misachico).
2. — Quatre portraits.
3. — Le retour des champs.
4. — En Roumanie.

CLASSE 2.

Peintures diverses et Dessins.

GARCIA-MESA (José). — A Paris, rue de Chabrol, 16.

5. — Un artilleur italien.
6. — Un gentilhomme (XV° siècle).

CLASSE 4.

Dessins et Modèles d'architecture.

BRIEN & BRESSON (). — A Paris, rue Lafayette, 1.

7. — Projet d'Exposition Nationale. ; — trois châssis.

FOUQUIAU (Paul). — A Paris, rue Clément-Marot, 10.

8. — Le Pavillon bolivien, au Champ-de-Mars.

CHILI.

CLASSE 1.

Peintures à l'huile.

CASTRO (Mlle Célia). — A Santiago.
1. — La taille.
2. — Une vieille.

CORREA (Rafaël). — A Santiago.
3. — La rencontre du collègue.
4. — Scène de travaux champêtres.
5. — Scène de travaux champêtres.

ELGUIN (Mlle Albina). — A Santiago.
6. — Revers de fortune.
7. — « Me demande-t-il ? »
8. — Tête d'homme ; — étude.

GONZALEZ (Juan J.). — A Valparaiso.
9. — Portrait de Mlle A. P. C.

HARRIS (Juan C.). — A Santiago.
10. — Le jeu d'osselets.

HENINNGSEN (Alberto). — A Paris
11. — Portrait militaire.
12. — Nature morte.

JARPA (Onofre). — A Santiago.
13. — Matinée d'automne.
14. — Crépuscule.
15. — Bois de palmiers d'Ocoa.

LAFUENTE (Antonio). — A Santiago.
16. — * Type chilien.

LIRA (Pedro). — A Santiago.
17. — Pierre Valdivia fonde la ville de Santiago.
18. — Paysage.

SWINBURN (Enrique). — A Santiago.

19. — Solitude.
20. — Coucher de soleil.
21. — Sentier sous bois.

VALENZUELA (Alfredo). — A Santiago.

22. — Fruits.
23. — Portrait de M. R. G...

VIDAL (Carlos). — A Valparaiso.

24. — Pont sur la rivière « Renegado »
25. — Coucher de soleil.

CLASSE 3.

Sculptures et gravure en médailles

ARIAS. — Méd. 3e cl. 1887. — A Paris.

26. — Descente de croix ; — plâtre.
27. — Un ouvrier chilien ; — plâtre.
28. — Buste ; — marbre.

GONZALEZ. — A Paris.

29. — Gavarino ;— statue, plâtre,

HENNINGSEN (Alberto). — A Paris.

30. — Bas-relief ; — plâtre.

LAGARRIGUE (Carlos). — A Paris.

31. — Giotto ; — groupe, plâtre.

PLAZA (Nicanor). — A Santiago.

32. — Sculpture.

ÉQUATEUR.

Champ de Mars (pavillon de l'Équateur).

CLASSE 2.

Peintures diverses et Dessins.

PINTO (Joaquin). — A Quito.
1. — Pastel.

CLASSE 3.

Sculptures et Gravures en médailles.

BACA (Manuel). — A Quito.
2. — Groupe.

Commission coopérative. — A Quito.
3. — Petits sujets divers.

LARREA (Manuel). — A Quito.
4. — Christ.

GUATEMALA.

Champ de Mars (pavillon du Guatémala)

CLASSE 1.

Peintures à l'huile.

BARILLAS (Soledad). — A Guatémala.
1. — Peinture à l'huile.

BATRES (Dolores C.). — A Guatémala.
2. — Peinture à l'huile.

CHAVEZ (M. A.). — A Guatémala
3. — Portrait du président Barios.

CODINACH (Mercedes). — A Guatémala.
4. — Peinture à l'huile.

ESPINOSA (Federico). — A Guatémala
5. — Tableaux à l'huile.

RAMIREZ (Candido). — A Guatémala.
6. — Peinture à l'huile.

ROBERTS (Martin). — A Guatémala.
7. — Tableaux à l'huile.

ROCHE (Daniel). — A Guatémala.
8. — Peinture à l'huile.

RODRIGUEZ (Pedro). — A Guatémala.
9. — Une noce au bois de Boulogne ; — peinture à l'huile.

ROSEMBERG (Mlle Maria-Luisa). — A Guatémala.
10. — Cinq peintures à l'huile.

SAENZ DE TEJADA (Manuel). — A Guatémala.
11. — Peintures à l'huile.

SALVATIERRA (S.), — A Guatémala.
12. — Peintures à l'huile.

Groupe 1.

20

SALVATIERRA (Viviano). — A Guatémala
13. — Divers tableaux à l'huile.

SARRACHAGA (A. de). — A Guatémala.
14. — Portrait du président Barillas.

SIRION (Elisa). — A Guatémala.
15. — Peinture à l'huile.

SUGNER (E. M.). — A Guatémala.
16. — Peinture à l'huile.

URRUELA (F.) Hijo. — A Guatémala.
17. — Tableaux à l'huile.

CLASSE 2.

Peintures diverses et Dessins.

DIAS (L.). — A Guatémala.
18. — Portrait au crayon.

ESCOBAR (Jesus). — A Guatémala
19. — Portrait du général Barrios ; — dessin.

CLASSE 3.

Sculptures et Gravures en médailles.

GANGERI (Lion). — A Guatémala.
20. — Le président Barillas ; — buste, marbre.

LEAL Y PENA (Bernardo). — A Guatémala.
21. — Bustes de Colon et du président Barillas.

PEÑA (Leandro). — A Alta-Verepaz
22. — Buste de Colomb.

CLASSE 5.

Gravures et Lithographies

AYALA (Mateo). — A Guatémala.
23. — Gravure sur marbre et métaux.

GOMEZ CARRILLO (Agustin). — A Guatémala.
24. — Histoire de l'Amérique Centrale.

SALVADOR.

(Champ de Mars (pavillon spécial du Salvador)

CLASSE 1.

Peintures à l'huile.

ANSOLA (Ignace). — A San-Salvador.
1. — Au bal.
2. — Sortie du bal.

CISNEROS (Mme Dolores). — A San-Esteban.
3. — Portrait du général Don Francisco Morazan.
4. — Portrait du général Don Rafaël Osorio.

DESTER (J.). — A Paris, rue Nouvelle, 8.
5. — Portrait de S. E. le Géuéral Menendez, président de la République de San-Salvador.

GONZALES (Emilio). — A San-Salvador.
6. — Vue du chemin de fer de Armenia à Amate-Marin.
7. — Vue de la lagune de Ilopango.
8. — Vue de la rivière Lempa, par Chalatenango.
9. — Vue du port de La-Union.
10. — Entrée de l'armée libératrice (le 22 juin 1885).
11. — Vue de San-Salvador, à partir de l'Asile Sara.
12. — Portrait du général Gerardo Barrios.
13. — Environs de San-Salvador.
14. — Environs do San-Salvador.
15. — Environs de San-Salvador.

VERNIER (Pierre E.). — A Santa-Ana.
16. — Vues de Santa-Ana et portraits.

VILANOVA (Mlle Gertrude). — A Santa-Tecla.
17. — Portrait de Don Luis Ojeda.

VILLACORTA (Maurice). — A San-Salvador
18. — Portrait de S. E. le général F. Menendez.
19. — Portrait du général Morazén.

CLASSE 2.

Peintures diverses et Dessins.

VILLACOSTA (Maurice). — A San-Salvador.
20. — Portrait de M. F. de Lesseps ; — pastel.

CLASSE 3.

Sculptures et Gravures en médailles.

AGUILAR (Andrès). — A Santa-Ana.

21. — Essais de sculpture sur bois.

GONZALÉZ (Pascasio). — A San-Salvador.

22. — Écusson national ; — sculpture sur bois.

CLASSE 4.

Dessins et modèles d'architecture.

BOUISSEAU (A.). — A San-Salvador.

23. —. Modèle de maison pour tremblements de terre.

CORNEJO (Dᵣ). — A San-Salvador.

Modèles d'architecture nationale :

24. — Palais national de San-Salvador
25. — Résidence du président de la République.
26. — Palais municipal de San-Salvador.
27. — Université nationale de Salvador.
28. — Institut national de Salvador.
29. — Caserne d'artillerie.
30. — Théâtre national.
31. — Maison Salvadorienne.
32. — Maison Indienne.

PACHECO (Gabril). — A Santa-Ana.

33. — Modèle de l'église du Calvaire, à Santa-Ana.

SONSONATE (Département de).

34. — Intérieur de l'église paroissiale.

URUGUAY.

Champ de Mars (pavillon de l'Uruguay).

CLASSE 1.

Peintures à l'huile.

LAPORTE (Domingo). — A Florence.
1. — La prière de l'Arabe.
2. — Crépuscule d'automne, à Venise.
3. — Le Grand Canal, à Venise ; — vue prise du pont de l'Académie.

LORENZO (Dinato de). — A Montevideo.
4. — La fille du peintre.

SAMARAN (Urbana M.). — A Paris, rue Saint-Ferdinand, 22.
5. — Portrait de Mlle R. D...   (S. 1887).
6. — Portrait du prince V...   (S. 1887).
7. — Lassitude.   (S. 1888).
8. — « Que quieres, Zalamera ? »
9. — Zorah.
10. — A Tunis.
11. — « En 1600 » ; — sujet national.

CLASSE 2.

Peintures diverses et Dessins.

NIN Y GONZALEZ. — A Montevideo.
12. — Vêtement en soie ; — dessin à la plume.

SAMARAN (Urbana M.). — A Paris, rue Saint-Ferdinand, 22
13. — Au Caire.
14. — A Tunis.

EXPOSITION

DE LA

SOCIÉTÉ D'AQUARELLISTES FRANCAIS

———

CHAMP-DE-MARS (PAVILLON SPÉCIAL)

près le Palais des Beaux-Arts.

———

SOCIÉTÉ D'AQUARELLISTES FRANCAIS

Membres honoraires :

Membres titulaires :

ADAN (Louis-Emile), rue de Courcelles, 75

1. — Le Facteur rural.
2. — Le chemin de la ferme.
3. — Crieur de journaux.
4. — L'enfant malade.
5. — Lys et roses.
6. — Une halte.
7. — La petite laitière.
8. — La baliste.
9. — Bergère.
10. — Vigne au soleil.

BÉRAUD (Jean), rue Clément-Marot, 5.

11. — Fin de spectacle.
12. — Brasserie.
13. — Les Claqueurs.
14. — Le soir.
15. — Le bal de l'Opéra.
16. — « En scène pour le deux ».
17. — Soir d'été.
18. — Aux Ambassadeurs.
19. — Etude.
20. — Etude.

DESSINS

21. — Les émeutes de 1869.
22. — Suite d'illustrations pour la *Revue.*

BESNARD (Albert), rue Guillaume-Tell, 17.

23. — Cheveux rouges. (App. à M. Boivin).
24. — Souffleuse d'étoiles. (App. à M. Boivin).
25. — Le lac d'Annecy.
26. — Un nuage qui marche.
27. — Une femme qui rit.
28. — Les Étoiles. (App. à Mme Daudet).
29. — Rêverie. (App. à Mme la princesse Ghika).
30. — Contemplation.
31. — Une couseuse.

BÉTHUNE (Gaston), rue Michel-Ange, 10.

32. — Parisienne.
33. — Venise : — l'Arsenal
34. — A l'Opéra ; — les cinquièmes Loges.
35. — Amélie-les-Bains ; — cascade Pujade.
36. — Barcelone ; — le port de Barcelonette.
37. — Gênes ; — monastère des Torcellini.
38. — Pompeï : — route de Naples.
39. — Menton ; — le cap Martin.
40. — Naples ; — route de Bagnoli. (App. à M. Félicien Rops).
41. — Venise ; — embarcadère pour Chioggia.
42. — Barcelone ; — le port.
43. — Amélie-les-Bains ; — le Canigou.
44. — Allevard ; — la vallée du Bréda.
45. — Gênes ; — l'Ange de la Rédemption de Monteverde (au Campo-Santo).
46. — Auteuil ; — un jardin, effet de neige.
47. — Menton ; — sous les oliviers.
48. — Venise ; — quai des Esclavons (le soir).
49. — Fresselines ; — la Creuse et les Brandes.

BOILVIN (Emile), rue des Beaux-Arts, 5.

50. — Le Bain.

BROWN (John-Lewis), rue de Bruxelles, 30.

51. — Starting.
52. — L'auberge du Lyon d'Or.
53. — Chevaux à l'entraînement.
54. — L'hiver.
55. — Avant-postes.

CAZIN (Charles), rue du Luxembourg, 40.

56. — Hiver.   (App. à M. H. Adam).
57. — Le Quartier Vorace.   (App. à M. Coquelin Aîné).
58. — Eté.
59. — « Petite Hollande. »
60. — Nuit bleue.
61. — Nuit grise.

CLAUDE (Max), rue de Douai, 22.

62. — Pas à sa place.   (App. à M. le Dr A. Blum).
63. — La Retraite.   (App. à Mme la baronne N. de Rothschild).
64. — L'arrivée du facteur.   (App. à Mme Ch. Ritaud).
65. — Un lauréat.   (App. à M***).
66. — « At home. »
67. — « Homeless. »   (App. à M. Donatis).
68. — Route de La Fère ; — effet du soir.
69. — Première au rendez-vous.   (App. à M***).
70. — Sortie du village de Bouchurch ; — Ile de Wight.
71. — Dans les champs.   (App. à Mme Th. Sueur).
72. — Souvenir d'une soirée à Trouville.
73. — Sur la plage ; — mauvais temps.   (App. à M. Ed. H. Humphrys).
74. — La Rencontre.   (App. à Mme Darthes).
75. — Portrait équestre de Mme L. D....   (App. à M. L. D.).
76. — Port de Trouville ; — effet de soleil couchant.   (App. à Mme A. Sueur).
77. — Le Cervin (la nuit); — Zermatt. (App. à Monseigneur le prince de Saxe-Cobourg).
78. — Le Cervin ; — effet de soleil couchant ; — souvenir de la Reffel alp. Zermatt
79. — « N'avoir que son dimanche. »
80. — « Entrée du bureau interdite aux chiens. »
81. — Les Mischabels; — souvenir de Zermatt.
82. — Libéralité.
83. — Retour de promenade en forêt ; — soleil couchant.
84. — La fin d'une journée d'été.
85. — Dans le parc.
86. — Rencontre d'enfants à Rotten-Row.
87. — Un jour de pluie.
88. — Un jour de grande marée.
89. — Le moulin de Maisons-Laffitte.
90. — La descente des chèvres ; — souvenir de Zermatt.
91. — Rotten-Row ; — souvenir de 1875.
92. — Cheval au vert.   (App. à M. Jules Jacquet).
93. — Bloqués.   (App. à Léon Delorme).

CLAUDE (Georges), boulevard de Clichy, 21.

94. — La fin du jour au cap Martin.
95. — Les clochers de Menton.   (App. à Mme Ritaud).
96. — Eglise de Menton, ruinée par le tremblement de terre.
97. — Soleil couchant; — campagne de Menton.
98. — Intérieur de cour ; — villa Clauzel.
99. — La villa Clauzel, à Alger.   (App. à Mme la comtesse de Pierre).
100. — La vallée du Zimitt, à Zermatt.
101. — Dans la vallée de Zermatt.
102. — Le Sabotier.
103. — Vieille rue à Menton.
104. — Capri ; — le retour de la fontaine.
105. — Portrait de Mademoiselle L. C....
106. — Portrait de Mademoiselle H. M....   (App. à M. Ed. Muller).
107. — Cour du Bargello, à Florence.   (App. à M. le docteur Blum).

COURANT (Maurice), Clos de l'Abbaye, à Poissy (Seine-et-Oise)

108. — Vers le soir.
109. — Côtes de Bretagne.
110. — Honfleur.
111. — Calme plat.
112. — Ferme bretonne.
113. — Marine.
114. — Matinée d'octobre.

DE CUVILLON (Robert), avenue de Villiers, 71.

115. — Le portrait du Bourgmestre.
116. — Le miroir.
117. — Gentilhomme.
118. — Portrait de M. Aug. Flameng.
119. — Portrait de M. F. de B....
120. — Le Manoir d'Ango.
121. — Etude.
122. — Fantaisie.

DELORT (Charles), boulevard Berthier, 31.

123. — Sortie d'église.
124. — Mouettes et goëlands.
125. — La Sérénade.
126. — La fontaine.

DETAILLE (Édouard), boulevard Malesherbes, 129.

127. — Suite d'aquarelles pour l'ouvrage L'Armée française.
128. — Etudes et souvenirs de Russie.
129. — Le port de Bizerte.
130. — Halte de la brigade Vincendon ; — souvenir de l'expédition de Tunisie.

DESSINS.

131. — Suite de dessins pour l'ouvrage L'Armée française.

DUBUFE (Guillaume) fils, avenue de Villiers, 43.

132.
133. Illustrations pour le Théâtre complet d'Émile Augier, de l'Académie française.
134. — Volume I (Calmann-Lévy, éditeur).
135.
136. — Portrait de Mlle F. B...
137. — Marguerite au jardin. (Scènes pour une illustration du Faust, de Gounod.
138. — Marguerite à l'église. ((App. à M. F.-T. Kunkelmann).
139. — Femmes au bain.
140. — Sainte Cécile.
141. — Eventail.

DESSINS.

142. — Études, dessins et cartons divers.

DUEZ (Ernest), boulevard Berthier, 39.

143. — Panneau ; — roses trémières.
144. — Panneau ; — roses trémières.
145. — Eventail ; — géraniums.
146. — Eventail ; — pavots.
147. — L'inondation.
148. — Le lac des Cygnes (hiver).
149. — Toulon.
150. — Toulon.
151. — Toulon.
152. — Panneau ; — chrysanthèmes sur la mer.
153. — Panneau ; — chrysanthèmes sur la mer.
154. — Panneau ; — roses.
155. — Le lapin.

ESCALIER (Nicolas), rue de Rome, 157.

156. — Église Saint-Marc, à Venise.
157. — Le char du Commerce.
     (Étude faite pour une fête de bienfaisance. - Ville de Paris).
158. — Beaucoup de bruit pour rien " ; — 4ᵉ acte.
159. — A Florence ; — panneau décoratif.
160. — Le château de la Muette.
161. — La baignade, à Nuremberg.
162. — Nuremberg : — étude de voyage.
163. — Le Caire ; — étude de voyage.
164. — Schinzuarch (Suisse) ; — étude de voyage.

ÉVENTAILS.

165. — La Salute ; — Venise.
166. — Les bords de la Seine.
167. — Le château de Reveillon.
168. — Le Grand Canal à Venise.
169. — Chantilly. (Étude de l'éventail exécuté pour Mᵐᵉ la duchesse de Bragance).

FRANÇAIS (Francois-Louis), boulevard du Montparnasse, 139.

170. — Vue du château du Clisson à travers les branches d'un frêne.
171. — Vue du même château prise en dessous du pont.
172. — Vue d'une partie du port de Gênes, prise du palais Doria. (App. à M. Château).
173. — Le jardin Gentil, entre Beaulieu et Saint-Jean. (App. à M. Château)
174. — Un coin de la villa Frémy, à Nice. (App. à M. Château)
175. — Lavoir à Pierrefond.   (App. à M. A. Hartmann).

DESSINS.

176. — Bords de la Sèvre à Clisson.
177. — Bords de l'Anio au-dessus de Tivoli.
178. — Le lac de Némi ; — vue des hauteurs.

FRIANT (Émile), boulevard de Clichy, 11.

179. — La tartine.
180. — L'été.
181. — Le feuilleton.
182. — Sophie.

GILBERT (Victor), rue Victor-Massé, 26.

183. — Préparatifs pour la Fête-Dieu.
184. — Premières cerises.
185. — L'averse.   (App à M. Donatis).
186. — Bouquetière.
187. — Commérages.
188. — Quai aux fleurs.
189. — L'écureuse.
190. — Nature morte.
191. — Nature morte.
192. — L'avenue de l'Opéra ; — effet de neige. (App. à M. Donatis).

GROS (Lucien), clos de l'Abbaye, à Poissy Seine-et-Oise).

193. — La citadelle de Collioure.
194. — Vue de Poissy.
195. — Un guet-apens.
196. — Le vieux quai à Honfleur.
197. — Cavaliers passant une rivière.
198. — Promenade matinale.
199. — Chevaux à l'abreuvoir.
200. — Cavalier Henri III.

HARPIGNIES (Henri), rue de l'Abbaye, 14.

201. — L'hiver à Saint-Privé (Yonne).
202. — Le printemps, à Saint-Privé (Yonne).
203. — Lune rousse sur l'étang de Grand-Rhu.
204. — Novembre aux châtaigniers de Beauvoir.
205. — Les sapins de la Tremellerie.
206. — Paris ; — quai de Bercy.
207. — Les vieux chênes de Breteau (Loiret.
208. — Clair de lune.
209. — Souvenir du Golfe Juan.
210. — Vue prise à Cunier (Nice).
211. — Les ruines d'un château ; — le soir.

HEILBUTH (Ferdinand), rue Ampère, 47.

212. — Les Fouilles.
213. — Château de Fleury.
214. — Terrasse de St-Germain.
215. — Dans l'herbe.
216. — Le Jour des Pauvres.
217. — Le Matin. (App. à M. A. Dreyfus).
218. — Etude. (App. à Mme la princesse d'Arenberg).
219. — Causerie. (App. à Mme M. Bauguies).
220. — L'Enclos. (App. à Mme la comtesse de Sartiges).
221. — Bougival. (App. à M. Gagneau).
222. — Iffley Mill (Tamise).
223. — « Garden party. » (App. à M. le comte H. Greffulhe).
224. — Place St-Jean-de-Latran.

JEANNIOT (Georges), rue Boccador, 5.

225. — Exercice aux fortifications.
226. — Au Parc-Monceau.
227. — Gardeur de chevaux.
228. — Soldats d'infanterie.
229. — Campement.
230. — Corvée.

JOURDAIN (Roger), rue Eugène-Flachat, 22.

231. — Saint-Cloud ; — parc et château en 1889.
232. — Les cygnes sur la Tamise.
233. — Sous les pommiers.
234. — Le constructeur de canots. (App. à M. Ch. Delort).
235. — Les pavots ; — éventail. (App. à Mme P...).
236. — Le croquet. (App. à M. Besnard)
237. — La fête de Saint-Cloud ; — le matin.

LAMBERT (Eugène), rue de Courcelles, 204.

238. — Chiens et chats.

LAMI (Eugène), rue Cambon, 41.

239. — Un souper sous la Régence. (App. à M. le Baron de Gargan).

    « Cette ardente et folle jeunesse
    » Rit, boit, chante, et du plaisir,
    » Vide la coupe enchanteresse,
    » Sans songer au triste avenir,
    » Qui doit dissiper son ivresse. »

240. — « La Bénédiction des poignards » ; — *Les Huguenots.*
241. — Marie Stuart et Knox. (App. à M. A. Hartman).
242. — Les deux pigeons.
243. — *Le Sicilien* ou *l'Amour-peintre* (Molière).
244. — Mlle de la Vallière et Mme de Montespan.
        (App. à Mme la baronne N. de Rothschild).
245. — Un officier de carabiniers.

LE BLANT (Julien), rue Pelouze, 5.
246. — Les réfractaires.
247. — L'émigré.
248. — Le pillage.
249. — Le duel.
250. — Le gué.
251. — L'escalade.
252. — L'arrestation.
253. — Le sorcier.

DESSINS.

254. — *Capitaine Coignet* (Edition Hachette).
255. — *Les Chouans* (Edition Testard).
256. — *Grandeur et servitude militaire* (Edition Jouaust).
257. — *Le chevalier Destouches* (Edition Jouaust).

LELOIR (Maurice), avenue Gourgaud, 21.
258. — Les sept péchés capitaux.   (App. à M. H. Teyssier).
259. — Manon Lescaut ; — douze aquarelles.   (App. à M. Launette)

DESSINS.

260. — *Paul et Virginie.*
261. — *Lazarille de Tormes.*

LEMAIRE (Mme Madeleine), rue de Monceau, 31.
262. — Méditation.
263. — La sortie de l'église.
264. — Pêches et raisins.
265. — Framboises.   (App. à M. Cherrier).
266. — Fleurs des champs
267. — Œillets.
268. — Roses.
269. — La rose.
270. — L'étude.
271. — Aquarelles pour l'illustration d'un roman de Paul Hervieux, intitulé «*Flirt*».
272. — Pensionnat ; — dessin.   (App. à M. Donatis)
273. — Tête de femme ; — étude.
274. — Jeune femme ; — dessin à l'encre de Chine.

LHERMITTE (Léon), rue Vauquelin, 19.
275. — La dévideuse.
276. — Lavandières d'Arcachon.
277. — La soupe.
278. — La halle de Dives.
279. — En prière.
280. — La forge.   (App. à M. Ch. Hayem).
281. — Intérieur de pêcheurs.   »
282. — Les cordonniers.   »
283. — Repas de la famille.   »
284. — La baignade.   »
285. — La procession.   »
286. — St-Remy.   »
287. — Printemps.   »
288. — La grand'mère.   »
289. — Intérieur.   »
290. — Après le bain.   »
291. — Les communiantes.   »
292. — La première communion au couvent.   (App. à M. Max Lewenstein).
293. — L'atelier du menuisier.   (App. à Mme Allou).
294. — La vieille fileuse.   (App. à M. Isaac Léon).
295. — Le tisserand.   »
296. — La boule de neige.   »
297. — Portrait de M. Ch. Drouet.

298. — Le caveau des momies, à Bordeaux.   (App. à M. Ch. Drouet).
299. — Jeune pêcheuse faisant un filet.   (App. à M. Ch. Drouet).
300. — La cour de la ferme.   (App. à M. Boudet).
301. — La taille de la vigne.   (App. à M. Boudet).
302. — La ferme.   (App. à M. Launette).
303. — Scène rustique.   (App. à M. Launette).
304. — A l'école.   (App. à M. Coquelin cadet).
305. — La neige.

LOUSTAUNAU (Auguste-L.-G.), boulevard Rochechouart, 57 bis.

306. — Le départ.
307. — Les loisirs d'un réserviste.
308. — Officier de chasseurs à cheval ; — 1ᵉʳ Empire.
309. — Portrait de M. Lafontaine.

MAIGNAN (Albert), rue La Bruyère, 1.

310. — Le Paradis perdu.

MARIE (Adrien), avenue d'Antin, 37.

311. — La peinture d'histoire.
312. — La peinture de genre.
313. — Aux Champs-Elysées.
314. — Enfants au balcon.
315. — Etude d'enfant.
316. — Etude d'enfants.
317. — A Venise.
318. — A Venise.
319. — La Tamise.
320. — « Billings Gate market. »
321. — La prison à Tanger.
322. — La place du marché; — Tanger.

MEISSONIER (Charles), clos de l'Abbaye, à Poissy (Seine-et-Oise).

323. — Pêcheur à l'échiquier.
324. — Devant l'auberge.
325. — Un coin de jardin.
326. — Pêcheurs relevant des nasses.

MONVEL (Louis Maurice BOUTET de), rue Roussele , 17.

327. — Portraits d'enfants.   (App. à Mᵐᵉ B.).
328. — Portrait d'enfant.   (App. à Mᵐᵉ A. F.).
329. — Portrait d'enfant.   (App. à Mᵐᵉ de M.).
330. — Portrait d'enfant.   (App. à Mᵐᵉ de M.).
331. — Portrait d'enfant.   (App. à Mᵐᵉ de M.).
322. — Portrait d'enfant.   (App. à Mᵐᵉ S. B.).
333. — Portrait d'enfant.   (App. à Mᵐᵉ la comtesse de Ch.).
334. — Portrait d'enfant.   (App. à Mᵐᵉ W. B.).
335.
336. } Aquarelles exécutées pour « Nos Enfants ». (MM. Hachette et Cie, éditeurs).
337.
338. — Fantaisie.
339. — Fantaisie.
340. — Sur l'herbette.
341. — La chute des feuilles.
342. — Graine de pêcheurs.
343. — La fin du jour.
344. — Automne.
345. — Dans la lande.
346. — La tombée de la nuit.
347. — Boussac.
348. — Le Renard et la Cigogne.
349. — La petite Yvonne.

350. — Aquarelles exécutées pour *Xavière*, roman de M. F. Fabre.
(App. à MM. Boussod et Valadon).
351. — Éventail.
352. — La vierge rouge.
353. — Une bonne blague.
354. — L'année terrible.
355. — Esquisse.

DESSINS.

356. — *La farce de Maître Pathelin* (dessins exécutés pour M. Delagrave).
357.
358. } Dessins exécutés pour le *Saint-Nicolas*, M. Ch. Delagrave, éditeur.
359.
360.
361. } Dessins exécutés pour MM. Plon et Cie.
362.
363. — Dessins exécutés pour *Nos Enfants* (album édité par MM. Hachette et Cie).
364. — Dessins exécutes pour la *Revue des Lettres et des Arts* (MM. Boussod et Valadon, éditeurs).

MORAND (Eugène), rue Marbeuf, 35.

365. — Fleurs d'avril.
366. — Fleurs de mai.
367. — Des roses.
368. — « Deux pigeons s'aimaient d'amour tendre. »
369. — Au Châtelet.
370 — La Porte Saint-Denis.
371. — L'abside à Saint-Marc ; — Venise.
372. — L'abbaye de San-Gregorio ; — Venise.
373. — La Seine par un temps de neige.

MOREAU (Adrien), rue Ampère,57.

374. — Pillards.
375. — Partie d'échecs.
376. — La déclaration.
377. — Au bord de l'eau.
378. — L'automne.
379. — Départ pour le marché.
380. — Fumeur.
381. — Femme Louis XIII.
382. — Repos.
383. — Allée de fleurs.
384. — Gitano.
385. — Eventail.

DESSINS.

386. — Illustration de *Militona* de Th. Gauthier, édition Conquet.
387. — Illustrations du *Roi s'amuse* de Victor Hugo, édition Testard.
388. — Illustrations des *Beaux Messieurs de Bois-Doré* de Georges Sand, édition Testard.

PENNE (Olivier DE), rue Aumont-Thiéville, 2.

389. — Rendez-vous à la Croix de St-Hérem. (App. à M. le comte H. Greffulhe).
390. — Hallali roulant. (App. à M.   ).
391. — La dernière étape.
392. — Aux champs.
393. — Plusieurs croquis à l'aquarelle, tirés du traité de *Vencrie* d'Iouville.
(App à M. le comte H. Greffulhe).
{ Quatre aquarelles, tirées de l'ouvrage de M. le baron de Vaux :
394. } *L'armorial de la Venerie. — Les Grands veneurs de France.*
(App. à M. Rothschild, éditeur).
395. — Chiens d'arrêt.
396. — « Miss Fennec. »
397. — « Rika. »
398. — Griffons.
399. — Sanglier au ferme. (App. à MM. Tédesco frères).

PUJOL (Paul), avenue Hoche, 2.

400. — Salon de Diane. (Palais de Versailles).
401. — Grille de l'orangerie. (Palais de Versailles).
402. — Bateaux de pêche ; — Étretat.
403. — Eglise de Baudéan ; — Hautes-Pyrénées.
404. — Cour des Adieux ; — Fontainebleau.
405. — Martyrs chrétiens. (App. à M. H Teyssier).
406. — Palais de Justice ; — Paris.
407. — Sentier de Ganties ; — Haute-Garonne.
408. — Salon de Mme la comtesse de B....
409. — Salon de Mme C...
410. — Salon de Mme la comtesse de M...

ROTHSCHILD (Mme la Baronne Nathaniel de), rue du Faubourg - St - Honoré, 33.

411. — Maison de paysan aux Vaux-de-Cernay.
412. — Canal de la Pallada ; — Venise.
413. — Ravin sur la Corniche.
414. — Maison de l'épicier à Villefranche ; — S. M.
415. — Quartier des pêcheurs ; Venise.
416. — La Lagune ; — Venise.
417. — Port de Beaulieu ; — Alpes-Maritimes.
418. — Vue d'Amsterdam.
419. — Bateau pêcheur à Malamocco.

VIBERT (Jehan-Georges), rue Ballu, 18.

420. — Les débuts d'un confesseur. (App. à M. de Porto Riche).
421. — Pendant le relais. (App. à M. Hermann Schaus).
422. — En visite chez le peintre. (App. à M. Hermann Schaus).
423. — Un scandale. (App. à M. Hermann Schaus).
424. — Le borgne.
425. — Les inconvénients de la pourpre.
426. — Etude.
427. — Portrait de M. B...
428. — Portrait de Mme V...
429. — Portrait de M. F..
430. — Portrait.
431. — La réprimande ; — dessin.
432. — L'antichambre de Monseigneur ; — dessin.

WORMS (Jules), rue de Navarin, 19.

433. — Une idylle à Montmartre.
434. — En passant. (App. à MM. Tédesco frères)
435. — Un lansquenet.
436. — Portrait.
437. — Portrait.
438. — Une porte à Burgos.

YON (Edmond), rue Lepic, 59.

439. — Un vieux moulin sur le Lot ; — Cahors.
440. — Le château de Mercuès.
441. — Une rue du vieux Cahors.
442. — Vue prise d'une terrasse à Vers (Lot).
443. — Nature morte.
444. — Le moulin.
445. — Bords de la Marne.
446. — Bords de la Marne.
447. — Bords de la Marne.
448. — Fleurs.
449. — Bords de la Seine.
450. — Bords de la Seine.
451. — Le village de Moitiébart ; — automne.

Groupe 1.   **21**

ZUBER (Henri), rue de Vaugirard, 59.

452. — La Place de la Concorde.
453. — La fontaine de l'Observatoire.
454. — L'Ecole militaire en 1888.
455. — La rade de Saint-Malo.
456. — La grille du Parc-Monceau.
457. — Environs de Cannes.
458. — Le boulevard d'Enfer.
459. — Une villa à Cannes
460. — Le port de Gênes.
461. — La place Saint-Sulpice.
462. — La terrasse du Luxembourg.
463. — Les Alpes maritimes.

EXPOSITION

DE LA

SOCIÉTÉ DE PASTELLISTES FRANCAIS

———

CHAMP-DE-MARS (PAVILLON SPÉCIAL)

près le Palais des Beaux-Arts.

———

SOCIÉTÉ DE PASTELLISTES FRANÇAIS

Fondée en 1885.

Président-Fondateur : **M. ROGER BALLU**, ✳, ۝, O. I.

Vice-Président : **M. Georges PETIT.**

MEMBRES DE LA SOCIÉTÉ :

1. MM. Émile ADAN.
2. Jean BÉRAUD.
3. Paul-Albert BESNARD.
4. Jacques BLANCHE.
5. John-Lewis BROWN.
6. Mme Marie CAZIN.
7. MM Charles CAZIN.
8. DAGNAN-BOUVERET.
9. Guillaume DUBUFE.
10. Ernest DUEZ.
11. François FLAMENG.
12. Henri GERVEX.
13. Paul HELLEU.
14. Ferdinand HEILBUTH.
15. Jules LEFEBVRE.

16. Mme Madeleine LEMAIRE,
17. MM. Émile LÉVY.
18. Léon LHERMITTE.
19. Jules-Louis MACHARD.
20. Albert MAIGNAN.
21. Luc-Olivier MERSON.
22. Frédéric MONTENARD.
23. Adrien MOREAU.
24. Alexandre NOZAL.
25. PUVIS DE CHAVANNES.
26. Philippe ROLL.
27. François THÉVENOT.
28. James TISSOT.
29. Edmond-Charles YON.
30. N. * * *

Membres décédés :

MM. Paul BAUDRY, Membre de l'Institut.
Philippe ROUSSEAU.
Gustave GUILLAUMET.
Gustave BOULANGER, Membre de l'Institut.

Membres démissionnaires :

MM. Georges CLAIRIN.
Gustave JACQUET.
Jean-François RAFAELLI.
Antoine VOLLON.

ADAN (Emile-Louis), à Paris, élève de Picot et Cabanel. — Méd. 3e classe 1875, 1882. — A Paris, rue de Courcelles, 75.

Soubrette.
L'attente.

BÉRAUD (Jean), né à Saint-Pétersbourg (de parents français). — Méd. 3e cl. 1882, 2e cl. 1883, ✻ 1887. — A Paris, rue Clement-Marot, 3.

1. Une étude.
2. Une étude.
3. Portrait
4. Portrait.
5. Etude.
6. Portrait.

BESNARD (Paul-Albert), né à Paris. — Prix de Rome en 1874, méd. 3e cl. 1874, 2e cl. 1880, ✻ 1888. — A Paris, rue Guillaume-Tell, 17.

1. Portrait de M. de Los Rios. (App. à M. E. N.).
2. Fleurs d'eau. (App. à M. Bihourd).
3. Eclipse de lune. (App. à Mme Maciet).
4. Portrait de la princesse de S...
5. Etude de femme.
6. Eau courante.
7. Sous les arbres.

BLANCHE (Jacques-Emile), né à Paris, élève de MM. Gervex et Humbert. — A Paris-Auteuil, rue des Fontis, 19.

1. Madame G. J...
2. Madame R. de B...
3. Mademoiselle Simone D...
4. Mademoiselle ***
5. Madame ***
6. Etude.
7. Etude.
8. Mademoiselle ***

BROWN (John-Lewis), né à Bordeaux (Gironde). — Méd. 1865, 1866 et 1867, ✻ 1870. — A Paris, rue Ballu, 1.

1. Promenade sous bois. (App. à M. le baron A. de Rothschild).
2. Chasseur à courre. (App. à M. le comte de Fitz-James).
3. Baby. (App. à Mme Brown).
4. Le parlementaire. (App. à M. Ed. Chérés).
5. Champ de course à Auteuil.
6. Lendemain de bataille.
7. Une chasseresse.

CAZIN (Mme Marie), née à Paimbœuf (Loire-Inférieure). — A Paris, rue du Luxembourg, 40.

1. L'été.
2. Le bénédicité.
3. Un philosophe.
4. Deux enfants.

CAZIN (Charles-Jean), né à Sauter (Pas-de-Calais). — Méd. 1re cl. 1880, ✻ 1882. — A Paris, rue du Luxembourg, 40.

1. Village la nuit. (App. à M. Claretie).
2. Le dégel. (App. à M. Coquelin cadet).
3. Brouillard d'Angleterre. (App. à M. Duez).
4. Paysage du Nord.
5. Ferme anglaise.

DAGNAN-BOUVERET (Pascal-Adolphe-Jean), né à Paris, élève de M. Gérôme. — Méd. 3ᵉ cl. 1878, 1ʳᵉ cl. 1880, ✳ 1885. — A Paris, boulevard Bineau, 73.

1. Portraits de Mᵐᵉ X...
2. Etude.

DUBUFE (Guillaume), né à Paris, élève de son père. — Méd. 3ᵉ cl. 1877, 2ᵉ cl. 1878. — A Paris, avenue de Villiers, 43.

1. Quinze ans (étude).   (App. à M. Rabourdin).
2. Portrait de Mᵐᵉ la baronne des M***
3. Portrait d'enfant.
4.   id.   id.
5. Une rue à Capri.
6. Une maison à Capri.   (App. à Mᵐᵉ Montenard).
7. Etudes.

DUEZ (Ernest-Ange), né à Paris, élève de Pils. — Méd. 3ᵉ cl. 1874, 1ʳᵉ cl. 1879, ✳ 1880. — A Paris, boulevard Berthier, 39.

1.
2.
3.
4.
5.
6. } Marines, Portraits et Fleurs.
7.
8.
9.
10.

GERVEX (Henri), né à Paris, élève de Fromentin, Cabanel et de M. Brisset. — Méd. 2ᵉ cl. 1874, rap. 1876, ✳ 1882. — A Paris, rue de Rome, 62.

1. Madame Brun.
2. Monsieur Bauer.
3. Portrait du prince de Sagan.
4. Portrait de Mlle Fouquier.
5. Portrait de Mᵐᵉ la comtesse Potoka.
6. Portrait de M. John Lemoine.
7. Portrait de M. Hopp.
8. Portrait de M. Guy de Maupassant.
9. Portrait de Mlle Lina.
10. Portrait de M. de Borda.
11. Deux portraits d'enfants.   (App. à M. Galimard).
12. Etude de femme.
13. Marines.

HELLEU (Paul), né à Vannes. — Neuilly, rue Ancelle, 7.

1. Jeune fille ; — le soir.
2. Portrait de Mᵐᵉ H...
3. Bleu et jaune.
4. Etude en gris.
5. Tête d'espagnole.
6. Portrait de Mᵐᵉ X...
7. Etude ; — femme lisant.
8. Portrait de Mlle de B...
9. Portrait de Mlle G...

HEILBUTH (Ferdinand), né à Hambourg (naturalisé français). — Méd. 2ᵉ cl. 1857, rap. 1859 et 1861, ✳ 1861, O. ✳ 1881 — A Paris. rue Ampère, 47.

1. Saint-Jean de Latran.
2. Au bord de l'eau.
3. Dans le parc.

LEFEBVRE (Jules-Joseph), né à Tournant (Seine-et-Marne), élève de L. Coignet. — Prix de Rome 1861, méd. 1865, 1868, 1870, méd. 1re cl. 1878, O. ✳ 1878, méd. d'hon. 1886. — A Paris, rne Labruyère, 5.

1. Japonaise.
2. Marguerite.

LEMAIRE (Mme Madeleine), né à Sainte-Rossoline (Var). — A Paris, rue de Monceau, 31.

1. Portrait de Coquelin.
2. id. de femme.
3. La toilette ; — Sainte-Rossoline (Var).   (App. à Mlle S. L.).

LEVY (Émile), né à Paris. élève de A. de Pujol et Picot. — Prix de Rome en 1854, méd. 3e cl. 1859, méd. 1864 et 1866, méd. 2e cl. 1867, ✳ 1867, méd. 1re cl. 1878. — A Paris, boulevard Malesherbes, 199.

1. Portrait de Mme H. D...
2. Portrait de Mme de C...
3. Portrait de Mlle L. L...
4. Portrait de Mlle H. de H...
5. Portrait de la fille de Mme la comtesse F...
6. Portrait de Mistress P...
7. Portrait de Mme C...

LHERMITTE (Léon-Augustin), né à Mont-Saint-Père (Aisne), élève de Lecoq de Boisbaudran. — Méd. 3e cl. 1874, 2e cl. 1880, ✳ 1884. — A Paris, rue Vauquelin, 1?.

1. La confirmation.
2. La baignade ; fin de journée.
3. Les petits pêcheurs.
4. La veillée.
5. La plantation des pommes de terre.
6. Dentelières des Vosges.

MACHARD (Jules-Louis), né à Sampans (Jura), élève de Signol et Baille. - Prix de Rome en 1865, méd. 1re cl. 1872, 2e cl. 1878, ✳ 1868. — A Paris, rue Ampère, 87.

1. Portrait de Mme la comtesse X...
2. Portrait de Mme J. M...
3. Portrait de Mme P. G. M...
4. Portrait de Mme D...
5. Portrait du jeune H. M...
6. Junon.   (App. à M. M. Hennery)
7. Bulles de savon ; — étude.
8. Un génie ; — étude.
9. Etude pour un tableau.
10. Jeune femme au capulet.
11. Deux sœurs ; — portraits.

MAIGNAN (Albert), né à Beaumont (Sarthe), élève de Luminais. — Méd. 3e cl. 1874 ; 2e cl. 1876, 1re cl. 1879, ✳ 1883. — A Paris, rue Labruyère, 1.

1. La Bible.
2. Les lys.
3. Venise.

MONTENARD (Frédéric), né à Paris, élève de Dubufe, MM. Mazerolle, E. De launay, Puvis de Chavannes. — Méd. 3e cl. 1883. — A Paris, rue Ampère, 7.

1. Dans l'abbaye de Montrieux (Var).   (App. à M. Gounod)
2. Un coin de village.   (App. à Me Dubufe)
3. Sur la côte.
4. Au bord de la Méditerrannée.
4. Une route.
6. Effet du soir ; — sur la Mer.
7. Environs de Marseille.
8. Les Iles ; — rade de Marseille.
9. Environ de Toulon.
10. Portrait de Mlle G. X...   (App. à Mme Thierry Delanoncy).

MOREAU (Adrien), né à Troyes (Aube), élève de Pils. — Méd. 2ᵉ cl. 1876. — A Paris, rue Ampère., 57.

1. Maraudeurs.
2. Portrait de Mᵐᵉ L...
3. Rêverie.
4. Moissonneurs.
5. Etude.
6. Etude.

NOZAL (Alexandre), né Paris, élève de M. Luminais. — Méd. 3ᵉ cl. 1882, 2ᵉ cl. 1883. — A Paris, quai de Passy, 7.

1. Vieux chêne ; — champ de courses d'Auteuil.
2. Marine à Etretat ; — Seine-Inférieure).
3. Moissons à Etretat.
4. La Seine, vue du Château-Gaillard (Eure).
5. La mare Saint-Aubin, près Louviers (Eure).
6. Etang de la mer rouge en Brenne (Berri).

PUVIS de CHAVANNES (Pierre), né à Lyon. — Méd. 2ᵉ cl. 1861, 3ᵉ cl. 1867, ✳ 1867, O. ✳ 1877, méd. d'honn. 1882 — A Paris, place Pigalle, 11.

1. Pitié.
2. Femme couchée.
3. Etude de femme.   (App. à M. Bernstein).

THÉVENOT (François), né à Paris. — Méd. 3ᵉ cl. 1885. — A Paris, rue Alfred Stevens, 9.

1. Portrait de Mᵐᵉ B...
2. Portrait de M. R...
3. Portrait de Mme Cr...

YON (Edmond-Charles), né à Montmartre-Paris, élève de M. Lequin. — Gravure, méd. 2ᵉ cl. 1871, 3ᵉ cl. 1874, 3ᵉ cl. 1875, 2ᵉ cl. 1879, ✳ 1886. — A Paris, rue Lepic, 59.

1. Chrysanthèmes.
2. Les Roseaux ; — bords de la Marne à Sainte-Aulde.
3. Printemps.
4. Village au soleil.
5. Nature morte.
6. Les pâtures de Sainte-Aulde.
7. Moitiébart ; — automne.
8. Un bras de Seine.
9. Dans les dunes de Cayeux-sur-Mer.
10. Bord de rivière.

TABLE DES MATIÈRES.

GROUPE I.

Classe 1. — Peintures à l'huile.
— 2. — Peintures diverses et dessins.
— 3. — Sculptures et gravures en médailles.
— 4. — Dessins et modèles d'architecture.
— 5. — Gravures et lithographies.

BOOKS IN SERIES